柴达木盆地油气地质成藏条件研究

付锁堂　袁剑英　汪立群　张水昌等　著

科学出版社

北　京

内 容 简 介

本书根据钻井、录井、测井、地震等大量的资料并结合油田勘探开发实践，从地层与沉积层序、构造特征与构造层、沉积相与微相、储层与储盖组合、运聚与圈闭评价等方面全面论述了柴达木盆地油气成藏的基本地质条件，分别探讨了柴北缘冲断带、柴西富烃凹陷和第四纪生物成因气的油气成藏基本规律及成藏模式，提出：①柴北缘的"古构造和晚期走滑构造体系控藏"论，认为柴北缘侏罗系生烃中心的分布演化控制着"小凹控油、源边成藏"的成藏特征，喜马拉雅早期继承性古隆起（古构造）是油气运聚的主要指向区，后期保存条件对油气成藏具有重要控制作用；②柴西地区的"多凹控藏、近源成藏"论，认为柴西古近纪南北向展布的多断陷富烃凹陷控制了源储关系及油气近源成藏的特征，油气以短距离运移为主，生烃中心控制油气藏分布，可划分为"两类四种"油气成藏模式；③有效的生储盖组合、匹配的构造圈闭以及沉积相和后期保存是控制第四纪天然气富集的主要因素。这些理论与认识对柴达木盆地的油气勘探起到了重要的指导作用。

本书是近年来集油气地质理论与油气勘探开发于一体的综合性研究成果，它有助于其他盆地或地区开展相关问题的研究与借鉴。本书供油气地质与勘探的相关人员及研究生使用。

图书在版编目(CIP)数据

柴达木盆地油气地质成藏条件研究/付锁堂等著．—北京：科学出版社，2014.6
ISBN 978-7-03-040727-6

Ⅰ.①柴… Ⅱ.①付… Ⅲ.①柴达木盆地-油气藏形成-研究 Ⅳ.①P618.130.2

中国版本图书馆 CIP 数据核字（2014）第 106471 号

责任编辑：张井飞 韩 鹏/责任校对：张小霞
责任印制：钱玉芬/封面设计：王 浩

科 学 出 版 社 出版

北京东黄城根北街 16 号
邮政编码：100717
http://www.sciencep.com

中国科学院印刷厂 印刷

科学出版社发行 各地新华书店经销

*

2014 年 6 月第 一 版 开本：787×1092 1/16
2014 年 6 月第一次印刷 印张：30
字数：691 000

定价：238.00 元
（如有印装质量问题，我社负责调换）

本书主要作者

付锁堂　袁剑英　汪立群　张水昌

张道伟　李　永　寿建峰　张　林

曹正林　张　敏　徐子远　黄革萍

前　言

一、油田基本概况与勘探开发历史

柴达木盆地位于青藏高原北麓，为祁连山、昆仑山和阿尔金山三山环抱的菱形山间高原盆地，海拔 2600～3000m，东西长 850km，南北宽 150～300km，面积 12.1×10^4km²，其中沉积岩面积 9.6×10^4km²。盆地西高东低、西宽东窄，从边缘至中心依次为戈壁、丘陵、平原、咸化湖泊或盐壳，属大陆干旱性气候，风蚀地貌广泛发布，植被稀疏，水系短小，以高山冰雪融水补给为主。

柴达木盆地是在前侏罗纪地块基础上发育起来的中、新生代陆内沉积盆地，南界为东昆仑中央断裂，北界为祁连山宗务隆山断裂，西界为阿尔金断裂。盆地基底具有古生代褶皱基底和元古代结晶基底的双重基底结构，基底顶面分布有古生代末的浅变质岩、古生代变质岩、元古代深变质岩和海西期花岗岩体，最浅埋深区铁木里克小于 500m，最深为茫崖凹陷和一里坪凹陷，分别达 14000m 和 17000m。盆地内发育古生界、中生界和新生界三套地层，沉积岩最大连续厚度为 17200m。发育柴西古近系和新近系、三湖第四系、柴北缘侏罗系三大含油气系统。

盆地油气勘探始于 1954 年，迄今已有 60 多年，经历了艰苦曲折的历程，有着明显的阶段性和复杂性。普查发现阶段（20 世纪 50～60 年代）：基本以地面地质调查和重磁电物理勘探为主，并对评价较好的地面构造实施钻探，1955 年 11 月 24 日第一口探井泉 1 井在油泉子开钻获得工业油流，1958 年冷湖油田地中 4 井在 650m 获得日产 800 多吨高产工业油流，发现了冷湖油田，在此期间发现地面构造 140 个，对其中近 30 个构造进行了钻探，发现油田 12 个，探明石油地质储量 6455×10^4t。规模探明阶段（20 世纪 70 年代）：规模开展模拟地震勘探，在地面条件较好和地质评价较高的区块进行地震普查，落实了一批潜伏构造并择优钻探。1976 年在盆地东部进行了天然气勘探，揭开了寻找大气田的序幕，发现并初步落实涩北一号、涩北二号含气构造，探明天然气地质储量 89.17×10^8m³。1978 年 2 月，在柴西南区发现的跃进一号构造上的跃深 1 井喷出高产工业油流，发现亿吨级尕斯库勒油田。持续勘探阶段（20 世纪 70 年代末到 90 年代初）：随着尕斯库勒油田的发现，石油部组织开展甘青藏石油会战，在盆地开展了大规模数字地震，落实了大量构造圈闭，期间发现了跃进二号、乌南、砂西等油田和台南气田。滚动发展阶段（1995～2006年）：依靠技术进步落实三千亿方的涩北气田，发现了南八仙、马北油气田，同时在老区开展滚动勘探，增加了一批储量，保障了油田的稳产。

截至 2006 年年底，油田共钻各类探井 2045 口，总进尺 280.58×10^4m；获工业油气流井 491 口，探井的平均井深为 1372m，井深超过 4500m 的井仅有 64 口。共完成三维地震 3461km²，二维数字地震 73166km，其中二维地震一级品为 41184km。

截至 2006 年,在柴达木盆地找到不同圈闭类型、多种储集类型的油田 16 个,气田 6 个,探明石油地质储量 33493×10⁴t,其中凝析油地质储量 7.8×10⁴t,技术可采储量 7781.4×10⁴t,探明率为 15.6%;天然气地质储量 3056×10⁸m³,其中探明气层气地质储量 2900.35×10⁸m³,探明溶解气地质储量 156.04×10⁸m³;探明天然气可采储量 1625.59×10⁸m³,探明率 12.2%,总体探明率较低。

青海油田开发从 1956 年开始,大致可以划分为四个阶段。早期起步阶段(1954~1976 年):先后对油泉子、尖顶山、开特米里克、油砂山、南翼山浅层、花土沟、七个泉、狮子沟浅层、鱼卡、冷湖三号、冷湖四号、冷湖五号等一批埋藏较浅的油田进行试采,年产原油在 10×10⁴t 左右。稳步发展阶段(1977~1984 年):相继发现并开发了尕斯库勒、砂西、乌南和红柳泉等油田,探明含油面积 73.8km²,新增探明石油地质储量 9725×10⁴t。到 1985 年年底,原油年产量达到了 19.9×10⁴t。快速建设阶段(1985~1999 年):在此阶段发现了狮子沟深层油气藏、南翼山中深层凝析气藏、跃进二号油田和台南气田、南八仙中型油气田。1991 年原油产量达到 102×10⁴t,首次突破百万吨大关。完成了尕斯库勒油田 120×10⁴t 产能建设、花土沟-格尔木 436km 输油管道、格尔木 100×10⁴t 炼油厂等三项重点工程,标志着青海油田勘探开发并举,上下游一体化经营的格局已基本形成。到 1999 年年底,已实际建成 195×10⁴t 原油生产能力,年产原油 190×10⁴t,建成天然气生产能力 8×10⁸m³,年产天然气 3×10⁸m³ 以上。高效开发阶段(2000~2006 年):以老油田"稳油控水"为中心,加大了科技增油和滚动勘探开发力度。坚持效益开发原则,努力做到储量、产量、效益协调增长,上下游一体化、供产销一体化,有重点地搞好效益开发系统工程建设,基本上实现了"三平衡"、"五配套",使油气产量增幅达 10% 以上,到 2006 年年底已形成 556.5×10⁴t 的油气生产能力。

截至 2006 年年底,开发已动用 15 个油田,共动用含油面积 216.2km²,地质储量 28570.15×10⁴t,技术可采储量 6882.88×10⁴t,占探明储量的 85.3%,技术可采储量占总探明技术可采储量的 88.5%。共有采油井总数 1825 口,开井数 1440 口,日产油水平 6359t,年产油 223.0017×10⁴t,累计产油 3413.0078×10⁴t,地质储量采油速度 0.67%;综合含水 60.62%;地质储量采出程度为 10.19%,可采储量采出程度为 43.9%。注水井总数 366 口,开井数 337 口,日注水 19010m³,年注水量 610.3915×10⁴m³,累积注水量 5234.59×10⁴m³。已建成年生产原油 225.84×10⁴t 的配套生产能力。

截至 2006 年年底,开发动用气田三个(涩北一号、涩北二号、台南),油气田一个(南八仙)。年产天然气 24.5013×10⁸m³(气层气产量 23.5751×10⁸m³,溶解气产量 0.9262×10⁸m³),累计产天然气 129.6335×10⁸m³(气层气产量 100.3961×10⁸m³,溶解气产量 29.2374×10⁸m³),探明可采储量采出程度为 7.97%,采气速度 1.50%。累计建成天然气产能 41.5×10⁸m³,其中涩北一号 20×10⁸m³,涩北二号 20.5×10⁸m³,南八仙油气田 1×10⁸m³。

总体来看,油气勘探程度低,盆地认识程度低,勘探还存在许多空白区带和未知领域,油田发展尚有十分巨大的勘探空间和开发潜力。实践证明,柴达木盆地具有特殊的地表勘探条件和复杂的地下地质背景,油气条件的特殊性、复杂性、多变性给研究认识盆地以及勘探开发油气田带来了极大的难度,同时对于常规勘探开发技术的使用也带来了重大挑战。

二、存在的主要问题

（一）油田勘探方面

在勘探方面：由于盆地构造运动强烈，断裂发育，差异隆升明显，物源多、相带窄、储层薄、岩性杂、物性差，给认识油气规律，寻找整装油气田带来了诸多问题。集中存在四个方面的问题。

1. 基础地质认识

基础地质认识不够深入，特别是在生烃、沉积、储层等重要专业领域的基础地质认识还非常不够，整装油气田的勘探方向不明确，严重制约了油气勘探方向和甩开勘探的力度。

（1）烃源岩方面：柴北缘侏罗系源岩分布范围及生烃潜力；三湖第四系生物气生烃下限深度和温度等要素及资源潜力；新近系和古近系烃源岩的生烃期次和强度以及富烃凹陷的展布范围。

（2）储层方面：古近纪和新近纪陆相河流湖泊三角洲沉积对储层的宏观控制作用；快速沉积背景下的储层自生成岩作用；多类型裂缝对油气储层的影响；湖泊相碳酸岩储层的成因机理及有利储层分布规律。

（3）构造方面：古构造（古隆起、古断裂）对油气成藏的作用及影响；断裂演化中开启与封堵作用对油气成藏的作用和意义；不同期次构造的定量解释及构造圈闭有效性分析。

（4）源储组合方面：盆地不同类型油气藏源储组合的划分标准及依据；源内组合、近源组合及远源组合在盆地的分布范围及层系；不同含油气层系的资源量评价。

（5）运聚成藏方面：油气运聚时间、通道、动力、方向距离及规模对成藏的控制作用；断层、不整合面、沉积砂岩、古构造对油气运聚的作用；次生油气藏的成因及分布，晚期构造运动对油气成藏的影响因素。

（6）岩性油气藏方面：岩性油气藏的主控因素和形成背景；碳酸盐岩等复杂岩性油气藏的富集规律和勘探思路。

2. 勘探主体技术

勘探主体技术不配套，勘探技术瓶颈有待突破。储层预测、油气检测、地质建模和油藏描述等方面基础技术手段比较落后，不能完全满足需求。

（1）地震勘探在高陡构造和断裂下盘成像的技术问题，尽管有所进步，仍需要结合发展需求持续开展攻关。

（2）岩性油藏预测和判识问题，需要对高品质地震资料深化研究和分析，通过地质、地震、测井一体化联合攻关。

（3）烃类检测技术，目前已应用于天然气勘探，但对低丰度和岩性气藏的检测水平还较低，急需理论深化和实践突破。

（4）随着数字测井、成像测井技术的大规模推广应用，低孔、低渗、低阻、薄层岩性和裂缝型油气层的定性评估和定量解释要作为攻关重点。

（5）低渗薄层压裂改造技术是解放油气层的关键技术，对于提高单井产量、快速动用难采储量、提高勘探开发效益具有重要意义，是攻关的技术重点。

3. 油田人才匮乏与自研能力较低

油田处于边陲高原，信息闭塞，人才匮乏，自研能力和水平较低，技术创新能力有待增强。

（1）科技资源整合力度不够，现有科研力量没有得到充分发挥，急需打造科研大平台，营造科技创新的氛围，整合科研资源。譬如集中中国石油内部研究力量、大学院校研究力量和青海油田研究力量为一体，按研究内容和项目需求做好项目立项及分工，减少低水平的重复项目和工作量，提高科研效率。

（2）勘探开发难点技术攻关的速度较慢，进展不均衡。仅依靠油田自身的力量和现有的研究水平和技术能力还不能有效破解技术难题。特别是引进的新技术、新方法解决柴达木盆地地质和技术问题的针对性不强，应用效益及效果不明显。

（3）勘探开发人员解决复杂问题的能力有限，创新意识薄弱，科研水平有待进一步提高。研究课题既需要联合攻关，也需要专项重点突破，需要发挥科研单位各自的优势，有针对性地进行科研工作，确保研究质量和水平。

4. 油气勘探理论和勘探思路亟待调整完善

受盆地特殊性和复杂性的影响，六十年来已形成了围绕构造寻找油气的传统模式，随着油气勘探理论的发展，勘探思路亟待调整完善。

（1）需要进一步解放思想，坚定科学找油的理念。树立开拓意识和创新理念，要借鉴国内外先进的勘探理论和经验，科学分析柴达木盆地的油气资源，科学判断大中型油气田可能的数量与位置。立足盆地实际，精细分析油气成藏的有利条件和勘探风险，大胆探索，力争区域甩开勘探有新的突破。

（2）勘探思路不够明确，勘探层次不够清晰。注重构造找油，对岩性油气藏有所忽视；立志新区、新领域突破，对老区深化勘探有所懈怠；侧重深层高效油气藏，对浅层低渗、低产油气藏有所轻视。

（3）勘探开发一体化管理亟待加强。勘探开发一体化是缩短勘探和开发周期，实现快速发展的有效做法，也是勘探与开发各路工作观念的一个大转变。要树立"勘探为开发领路，开发为勘探护航"的一体化思想，真正达到"预探甩开发现、评价落实储量、开发贡献产能"的目的。

（二）油田开发方面

在油气开发方面，由于储量接替严重不足，加之注水水质不达标，油井套损，气井出砂等诸多因素影响，油气田稳产和上产中遇到了八个方面的问题。

（1）油田开发对象变差、上产难度加大。随着油田注水开发的进一步深入，主力油田主力小层水淹严重，含水上升速度加快，产量递减幅度加大，新钻开发井效果有逐年变差的趋势，开发对象逐步向主力油田的次主力、非主力小层转移，向难采储量转移。面临开发调整挖潜难度急剧加大，难采油田储量动用程度低，单井产量低，开发成本高，油田上产难度大，总体效益有所下滑。

（2）主力油田（油藏）进入中高含水期，各类矛盾日益突出。随着主力油田、油藏含水上升，吨油采出的液量大幅上升，造成地层压力下降快，单井日产下降快。"二升二快"给老油田稳产带来巨大的难度，急需加大对剩余油分布规律、油气富集区、高含水后期水驱改善、三次采油技术等方面组织攻关。

（3）主力油田自然递减率逐年加大，稳产难度越来越大。随着主力油田进入中高含水期，含水上升较快，老井产量逐年递减，如尕斯库勒油田 E_3^1 油藏、跃进二号等油田自然递减达到 20% 以上、其他油田自然递减也逐年上升，虽然通过近几年的"稳油控水"综合治理工作，逐步调整完善注采井网，取得一定的成效，但由于措施及调整难度越来越大，递减逐年上升，稳产难度加大。

（4）部分主力油田注水水质超标严重。围绕注水开发油田注入水水质达标，近几年来开展了一系列的改善注入水水质系列技术攻关，见到了一定的效果。但是，主力油田如尕斯库勒油藏注入水水质超标，以机械杂质超标现象最为严重，其中机械杂质超标 20 倍左右，总铁超标 3 倍左右，注入水呈偏酸性，造成注水井维护周期缩短，注水设备、设施、管材腐蚀，结垢严重，缩短了使用寿命。同时给注水井投捞测试工作带来了一定的难度。

（5）投入措施工作量逐年增多，效果变差。表现在措施井次上升，年措施增油量上升，但平均单井措施增油量下降，效果变差。从 1996 年以来，措施由 139 井次上升到 2006 年的 685 井次。而平均每井次年增油由 1996 年的 754.1t 降低到 2006 年的 310.6t。实施增产措施的储层物性越来越差，多数油田增产措施的层位由主力产层逐步向次主力层或非主力层过渡，油藏条件增产措施工艺技术的要求越来越高。

（6）气井出砂严重影响生产。涩北气田岩性疏松，岩石力学强度低，储层极易出砂，开采过程中水参与流动使储层结构可能会遭到不同程度的破坏，致使出砂加剧。随着开采时间延长和生产压差的增大，气田出砂会更加严重，必将影响气井正常生产和气井产量，增加防砂难度和防砂、冲砂的工作量，同时也会增大采气成本、降低经济效益。目前的高压充填防砂和纤维复合防砂技术对防砂层位及选井条件要求高，选井比较困难，需要对防砂技术进行改进，以满足涩北气田生产的需要。

（7）气田出水类型复杂，防水、治水面临新挑战。涩北气田为多层边水气田，气水关系复杂，气田开发过程中存在边水推进、层间水窜、气层内的束缚水变可动水产出等现象，影响气井生产，气田开发面临防水、治水难题。目前在现场对气井出水治理除了优化气井生产管柱和生产管理的手段外，没有进行其他治水试验，缺乏治水经验，需要加大找、堵水试验力度。

（8）气井产量递减明显，实现气田稳产有一定难度。随着气田的开发，地层压力下降、出水加剧、出砂砂埋产层，导致气井产量递减明显。近年来，涩北一号、涩北二号气田老井产能递减率接近 10%，气田稳产面临严峻形势。

　　柴达木盆地是一个油气资源比较丰富的盆地，全国第三次油气资源评价表明仅中新生界石油资源量为 $21.5 \times 10^8 t$，天然气资源量为 2.5×10^{12}，同时也是一个极为复杂的含油气盆地，已发现的油气田以中小型为主，规模大、丰度高的油气田较少，仅尕斯库勒油田储量在亿吨级以上，跃进二号油田储量丰度接近每平方公里近 $1000 \times 10^4 t$。目前发现的油气储量与油气资源量极不相称，已探明的石油资源地域和层位分布很不均匀。为了尽快提升青海油田油气生产的地位和作用，提高柴达木盆地油气资源向储量的转化率，快速高效发现和探明整装规模储量，彻底改变油气开发后备资源不足的状况，增强油田稳产能力，加快天然气上产速度。青海油田急需集中人力、财力、物力，整合中国石油内部一流的科研力量，引入国内外先进的技术，针对柴达木盆地的地质难点和瓶颈技术进行攻关研究，以期真正满足建设千万吨级高原油气田对科技的需求。

目　　录

第一章　盆地油气勘探程度与现状分析

通过对柴达木盆地勘探现状和勘探潜力的分析，认为盆地总体勘探程度较低，勘探潜力较大；通过对勘探程度的分析，我们认为，柴西南岩性、柴西北深层、三湖深层、一里坪凹陷、柴东南凹陷、德令哈凹陷、柴东古生界勘探程度低，资源潜力大，是盆地"四新"领域，是柴达木盆地未来油气勘探的重要接替领域。

第一节　勘探历程与勘探成果

一、勘探历程

柴达木盆地油气勘探大致可以划分为四个阶段（图 1.1～图 1.6）。

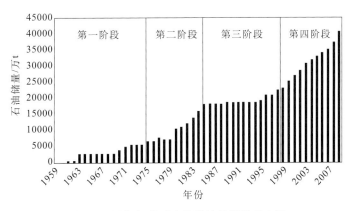

图 1.1　历年探明石油地质储量累计直方图

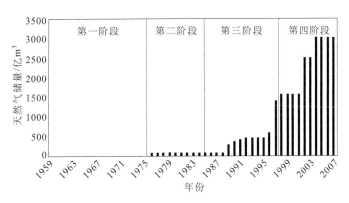

图 1.2　历年探明天然气地质储量累计直方图

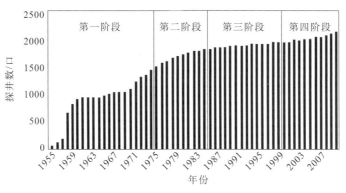

图 1.3　柴达木盆地历年探井数量累计直方图

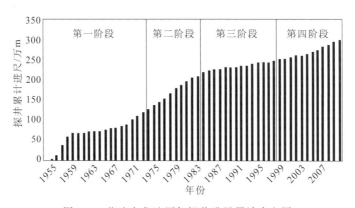

图 1.4　柴达木盆地历年探井进尺累计直方图

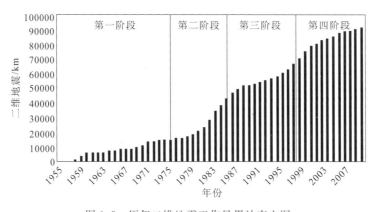

图 1.5　历年二维地震工作量累计直方图

（1）第一阶段（1954～1974 年）

此阶段为勘探起步阶段。累计完成二维地震 15192km（主要是模拟地震），探井 1432 口。该阶段油气勘探以地面地质调查、区域重磁力普查以及少量模拟地震勘探为主。发现了油气田或含油气构造 17 个（冷湖、花土沟、狮子沟、尖顶山、油砂山、油

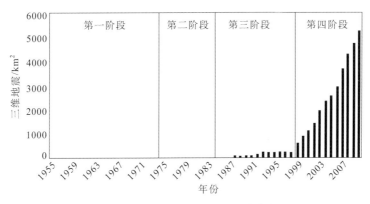

图 1.6 历年三维地震工作量累计直方图

泉子、南翼山、鱼卡、马海、开特米里克、涩北一号等），探明石油地质储量 5299 万 t，探明天然气储量 0.57 亿 m³。

（2）第二阶段（1975～1984 年）

此阶段为盆地整体认识阶段。累计完成二维地震 23647km，探井 374 口。在地震勘探技术上由数字地震代替了模拟地震，完成了纵横盆地的 13 条区域大剖面，钻探了以旱 2 井为代表的一批区域深探井，为整体评价柴达木盆地打下了基础。落实了涩北一号、涩北二号气田，发现盆地最大的油田——跃进一号油田，开辟了潜伏构造和新近系、古近系深层找油的新领域。探明石油地质储量 10952 万 t，探明天然气储量 88.6 亿 m³。

（3）第三阶段（1985～1999 年）

此阶段为外甩勘探阶段。累计完成二维地震 36420km，三维地震 887.85km²，探井 131 口。发现了狮子沟深层油气藏、南翼山中深层凝析气藏、跃进二号油田、台南气田和南八仙中型油气田。该阶段探明石油地质储量 6688.8 万 t，探明天然气储量 1487 亿 m³。

（4）第四阶段（1999～2010 年）

此阶段为勘探发展阶段。累计完成二维地震 16665km，三维地震 4376km²，探井 178 口。通过深化地质认识，实现了柴西石油、三湖天然气储量的大幅度增长，通过甩开勘探发现了伊克雅乌汝新近系生物气藏、马北一号含油气圈闭、马北三号含油圈闭以及马西含气构造。特别是近几年在切克里克地区外甩勘探获得重大突破，发现了昆北油田整装优质储量，三级储量超过 1 亿 t。截至 2009 年底，该阶段探明石油地质储量 18167 万 t，探明天然气储量 1480 亿 m³。

二、主要勘探成果

自 1954 年开始勘探，截至 2009 年底，共发现地面构造 140 个，构造总面积 26984km²，圈闭总面积 4809km²。共发现潜伏圈闭 132 个，圈闭总面积 6069.3km²。

盆地已探明油气田 24 个，其中油田 18 个：尕斯库勒、跃进二号、花土沟、狮子沟、七个泉、红柳泉、乌南、尖顶山、红沟子、咸水泉、南翼山、油泉子、开特米里克、昆北、冷湖、鱼卡、南八仙、马北，气田 6 个：涩北一号、涩北二号、台南、盐湖、驼峰山、马海。探明含油面积 225.65km²，探明石油地质储量 38524.5×10⁸t，控制含油面积 122.97km²，控制石油地质储量 13461.76×10⁴t，预测含油面积 368.27km²，预测石油地质储量 45295.75×10⁴t；探明含气面积 177.66km²，探明天然气地质储量 3066.38×10⁸m³，控制含气面积 109.81km²，控制天然气储量 644.16×10⁸m³，预测天然气储量 2345.64×10⁸m³。

第二节　勘探程度与勘探现状

一、勘探程度分析

柴达木盆地虽然历经 50 多年的勘探，但总体勘探程度较低，勘探潜力大。

（一）地震勘探程度

截至 2008 年年底，完成二维数字地震 75425.6km，三维地震 4714.5km²（集中分布在柴西南、冷湖、南八仙、马北等高成熟区），大部分地区测网密度为 4km×4km 或 4km×8km，而且还存在较多的地震空白区（图 1.7）。在这些地震资料中，品质较好的有 43724.6km，仅占 56.47%，有将近一半的地震资料品质较差，不能满足构造、岩性解释的需要，影响对盆地的地质认识，勘探目标的落实程度较低，钻探成功率低。因此，通过地震资料的重新采集、重新处理解释，深化对盆地的地质认识，落实勘探目标，潜力巨大。

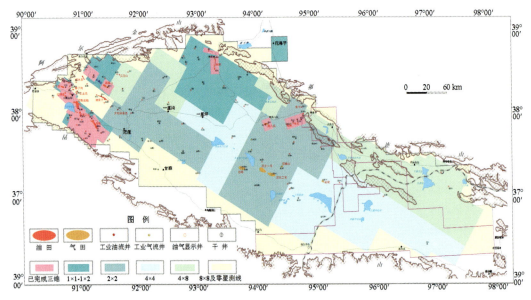

图 1.7　柴达木盆地地震勘探程度图

（二）钻井勘探程度

截至 2008 年年底，柴达木盆地钻共完钻探井 2102 口，总进尺 294.7×10^4 m，平均井深仅 1402m。由于勘探面积大、勘探历史长、钻井数量多，钻探程度极不均衡。虽然探井数量达到 2000 多口，但绝大多数集中在柴西南、冷湖、马海-南八仙、涩北等已知含油气区，个别构造带探井密度很大，如红柳泉-跃进、狮子沟-南翼山、冷湖-南八仙等，而油气田外围的区域探井很少，还存在很多钻探空白区（图 1.8）。因此，柴达木盆地还有广阔的新领域未被揭示。

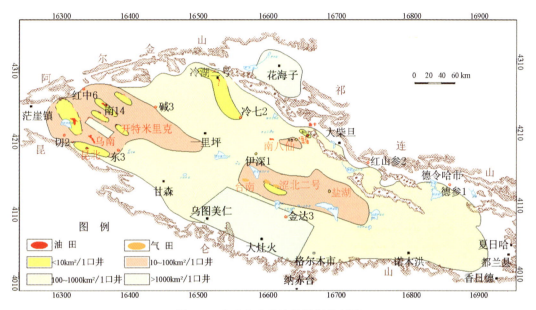

图 1.8　柴达木盆地钻井勘探程度图

分层系探井统计结果表明，自上而下，探井数量越来越少，越往深层，钻井控制程度越低，认识程度也越低（图 1.9），反映盆地深层整体勘探程度低，可供勘探发现的潜力大。

钻穿狮子沟组 N$_2^3$ 地层的探井有 931 口，平均井深 1753m，主要分布在柴西南地区和柴北缘西段的冷湖-南八仙构造带，一里坪凹陷、三湖及盆地东部等大部分地区基本为钻探空白区（图 1.10）。

钻穿下油砂山组 N$_2^1$ 地层的探井有 978 口，平均井深 1930m，主要分布在柴西南、咸水泉-大风山、冷湖-南八仙构造带。盆地中部、东部大部分地区基本为钻探空白区或探井控制程度极低。

钻穿干柴沟组 E$_3$ 地层的探井 292 口，集中分布在柴西南地区、冷湖构造带和鱼卡断陷，盆地中部、东部大部分地区为钻探空白区。茫东地区、一里坪凹陷、甘森泉凹陷以及盆地东斜坡地层超覆带缺乏钻井揭示。

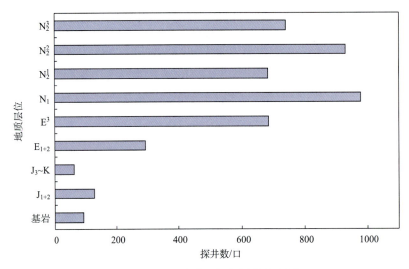

图 1.9　柴达木盆地探井层位分布图

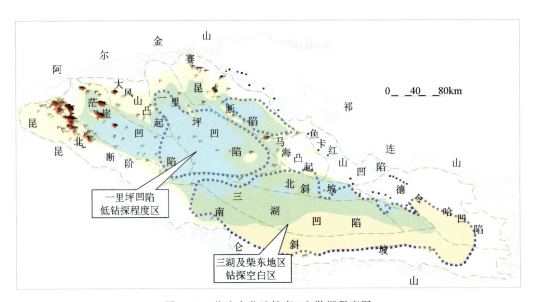

图 1.10　柴达木盆地钻穿 N_2^3 勘探程度图

钻穿上侏罗统的探井 127 口，主要位于冷湖构造带和柴北缘山前带（图 1.11）。伊北凹陷、赛什腾凹陷、鱼卡-红山凹陷、德令哈凹陷中下侏罗统缺乏钻井揭示。钻遇基岩的探井仅有 94 口，主要位于盆地边缘如昆北断阶带和马海凸起-鱼卡地区（图 1.12）。

二、盆地勘探潜力

据第三次油气资源评价，盆地石油总资源量为 21.5×10^8 t，石油资源主要分布在柴

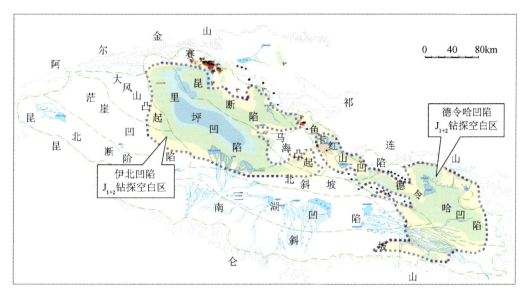

图 1.11　柴达木盆地钻穿 J_3 探井分布图

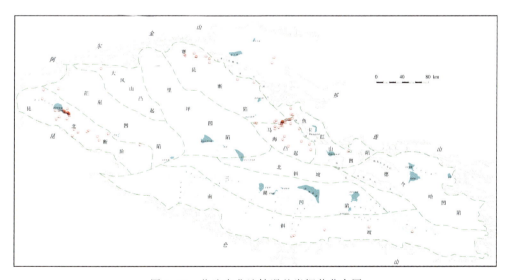

图 1.12　柴达木盆地钻遇基岩探井分布图

西地区和柴北缘地区，其中柴西地区石油资源量占全盆地总资源量的 71.4%，是石油勘探的主要战略目标（表 1.1）。从层位分布来看，古近系和新近系石油资源量约占全盆地的 96%，是石油勘探的主要目的层系。截至 2009 年底，累计探明 38524.5×10⁸ t，探明率仅为 17.92%；三级储量总和为 8.697×10⁸ t，剩余石油资源量 12.8×10⁸ t，约占石油总资源量的 60%（图 1.13）。

表 1.1　柴达木盆地油气资源、储量数据表（2008 年年底）

地区	面积 /km²	石油资源量 /(×10⁸t)	石油储量/(×10⁴t)			天然气资源量 /(×10⁸m³)	大然气储量/(×10⁸m³)		
			探明	控制	预测		探明	控制	预测
柴西	35000	15.35	31505.5	9061.31	33645.3	8629.8	145.73	32.89	1271.45
柴北缘	35250	6.15	3259.97	/	9502	3975	149.67	179.55	1074.19
三湖	50950	/	/	/	/	12395.2	2770.98	431.72	/
盆地合计	121200	21.5	34765.5	9061.31	43147.3	25000	3066.38	644.16	2345.64

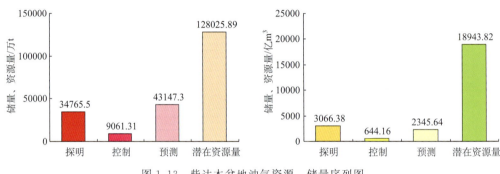

图 1.13　柴达木盆地油气资源、储量序列图

天然气总资源量为 25000×10⁸ m³，天然气资源分布在三湖地区、柴西地区和柴北缘地区，其中三湖地区天然气总资源量占全盆地资源量的 50%，是天然气勘探的主要地区。第四系和新近系天然气资源量约占全盆地的 80%，是天然气勘探的主要目的层系。截至 2007 年底累计探明 3066.38×10⁸ m³，探明率仅为 12.27%；三级储量总和为 6056.18×10⁸ m³，剩余天然气资源量 18943.82×10⁸ m³，占天然气总资源量的 75.78%（图 1.13）。

由此可见，目前柴达木盆地总体处于勘探的早期，大部分油气资源还有待发现，油气资源潜力巨大。

第三节　主要勘探经验与启示

一、勘　探　经　验

总结 50 多年勘探实践，取得了 5 条宝贵的勘探经验。

1）坚持立足富油气凹陷：富油气凹陷是形成大油气田的地质基础，要实现大突破和大发展，就要继续寻找新的富油气凹陷。

2）坚持立足有利储集相带：有利储集相带是发现规模优质储量的基本条件，要寻找规模储量区，就要围绕富油气凹陷继续寻找和落实有利储集相带和有利源储组合带。

3）坚持立足构造稳定区：构造稳定区是油气富集保存的重要条件，要实现勘探大突破和大发现，就要围绕构造稳定区寻找规模油气富集区。

4）坚持油气并举和构造、岩性并重：柴达木盆地是一个既富油也富气的盆地，构造圈闭发育，地层岩性圈闭也发育。要继续加大油气兼探的力度，在加强构造勘探的同时，加大地层岩性油气藏的勘探力度。

5）坚持理论创新与勘探技术进步：柴达木盆地勘探史上每次重大发现和储量增长都离不开地质认识的创新和勘探技术的进步。要实现油气勘探的新发现和新突破，就要继续解放思想，大胆探索，积极应用新技术。

二、勘 探 启 示

通过对勘探现状和勘探程度的分析，有如下勘探启示。

1）柴达木盆地勘探历史长，钻井数量多，但受勘探条件与地质认识的客观限制，钻探程度极不均衡，表现在油气区探井数量多，而外围数量少，浅层探井数量较多，而深层数量很少。

2）勘探程度不均衡导致盆地油气地质条件的认识缺乏整体性，大面积的地震、钻井低覆盖区和空白区成为盆地认识和地质评价的盲区，同时，这些低勘探程度区可能是柴达木盆地实现战略突破和发现的重要潜力区。

3）根据勘探程度和现状分析，指出柴西南岩性、柴西北深层、三湖深层、一里坪凹陷、柴东南凹陷、德令哈凹陷、柴东古生界勘探程度低、资源潜力大，是盆地可能的"四新"勘探领域，通过深化研究和加大勘探投入有望成为柴达木盆地未来油气勘探的重要接替领域。

第二章 柴达木盆地中新生代构造特征及演化

第一节 柴达木盆地区域地质特征

一、区域地层序列

柴达木盆地油气勘探揭示的含油气层系主要为中生界和新生界，中生界包括三叠系、侏罗系、白垩系，新生界包括古近系、新近系和第四系。经多年勘探实践发现，新生界地层比较发育，沉积地层厚度大，部分地区达到几千米，如三湖凹陷和赛昆断陷，地层露头较多；中生界地层不发育，且研究区中生界地层出露不多，具体地层分布如表 2.1。

表 2.1 最新地层划分方案

界	系	统	组（群）	代号
新生界	第四系	全新统–上更新统		Q_{3+4}
		中–下更新统	七个泉组（玉门组）	Q_{1+2}
	新近系	上新统	狮子沟组	N_2^3
			上油砂山组	N_2^2
			下油砂山组	N_2^1
		中新统	上干柴沟组	N_1
	古近系	渐新统	下干柴沟组	E_3
		古–始新统	路乐河组	E_{1+2}
中生界	白垩系	下统	犬牙沟组	K_1
	侏罗系	上统	红水沟组	J_3
			采石岭组	
		中统	大煤沟组	J_2
		下统	小煤沟组	J_1
			湖西山组	
	三叠系	上统	八宝山群	T_3
		中统	古浪堤群	T_2
		下统	隆务河群	T_1
古生界	二叠系	上统	诺音河群	P_2
		下统	巴音盒群	P_1

（1）三叠系（T）

三叠系主要出露于祁漫塔格山东南端、布尔汗布达山和柴东山区。仅在冷湖三号井下见到上三叠系，是一套暗色轻微变质的碎屑岩，夹有炭质泥岩。

（2）下侏罗统（J₁）

下侏罗统主要包括湖西山组和小煤沟组两套地层。湖西山组第一段的岩性粒度较粗，以砂砾岩为主，为扇三角洲相。湖西山组第二段中下部，岩性以灰色泥岩、粉砂质泥岩为主，为浅湖-半深湖亚相，反映盆地的进一步拉张断陷和湖泊的迅速扩张。湖西山组第二段上部与该组第三段下部，岩性主要为砂砾岩、煤层及炭质泥岩，为扇三角洲相及沼泽相，属湖盆收缩期。湖西山组第三段上部岩性以灰色、深灰色、黑色泥岩为主，属湖盆激烈扩张期的半深湖-深湖相。

小煤沟组岩性为灰色、灰白色砂质泥岩、砂岩、含砾砂岩及砾岩互层，上部发育煤层及灰绿色泥岩，沉积相主要为扇三角洲相、河流相及沼泽相。

（3）中侏罗统（J₂）

即大煤沟组。早期和中期岩性为灰色、灰白色砂质泥岩、砂岩、含砾砂岩及砾岩互层，上部发育煤层及灰绿色泥岩，沉积相主要为扇三角洲相、河流相及沼泽相；晚期由砂泥间互沉积的三角洲相到主要发育油页岩的浅湖-半深湖相。

（4）上侏罗统-白垩系（J₃-K）

包括上侏罗统的采石岭组和红水沟组，白垩系的犬牙沟组。

采石岭组第一段，岩性以砂砾岩为主，为冲积扇或扇三角洲相。采石岭组第二段，主要为以褐灰色泥岩为主的氧化宽浅型滨、浅湖相。采石岭组第三段、第四段，为褐灰色砂岩、粉砂岩、含砂泥岩互层的河流相和三角洲相沉积。从采石岭组第一段到第三段、第四段，构成一个由冲积扇或扇三角洲相，到滨浅湖相，最后到河流相、三角洲相的一个完整的层序演化序列。

洪水沟组在柴北缘的残余厚度很小，如鱼卡露头仅有17m，但在柴西红水沟露头厚达447m。红水沟组分两个岩性段，下段为深红色、灰紫色与灰棕色砂岩、砂质泥岩、粉砂岩及细砂岩，上段为棕红色含砂泥岩夹灰色砂岩，为氧化宽浅型滨、浅湖相沉积。

白垩系在研究区发育不全，主要为犬牙沟组，为一套陆相红色碎屑岩系。岩性以灰白色、棕红色、浅紫红色砂砾岩为主，夹暗棕色泥岩。

（5）路乐河组（E₁₊₂）

在路乐河地区出露完整且发育良好，在柴达木盆地北部仅出露在各老山边界的前沿，从北到南形成两个条带状露头区：北带西起红三旱一号，经赛西、驼南、结绿素、鱼卡、马海、尕秀，向东止于红三旱构造；南带西起无柴沟，经过苦水泉、大红沟、小柴旦，向东止于埃姆尼克构造。在盆地西部，干柴沟—红柳泉一带岩性最细、颜色最暗，前者的上段为灰色砂岩、砾岩与灰色、深灰色钙质泥岩、泥岩互层，中段为红色、灰色的砂岩、泥岩互层，下段变为棕红色的砂岩、泥岩互层；向东岩性变红变粗，上段以棕灰色泥岩为主夹同色碎屑岩，下段以棕红色中砂岩、细砂岩为主，棕褐色泥岩次之，夹同色粉砂岩及含砾砂岩。到了尖顶山—黄石一线，地层不仅全部变红，并且呈暗紫红色。

路乐河组与下伏中生界地层走向呈角度不整合接触，在大红沟一带为整合接触，到了盆地西部，路乐河组直接超覆不整合于印支期花岗岩或加里东期花岗岩之上。本组化石稀少，只有少量的孢粉、轮藻、介形类和个别软体动物。

（6）下干柴沟组（E_3）

下干柴沟组出露范围广泛，范围超过下伏路乐河组，是柴达木盆地中新生界各组中第一个出露范围最广、连片面积最大的地层单位，断续出露在西起犬牙沟、东至莱扎克、北起冷湖三号、南达昆仑山北坡泥盆山、盆地周边老山山前的环形地带中。

本组在盆地西部是以山麓洪积相砂岩、砾岩和半咸水-咸水湖相泥质岩为主，河流相砂质岩次之；盆地北部与中东部则以河流相及三角洲相的砂质岩为主，半咸水湖相及洪泛平原相的泥质岩次之。在盆地西部，本组下段岩性粗，颜色以棕红色为主，上段岩性细，颜色以灰-深灰色为主，自下而上组成反映湖水推进的正旋回；冷湖地区与德令哈地区也有下粗上细的变化特征，但颜色变化不明显，上、下都以红色为主；马海-大红沟地区则上下岩性变化不明显，都是灰绿、灰色砂质岩与棕红色泥质岩的不等厚互层。

下干柴沟组富产脊椎动物、介形类、轮藻和孢粉化石。

（7）上干柴沟组（N_1）

分布范围基本与下干柴沟组相同，只是在阿拉尔构造、七个泉构造中西部及红柳泉构造西端缺失上干柴沟组。

与下干柴沟组相比，本组岩性有所变细，除柴北缘牛鼻子梁等个别地区外，普遍缺失山麓洪积相巨厚砾岩层，砾岩薄层也很少见，是一套河流相碎屑岩与半咸水-咸水湖相碎屑岩、黏土岩与化学岩组成的内陆沉积物。在盆地西部岩性从阿尔金山南缘向盆地中心迅速变细，由砂岩、砾岩为主或砂岩、泥岩互层变成基本上以暗色泥质岩和碳酸盐岩为主要成分的地层；在盆地北部岩性变化不明显，主要是由河流相、三角洲相的灰绿色、灰色砂质岩和河泛平原相棕红色泥质岩的不等厚互层组成；而在盆地中部，上干柴沟组泥质岩类颜色自下而上也有微弱变暗趋势。本组均与下伏下干柴沟组为整合接触关系。

（8）下油砂山组（N_2^1）

分布范围较广，基本上连片分布于全盆地，与下伏上干柴沟组基本相同，只是在七个泉中西部一带因本组超覆不整合于下干柴沟组之上而略大于上干柴沟组。其他地区本组与下伏上干柴沟组为整合接触关系。

在盆地中东部地区，岩性以黄绿色砂岩、粉砂岩、泥质粉砂岩和粉砂质泥岩为主，夹杂色泥岩和泥灰岩，盆地中部渐变为灰色砂泥岩。下油砂山组在中部地区最厚超过2400m（碱石山构造），在东部地区一般为数百米至一千余米。下油砂山组化石丰富，所含介形类化石主要有柴达木花介、真湖花介等，属喜盐介形类。上述两类化石大量出现在盆地西北部，往往单属种占绝对优势。在盆地东部，由于水体较浅，水质变淡，这类化石的数量迅速减少，而多门类浅水生物迅速增多，如拟玻璃介、带星介、达尔文介、油砂山介、斗星介、球星介、美星介等渐趋丰富，此外还含有丰富的腹足类和轮藻化石，这一浅水生物组合反映了水体较浅且较淡的沉积环境。

下油砂山组沉积时期，昆仑山迅速抬升，湖盆面积迅速缩小，新近纪和古近纪湖盆进入收缩期，半深湖相在下油砂山组下段沉积时期，仅分布在茫崖及一里沟附近，至下油砂山组上段沉积时期，沉积中心往茫崖东部迁移，而分布更为局限。在阿尔金山前西段的扇三角洲相、三角洲相分布面积逐渐变小，并向山前逐渐收缩。沉积相特征变化较大的是西部跃进地区，由于昆仑山的抬升和湖水的退却，该地区古地形坡度变陡，河流作用相对增强，在古阿拉尔水系的作用下形成水退环境的扇三角洲沉积，并且向盆地内部延伸更远。北缘地区河流作用增强，三角洲相相对较发育。

（9）上油砂山组（N_2^2）

上油砂山组分布范围大致与下油砂山组相似，露头几乎遍及全盆地，只是在柴北潜伏至红三旱一号一带第四系超覆不整合于下油砂山组之上，上油砂山组缺失。岩性以黄色、黄褐色、棕灰色泥岩、砂质泥岩和泥质粉砂岩为主，夹灰色、灰白色粉砂岩、砂岩和含砾砂岩。该组地层与下油砂山组之间为区域性的整合接触关系。上油砂山组所含的介形类以正星介为代表，是典型的喜盐介形类。该属介形类的分布基本上反映了咸化湖泊区，而且西部比东部更加丰富。另外，多门类浅水生物绝大多数由下油砂山组延续而来，真星介、湖花介、美星介等所占比例不断增加，介形类属多达20余属，并且还有丰富的多科属腹足类及轮藻化石。这一浅水生物组合反映的特点是水体较浅且较淡。正星介与多门类浅水生物交替出现或共生，代表了水体的咸淡交替。上油砂山组与下伏的下油砂山组为区域性的整合接触关系。

（10）狮子沟组（N_2^3）

狮子沟组分布范围略小于上油砂山组。本组岩性比较稳定，主要以灰色、棕灰色、土黄色泥岩和砂质泥岩为主，夹浅灰色、土黄色粉砂岩、泥质粉砂岩以及灰白色泥灰岩、石膏层和灰黑色炭质泥岩。盆地边缘常为灰色、黄灰色和土黄色粗砂岩、含砾砂岩和砾岩。与下伏地层上油砂山组相比，其中碳酸盐岩减少，膏盐类明显增多，常形成白色盐岩层与黑灰色石膏层的互层。狮子沟组所含化石继承了上油砂山组的特征，正星介继续成为介形类中的优势属，并与多门类浅水生物交替出现，微湖花介成为盆地重要的新成员。此外还含有丰富的浅水多科属腹足类和轮藻类化石。

（11）第四系（Q）

第四系地层在涩北、台南和涩聂湖一带岩性主要为灰色、浅灰色粉砂质泥岩、深灰色泥岩和灰白色泥质粉砂岩、粉砂岩互层沉积。在该组地层的顶部往往以灰白色、浅灰色粉砂质泥岩为主，夹有较多的灰黑色炭质泥岩和灰白色泥灰岩，在其底部常以棕灰-灰绿色的泥岩、砂质泥岩为主，夹少量灰黑色炭质泥岩。在盆地西北部伊克雅乌汝和红三旱三、四号构造一带岩性主要为棕灰色、灰白色粉砂质泥岩、灰绿色泥岩夹泥灰岩、盐岩、石膏质砂岩和鲕状砂岩。在盆地边缘，哑叭尔、全吉、埃南1井、甜参1井、格参1井以及中灶火（灶地3井）和大灶火（灶地1井）均为冲积扇、河流相等边缘相沉积的棕色、褐色、土黄色砾岩、含砾砂岩和砂岩。在盆地北部的老山前沿，局部可见本组与下伏狮子沟组为不整合接触（见于七个泉、尖顶山等地），但较多者则是与前狮子沟组各时期的地层呈超覆不整合接触。在盆地中心地区，第四系与下伏狮子沟组间是整合接触。第四系所含化石主要为介形虫类、轮藻和腹足。

二、柴北缘侏罗系划分与对比

(一) 侏罗系各层段特征

前人对柴北缘侏罗系做过大量工作，取得了丰硕的研究成果，但是由于柴北缘侏罗系受盆地迁移和后期差异剥蚀影响，钻遇侏罗系探井少，深层地震资料品质较差，盆山结合带构造复杂，仍然存在侏罗系有关地层时代归属、地层对比、地层层序、地层展布不清等问题，因而导致侏罗系烃源岩分布不清，严重制约柴北缘油气勘探，如何解决露头、探井、地震资料的有机结合，成为解决地层分布预测的关键问题。

在全面总结前人研究成果的基础上，通过开展大量野外工作、考察，并通过对大煤沟剖面、旺尕秀剖面、东大沟剖面、柏树山剖面、花石沟剖面、达达肯乌达山剖面、小煤沟剖面、大头羊沟剖面、鱼卡剖面、路乐河剖面、圆顶山剖面、结绿素剖面、高泉煤矿剖面、湖西山剖面等侏罗系的实测，分析孢粉样品 188 块，重新攻关处理二维地震大剖面 16 条 2374km，为重新认识侏罗系地层奠定了基础。

侏罗系自下而上划分为下侏罗统湖西山组、小煤沟组、大煤沟组 1～3 段；中侏罗统大煤沟组 4～7 段；上侏罗统红水沟组、采石岭组，各组段特征如下。

1. 下侏罗统

(1) 湖西山组 (J_1h)

湖西山组自下而上划分为三段。

湖西山组第一段 (J_1h^1，习称红绿色段)：该段仅在柴北缘西段呼通诺尔隆起带上有出露，最典型的见于冷湖西部的湖西山露头剖面，厚度约 85m，岩性为红绿色泥岩与砂岩、泥质粉砂岩间互层。该段在冷湖三号石地 5 井也有钻遇，钻厚 188.9m，但颜色为绿灰色、灰白色，未见红色岩性。迄今为止，尚未在该段地层中发现任何化石证据。研究认为，该段地层不一定代表侏罗纪早期的一个单独地层单元，可能是沉积相变而导致出现红颜色岩性，在此暂且把该段定为湖西山组第一段。

湖西山组第二段 (J_1h^2，习称暗绿色段)：该段以湖西山露头为代表，下部是一套暗绿灰色角砾岩，上部是一套暗绿灰色砂岩与炭质泥岩。冷湖三号 D4 孔、石地 2、石地 5、石地 9、石地 10、北中 1、中 22 和石深 2 等多口井钻遇，岩性与地面露头基本相同。冷湖四号没有井钻达该地层。冷湖五号冷科 1 井钻遇 (井深 4666～5200m，视厚度 534m)，岩性以灰色泥岩、砂质泥岩、粉砂质泥岩为主，顶底夹灰岩，方解石脉发育。南八仙构造仙 3 井也钻遇了该段地层，为一套含煤碎屑岩系，钻厚 103.5m。该段地层含有枝脉蕨、拜拉、茨刚叶等植物化石；含原始松柏类-宽肋粉属孢粉组合。

湖西山组第三段 (J_1h^3，习称含炭段)：冷湖三号钻遇该段的井有 31 口，岩性特征为灰至灰黑色砂质泥岩、粉砂岩、含砾砂岩、砾状砂岩、砾岩互层，夹有黑色炭质薄层。冷湖四号有深 85、深 86 两口井钻达该层。其中，深 85 井岩性特征为：下部以灰色、灰黑色砂质泥岩为主，夹砾岩、砂岩、粉砂岩；中上部为黑灰色、深灰色、灰白色砂质泥岩与灰绿色、浅灰色砾岩略等厚互层，夹薄层砂岩、泥质粉砂岩及泥岩。冷湖五号仅有冷科 1 井钻遇该层（井深 3473～4666m，钻遇视厚度 1193m），岩性特征为：下部为灰色砂砾岩夹薄层泥岩和煤层；中部为煤层、灰色泥岩、粉砂岩互层；上部以灰色、深灰色、黑色泥岩、砂质泥岩为主，夹薄层粉砂岩和粉砂质泥岩。该段地层含有较多植物化石，主要有枝脉蕨、苏铁杉、茨刚叶等；产具囊松柏类-拟云杉粉属-刺粒面孢类孢粉组合。

（2）小煤沟组（J_1x，习称含油段）

小煤沟组出露局限，仅出露于大柴旦地区。建组剖面位于大柴旦大煤沟剖面，该剖面小煤沟组与下伏元古界变质岩不整合接触，与上覆大煤沟组平行不整合接触，厚 87.7m，自下而上划分为三段，第一段为灰黄色砾岩与黑灰色炭质页岩互层，夹紫红色菱铁矿层，厚 38.31m，第二段下部为灰黄色砾岩、紫褐色和灰色泥质粉砂岩，夹灰黑色炭质页岩，上部为灰黑色炭质页岩、棕灰色黏土质页岩夹 6.79m 的煤层，厚 24.74m；第三段为灰黄色细砂岩、中砂岩与砾状砂岩互层，厚 24.63m。

钻达该地层的探井主要分布在冷湖三号、冷湖四号，潜西的潜参 1 井也钻遇该地层。该组地层在冷湖三号主要为绿黄、土黄、浅紫、浅灰、灰白色砾状砂岩和含砾砂岩，夹少许灰黑色砂质泥岩、泥质粉砂岩、炭质泥岩和薄煤层，最大钻厚 1414m（石深 6）。冷湖四号深 17、深 81、深 85 井钻遇该段地层。其中，深 85 井小煤沟组岩性以深灰、黑灰色为主，灰色、黄绿色为次的砂质泥岩、泥岩，并夹棕灰、灰、绿灰色砂岩、砾岩。在潜西地区，潜参 1 井钻遇该地层 204.09m，可分为 2197～2264.5m、2264.5～2402.09m 两个旋回，上旋回上部为紫灰、杂色泥岩，部分褐灰色泥岩夹粉砂岩，中下部砾岩与砾状砂岩互层，夹少量浅灰白、浅灰色含砾砂岩和以砖红色为主的砂质泥岩；下旋回为紫色泥岩与浅灰、浅灰绿、浅灰白色粉砂岩、含砾砂岩、砾状砂岩、砾岩互层，夹煤层。小煤沟组与下伏湖西山组为整合接触。

产植物和孢粉化石，在大煤沟剖面产植物 *Zamites-Thinnfeldia* 组合、*Cladophlebis* 组合和 *Ephedrites-Stenopteris* 组合，孢粉产 *Osmundacidites*（拟紫萁孢）-*Cycadopites*（拟苏铁粉）-原始松柏类组合。在冷湖三号产孢粉具囊松柏类-*Cycadopites-Osmmundacidites* 组合。

（3）大煤沟组一、二、三段

大煤沟组建组剖面是大柴旦大煤沟剖面，该剖面大煤沟组总厚度 1028m，与下伏小煤沟组平行不整合或局部微不整合接触，与上覆采石岭组整合接触，自下而上分为七段，根据所含化石，将大煤沟组一至三段划分为下侏罗统，将四至七段划分为中侏罗统。

大煤沟组第一段（J_1d^1，厚 105.5m）：本段为含煤地层，岩性细、颜色深，下部以灰色炭质页岩、棕灰色黏土质页岩为主，夹黑灰色砂岩、煤层、油页岩及紫红色菱铁矿层；中部以灰白色、灰黄色砂岩、砾状砂岩为主，夹一些砂质页岩、炭质泥岩、少量油页岩及菱铁矿透镜体；上部以灰黑色炭质页岩、砂质页岩为主，夹灰黄色砂岩、粉砂岩与菱铁矿结核层。产孢粉 *Lycopodiumsporites*（拟石松孢）-*Lycopodiacidites*（石松孢）-*Disaccites*（具囊松柏类）组合，植物 *Hausmannia* 组合，双壳类 *Ferganoconcha-*

Utschamella 组合。

大煤沟组第二段（J₁d²，厚 163.3m）：中上部以黑灰色炭质页岩为主，夹灰黄色砂岩、粉砂岩及菱铁矿层，顶部为一层厚 1.6m 之黄绿色含砂泥岩层，下部以灰白色、灰黄色细砾岩、砾状砂岩为主，夹黑灰色炭质泥岩及菱铁矿层。产植物 *Coniopteris murrayana-Eboracia lobifolia* 组合，双壳类 *Ferganoconcha-Utschamella* 组合（同第一段），孢粉 *Leiotriletes-Marattisporites-Cycadopites* 组合。

大煤沟组第三段（J₁d³，厚 147m）：以黄绿色泥岩、紫红色含砂泥岩、砂质泥岩为主，夹暗灰色粉砂岩、灰黄色砾状砂岩、含砾砂岩、灰白色、绿灰色砂岩，底部为一层厚 5.32m 的黄白色砾岩。产孢粉 *Classopollis-Cyathidites-Deltoidospora* 组合，轮藻 *Aclistochara stellerides-A.nuguishanensis* 组合，介形类 *Darwinula sarytirmenensis-Timiriasevia* 组合，以及少量叶肢介和植物化石。

2. 中侏罗统

中侏罗统包括大煤沟组四至七段。

大煤沟组第四段（J₂d⁴）：在大煤沟剖面，岩性以灰绿色砾岩、砾状砂岩、含砾砂岩为主，夹黑灰色炭质泥岩，紫红色、灰绿色砂质泥岩，厚度为 259.8m，在潜西地区潜参 2 井钻厚 190m，为一套灰色、深绿灰色变质岩与变质砂岩，个别硅质板岩。该段动植物化石稀少，产 *Inaperturopollenites*（无口器粉）-*Classopollis*（克拉梭粉）孢粉组合。

大煤沟组第五段（J₂d⁵）：在大煤沟剖面，厚度 131m，下部以灰黄色、灰白色砾岩、砾状砂岩和砂岩为主，夹黑灰色炭质页岩、紫红色菱铁矿薄层和透镜体；中部以黑灰色炭质页岩为主，夹泥质砂岩及紫红色菱铁矿结核层、劣质煤层；上部以煤层为主，夹黑灰色炭质泥岩。在潜西地区，潜参 2 井钻厚 123m，中上部为炭质泥岩和煤层，夹砂岩和少量砾岩；下部砾岩含量增多，泥岩以浅紫灰、浅灰色为主，黑灰、浅褐色次之。产植物 *Coniopteris hymenophylloides-Tyrmia* 组合，孢粉 *Cyathidites-Leiotriletes-Cycadopites-Disaccite* 组合；轮藻 *Aclistochara stellerides-A.nuguishanensis* 组合，介形类 *Darwinula sarytirmenensis-Timiriasevia* 组合。

大煤沟组第六段（J₂d⁶）：在大煤沟剖面，厚 110.8m，下部以灰白色砾状砂岩与杂色砂质泥岩、粉砂岩为主，夹灰色、浅灰色炭质泥岩；上部为黄灰色砾状砂岩、砂岩与杂色砂质泥岩、灰色含炭泥岩及煤层互层。在鱼卡剖面，厚度 184.84m，上部以灰色泥岩、浅黄色页岩为主，夹灰黄色细砂岩、粉砂岩和煤层；下部为浅灰色粉砂岩，黄色细砂岩。产植物 *Coniopteris simplex-Pagiophyllum* 组合；孢粉 *Psophosphaera-Cycadopites* 组合和 *Inaperturopollenites-Schizosporis* 组合。

大煤沟组第七段（J₂d⁷）：在大煤沟剖面，厚度 112.58m，上部以绿灰色、棕灰色泥质页岩为主，夹紫棕色菱铁矿及纤维状石灰岩等，下部以黄灰色砾状砂岩、砂岩、粉砂岩为主，夹棕灰色含碳砂质泥岩及煤层。产第六段所产植物和孢粉组合；产叶肢介 *Euestheria-Qaidamuestheria* 组合；产介形类 *Darwinula sarytirmenensis-Timiriasevia* 组合。在鱼卡剖面厚度 117.43m，以深灰色、浅黄色页岩为主，夹少量浅黄色砂质泥岩和细砂岩，产克拉梭粉-具囊松柏类组合。

3. 上侏罗统

(1) 采石岭组 (J₃c)

建组剖面位于柴达木盆地西部采石岭，该剖面采石岭组与下伏大煤沟组角度不整合接触；在盆地北缘和德令哈一带，与下伏大煤沟组一般为连续沉积或平行不整合接触。

柴达木盆地西部和北缘地区，采石岭组岩性、岩相较为稳定，均以滨浅湖相沉积的紫红色、棕红色泥岩、砂质泥岩夹灰绿色、黄绿色砂岩为主。德令哈地区采石岭组岩性略粗，在旺尕秀剖面采石岭组岩性为棕红色、黄棕色砂质泥岩及灰绿色砂砾岩，具绿色斑点、钙质结核，厚度为 73m。在柏树山剖面采石岭组岩性为褐红色巨厚层中砾岩与不等粒长石质硬砂岩互层，厚度为 48m，与下伏大煤沟组整合接触，与上覆白垩系不整合接触。红山参 1 井 1103～1954m 井段钻遇视厚度为 851m 的采石岭组和红水沟组（两组难以划分），岩性以棕黄、灰黄色及少量棕灰色砂质泥岩、泥岩为主，夹棕褐色、灰绿色砂岩及泥质粉砂岩，在 1820～2000m 井段见有丰富的 *Classopollis*。

(2) 红水沟组 (J₃h)

建组剖面位于柴达木盆地西部地区的红水沟。与下伏采石岭组整合接触。

柴达木盆地内红水沟组岩性较细，均为浅湖-冲积平原相的棕红色泥岩、砂质泥岩夹不规则蓝灰色条带及斑点。唯德令哈旺尕秀剖面上、下部岩性较粗，为浅棕、浅棕红、浅棕黄色砾状砂岩、砂砾岩、砂岩夹有棕红色泥岩、砂质泥岩，中部较细，为棕红色、浅棕黄色钙质砂岩、细砂岩与浅黄褐色、浅棕红色粉砂质泥岩、泥岩，与下伏采石岭组整合接触，与上覆第四系不整合接触，厚 565m。

该段动植物化石较多，有开口轮藻、达尔文介、准噶尔介、多种叶肢介等。

(二) 重要地层时代归属及重要地质界线

目前，关于柴北缘侏罗系划分对比存在的问题仍然是冷科 1 井井深 4666～5200m 段地层的时代归属问题；柴北缘东部侏罗系小煤沟组与柴北缘西段井下侏罗系的对比关系问题；中、下侏罗统的界线和中、上侏罗统的界线问题。澄清上述问题，对柴北缘侏罗系展布、烃源岩评价、油气勘探具有重要意义。

1. 重要地层时代归属

(1) 冷科 1 井、深 86 井下部地层时代归属

本次孢粉样品再分析，进一步证实冷科 1 井 4666～5200m、深 86 井 3935～4461m 井段地层为下侏罗统，而不是石炭系。

1) 冷科 1 井

冷科 1 井是 1998 年在冷湖 5 号构造钻探完钻的一口科学探索井，完钻井深 5200m，当时将 3473m 以下地层划归下侏罗统，但是后来将井深 4666～5200m 段地层划归石炭系，存在争议。

本次工作对冷科 1 井 4378～5200m 井段岩屑进行了孢粉样品的系统采样并进行了

精心挑选，挑选出来的样品均为有棱角的岩样，分析结果在 33 块样品（其中在 4395～
4666m 井段 10 块，在 4660～5200m 井段 23 块）中分析出大孢子库车壳孢形体（*Ku-qaia*），在 39 块样品中都分析出丰富的早侏罗世孢粉化石（图 2.1），未见石炭系孢子，
孢粉化石研究表明冷科 1 井 4666～5200m 段地层的时代为早侏罗世早期。

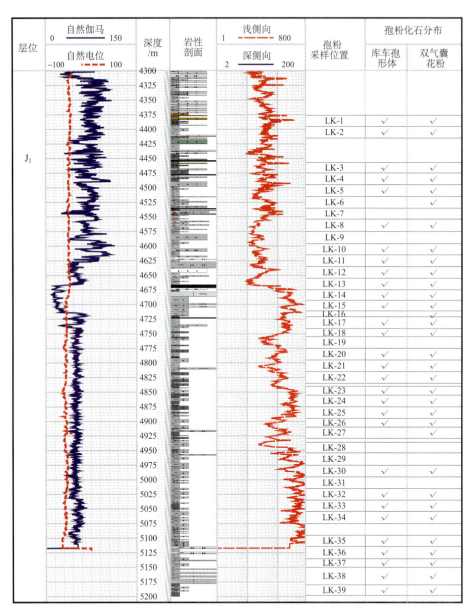

图 2.1　冷科 1 井 4378～5200m 井段岩屑孢粉样品采样位置及化石分布

在 39 块样品中，孢粉组合面貌基本一致，为同一地质时期的产物。孢粉组合中，
裸子植物花粉居统治地位，占总含量的 93.6% 以上，有的样品几乎全是裸子植物花粉；
蕨类植物孢子的含量只为 0～6.4%，未见被子植物花粉和疑源类化石。裸子植物花粉

中，本体无肋纹的两气囊花粉含量特别丰富，占总含量的 58.4%～92%，包括 *Vitreis-porites*，*Pinuspollenites*，*Pityosporites*，*Protopinus*，*Piceaepollenites*，*Piceites*，*Protopicea*，*Cedripites*，*Platysaccus*，*Podocarpidites*，*Protopodocarpus*，*Parvisaccites*，*Pristinuspollenites*，*Quadraeculina*，*Paleoconiferus*，*Protoconiferus*，*Pseudowalchia* 等；其中气囊与本体分化不完全的松柏类两气囊花粉的含量高于气囊与本体分化完全的花粉。其次是单沟类花粉，占总含量的 3.3%～38.4%，并以 *Chasmatosporites*（2.8%～33.6%）为主，*Cycado-pites* 很少，*Verrumonocolpites* 仅个别见及。无口器类花粉的含量为 0～13.9%，包括 *Inaperturopollenites*，*Psophosphaera*，*Aracuriacites*，*Granasporites*。环囊类花粉的含量为 0～11.5%，见有 *Callialasporites* 和 *Cerebropollenites*。本体具肋纹的两气囊花粉少量或个别出现，见有 *Chordasporites*，*Colpectopollis*，*Protohaploxypinus*，*Taeniaes-porites*。单孔类花粉 *Perinopollenites* 和 *Classopollis* 只在个别样品中个别出现。

蕨类植物孢子见有 *Calamospora*，*Punctatisporites*，*Deltoidospora*，*Granulatisporites* *Cyclogranisporites*，*Osmundacidetes*，*Lycopodiumsporites*，*Verrucosisporites*，*Desoisporites* 和 *Aratrisporites*，大多只是个别出现，唯 *Osmundacidites* 含量（0～5.4%）相对显著。

2）深 86 井

深 86 井是 1989 年在冷湖四号构造完钻的一口预探井，完钻井深 4461m，当时将 3027～4461m 井段地层确定为早侏罗世，但是后来也有人将该段下部井深 3935～4461m 的地层与冷科 1 井井深 4666～5200m 井段的地层对比，认为是石炭系。

为了进一步确定该套地层的时代，避免混乱，本次研究，对深 86 井 3100～4461m 井段地层进行了系统的孢粉样品采样与分析，结果在 3505.8m 井段 1 块岩心（灰黑色炭质泥岩）样品和 3700～4460m 井段 7 块岩屑样品中分析出了丰富的早侏罗世孢粉化石和大孢子化石（图 2.2），分析结果上下层位孢粉组合相同，完全可与冷科 1 井 4666～5200m 孢粉组合对比，孢粉组合中，裸子植物花粉居统治地位，占总含量的 90% 以上，蕨类植物孢子的含量少于 10%，同时还发现有孢子库车壳孢形体（*Kuqaia*），没有发现石炭系孢粉化石，时代为早侏罗世。

（2）柴北缘东段小煤沟组与柴北缘西段井下湖西山组的时代归属

柴北缘东段大煤沟剖面小煤沟组与北缘西段冷湖地区井下侏罗系（湖西山组）的对比关系目前一直存在争议，是新老关系还是同时期沉积？进而涉及湖西山组一名是否采用、乃至下侏罗统的地层层序问题。

本次工作在大煤沟剖面小煤沟组共分析孢粉样品 10 块，在 6 块样品中分析出孢粉化石，分析鉴定结果与青海油田 2008 年分析鉴定结果基本一致，称 *Osmundacidites-Cy-cadopites*-原始松柏类组合。组合特征为：裸子植物花粉占绝对优势（26%～100%）；裸子植物花粉中，以松柏类两气囊花粉为主，常见成分有 *Pseudopicea*，*Piceites*，*Protopicea*，*Protoconiferus*，*Pseudopinus*，*Pinuspollenites*，*Abietineaepollenites*，*Piceaepollenites*，*Podo-carpidites*，*Cedripites* 等；单沟类 *Cycadopites* 占 0～24%，平均 7.69%；*Quadraeculina* 含量达到 0.6%～59.0%，平均 14.27%；蕨类孢子中，*Osmundacidites* 占 0～14.08%，平均 3.41%；含有一定量的 *Calamospora*，*Leiotriletes* 等，组合中很少含晚三叠世古老分子，如 *Taeniaesporites*（宽肋粉）。与冷湖地区湖西山组孢粉组合相比，湖西山组中古老类

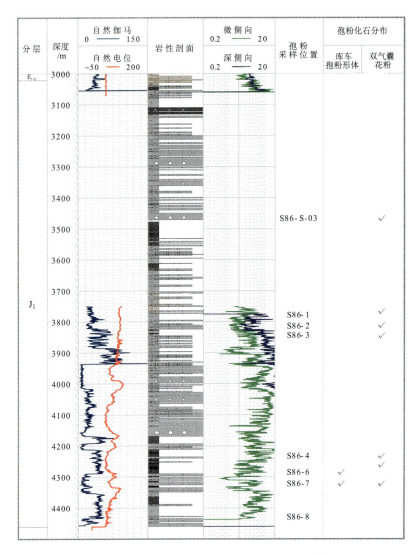

图 2.2　深 86 井孢粉样品采样位置及化石分布

型如 *Taeniaesporites*（宽肋粉）等含量较高，说明小煤沟组时代较湖西山组的地质时代偏新。湖西山组的时代为早侏罗世早期，小煤沟组的时代为早侏罗世中期。

　　通过大煤沟剖面小煤沟组与冷湖地区井下湖西山组中所产丰富的孢粉化石对比认为，小煤沟组的时代较湖西山组的时代新，两者为上下叠置的新老关系。

　　2. 重要地质界线

　　(1) 中、下侏罗统的界线位于大煤沟组三段、四段之间

　　中、下侏罗统界线有两种看法，一种认为该界线位于大煤沟组三段与四段之间，另一种则置于大煤沟组二段与三段之间。

　　本次研究将中、下侏罗统的界线置于大煤沟组三段、四段之间。大煤沟组第一段中

植物化石以小羽片大型的 *Cladophlebis* 占优势，与新疆八道湾组上部植物组合可以对比。第二段和第三段出现了双扇蕨科的 *Hausmannia* 和耐旱的 *Ephedrites*，反映气温升高而变干。孢粉研究表明 *Classopollis* 的含量从第二段开始升高，到第三段达到峰值。第三段的介形类由 *Darwinula* 一属组成，极其单调的面貌与新疆准噶尔盆地三工河组中所见相似，其岩性以红色和杂色为特点，表明气候炎热干旱，是侏罗纪晚期升温事件的产物，时代为早侏罗世晚期。

综合介形、孢粉及轮藻各门类化石及化石组合时代意见，小煤沟组至大煤沟组三段时代为早侏罗世，大煤沟组三段及其以上层段时代为中侏罗世。中、下侏罗统的界线应置于大煤沟组三段与四段之间。

（2）中、上侏罗统的界线置于大煤沟组与采石岭组之间

采石岭组的时代是中侏罗世还是晚侏罗世争议较大。从采石岭组中所产化石 *Eolamprotula turfanensis* 以及介形类 *Darwinula sarytirmensis*，*D. yibinensis*，*D. impudica*，轮藻 *Aclistochara nuguishanensis*，*A. maanshanensis*，*A. yunnanensis* 等属种来看，中侏罗世的色彩很浓，似应划为中侏罗统上部。但考虑到采石岭组在柴达木盆地的分布，基本上为一套红色岩系，与上覆红水沟组在岩性上区别不明显。再者，在建组剖面上采石岭组与下伏大煤沟组呈不整合接触。所以本书采用采石岭组为晚侏罗世的观点，将中侏罗统与上侏罗统的界线置于大煤沟组与采石岭组之间。从区域上看，界面以下为一套煤系地层，产有丰富的植物化石，界面以上基本为一套红层，不含植物化石。这样的划分方案，有利于生产实际应用。

（三）侏罗系对比

综合利用古生物组合、岩性标志、古气候旋回特征以及标志性地层界面，建立了柴北缘钻井、露头侏罗系的对比关系，揭示了柴北缘侏罗系的分区性，为地层划分对比奠定了扎实的基础。

1. 划分对比标志

（1）生物地层标志

古生物化石是地层划分对比最重要的依据。柴北缘侏罗系古生物化石主要含孢粉、植物、叶肢介、介形类、轮藻，本次工作重点对井下地层对比意义最大的孢粉化石进行了研究，将侏罗系自下而上建立了 12 个孢粉组合（表 2.2）。

（2）岩石地层学标志

岩性是大的气候、构造背景及小的沉积环境共同作用的综合反映，是地层对比的直接标志。岩性标志主要包括岩性组合、岩石颜色及具有地层对比意义的特殊岩性等（表 2.3）。

岩性组合及颜色：中、下侏罗统的小煤沟组和大煤沟组为灰黑、深灰、灰绿、灰色含煤碎屑岩，贯称"黑侏罗"，是中、下侏罗统的重要标志。其中大煤沟组第三段沉积时期由于短暂的升温事件，出现红色和杂色碎屑岩沉积。上侏罗统的采石岭组和红水沟组为杂色和棕红色泥岩、碎屑岩，贯称"红侏罗"，是上侏罗统的重要标志。白垩系犬牙沟组在盆地西部为一套山麓洪积相-河流相碎屑岩，下部主要为灰白色、灰色砾岩，

表2.2　柴北缘地区侏罗系孢粉组合对比表

地层（统·组·段）	大煤沟剖面 孢粉组合	冷湖三号、潜西、苏参1井综合剖面（剖面·段·孢粉组合）	冷湖五号冷科1井（段·孢粉组合）	地层（统·组·段）	孢粉组合序列	组合
上统 采石岭组 1820~2000m	红山参1井：克拉梭粉（89%）高含量组合（鱼33井）	苏参1井：⑨克拉梭粉（93.65%）高含量组合		上统 采石岭组 1820~2000m	红山参1井：克拉梭粉（89%）高含量组合（鱼33井）	组合12
中统 大煤沟组 七段	具囊松柏类—克拉梭粉（14.7%）组合			七段	具囊松柏类—克拉梭粉（14.7%）组合	组合11
七段	无口器粉（43%）—对裂藻（46%）组合				无口器粉（43%）—对裂藻（46%）组合	组合10
六段	皱球藻（31%）—拟苏铁粉（7%）组合	苏参1井：⑧具囊松柏类（65%）—克拉梭粉（22.05%）—光面三缝孢类（4.71%）组合		六段	皱球藻（31%）—拟苏铁粉（7%）组合	组合9
五段	杪椤孢（25.63%）—光面三缝孢（3.83%）—拟苏铁粉（1.16%）—具囊松柏类组合	潜西游变2井：⑦光面三缝孢类（80%）—含囊膜（50%） 轻变质岩 ⑥光面三缝孢类（28%）—含囊膜（50%）组合		五段	杪椤孢（25.63%）—光面三缝孢（3.83%）—拟苏铁粉（1.16%）—具囊松柏类组合	组合8
四段	无口器粉（70%）—克拉梭粉（10%）组合	⑤光面三缝孢类（32%）—拟苏铁粉（11.51%）组合		四段	无口器粉（70%）—克拉梭粉（10%）组合	组合7
三段	克拉梭粉（50%）—三角孢（6.3%）组合			三段	克拉梭粉（50%）—三角孢（6.3%）组合	组合6
二段	光面三缝孢（2.26%）—含囊膜（6.53%）—拟苏铁粉（7%）组合	④具囊松柏类（23%）—拟紫萁孢（34%）—拟苏铁粉（10%）组合（石地深1井石深22）		二段	光面三缝孢（2.26%）—含囊膜（6.53%）—拟苏铁粉（7%）组合	组合5
一段	拟石松粉（8.43%）—具囊松柏类组合（2%）			一段	拟石松粉（8.43%）—具囊松柏类组合（2%）	组合4
小煤沟组	拟紫萁孢（3%）—拟苏铁粉（10%）—原始松柏类组合	冷湖三号：③具囊松柏类（63%）—刺面孢面孢类（63%）—拟云杉孢属（7%）组合（石地11井）；②原始松柏类（62.8%）组合（深75井）	三段 具囊松柏类（60%）—刺面孢面孢类（6.5%）组合	小煤沟组	拟紫萁孢（3%）—拟苏铁粉（10%）—原始松柏类组合	组合3
下统 湖西山组 三段	具囊松柏类（60%）—拟云杉类（6.5%）—刺面孢面孢类（7%）组合；原始松柏类（2.03%）—拟云杉（9.34%）组合（4715~5200m）	冷湖三号：①原始松柏类（72%）组合（石深10井、石深3井）	三段 ③具囊松柏粉（68.47%）—拟苏铁粉（？）组合（4378~4100m）；②具囊松柏面孢类（19.38%）—刺粒（68.47%）组合（4100~4310m）；双束松粉（4310~4715m）；①原始松柏类（20.55%）组合 二段 原始松柏类（33.3%）—拟云杉（2.03%）组合（4715~5200m）	下统 湖西山组 三段	具囊松柏类（60%）—拟云杉类（6.5%）—刺面孢面孢类（7%）组合；原始松柏类（2.03%）—拟云杉（9.34%）组合（4715~5200m）	组合2
二段	原始松柏类（71%）—宽助粉（2.01%）组合		二段 原始松柏类（71%）—宽助粉（2.01%）组合	二段	原始松柏类（71%）—宽助粉（2.01%）组合	组合1
一段	无化石	无化石		一段	无化石	

表 2.3　柴北缘地区侏罗系划分对比标志

地层系统				岩性标志				构造标志		古气候标志		古生物标志
系	统	组	段	岩性旋回组—细	颜色	特殊岩性	含煤性	地层接触关系	地震界面	古气候事件	古气候	孢粉组合
古近系		路乐河组（E₁₊₂）						角度不整合	T_R			
白垩系		犬牙沟组			橘红色为主			角度不整合 平行不整合	T_k		干旱	组合13
侏罗系	上统（J₃）	红水沟组（J₃h）			紫红色夹蓝灰色条带或斑点			平行不整合				缺乏
		采石岭组（J₃c）			灰绿色、紫红色			平行不整合	T_{J_3}	升温事件		组合12
											半潮湿	组合11
	中统（J₂）	大煤沟组（J₁₋₂d）	七段(J₂d⁷)		灰色、灰黑色	油页岩					潮湿	组合10
			六段(J₂d⁶)				煤线					组合9
			五段(J₂d⁵)				厚煤层					组合8
			四段(J₂d⁴)		黄绿色、灰黄色夹灰色							组合7
	下统（J₁）		三段(J₁d³)		黄绿色、紫红色					升温事件	干旱	组合6
			二段(J₁d²)									组合5
			一段(J₁d¹)		灰色、灰黑色	油页岩	煤层	平行不整合			潮湿	组合4
		小煤沟组（J₁x）					煤层					组合3
		湖西山组（J₁h）	三段(J₁h³)				煤层					组合2
			二段(J₁h²)									组合1
			一段(J₁h¹)						T_6			缺乏

中部为橘红色、棕红色砂岩，上部为浅紫红色砾岩，其中橘红色砂岩在全盆地具有广泛的对比意义。

　　含煤性：早、中侏罗世是西北地区主要成煤时期之一，在温暖潮湿气候条件下，有利于煤层的形成。煤层不仅在露头剖面易于识别，而且在剖面上形成强反射层，可作为区域性地层划分和对比的标志。本区煤层见于早、中侏罗世地层，主要发育在下侏罗统湖西山组第三段、小煤沟组和大煤沟组第一段，中侏罗统大煤沟组第五、六段，其中第五段煤层发育最厚，因此，含煤地层是识别下、中侏罗统的重要标志。此外，中侏罗统顶部大煤沟组第七段最大洪泛面沉积时期形成的油页岩，也是识别该区中侏罗统的标志。

　　（3）古气候标志

　　早侏罗世晚期托阿尔期（Toarcian）气候变干旱，大煤沟剖面大煤沟组三段为一套红色和杂色岩系，代表了侏罗纪的一次升温事件，与世界各地早侏罗世晚期托阿尔期气候变干旱事件相一致，因此，该层段可作为识别本区下、中侏罗统界线的标志层。

　　大面积分部的红层，见于本区晚侏罗世地层。主要是由气候变干旱形成的，可作为晚侏罗世地层的标志层。晚侏罗世是全球性高气温干旱期，以牛津期（Oxfordian）气温最高。这与本区和西北地区广泛发育的红层是一致的。白垩纪气候持续干旱，仍然为红色沉积。

早侏罗世与中侏罗世转换期新芦木-枝脉蕨植物群衰退，*Classopollis* 发育。中侏罗世与晚侏罗世转换期锥叶蕨-拟刺葵植物群衰退，*Classopllis* 开始发育。

（4）构造标志（不整合面）

柴达木盆地侏罗系、白垩系存在下列四次大小不同的构造运动，其中燕山末期构造运动在全区最为强烈，影响也最为深刻，是柴北缘地区中新生界地层划分对比的重要依据。

1）早侏罗世小煤沟组沉积末期，地壳抬升，造成大煤沟组与小煤沟组之间的局部平行不整合或局部微角度不整合接触。

2）中侏罗世末（大煤沟组沉积期末），地壳抬升，造成上侏罗统采石岭组与大煤沟组局部平行不整合接触。

3）晚侏罗世末（红水沟组沉积期末），柴达木盆地西部构造运动较强，犬牙沟组与下伏红水沟组为角度不整合接触。在北缘和德令哈一带，犬牙沟组与下伏红水沟组为连续沉积，在北缘一些靠近老山北缘的剖面如圆顶山、全吉花石沟、来扎克等地见平行不整合接触。

4）白垩纪末（犬牙沟组沉积期末），构造运动强烈，造成古始新统路乐河组与白垩系犬牙沟组角度不整合接触。西部运动强于东部。

2. 侏罗系层序划分与对比

利用年代地层、事件地层、层序地层学的对比方法，建立了柴北缘地区侏罗系层序划分与对比关系，为地震处理解释攻关提供了指导。

建立了柴北缘地区侏罗系典型露头、钻井剖面的地层划分对比关系（表 2.4），揭示了侏罗系分布特征与变化规律。下侏罗统自下而上层序为湖西山组（J_1h）、小煤沟组（J_1x）和大煤沟组一至三段（$J_1d^1 \sim J_1d^3$），其中下侏罗统中下部湖西山组和小煤沟组（J_1h 和 J_1x）主要发育在冷湖构造带和伊北凹陷，厚度较大，钻遇最大视厚度达 3200m（石深 2 井）；下侏罗统中上部小煤沟组和大煤沟组一至三段（J_1x 和 $J_1d^{1\sim3}$）在红山以东地区的大煤沟剖面出露，在鄂博梁 1 号钻遇大煤沟组二、三段，厚度较薄。中侏罗统主要为河湖相煤系地层和咸化湖相油页岩，主要发育在赛什腾、鱼卡、红山、德令哈等山前，厚度较薄，但比较稳定。上侏罗统主要为红色河湖相砂泥岩，主要发育在鱼卡、红山、德令哈等山前。

3. 柴北缘侏罗系与西北大区侏罗系具有良好的对比关系

本次研究与邻区吐哈盆地、库车拗陷侏罗系进行了区域对比（表 2.5），柴北缘地区下侏罗统特征更接近新疆地区，中上侏罗统更接近中祁连地区，具有较强的可对比性。

中国北方地区是世界陆相侏罗系较发育的地区之一。全区侏罗系可以分出两大套，即早、中侏罗世潮湿气候下形成的河沼相和湖沼相含煤沉积；中、晚侏罗世干旱、半干

表2.4　柴北缘地区中生界露头与钻井划分对比

层位 \ 地区、代表井和露头				鄂博梁Ⅰ号	湖西山	冷湖三号	冷湖四号		冷湖五号	南八仙	潜西		赛什腾山前			马海尕秀		马海–大红沟					鱼卡			红山	大煤沟	德令哈			苏干湖
				鄂Ⅰ-2井		综合	深86井	深85井	冷科1井	仙3井	潜参1井	潜参2井	结绿素	圆顶山	路乐河	尕西1井	尕中20井	马参1井	苦中1井	圆丘1井	红中1井	野马1井	鱼卡	鱼34井	鱼33井	红山参1井		柏树山	旺尕秀	德参1井	苏参1井
上覆地层				E_{1+2}	?	E_{1+2}	E_{1+2}	E_{1+2}	E_{1+2}	E_{1+2}	E_{1+2}	E_{1+2}	?	?	?	E_{1+2}	E_{1+2}	E_{1+2}	E_{1+2}	E_{1+2}	未见顶	E_{1+2}	E_{1+2}	E_{1+2}		E_3^1	E_{1+2}			E_3^1	E_{1+2}
K	犬牙沟组																								未见顶						
J_3	红水沟组	J_{3h}																													
	采石岭组	J_{3c}														▼															
J_2	大煤沟组	J_2d	J_2d^7																	?				?		?				▼	
			J_2d^6																					?							
			J_2d^5																												
			J_2d^4																						▼				▼		
J_1		J_1d	J_1d^3								▼ 是大煤沟组还是小煤沟组?																				
			J_1d^2																												
			J_1d^1	▼																											
	小煤沟组	J_1x					?																								
	湖西山组	J_1h	J_1h^3																												
			J_1h^2																												
			J_1h^1					▼																							
石炭系							?		?																						
下伏地层					?	Pt				O		Pt	断层C	D			Pt	Pt	Pt	Pt	Pt	Pt	O	Pt		Pt	Pt	Pt			Pt

▼ 未见底　　地层分布　　推测地层分布　　? 所属地层存疑

旱气候条件下形成的杂色、红色的河流相砂砾岩或湖相泥岩。上述两套沉积往往是渐变的。在阿尔金走滑断层以东，大多数盆地在中侏罗世晚期发育湖相黑色泥岩、页岩和油页岩。

中国西部分为三个地层大区，即新疆地层区、祁连地层区、鄂尔多斯地层区。柴北缘地区与祁连地区紧密相连。祁连地层区侏罗纪古气候是处于南方热带、亚热带与北方温暖潮湿气候带的过渡地区。柴达木盆地北缘地区和中祁连地区地层层系发育比较好。本区的特点是：①下侏罗统发育不全，主要缺失下统下部地层，而下统上部地层分布广泛，为含煤地层。中侏罗统下部普遍含煤，上部以湖相泥岩为主。②侏罗系不整合覆盖在上三叠统或更老的地层之上。③中侏罗世早期开始与中国北方地区的沉积、古生物、古气候发育情况基本同步。④晚侏罗世在干旱气候条件下，发育红色砂岩、泥岩，在古山脉前发育磨拉石性质的粗碎屑沉积。

三、各时代地层分布特征

1. 下侏罗统（J_1）

根据钻探和地震资料，下侏罗统地层分布较为局限，主要分布于柴北缘西段、祁连山与阿尔金山交汇处（图2.3）。沉积中心主要位于冷湖凹陷和一里坪凹陷。地层厚度最大集中于冷湖构造带，如冷科1井为2415m，地层由北向南逐渐变薄，总体呈现出"东西展布，南北分带"的特点。

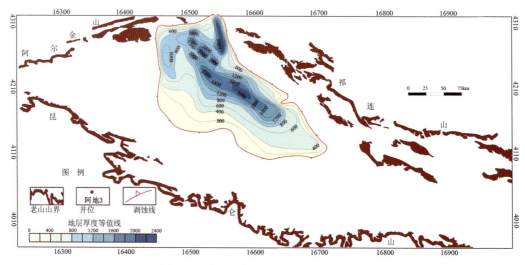

图2.3　柴达木盆地下侏罗统地层分布图

2. 中侏罗统（J_2）

柴北缘西部地区由于受后期构造运动影响，南部地层遭受严重剥蚀，中侏罗统主要沿靠近山前的赛什腾-鱼卡一线分布，至德令哈凹陷处分布范围有所增大，最大厚度集中在冷湖凹陷，如石深 2 井达 1399m，鱼卡红山凹陷处地层发育也较好，厚 1000m 以上，德令哈凹陷地层厚度最大也在 1000m 以上，湖盆在德令哈凹陷处面积较大（图 2.4）。

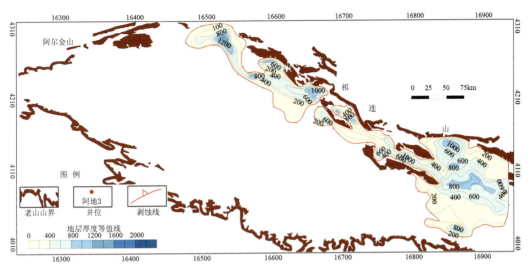

图 2.4　柴达木盆地中侏罗统地层分布图

表 2.5　柴北缘地区侏罗系区域对比表

地　层			柴北缘岩性简述	库车拗陷名称	吐哈盆地名称	区域岩性简述
J_3	红水沟组	J_3h	棕红色泥岩	喀拉扎组（J_3k）	喀拉扎组（J_3k）	红色砂岩、砾岩
	采石岭组	J_3c	紫红、棕红色泥岩	齐古组（J_3q）	齐古组（J_3q）	红色泥岩、粉砂岩
J_2	大煤沟组	J_2d^7	上部油页岩、泥岩、薄层砂岩、薄层煤，富含叶肢介	恰克马克组（J_2q）	七克台组（J_2q）	上部以泥岩为主，夹薄层粉砂岩，底部有砂岩夹煤线，富含叶肢介双壳化石及鱼鳞，含油
		J_2d^6	杂色泥岩、砂岩，夹有煤线	克孜勒努尔组（J_2k）	三间房组（J_2s）	杂色泥岩，中部砂层发育，加有煤线，含油
		J_2d^{4+5}	砂岩、砂质泥岩、炭质泥岩，夹厚层煤，砾岩发育	克孜勒努尔组（J_2k）	西山窑组（J_2x）	砂岩、泥岩，夹厚层煤，是主力煤层段，含油
J_1		J_1d^3	砂岩、泥岩互层，红层中富含相当中亚地区高含量克拉梭粉化石层	阳霞组（J_1y）	三工河组（J_1s）	泥岩、砂岩互层，夹有煤线，克拉梭粉发育，中亚地区热事件，湖沼性煤，含油
		J_1d^{1+2}	湖沼地层、煤层发育			
	小煤沟组	J_1x	河流相沼泽，岩性相对较粗，含煤	阿合组（J_1q）	八道湾组（J_1b）	上段：湖沼地层、煤层发育
	湖西山组	J_1h	湖湘-扇三角洲沉积，含煤			下段：河流相沼泽，岩性相对较粗，含煤

3. 上侏罗统-白垩系（J_3—K）

上侏罗统-白垩系地层主要分布在阿尔金山前地带、鱼卡红山凹陷以及德令哈凹陷（图2.5）。阿尔金山前地带厚度最大可达1200m以上，由西南向东北厚度逐渐减小；鱼卡红山凹陷处厚度较大，如尕西1井厚达1705m，红山1井厚2482m，属全区最大厚度；到德令哈凹陷处地层分布范围有所增大，沉积中心向南迁移，德令哈断陷地层厚度总体中间厚，两边较薄。

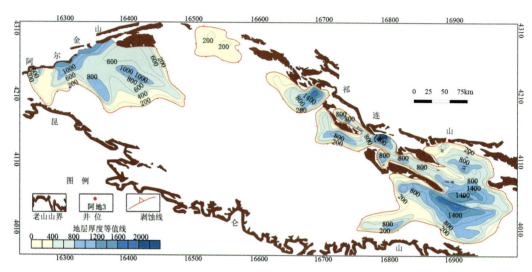

图2.5　柴达木盆地上侏罗统-白垩系分布图

4. 路乐河组（E_{1+2}）

经过钻孔资料统计分析，路乐河组存在三个沉积中心，即北部包括赛昆断陷冷湖地区、一里坪凹陷的一里坪地区和三湖凹陷西侧（图2.6），湖体面积较小，以赛昆断陷北部冷湖地区湖体规模较大，东部地区湖体面积规模都很小，为浅湖沉积，地层较薄，因此，东西区域地层厚度差别较大，地层厚度0～1600m，最厚的分布在盆地东北部的赛昆断陷北侧的鄂I-2井，厚达到1547m，即为主要沉积中心，全区地层呈现"东西展布，南北分带"特点，向南地层厚度较薄，向北地层逐渐变厚。

5. 下干柴沟组下段（E_3^1）

此时，沉积中心向东南移动，水体扩张，主要位于盆地中部（图2.7）。地层厚0～1000m，主要分布在盆地中西部，最厚主要分布盆地中央地带（一里坪凹陷的南部），为主要沉积中心，厚达1000m以上，芒崖凹陷西侧为盆地西部另一个较小规模沉积中心，向西地层逐渐变薄，地层厚度总体呈现东西展布、南北分带的特点，与其下伏地层路乐河组地层厚度分布存在着继承性。

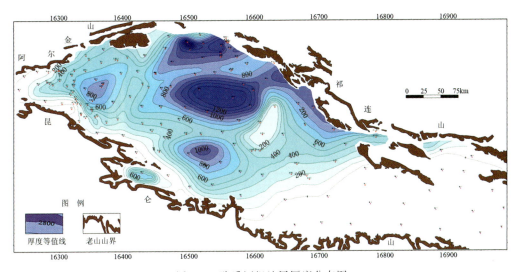

图 2.6 路乐河组地层厚度分布图

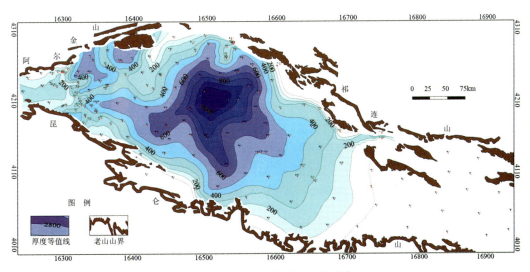

图 2.7 下干柴沟组下段地层分布

6. 下干柴沟组上段（E_3^2）

下干柴沟组上段沉积期，湖泊水体扩张变深，沉积中心主要位于中部和西北部，其中，盆地中西主要为深湖-半深湖沉积，东部为浅湖-半深湖沉积，地层比较厚，0～1800m左右，分布较广泛，几乎全盆皆有分布。主要有四个沉积中心，其中最大沉积中心在芒崖凹陷西部浅北4-2井东部地区（厚达1800m）、一里坪凹陷北部的鄂博梁地区（厚达1800m），其次，在三湖凹陷南斜坡为南部沉积中心，厚达1400m以上，德令哈凹陷地区沉积中心主要位于德参1井南侧，厚达1000m，总体说来，盆地内厚度呈现

"西部厚，东部薄，南北两侧厚而中间薄"的特点，地层展布方向与其下伏地层具有继承性，即东西展布、南北分区的特点（图2.8）。

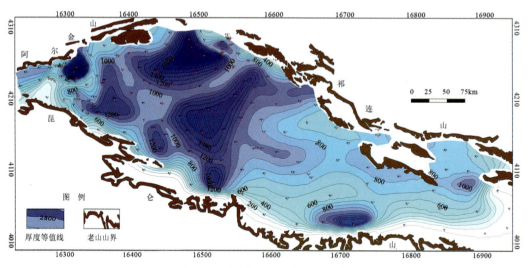

图2.8 下干柴沟组上段地层分布

7. 上干柴沟组（N₁）

上干柴沟组地层分布与下干柴沟组地层相似，全盆皆有分布，厚度0～1800m，主要沉积中心集中在中西部地区，地层厚度最大分布集中在盆地西北茫崖凹陷狮子沟地区（1800m），中部地区一里坪凹陷南侧最厚达1800m，盆地东部地区德令哈凹陷地层也比较厚，厚达1000m（德参1），地层厚度呈现"西部厚东边薄，北部厚南边薄"的特点，地层则呈南北展布、东西分带特点（图2.9），这与其下伏地层有所不同。

8. 下油砂山组（N₂¹）

地层分布与上干柴沟组具有继承性，但地层厚度增加，厚度0～2600m，最厚主要集中在盆地茫崖凹陷南部的大砂坪地区，厚达2600m，还有一里坪凹陷中部的碱山地区，厚达2400m，并向四周逐渐变薄，说明此时有两个湖盆中心。该期地层总体呈现南北展布、东西分带特点，地层分布遍及全盆地，只有四周构造带地区地层尖灭（图2.10）。

9. 上油砂山组（N₂²）

通过钻孔资料统计分析，本组地层厚0～2200m，最厚位于柴达木盆地中东部地区，厚度超过2200m。主要分布在茫崖凹陷中部乱山子地区，与下油砂山组相比，沉积中心已向东偏移，一里坪凹陷沉积地层厚1000m以上，说明当时湖体面积扩张，沉积中心扩大，三湖凹陷沉积中心位于北斜坡地带，沉积厚达1800m，这说明此时湖体扩张到最大，面积最广，从地层等厚线图分布来看，总体呈现东西展布、南北分带特点（图2.11）。

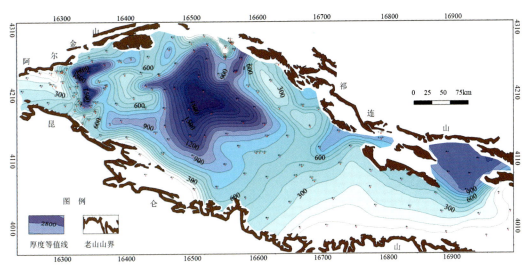

图 2.9　上干柴沟组地层厚度分布

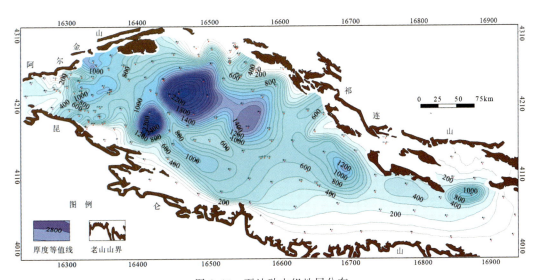

图 2.10　下油砂山组地层分布

10. 狮子沟组（N_2^3）

狮子沟组地层分布广泛，几乎全区都有分布，厚度范围为 0～2000 余米，该时期沉积中心继续向东迁移，主要位于茫崖凹陷东南部、一里坪凹陷南部和三湖凹陷北斜坡地带。西部昆北断阶存在一个小型沉积中心，最厚达到 2000m，北部地层厚度分布不均，存在着多条 0 线，说明狮子沟组地层沉积期构造变化较大或者后期构造影响较大，总的说来，该区地层等厚线呈现东西展布、南北分带的特点（图 2.12）。

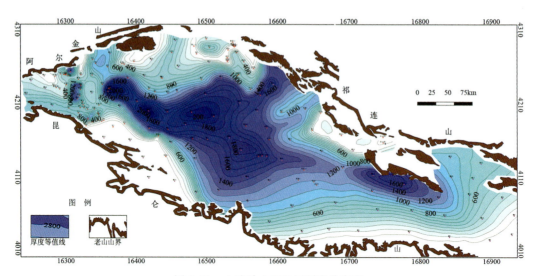

图 2.11　上油砂山组地层厚度分布图

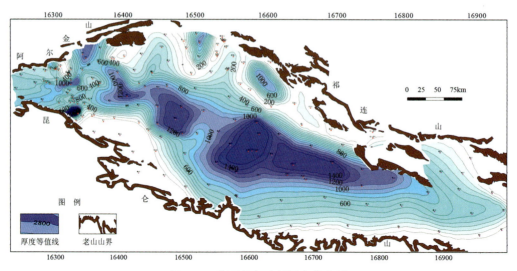

图 2.12　狮子沟组地层厚度分布图

11．第四系（Q）

　　第四系地层分布范围较广，基本全区均有分布。主要沉积中心位于三湖凹陷，厚度可达 2900m 以上，向四周厚度逐渐减小，西部昆北断阶的跃进地区西侧也是一个小型沉积中心，厚度达到 2000m 以上。总体上，该地层中部较厚，四周较薄，呈现东西分带、南北展布的特点（图 2.13）。

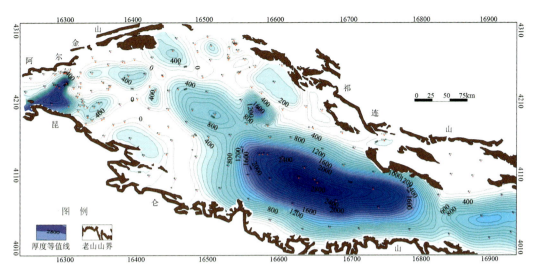

图 2.13　柴达木地区第四系地层分布图

第二节　盆地构造特征与演化

本节系统总结了盆地构造特征和演化规律，提出多旋回叠合盆地的新认识，指出盆地经历了两大构造旋回、三期构造转换，形成四大构造层，多期原型盆地复合形成多旋回叠合盆地。

一、区域构造背景

柴达木盆地具有小地块、多板块拼贴背景，中新生代构造沉积演化受印度板块俯冲、青藏高原隆升、阿尔金断裂走滑的联合控制。中新生代以来，在印度板块持续向北俯冲、藏北板块多期拼贴的影响下，柴达木盆地长期处于压扭走滑的动力学环境。

柴达木盆地位于欧亚大陆腹地，根据板块构造理论分析，其隶属于塔里木-中朝板块，可能是由塔里木-中朝古板块分离出来的微型古陆，夹持在秦-祁-昆古生代地槽褶皱带之间（李春昱等，1982）。王鸿祯等（1981，1985，1990）将中朝、塔里木及其边缘区称为"亚洲中轴大陆"、"亚洲中轴（塔里木-中朝）构造域"。塔里木-中朝板块北侧为西伯利亚板块和哈萨克斯坦板块，南侧为羌塘-华南（扬子）板块、冈底斯板块和印度板块（图 2.14）。

（一）大地构造背景

关于柴达木与塔里木、中朝和扬子板块的关系，李春昱等（1982）、王鸿祯等（1985，1990）和程裕淇（1994）认为柴达木属于中朝板块（亚构造域），加里东早期与中朝板块离散，加里东晚期-海西早期又再度拼合。但近年有不少异议，古地磁资料表

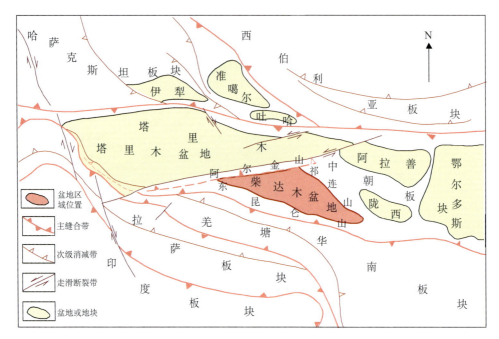

图 2.14　柴达木盆地大地区域构造位置图（王鸿桢等，1990）

明，震旦纪柴达木与塔里木同位于赤道附近，且震旦系-下古生界具有可比性（王作勋等，1990），表明两者可能属于同一板块；高延林（1990）明确提出塔里木-柴达木板块与中朝板块的分界线为北祁连缝合带；段吉业和葛肖虹（1992）认为塔里木、柴达木和扬子板块共同构成典型的克拉通。柴达木盆地构造演化与上述相邻的板块或地块之间极为复杂的构造活动有关，如古生代大陆离散、洋壳俯冲、弧-弧或弧-陆碰撞和增生，以及中、新生代板内变形的构造叠加与改造等。

综合现有地质和地球物理资料认为，柴达木板块古生代具有复杂的增生、洋盆闭合和弧后扩张史，可以一直延续到三叠纪，其发展演化历程在不同时期分别与塔里木、华北和扬子板块有某种联系或相似性，但又不完全相同，其周缘也有代表不同时期古洋壳残片的蛇绿岩带存在，从而表明柴达木可能曾经作为一个独立的微板块而存在，有其自身的发展演化特点。

（二）基底结构

柴达木盆地基底地块破碎，岩相复杂，深大断裂发育，抗改造能力弱。北西向基底断裂控制盆内构造的定向性，北东向断裂控制盆内构造的分区性和盆缘结构的分段性。

根据区域地质、钻井、地震、重力、磁力、遥感等资料的综合解释，柴达木盆地基底岩相复杂、结构破碎，具有南北分带、东西分块的特征。基底深大断裂的发育及展布对中新生代盆地具有重要的控制作用（图 2.15）。

盆地基底发育北东向和北西-北西西向两组深大断裂。北东向的深大断裂主要包括阿尔金断裂、乌图美仁-小柴旦断裂；北西向的深大断裂主要包括昆北断裂和北西西向

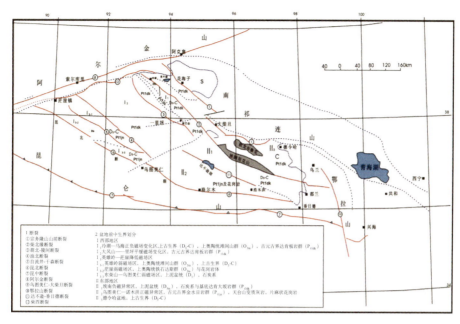

图 2.15　柴达木盆地基底结构划分图

的陵间断裂、达布逊-香日德断裂、油北断裂、Ⅺ号断裂等。上述断裂将柴达木盆地基底切割成一系列次级块体。以乌图美仁-小柴旦断裂为界，柴达木盆地现今也具有东西分段、南北分带的构造格局。断裂以西，构造十分发育，构造带及断裂带走向基本与基底断裂一致，呈北西及北西西走向，并沿两组基底断裂之间由北而南成排成带展布。断裂以东的三湖及柴东地区，构造变形十分微弱，以构造斜坡及第四系低幅度构造为主。

柴达木盆地是在中、新生代，由于印度板块向北推挤，早古生代及其以前地层褶皱隆起，块断陷落而成，因此属构造地貌盆地。基底由前震旦系中、深变质程度的片麻岩、混合岩、石英岩夹大理岩组成，在柴达木盆地西部基底具有明显的分区性，以Ⅺ号-茫崖深大断裂为界，南侧的昆北断阶带（西部南区）为古生代花岗岩基底，北侧以古生代浅变质岩、碳酸盐岩基底为主。在此基础上接受了厚度不等的第三纪湖泊、河流沉积。

总之，盆地基底是由古生代的变质岩系、花岗岩体及花岗片麻岩系组成。其基底构造十分发育，主要表现为北西方向和北北东-北东方向区域性断裂交叉切割，北西方向断裂主要有昆北断裂、Ⅺ号断裂、葫北-陵间-达霍断裂、柴北缘断裂和祁连南缘断裂；北东方向主要发育两条与阿尔金构造带近于平行的走滑断裂，即塔尔丁-鱼卡断裂和格尔木-锡铁山断裂。由此将柴达木盆地分割成西部、中部和东部三块，西部为强烈沉降带，中部为平稳沉降带，东部为隆升带，中新生代盆地的沉降幅度自西而东依次减弱。两组方向基底构造的复合叠加对盖层沉积建造的发育和展布具有重大控制作用，致使柴达木盆地中新生代盆地具有 NE-SW 向分带、NW-SE 向分块的特点，并直接或间接控制了其中油气资料形成、分布和聚集的特点。

苏干湖、德令哈凹陷严格意义上是与整体柴达木盆地具有不同性质、不同构造体制的外围盆地，它们与柴达木盆地主体以柴北缘大断裂为分界线。

二、构造分区特征

受基底控制，柴达木盆地构造变形特征具有明显的分区性。大致以近东西向的甘森—锡铁山一线为界，柴达木盆地被分割为变形强度不同的两部分，其中南东部分变形微弱，北西部分构造变形相对较强，并形成了一系列北西-南东向的冲断褶皱带，它们普遍具有同沉积变形性质。盆地构造的总体格局剖面结构为不对称对冲形式，新生代地层的构造产状表明以昆仑山一侧自南向北的挤压作用为主，而盆地北缘赛什腾山一侧的挤压属于被动阻挡。MT 资料揭示中下地壳已经因收缩发生明显的起伏，总体表现为中间低两侧高的结构形态，表明了柴达木盆地中、下地壳卷入了较强的收缩变形。

柴达木盆地中新生代以来在不同成盆环境和构造应力场的作用下，发育伸展、挤压、走滑、复合叠加等四种不同成因的构造样式，不同构造环境中具有不同的发育规律。盆缘区构造变形多以挤压构造和压扭构造为主，盆内多以压扭走滑构造为主，压扭走滑构造变形是盆地内主导构造变形样式。

柴达木盆地内发育四种不同成因的构造样式，第一种是伸展构造变形，第二种是挤压构造变形，第三种是走滑构造变形，第四种是复合叠加构造变形。地表和浅层由于只经历了晚喜马拉雅期构造运动的影响，构造变形相对单一，结构、构造相对简单，而中深层由于多期构造运动的叠加效应，构造变形期次多、变形复杂。

从构造变形的区域分布来看，柴北缘地区整体以挤压构造变形和复合构造变形为主，主要构造样式以冲断褶皱为主，可形成背斜、断背斜为主的构造圈闭。在南祁连山前带主要发育叠瓦状逆冲推覆构造带，近盆内发育反转构造带。

阿尔金山前带和昆北山前带整体表现为压扭走滑构造变形，主要构造样式有高角度逆冲带和反转构造带，可形成与盆缘区斜交的背斜带、鼻隆带、断鼻带等构造圈闭。

柴西地区以 XI 号断裂为界，南区以中新世晚期的同沉积压扭构造为主，发育断背斜、断鼻、断块等构造圈闭；北区以上新世晚期的走滑构造带为主，主要构造样式有压扭背斜带、正花状构造带等，发育扭动背斜、断背斜、断鼻、断块等构造圈闭。

根据构造变形特征可将盆地划分为 5 个构造分区，它们具有各自不同的构造特征。

（一）柴西南逆冲断块区

该区北西以阿尔金断裂为界、南西被祁漫塔格-北昆仑逆冲断裂所限、北至七个泉—红柳泉—东柴山一线以南，平面上呈狭窄的三角形。该区地貌比较平缓，以尕斯库勒湖为最低点，四周向其倾斜。阿尔金山的挤压隆起导致了局部地区发生基底向盆内逆冲变形。祁漫塔格-北昆仑逆冲断裂带为逆冲性质，其上盘的古生界地层发生强烈褶皱变形。

该区地震剖面资料显示，地层褶皱幅度很小，变形主要以逆冲断层方式实现，故以发育高角度逆冲断层为特征，新生代地层则驮伏在基底断块之上作整体的上升。所有逆冲断层以阿拉尔和昆北断裂的断距最大。此外，该区第四系沉积较厚，但变形较弱，自狮子沟组（N_2^3）沉积以来构造变动开始逐渐减弱。

（二）英雄岭平行褶皱区

该区以英雄岭的显著隆起为主要特征，包括七个泉、红柳泉、狮子沟、花土沟、油砂山、南乌斯、北乌斯、茫南、存迹以及干柴沟、咸水泉、红沟子、南翼山、油泉子、小南翼山、盐滩、开特米里克、茫崖、油墩子、土林沟、茫南、凤凰台、小沙坪、黄石、红盘、斧头山、弯梁等构造，在平面上近于平行排列，褶皱隆升幅度以英雄岭最大，向南东方向逐渐变小。

虽然英雄岭的地震资料获取存在困难，现有的地表露头、MT和地震资料表明该区总体为向北东方向运移的冲断褶样式，其中在该区北西部分后冲断层比较发育，具背冲构造样式特点。该区中部地层产状较平缓，呈宽缓褶皱，地层倾角5°左右。至北东红沟子—南翼山—油墩子—弯梁一线，褶皱趋于紧闭，地层倾角显著增大，最大可达70°以上。

虽然该区地层褶皱强烈，但断裂却不发育，地表出露地层呈现良好的完整性。例如，红沟子构造，地层界线延续性好，无宏观断裂；南翼山构造虽在核部北西部位见帚状张剪切断裂，但两翼地层极其连续完整；油墩子构造情况也类似。东南部至黄石、斧头山构造部位，断裂强度虽有增大趋势，但仍不十分强烈。

（三）柴西北雁列褶皱区

包括小梁山—黄瓜梁—斧头山一线构造及其以北和鄂博梁—鸭湖—驼峰山构造一线的以南地区，以发育一系列北西西至近东西向右阶雁列褶皱为主要特征，包括小梁山、风西潜伏、大风山、黄瓜梁、尖顶山、黑梁子、长尾梁、尖北潜山、长尾梁、红山旱一号、红山旱三号、红山旱四号、东坪、碱山、乱山子、碱石山、土林堡、鄂博山、平山梁一号、平山梁二号、土疙瘩、落雁山、船形丘、弯梁、那北、涩北一号、涩北二号等构造，在平面上总体呈雁形排列，与英雄岭平行褶皱区有着显著的地貌差异，但在褶皱轴向变化上存在过渡关系，即远离英雄岭平行褶皱区，褶皱轴向渐变为近东西向，其中碱山-东坪构造走向明显受到一里坪凹陷的边界控制。

该区地层褶皱强度总体较低，地层倾角较缓，一般在10°以下，很少超过20°。尽管该区西北部的基底从南向北逐渐抬升而呈由北向南推挤的态势，但褶皱及相关断层的形态却仍指示北东向的运动学特征。

尽管该区地层褶皱强度较小，但断裂构造相当发育，可见3种类型的断裂构造：张剪性断层、正断层和逆断层。

（四）柴北缘弧形褶皱区

包括鄂博梁 I～III 号、鸭湖、台吉乃尔、驼峰山、冷湖一至七号、葫芦山、小林丘、玛瑙、南八仙、伊克雅乌汝、马海、古城丘、北极星、东陵丘等构造，以发育弧形褶皱构造带为主要特色。褶皱走向随着昆特伊凹陷、一里坪凹陷和赛什腾山等刚性块体的边界形态而变化，构成反S形或S形的平面展布格局。

该区基底向北逐渐抬升。浅层滑脱断裂系统比较发育，滑脱断层起始于下干柴沟组上段（E_3^2）及上干柴沟组（N_1），多数最终出露地表。常见滑脱断层以上地层的构造指向与其下伏地层相反。滑脱断层以上地层的褶皱和断层组合关系显示北东指向，而滑脱断层以下地层的褶皱和断层组合关系，常与基底的抬升趋势一致，显示南西构造指向，这种现象在冷湖四至六号构造、鄂博梁Ⅱ号构造、葫芦山构造比较典型。该区地层褶皱强度较高，尤其浅层地层通常高度缩短变形，倾角可达60～70°，但向南东部褶皱强度呈明显减弱趋势。

（五）柴东南平缓构造区

位于甘森-锡铁山构造带以南地区，地势低洼，构造幅度小，湖泊发育，包括涩聂湖、达布逊湖和霍布逊湖，即三湖凹陷构成该区的主体。

自昆仑山前至三湖凹陷为平缓的单斜盆地，地层褶皱十分微弱，断层不发育，至盐湖构造一线以北，才见地层的显著褶皱和逆冲断层发育。反映了该区主体具有高强度的基底结构。

三、盆地构造单元划分

通过全盆地的统层和区域工业制图，以及对盆地基底性质与起伏、构造特征、断裂特征、构造沉积发育史以及主要勘探目的层的分布等方面的综合分析，将柴达木盆地划分为柴西隆起、一里坪凹陷、三湖凹陷和柴北缘隆起四个一级构造单元。其中，柴西隆起又包括昆北断阶、茫崖凹陷和大风山凸起三个亚一级构造单元；三湖凹陷包括三湖凹陷、南斜坡和北斜坡三个亚一级构造单元；柴北缘隆起包括赛昆断陷、马海凸起、鱼卡红山断陷和德令哈凹陷四个亚一级构造单元（图2.16）。

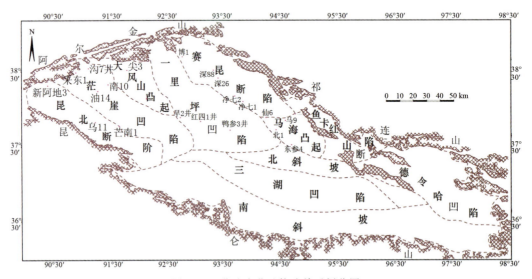

图2.16　柴达木盆地构造单元划分图

（一）柴西隆起

展布于盆地西部，基底为古生代浅变质岩系，相对具有柔性特征。隆起区西接阿尔金山，南以昆北断阶带与东昆仑断褶带过渡，东部在甘森—西台吉乃尔一线与三湖凹陷区相分，北缘为大风山凸起与一里坪凹陷相连。中生代—古近纪，构造沉降特征剖面上表现为断拗结合，断拗区中部为规模较大的凹陷，且在断陷的北部昆依特凹陷发育有中下侏罗世沉积，近边缘则以断陷发育为特征。急剧沉降的凹陷断块与相对抬升断块相互依存，逐渐向断拗区边缘过渡。新近纪-第四纪，构造沉降特征表现为压陷型沉降拗陷，形成的构造圈闭主要发育于昆北断阶带和相对抬升断块顶部或周边。

昆北断阶，位于柴西断拗区南缘，为断拗区与东昆仑断褶带间的断阶过渡区域，是一沉降幅度、沉积厚度均较小的断块带，喜马拉雅构造运动进一步抬升为剥蚀区。

茫崖凹陷，位于柴西断拗区南部，南缘与黄石隆起带呈基底逐渐抬升过渡关系。北缘与大风山隆起带断裂相邻，亦呈基底逐渐抬升过渡关系。茫崖凹陷带为新生代古近纪沉积、沉降中心，成排成带构造圈闭发育，展布方向整体表现为北西-南东向，构造带发育期主要为中新世，早期亦表现为凹陷内相对隆升的次级小断块上部的同沉积背斜构造，后期经压扭性构造动力作用得以强化。

大风山凸起，位于柴西隆起区北部，自阿尔金山山前北东-南西向向柴达木盆地延展，隐伏于茫崖凹陷带和一里坪凹陷带相接区域，在盆地形成演化的全过程始终为一相对高隆起，喜马拉雅构造运动进一步抬升为剥蚀区。

（二）一里坪凹陷

展布于冷湖构造带以南，南以碱山-红三旱构造带与茫崖凹陷带相分，为中生代-渐新世的主要沉积、沉降区。一里坪凹陷展布于鄂博梁构造带与大风山凸起之间的凹陷，其南缘发育有碱山-红三旱三号构造带。鄂博梁背斜带展布于昆特依凹陷与一里坪凹陷带之间的构造隆起带，为一基底抬升相对较高的构造隆起带。中新世-上新世中期为同沉积背斜阶段，上新世末期受压扭性构造动力作用褶皱隆升。昆特依凹陷展布于冷湖构造带以南，北以鄂博梁构造带与一里坪凹陷相分，为中生代沉积、沉降中心，是柴达木盆地侏罗系煤系烃源岩主要分布区域。

（三）三湖凹陷

位于盆地东部，总体呈东西向展布，北缘以陵间断裂与柴达木北缘断块带分界，南缘以昆北断裂系与东昆仑断褶带相接，是第四纪生物气主要勘探区。凹陷基底主要由花岗岩和花岗片麻岩构成，凹陷雏型形成期为中生代-古近纪，新近纪-第四纪为主要凹陷发育、发展期，也是同沉积背斜和含气构造形成期。

南部斜坡带位于三湖凹陷带沉降中心向东昆仑断褶带过渡斜坡区，东西向展布，受刚性基底发育的影响及沉积体系岩性等因素制约，表征为较为稳定的构造斜坡，仅在边缘断裂带附近发育有个别鼻状构造。其西段发育的那北构造，可能是受黄石隆起进一步隆升褶皱影响所致。

　　中央凹陷带为三湖凹陷区内晚第三纪-第四纪最大沉降、沉积中心。区域分布范围基本上以第四纪沉积岩厚度为2000m等深线框定，是柴达木盆地第四纪生物气烃源岩主要聚集区域，也是生气强度最大区域。

　　台吉乃尔凹陷为三湖凹陷区内晚第三纪最大沉降、沉积中心和第四纪重要沉降、沉积中心。该凹陷位于中央凹陷带西部，第三纪构造运动发展阶段与涩聂-达布逊凹陷连为一体，第四纪由于台南潜伏隆起的形成与涩聂-达布逊凹陷一起构成两个沉降中心。

　　台南潜隆位于中央凹陷带中西部，斜向展布于台吉乃尔凹陷与涩聂-达布逊凹陷之间，为第四纪构造运动发展阶段（喜马拉雅三幕、四幕运动）由于沉降中心迁移及基底不均衡沉降和沉积体系沉积厚度变化，发育形成的低幅度潜伏隆起，同时形成同沉积背斜构造带，发育了主力气田台南气田。为天然气主要勘探远景区之一。

　　涩聂-达布逊凹陷位于中央凹陷带东部，凹陷主体在第三纪发育形成，第四纪发展为盆地最大沉降、沉积中心。

　　北部斜坡带位于沉降中心向凹陷边缘断裂带和柴北缘断块区的斜坡过渡区带，由于基底沉降作用的不均衡形成挠曲褶皱带，北缘受陵间断裂带和马海平滩高断块控制，剖面特征表现为阶梯状斜坡挠曲过渡。

　　挠曲褶皱带位于北部挠曲褶皱带东段，呈东西向展布，从北向南依次发育有三条挠曲构造，其上发育形成了同沉积背斜带，构成了盆地天然气积聚成藏的主要含气构造带，是第四纪生物气重要的勘探区域。

　　伊北凹陷位于北部挠曲褶皱带西段，发育、发展过程早期受一里坪凹陷构造运动的影响呈断凹结构特征，但中后期归入三湖凹陷沉降构造运动系统，含气构造带的发育与演化则主要受三湖凹陷构造运动学过程的制约，主要含气构造与挠曲褶皱带含气构造在走向上连为一体，共同构成三湖凹陷北部斜坡带的三条主要含气构造带。

（四）柴北缘隆起

　　展布于盆地北部，北东以宗南断裂带与祁连断褶带相接，南西缘以陵间断裂带和冷湖褶皱带与三湖凹陷区和柴西断凹区相邻，北部直抵阿尔金山南缘，是柴达木盆地侏罗纪烃源岩主要发育区。柴北缘中下侏罗世沉积区范围内除赛什腾凹陷（部分）以及鱼卡凹陷中心发育有较深湖-浅湖相沉积区外，大部分区域为沼泽相或河流相及三角洲相，缺乏连续分布的平行柴北缘断块区走向的条带状相带，中区巴龙马海湖经马海朵秀至鱼卡断续分布有三个相对较深凹陷；南端黄泥滩至红山断续分布有两个相对较深凹陷。这从另一个角度说明柴北缘中下侏罗世拗陷的形成并不仅仅是受祁连山断褶带隆升冲断的控制，而是在区域整体抬升的构造运动过程中因断块的差异升降在区域压性和压扭性构造动力条件下，受多方位断裂运动的影响发育形成。阿尔金山的走滑运动是否对赛什腾凹陷具有相对控制，尚缺乏地震、地质资料可信的佐证，但地震1200A测线时间剖面揭示的断裂构造转换特征，是否意味着压陷构造运动过程叠加了一定的拉分作用。而中区巴龙马海湖至鱼卡断续分布有三个相对较深的凹陷，南端黄泥滩至红山断续分布有两个相对较深的凹陷，在其分布的走向线方位均发育有近东西走向的左行走滑断裂（南八仙断裂、东芒断裂），亦表现出这些相对较深凹陷是因其有拉分作用的叠加所致。

赛昆断陷总体为一平行四边形展布,北缘以阿尔金山南缘断裂与阿尔金山相分,西以冷湖构造带与柴西断拗区相隔,南以南八仙平移冲断断裂与马海断凸相邻,东以宗南断裂带与祁连断褶带相接。早中侏罗世沉积区烃源岩聚集量较好、沉积较深区域呈网孔状分布。

马海凸起在中生代为一高断块隆起,仅在其东侧边缘宗南断裂带下盘有一狭长沉降带可能发育侏罗纪沉积,断凸范围内几乎没有中生代地层分布。

德令哈凹陷、鱼卡红山凹陷的发育主要受宗南断裂带冲断推覆控制,南侧主要控制性断裂为陵间断裂。北部以东芒冲断平移断裂与马海断凸相接,早中侏罗世沉积区烃源岩聚集量较好、沉积较深的区域呈网孔状分布。

第三节　构造事件与构造演化

一、中新生代构造事件与构造划分

(一) 构造事件与不整合

1. 印支期

从中新生代盆地整个发育历史看,发生在三叠纪中、晚期的印支期构造事件,对盆地的影响极为深刻,它结束了柴达木地区长期隆升接受剥蚀的历史,开始从局部到大面积接受中、新生代沉积,侏罗系底部不整合面记录了这次构造事件。该不整合面在盆地西部红柳沟一带,盆地北缘冷湖、结绿素一带,盆地东部大煤沟一带都表现十分明显,反映该不整合在盆地内普遍存在,呈区域性分布。

2. 燕山早期

本区燕山早期构造事件发生在中侏罗世末期,在盆地内表现为中、下侏罗统与上侏罗统或中、下侏罗统与白垩系之间的不整合现象。此不整合在盆地西部采石岭、阿拉巴斯套一带表现明显,而其上部白垩系(犬牙沟组)与上侏罗统(洪水沟组)则呈假整合接触;在盆地北缘红嘴子及赛西构造带,白垩系(犬牙沟组)一般与下伏地层为断层接触,推测其与中侏罗统(大煤沟组)之间也应有不整合存在;而在盆地东部路乐河、鱼卡、圆顶山、大煤沟等地主要表现为平行不整合。

3. 燕山晚期

本区燕山晚期构造事件发生在白垩纪末期,是本区一次比较重要的构造事件,以断块活动为主,使中生界普遍遭受剥蚀,表现为古始新统(路乐河组)与白垩系(犬牙沟组)之间的不整合现象,路乐河组砂砾岩层超覆不整合于白垩系之上。该不整合在盆地西部啊哈提山南麓洪水沟及犬牙沟以北一带、北部赛西构造及结绿素一带和东部大红沟、无柴沟、鱼卡、路乐河及大煤沟一带表现均十分明显,反映该不整合在盆地内普遍存在。

4. 喜马拉雅早期

喜马拉雅早期构造事件主要发生于渐新世，表现为干柴沟组与下伏地层路乐河组之间的不整合现象。此不整合在盆地西部表现为干柴沟组与下伏地层之间的平行整合接触，底部有 130cm 厚砾岩（红三旱一号），冷湖构造井下也见近 100m 的底砾岩。在盆地北部冷湖二号、四号构造、驼南构造和盆地东部也多数表现为平行不整合。

5. 喜马拉雅中期

喜马拉雅中期构造事件主要发生在上新世中期，表现为上新统狮子沟组与上油砂山组之间的不整合现象。此不整合在盆地西部红沟子、咸水泉等地及盆地北部老山边缘表现均比较明显，狮子沟组角度不整合于上油砂山组或更老地层之上。在昆仑山北麓大水沟、甜格里一带井下狮子沟组超覆不整合于花岗岩之上，盆地中心常为连续沉积。

6. 喜马拉雅晚期

喜马拉雅晚期构造事件主要发生在上新世末，表现为下更新统七个泉组与下伏地层呈角度不整合接触，此不整合在盆地边缘地区（西部、北部、东部）普遍发育，表现十分明显，但盆地中心地区则常常表现为连续沉积。

7. 新构造期

新构造期构造事件发生于中更新世末期，表现为七个泉组与上更新统-第四系之间的整合现象，是新近系古近系—七个泉组褶皱定形期。此不整合在盆地内表现十分普遍，上更新统-第四系地层呈近水平状产出，而其下伏地层七个泉组多数发生了变形。

（二）构造层特征及演化

根据构造变形以及不整合，将中新生界盆地构造演化划分为三个阶段，即下、中、上三个构造层，三个构造层分别对应于为三种不同性质的盆地类型。

下构造层包括侏罗系和白垩系地层，其演化主要受燕山构造运动影响。由于燕山运动不同期影响，在早中侏罗世，盆地主要是以伸展断陷运动为主，形成了小型的断陷盆地；在晚侏罗世—早白垩世盆地整体拗陷，形成整一的拗陷盆地；至晚白垩世，由于燕山运动影响，盆地整体挤压隆升，形成了很多挤压挠曲型盆地。早中侏罗世—早白垩世整体为断拗盆地，地层主要分布在盆地近东西向古隆起的北部；晚白垩世，地层主要分布在阿尔金斜坡和柴北缘地区。

中构造层主要包含新近系和古近系地层路乐河组、下干柴沟组、上干柴沟组、下油砂山组，其演化主要受早喜马拉雅运动影响。古近纪古始新统的路乐河组-下干柴沟组沉积期（E），主要受燕山运动晚期及喜马拉雅运动早期影响，盆地主要是以旋转扭张为主，形成了断陷盆地，此时主要以柴北缘为沉降中心，柴西为沉积中心；渐新统—中新统下油砂山组沉积期主要是拗陷沉积为主，该期形成地层为 NE 向，分布在乌图美仁-大柴旦断裂带以西的地区。

上构造层主要包含新近系地层上油砂山组、狮子沟组和第四系地层七个泉组,其演化主要受晚喜马拉雅运动影响,使得盆地以走滑挤压或走滑反转为主,地层主要分布在一里坪—三湖凹陷地区。

1. 下构造层盆地演化特征

(1) 早、中侏罗世伸展断陷盆地

三叠纪后的晚印支运动结束了柴达木盆地海相沉积历史,此后该区全面进入陆相盆地发育阶段。区域上,从印支运动以后到冈底斯地块与欧亚大陆拼接之前的这一段时间里,包括柴达木盆地在内的整个西北地区处于强烈挤压碰撞之间的松弛阶段,在由此产生的伸展构造应力场作用下,早侏罗世盆地北缘的祁连山前和阿尔金山南缘古构造带开始发生断块活动,形成了一些规模较小、分割性较强的差异断陷盆地群。平面上主要有三个带:第一个带位于中祁连,从木里至大通河呈断续分布;第二个带位于宗务隆山、赛什腾山至埃姆尼克山南缘;第三个带位于昆中断裂及盆地南缘附近,呈断续分布。下侏罗统分布范围较为局限,主要位于柴北缘西段、祁连山与阿尔金山的交汇处,向南超覆尖灭。该时期沉积了一套厚度较大的煤系地层。

从早、中侏罗世的沉积特征看,该时期的沉积受断层控制,断层上盘沉积厚度明显变大。盆地沉积体呈不对称的楔形,在盆地北缘西段表现为南断北超,盆地几何形态表现为明显的断陷型,不具备典型前陆特征。从最新的地震资料解释表明,盆地北缘西段早中侏罗世盆地沉积中心迁移方向多变,但总体由西往东迁移,而不是由北向南迁移,这与典型的前陆盆地演化特征明显不同。

根据地震剖面资料,控制 J_{1-2} 地层的 NWW 走向的正断层终止于采石岭组,表明 J_{1-2} 的断陷盆地具有伸展断陷盆地性质,整个柴达木盆地的雏形即由该期伸展构造形成。

综上所述,柴达木早、中侏罗世盆地性质属于断陷型盆地或伸展型盆地,它形成于近南北向伸展构造环境,代表了后印支期的一次伸展运动。该时期盆地演化具有继承性,早侏罗世主要表现为几个相互独立的断陷湖盆,煤系地层常超覆在不同时代老地层之上;中侏罗世沉积范围明显扩大,使早侏罗世分割的小断陷盆地相继连成几个较大的断陷盆地;中侏罗世后期,由于受到近南北向压应力的作用,这些断陷盆地变为挤压拗陷盆地,取代深水湖相沉积的是采石岭组和红水沟组等杂色近源河湖相沉积和早白垩世犬牙沟组棕红色滨湖相沉积。

(2) 晚侏罗世—早白垩世拗陷盆地

中晚侏罗世冈底斯地块与羌塘地块会聚,中特提斯洋闭合,由此引发的挤压作用使西北地区的构造应力场由拉张转为挤压,柴达木盆地晚侏罗世—早白垩世进入挤压反转阶段,开始了另一种类型的盆地——挤压拗陷型盆地的演化。与中、下侏罗统相比,沉积物类型有较大变化,为棕红色、棕褐色等的一套粗碎屑岩,显示为受山前冲断构造体系控制的近物源陆相沉积。

中侏罗世之后盆地沉积范围变大,沉积沉降中心随时间变化自西往东有规律地迁移,沉积相也由早中侏罗世的深湖、半深湖相转变为采石岭组、红水沟组的杂色近源河湖相沉积和早白垩世犬牙沟组棕红色滨湖相沉积,反映了该时期盆地受到挤压隆升以及晚侏罗世—早白垩世沉积的挤压环境。

上述分析表明，柴达木盆地从晚侏罗世开始构造反转，晚侏罗世至早白垩世盆地形成于南北向挤压的构造环境，盆地性质表现为挤压型拗陷盆地。从晚侏罗世开始盆地周缘山系复活，在古气候控制下，形成与早中侏罗世断陷湖盆明显不同的沉积环境。

（3）晚白垩世挤压隆升阶段

区域基础地质调查指出，柴达木盆地缺失上白垩统。新生代地层直接超覆在下白垩统或者更老的层序之上，反映晚白垩世该地区存在着强烈的构造活动，造成上白垩统的沉积间断（或者剥蚀间断）。

柴北缘晚白垩世的变形主要为受断块控制的整体抬升为主，下白垩统和其他中生代层序受到的剥蚀在同一个断块中是均匀的，这就表现为新生代与中生代地层的接触关系为平行不整合或者为小角度不整合。

缺失上白垩统并不是柴达木盆地的局部现象，塔里木东部地区、酒西盆地、北山盆地群、鄂尔多斯盆地和中亚的卡拉库姆地区均缺失上白垩统。这些地区晚白垩世的大范围抬升暗示着当时的中亚地区存在一个广阔的晚白垩世高原。其动力学机制目前尚不清楚。晚白垩世科斯坦地体、冈底斯地块与欧亚大陆碰撞可能是造成其抬升的机制之一；另外，蒙古鄂霍茨克洋的关闭时间与此对应，但空间上能否达到本区则不得而知，考虑到中国西部地区的整体隆升特征，深部作用的机制将是一个重要的研究内容。

目前研究人员已经意识到晚白垩世构造变形对于早期盆地的改造和晚期的填充控制以及对盆地格局的重要影响。前人研究在不同程度上涉及晚白垩世（晚燕山期）构造活动对柴达木盆地的影响，但研究程度较低，仅限于粗略的描述或者进行盆地演化阶段概略的划分，详细的构造活动特点以及对盆地结构的影响研究基本上没有涉及。应该承认，复杂的地质条件制约了该项研究的进程。随着对于柴达木中生代盆地性质研究的深入以及柴北缘石油勘探工作的进行，大家逐渐意识到，晚白垩世构造活动是控制柴北缘中生代地层分布最为重要的一期构造幕，所形成的古构造带不同程度地影响了新生代的构造格局，也造成了新生代、中生代和古生代地层复杂的接触关系。

2. 中构造层盆地演化特征

（1）古近纪旋转扭张断陷盆地

始新世印度板块与欧亚大陆碰撞后，欧亚大陆南部活动陆缘不复存在，特提斯洋最终消亡。随着印度板块进一步向欧亚大陆楔入，始新世—早新世青藏地区强烈挤压变形，大区域内开始隆升，青藏高原逐步形成（王鸿祯等，1990）。正是在这一背景下，柴达木盆地内发育了一系列的压缩构造。

古近纪时期，由于印度板块的持续北移和陆内俯冲，青藏高原整体处于近南北向的挤压背景下，但柴达木盆地西部地区由于受到周围不同性质断裂的联合控制，NWW向断裂的右行走滑和 NEE 向断裂的左行走滑共同导致了盆地向东逃逸、伸展，柴西地区古近纪进入走滑拉分的弱断陷阶段。路乐河组—下干柴沟组下段为裂陷前的早期充填阶段沉积，均为一套由粗变细的棕红色、棕褐色砂泥岩。经燕山晚期构造运动的剥蚀夷平作用后，路乐河组大面积超覆于中生界或更老的地层之上，盆地南部及东部开始接受沉积。

印度板块与欧亚大陆发生陆陆碰撞所形成的压扭应力是柴达木渐新世盆地形成的主要动力，同时由于古新世至始新世新特提斯洋首先在东端的闭合挤压，以及羌塘地块短暂南移形成的东部挤压，柴达木盆地喜马拉雅早期的盆地形成与演化主要为旋转扭张断陷。

（2）中新世—上新世早期拗陷盆地

中新世随着印度板块不断对青藏高原俯冲，而且不断加剧，柴达木盆地向东的逃逸受阻，由此导致的走滑拉分作用转变为以挤压作用为主。上干柴沟组沉积时断陷作用已逐渐减弱，盆地进入拗陷演化阶段，这个时期英雄岭凹陷向东迁移，早期的茫崖凹陷与一里坪凹陷连为一体，厚度图茫崖附近等值线密集，发育一近 EW 向展布的沉降中心，即茫崖凹陷，面积 2000km²，最大沉积厚度为 1400m，与下干柴沟组上段相比沉降中心明显向东迁移。一里坪凹陷为此阶段规模最大的沉积凹陷，面积 15000km²，NW 向碟状展布，厚度等值线宽缓，拗陷性质明显，最大沉积厚度为 1800m，沉降中心与下干柴沟组上段基本一致。下油砂山组与上干柴沟组具有较强的继承性，且凹陷形态相似。

一里坪凹陷范围略有东扩，沉降中心稍有南移，上干柴沟组的沉降中心位于旱二井——里坪一线以北，下油砂山组的沉降中心已位于其南，面积 15000km²，最大沉积厚度 2500m。黄石以北的茫崖凹陷面积 2600km²，最大沉积厚度 2100m。

3. 上构造层盆地演化特征

晚喜马拉雅期，印度板块对青藏高原俯冲不断加剧，盆地受区域 NW-SE 应力场的影响和阿尔金强烈的左行走滑，昆仑山、祁连山开始向盆地逆冲、推覆，盆地全面进入走滑挤压反转阶段，并且随时间推移构造活动强度逐渐增大。这一阶段形成了大量的褶皱、断裂，奠定了柴达木盆地现今的构造格局。上油砂组底部的区域不整合面广泛分布于盆地周缘，其下地层遭受较强烈的剥蚀，导致该不整合面产生构造运动，标志着盆地第二次构造反转的开始。

二、盆地构造演化

1. 两大构造旋回控制着盆山构造格局和演化特征

从晚古生代以来，柴达木盆地经历了两大构造旋回控制的盆山构造演化。晚古生代"海槽-地块"构造旋回，形成了晚古生代海相-海陆过渡相地块边缘裂陷盆地；中新生代"造山-盆地"构造旋回，进一步划分为三个构造层，形成了中新生代陆内断拗复合和拉分压陷叠合盆地。

两大构造旋回可进一步划分为四个演化阶段：晚古生代构造旋回为弧后裂陷盆地发展阶段；中新生代构造旋回划分为三个阶段：中生代（J＋K）伸展断（拗）陷盆地发展阶段、新生代早中期陆内断陷-拗陷盆地发展阶段和新生代晚期（$N_2^2 \sim Q$）陆内挤压拗陷盆地发展阶段（图 2.17）。

（1）晚古生代弧后裂陷盆地发展阶段（石炭系）

发育海相槽、台型沉积，岩相复杂；印支末期结束海侵，形成柴达木盆地雏形。发

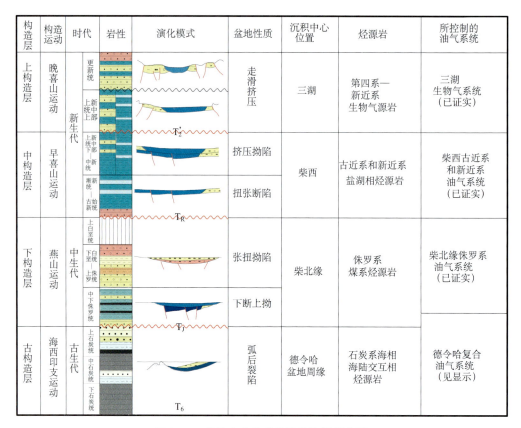

图 2.17 柴达木盆地成盆演化阶段划分图

育柴达木弧后裂陷盆地和宗务隆山弧后裂陷槽。

（2）柴达木弧后裂陷盆地

晚泥盆世开始，随着南昆仑洋向北俯冲消减及昆仑弧的发育，柴达木总体处于弧后环境中（图 2.18），早期（$D_3 \sim P_1$）发生弧后裂陷作用，延续 117Ma（377～260Ma）；晚期（$P_2 \sim T$）形成弧后前陆盆地，延续 52Ma（260～208Ma）。位于海西中期岩浆弧的弧后部位，发育台地-滨岸-陆棚相碳酸盐岩-碎屑岩建造夹煤线，柴北缘上泥盆统为含火山岩的类磨拉石建造，厚达 2000m 以上。下石炭统内部为块层状砾岩、长石石英砂岩，厚约 110m；上部以灰岩为主夹暗色泥页岩，厚约 450m。维宪阶以灰岩为主夹砂岩、暗色页岩和煤线，厚约 890m。上石炭统主要为灰岩、泥灰岩、石英砂岩、粉砂岩、泥页岩夹煤层或煤线，厚约 1290m。下二叠统仅见于盆地南缘，为灰岩、白云岩夹页岩，厚 40～176m。

（3）宗务隆山弧后裂陷槽

宗务隆山石炭纪弧后裂陷槽发育厚 5900m 以上的碎屑岩-碳酸盐岩-火山岩建造。下石炭统主要为片岩、千枚岩和灰岩，上石炭统为灰色灰岩、结晶灰岩和碎屑岩。早二叠世裂陷槽继续发育，沉积了厚达 4000m 的碎屑岩和碳酸盐岩。

受海西及印支末期构造运动影响，深大断裂发育，盆地基底破碎，抗改造能力弱，

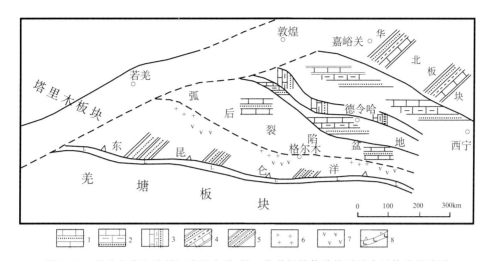

图2.18　柴达木盆地及邻区晚泥盆世-早二叠世板块构造格局及大地构造相略图

1. 台地-陆棚相碳酸盐岩；2. 陆棚-滨岸相碳酸盐岩-含煤碎屑岩组合；3. 弧后裂陷（海）槽碳酸盐岩-碎屑岩组合；

4. 陆棚-滨岸-河湖相碳酸盐岩-含煤碎屑岩组合；5. 弧前盆地复理石组合；6. 弧花岗岩体；7. 弧火山岩带；

8. 大洋俯冲带（汤良杰等，1999）

后期演化基底卷入变形。北西向断裂控制着盆内构造的定向性，北东向断裂控制着盆内构造的分区性和盆缘结构的分段性。

（4）中生代（J+K）伸展断（拗）陷盆地发展阶段

早侏罗世早期为断陷盆地，早侏罗世晚期-早白垩世转化为拗陷盆地，形成 J_1、J_2 两个并列的沉降中心。

地层主要分布于柴北缘及阿尔金山前，最大沉积厚度在柴北缘西段的冷湖、昆特依及伊北凹陷，最大厚度大于 2000m。

晚燕山构造运动：大规模抬升，中生界差异剥蚀，形成残留凹陷；构造运动西强东弱，奠定了柴北缘古构造格局。

（5）新生代早中期陆内断陷-拗陷盆地发展阶段

早期（E_{1+2}、E_3^1）伸展断陷，地层主要分布在盆地西部，在柴西地区形成了切克里克、红狮、茫崖等凹陷，晚期（$E_3^2 \sim N_1^1$）挤压拗陷，沉降中心向东迁移。末期盆地发生一次比较大的构造运动，形成 T_2' 不整合面，断裂、构造较发育，对油气聚集起到重要的作用。

（6）新生代晚期（$N_2^2 \sim Q$）陆内挤压拗陷盆地发展阶段

为大型走滑挤压盆地，随着阿尔金山的隆起，沉降中心向东迁移，第四纪盆地东部形成统一沉积、沉降中心。

晚喜马拉雅构造运动：盆缘走滑冲断，盆内压扭变形，厚皮构造发育，形成现今多隆多拗构造格局。

2. 三期构造转换形成多期原型盆地的复合叠加

印支期结束了"海槽-地块"构造旋回，进入"造山-盆地"构造旋回；燕山末期结束了中生代断拗复合盆地演化阶段，进入古近纪走滑拉分断陷盆地演化阶段；古近纪末期结束了拉分断陷盆地演化阶段，进入新近纪压陷盆地演化阶段。印支期构造转换体现了海槽向褶皱带的转换，地块古隆起向沉降带的转换；燕山晚期构造转换体现了地块边缘拗陷向地块整体拉分沉降转换；古近纪末期构造转换体现了拉分沉降向挤压逆冲构造体制的转换。

3. 多旋回成盆改造作用形成了四大构造层

三期构造转换面形成了三大区域不整合（T_C、T_R、T_2'），将盆地沉积盖层分隔为四大构造层。第一构造层是海西构造层，主要发育石炭-二叠系，是盆地古构造层；第二构造层是燕山构造层，主要发育侏罗-白垩系，是盆地下构造层；第三构造层是早喜马拉雅构造层，主要发育古近系-新近系下部地层，是盆地中构造层；第四构造层是晚喜马拉雅构造层，主要发育新近系上部和第四系地层，是盆地上构造层。

每一个演化阶段，盆地具有其独特的盆-山构造格局和板块地球动力学背景和古气候条件，严格控制了盆内构造格局和沉积建造，进而对油气具有严格的控制作用。由于不同演化阶段具有不同的构造环境和古气候条件，因而控制着不同的古地貌和沉积背景，主要表现在沉积中心的强烈迁移性。①古生代弧后裂陷盆地发展阶段，发育海相槽、台型沉积，石炭系地层全区分布，受海西及印支末期构造运动影响，基底差异抬升、差异剥蚀，现今石炭系为残余分布，主要分布在盆地东部德令哈、柴东南地区，冷湖地区零星分布。②中生代盆地处于张扭构造背景，早期断陷，沉积中心主要分布在柴北缘西段的冷湖地区、伊北凹陷，中晚期拗陷、沉积中心主要分布赛什腾、鱼卡、德令哈及阿尔金山前等地区，末期发生挤压反转，但基本格局变化不大。③新生代早期沉积中心主要分布在柴西南区，形成盆地古近系主力烃源岩。④新生代晚期-第四纪主要沉积中心东移至三湖地区，柴西地区发育局部的小凹。

三、关于盆地构造演化的讨论

（一）中生界盆地演化研究进展

有关中生界的研究比较多，柴达木中生界盆地性质及其演化目前有较大争议。20世纪90年代，翟光明等（1997）通过对盆地内部地震、钻井以及周边地质资料的综合研究认为，印支运动以来盆地的演化格局为侏罗纪—白垩纪属对称性双前陆盆地；夏文臣等（1998）根据大地电测深和格尔木大额济纳旗地学大剖面深部地震资料，分析得出柴达木盆地是侏罗纪陆内俯冲型前陆盆地，晚白垩世转换为伸展裂陷盆地；胡受权等（1999）研究了柴达木盆地侏罗纪盆地原型及其形成与演化，认为前陆盆地自侏罗纪开始发育，并逐步向陆块内部扩展。在昆仑山前，由于俯冲带山弧后的反向逆冲，在南缘地带，形成了弧后前陆盆地。由于阿尔金断裂带在印支期和燕山期具有强烈的右行走滑特点，因此形成了一系列的拉分盆地，使柴达木中生代盆地具有前陆和拉分盆地叠合的性质。曹国强等（2005）通过对柴达木盆地西部茫崖-赛什腾山地表地质、航磁、重力、大地电磁测深和地震资料的综合分析，认为柴达木盆地夹持在昆北地块与赛什腾构造带之间，盆地总体表现为东昆仑山和祁连山相向向盆地挤压对冲、盆地中部沉降的构造格局，盆地内部的构造样式以自盆地边缘至中心形成背斜构造为显著特征。挤压应力来自西南方向，北东方向起阻挡作用。在两侧造山带的强烈挤压作用下，侏罗纪时期在祁连山带南缘形成并不典型的前陆盆地。《中国石油地质志》认为侏罗纪—白垩纪末为断陷盆地，古近纪—中新世为拗陷盆地，中新世末—第四纪为反转盆地。至 20 世纪末，随着研究深入，有关柴达木盆地的观点出现了多样化：金之钧等（1999）运用盆地波动分析理论，通过与塔里木盆地成盆和构造演化史对比分析，认为柴达木中生代盆地构造演化经历了两个不同阶段：早、中侏罗世裂陷阶段和晚侏罗世—白垩纪挤压阶段。早、中侏罗世的原型盆地为近南北向伸展作用下的断陷盆地。早侏罗世仅表现为几个相互独立的小断陷湖盆；中侏罗世地层沉积范围扩大，主要沿祁连山山前分布，北界在祁连山南侧，西界可能在阿尔金南缘断裂以西，南界在伊北断裂埃南断裂一线；曾联波等（2002）根据侏罗纪地层分布、沉积特征和构造演化史的综合分析发现，柴达木盆地侏罗纪经历了两期不同盆地性质的发育和叠加，中侏罗世末期的中燕山运动是盆地性质的转换期。早中侏罗世盆地为南北向伸展构造环境下的断陷型盆地，不具前陆盆地地质特征；在晚白垩世—古近纪柴达木盆地所在地区没有导致地幔隆起的因素，为南北向挤压构造环境下的挤压型拗陷盆地，受南祁连山冲断构造体系控制，其沉积范围明显扩大；刘志宏等（2004）根据柴达木盆地北缘地区地震剖面解释，发现研究区侏罗纪主要受伸展构造体系控制，且发育了一系列规模较小的箕状断陷盆地，白垩纪沉积作用受挤压作用过程中形成的断层传播褶皱控制，为压性盆地。辛后田等（2006）认为早侏罗世青藏高原北缘进入伸展构造演化时期，柴达木盆地 J_{1-2} 的断陷盆地具有伸展断陷盆地性质，整个柴达木盆地的雏形即由该期伸展构造形成。中侏罗世后期，受到近南北向压应力的作用，这些断陷盆地变为挤压拗陷盆地；占文峰等（2008）认为柴北缘含煤区构造演化早、中侏罗世为伸展沉降阶段；晚侏罗世—白垩世为构造反转、挤压抬升剥蚀阶段；王信国等（2008）研究认为构造演化可划分为中生代阶段（J_{1-3}）和新生代阶段（E～N），其间被白垩纪时期的盆地抬升剥蚀所分开。和钟铧等（2002）认为柴达木盆地中生代盆地的性质应为挤压环境下经过多次幕式逆冲形成的、与祁连造山带有关的叠置前陆盆地，经历了早侏罗世的破裂前陆盆地和中侏罗世之后的类前陆盆地的演化过程。

总之，现今对柴达木盆地中生界主要存在的争议集中在盆地构造演化造成的盆地类型。最近几年主要存在三种认识：第一种观点主要是以翟光明等（1997）、吴因业等（1998）、夏文臣等（1998）、胡受权等（1999）、曹国强等（2005）为代表的"前陆盆地"特征观点，他们观点的共同之处在于都认为柴达木盆地内强烈挤压的构造特征从中生代早期开始，将侏罗纪划分出前陆盆地或拉分型盆地等类型；第二种观点是以金之均等（1999）、曾联波等（2002）、刘志宏等（2004）、罗群（2008）等人为代表，认为柴达木盆地经历了由拉张环境造成的断陷盆地向后期挤压环境造成的拗陷盆地转换，但是对于断陷作用形成时间他们存在着不同的观点；有人认为是侏罗纪—白垩纪全为伸展盆地，有人认为早中侏罗纪盆地是区域伸展构造背景下的裂陷型盆地，晚侏罗世—白垩世为挤压型盆地；也有人认为早中侏罗世为伸展盆地，晚侏罗世为拗陷盆地，白垩纪则转换成压性盆地；第三种观点则以靳久强等（1999）为代表，他们认为柴达木盆地的形成与阿尔金断裂的走滑活动有关，属于拉分盆地。从以上研究来看，柴达木盆地中生界盆地类型主要受到了印支运动末期及燕山运动对成盆作用的影响，也就是说，印支运动末期使柴达木地区沉降成为盆地，形成前陆盆地还是断陷盆地抑或走滑拉分盆地成为主要的讨论热点，而中侏罗世晚期燕山运动早期造成了盆地转换成挤压盆地还是转换成挠曲盆地成为重要的话题，关于印支运动对中生界盆地类型影响话题争议最大。

（二）新生界盆地演化研究进展

有关柴达木盆地新生界盆地类型及其转化的研究比较多，但观点也不尽相同。谢久兵等（2007）对盆地沉积构造分析，结果表明柴北缘地区经历了古近纪非对称性走滑拉分盆地和新近纪挤压拗陷盆地两个发育阶段，得出柴北缘盆地在古近纪和新近纪不是一直处于挤压应力状态的典型前陆盆地。李相博等（2006）应用地震勘探资料和平衡剖面恢复技术对柴达木盆地断裂特征进行了研究，并结合柴达木盆地岩石圈结构特征和区域应力场资料，对盆地新生代构造演化阶段及盆地类型进行了重新划分和确定。认为该盆地演化既受区域应力场及盆缘走滑断裂活动的控制，也受地壳深部活动的影响，其成盆动力学模式为深层伸展，浅层压扭。也就是说，新生代构造演化可以划分为两大阶段，即喜马拉雅早期的地幔上拱为主、盖层压扭为辅阶段及喜马拉雅晚期的盖层压扭为主、地幔上拱为辅阶段。盆地沉积演化也表现为早期扩展为主、迁移为辅阶段与晚期迁移为主、扩展为辅阶段。王步清（2006）认为柴达木盆地经历了古近纪的弱伸展拗陷、上干柴沟沉积时期的拗陷和上新世以来的走滑冲断改造3个演化阶段，且新生界柴达木盆地不具有典型前陆盆地的特征。徐凤银等（2003）在综合分析区域构造背景、边界条件、基底性质、构造运动、不整合面、地层分布、沉积特征和构造演化史的基础上，认为柴达木盆地中、新生代的构造演化经历了两个伸展-挤压构造旋回，可划分为4个演化阶段，即早、中侏罗世伸展断陷-拗陷阶段、晚侏罗世—白垩纪挤压拗陷-挤压隆升阶段、古新世（路乐河期）—中新世早期（上油砂山期）整体挤压拗陷与柴西局部拉分弱断陷阶段和中新世晚期（狮子沟期）第四纪挤压反转阶段。吴光大等（2006）认为柴达木盆地中、新生代沉积构造演化经历了5个演化阶段：早、中侏罗世伸展断陷阶段；晚侏罗世—白垩世挤压反转阶段；古近纪弱断陷阶段；中新世—上新世早期拗陷阶段和上新世晚期—全新世挤压反转阶段。高先志等（2003）根据中新生代西北地区周缘板块活动和构造演化特点，提出柴北缘中新生代经历了两个由伸展到挤压的构造运动旋回：从早中侏罗世到晚侏罗世是第一个旋回；从早白垩世到第四纪为第二个旋回。早中侏罗世是一种稳定大陆内弱伸展拗陷盆地，不具有典型的裂陷盆地特征。从渐新世开始，柴达木盆地才进入强烈挤压的山间盆地阶段，并决定了柴北缘现今的构造格局。金之钧等（1999）运用盆地波动分析理论，通过与塔里木盆地成盆和构造演化史对比分析，认为柴达木新生代以来的盆地构造演化经历了两个不同阶段：古近纪—新近纪的走滑、逃逸阶段和上新世—第四纪挤压、推覆阶段，各阶段形成不同成因特征的盆地类型。李明杰等（2005）认为柴达木新生代盆地并非构造性质单一的盆地，而是由具有不同构造特征的盆地上下叠置而形成的叠合盆地。古近纪时受近东西向构造的控制，盆地从阿尔金山前向东部扩展。新近纪时受北西向构造的控制，随着盆地的演化阿尔金山前逐渐隆升，拗陷主体向东迁移。两个世代盆地的沉积主体在空间上具有翘倾特征。

　　总之，现今对柴达木盆地新生界的观点主要存在以下几个方面：第一种以彭作林等（1991）、狄恒恕等（1991）、黄华芳和王金荣（1994）、顾树松（1991）、宋廷光（1997）、李建青（1997）为代表的单一的"大型挤压盆地"学说，他们认为柴达木盆地为挤压拗陷或前陆盆地；第二种观点是以宋建国和廖建（1982）、张明利等（1999）、汤良杰等（2000）、翟光明等（2002）、夏文臣等（1998）、金之钧等（1999）为代表的"先伸展后挤压的阶段性盆地"论，他们认为早期为强烈伸展、晚期为挤压或挠曲盆地，或者认为早期为走滑拉分盆地、晚期为类前陆盆地，该观点较为复杂，但是都认为盆地早期为断陷盆地，而晚期形成挤压型盆地，只是由于各种盆地位置不同，靠近断层地区由于走滑作用影响，可能形成走滑盆地，而位于挤压区域比较强烈地区则形成了前陆盆地；第三种是以崔军文等（1999）、李相博等（2006）为代表的认为其为"拆离伸展-拉分盆地"。从以上研究来看，有关柴达木盆地新生界盆地类型的划分形式多样，观点不一，依据不同，主要探讨的问题就是不同期喜马拉雅运动对盆地的影响以及阿尔金断裂对其周边盆地的影响。

（三）雪山控湖、断阶控盆新认识

1. 雪山控湖学说

　　本次研究提出了柴达木盆地"雪山控湖"学说，客观地解释了湖盆演化的控制因素。前人认为湖泊的大小主要是气候变化引起的，湖泊小的时期是气候干旱时期，湖泊大的时期是气候潮湿时期，按照这种观点，湖侵最大的时期应该是气候最潮湿、降水最多、盐度最低的时期。但柴达木盆地古近系和新近系中见到的现象恰好相反，即最大湖侵期，反而是蒸发岩最发育的时期，岩性、古生物、地球化学等多方面的证据表明，柴达木盆地古近纪和新近纪的气候一直是干旱的，蒸发量远大于降水量，那么干旱气候下，湖水是从哪里来的呢？湖泊的规模受什么因素控制呢？通过现代干旱气候下的湖泊考察，干旱气候区湖泊的水主要来自山区雪水，例如现代的青海湖、新疆博斯腾湖等。

　　雪水的多少受控于盆地周围山脉的海拔高低，海拔越高，气候又比较冷，处于雪线以上的区域面积就大，雪融化时产生的水就多，雪水的供给量就越大，湖泊规模就越大，山区的海拔又与构造运动的强度有关，构造运动强度大，山抬升幅度大，进入雪线的区域就多，积雪就多。如果干旱气候区湖泊周围的山很低，远低于雪线，冬季即使降雪也很快被蒸发掉，就不会有源源不断的雪水供给，湖泊规模就比较小（图 2.19）。柴达木盆地路乐河组到下干柴沟组沉积时期，是盆地形成初期，盆地周围的山脉不高，在雪线以上的山很少甚至没有，孢粉研究表明这个时期气候干热，不利于雪域发育，导致湖泊范围很小。

　　从下干柴沟组下段开始到狮子沟组沉积时期，湖泊范围越来越大，一方面是因为盆地周围的山在不断升高，另一方面气候由路乐河组沉积时期的干热逐渐变为干冷，使雪

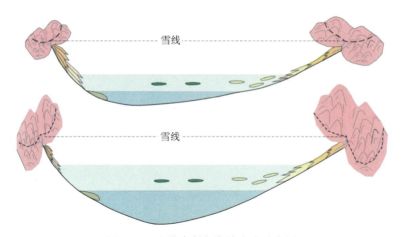

图 2.19　山脉高低与湖泊大小示意图

线海拔降低，两种原因导致山区雪域不断扩大，雪水供给越来越多，从而导致湖泊范围不断扩大。

2．边界断阶带控制原型盆地边界

前人认为，盆地边界进退与构造阶段有关，提出古近纪和新近纪盆地经历了拉张弱断陷→拗陷→挤压反转三个阶段。

（1）古新世-始新世为弱断陷期（E_{1+2}），受不同性质断裂控制，NWW 向右行走滑断裂（XI 断裂）和 NEE 向左行走滑断裂共同导致了盆地向东逃逸、伸展，西部地区进入走滑拉张的弱断陷时期，形成一系列正断层，而东部断裂不发育，导致西低东高，东部地区未接受沉积，西部地区沉积方式为填平补齐沉积，主要沉积了棕红色或棕褐色砂砾岩和泥岩，路乐河组直接覆盖于中生界或更老的地层之上。

（2）渐新世-中新世早期拗陷阶段（$E_3^1 \sim N_1$），随着青藏高原抬升的加剧，柴达木盆地向东移动受阻，导致了走滑拉分作用转变为以挤压作用为主，渐新世时期断陷作用逐渐减弱，盆地进入拗陷阶段，正断层逐渐停止活动，代之以逆断层，由于挤压作用，盆地整体拗陷。

（3）中新世晚期-第四纪挤压反转阶段（$N_1 \sim Q$），喜马拉雅中期青藏高原的抬升进一步加剧，盆地主要受到 NW-NE 应力场和阿尔金强烈左行走滑运动的影响，昆仑山和祁连山开始加剧向盆地逆冲、推覆，致使盆地进入挤压反转阶段，形成了大量的褶皱和断裂，柴西地区逐渐抬升隆起，沉降中心大幅度向东迁移，奠定了现今柴达木盆地的地质格局。

但本次研究认为，古近纪和新近纪青藏高原向东北方向持续挤压，柴达木盆地一直处于挤压状态，这种挤压作用在不同时期形成的盆地边界断层位置不同，导致了盆地规模不同，具有断阶控盆的特征。

从路乐河组到下干柴沟组上段沉积时期，盆地的南、北边界是不断后退的，盆地规模不断扩大，形成向上变深、变细的沉积序列，盆地边界后退主要是边界断层阶梯式后退引起的（图 2.20）。

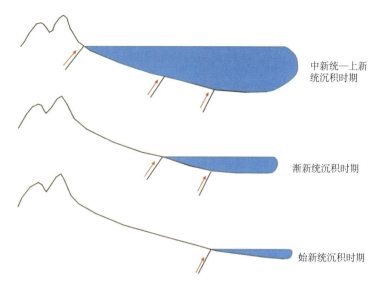

中新统—上新
统沉积时期

渐新统沉积时期

始新统沉积时期

图 2.20　盆地边界断层阶梯式后退导致盆地规模不断扩大、边界不断后退

　　从上干柴沟组到下油砂山组沉积时期，盆地的南边界不断向北、向盆地内部推进，导致柴西地区地层剖面上岩性逐渐变粗，如犬南 1 井。

第三章 中新生界沉积层序特征与沉积演化

第一节 中生界沉积层序划分及其特征

一、中生界沉积相类型划分及其特征

柴达木盆地北缘的侏罗系具有多物源、近物源、堆积快和变化大的特点。主要的沉积相包括冲积扇、河流、扇三角洲、三角洲、湖泊和湖底扇等多种类型，具体分类如表3.1所示。

表 3.1 柴达木盆地中生界沉积相分类

相	亚相	微相	分布
河流相	河道、泛滥平原	河床、心滩、河漫滩	分布广泛
冲积扇相	扇根、扇中、扇端		冷湖三号
扇三角洲相	平原	分流河道、分流河道间	冷湖三号、冷湖五号、侏罗系
	前缘	水下分流河道、水下分流河道间、河口砂坝	
辫状河三角洲相	平原	分流河道、河道间、河间沼泽、河间湾	鱼卡、红岩山
	前缘	水下分流河道、河口砂坝、水下分流间湾	
	前三角洲		
湖泊相	滨浅湖、半深湖-深湖	泥坪、砂坪	分布广泛
湖底扇相	中扇、外扇	浊流水道、水道末端	冷湖四号、冷湖五号、侏罗系

（一）冲积扇相

1. 总体特征

侏罗系可见冲积扇相（图3.1），侏罗系冲积扇相主要分布于冷湖三号和潜西地区大煤沟、大头羊剖面。在研究区中生界的冲积扇沉积主要集中在采石岭组、红水沟组和

白垩系。

　　洪积扇为洪水携带大量碎屑物质流出山口时，快速堆积下来所形成的扇状堆积体，通常发育在干旱–半干旱气候条件下盆地边缘的山前地带。其总的沉积特征是：岩性粗；结构和成分成熟度低；岩石的颜色多为杂色、红色，尤其是所夹的泥岩，反映为陆上强氧化环境；泥岩普遍不纯，为砂质泥岩，这是洪水沉积的另一特点；生物化石缺乏，这与洪积扇恶劣的生态环境有关；多发育向上变细的扇退沉积序列，也见向上变粗的扇进沉积序列，但少；沉积体呈楔状，厚度变化快；地震反射杂乱，且呈楔状。

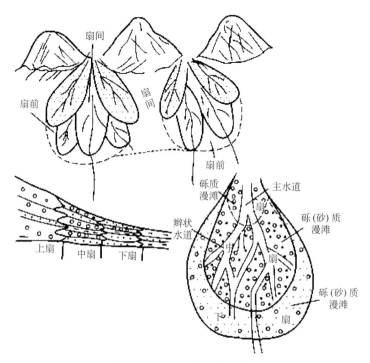

图 3.1　柴北缘冲积扇相模式

2. 亚相和微相类型

　　古代冲积扇实际上是扇复合体，是由扇朵叶体左右摆动形成的。根据现代冲积扇观察分析，每个扇朵叶体完全由砂、砾岩组成，并可划分出扇根、扇中和扇端（图 3.1）。

　　（1）扇根

　　上扇位于出山口附近，其沉积物是洪积扇上最粗的，砾岩沉积占绝对优势，其含量占上扇沉积剖面的 90% 以上，偶见砂岩夹层，几乎无泥岩沉积。砾岩多为中、粗砾岩，细砾岩都少见。砾岩连续沉积厚度在 50m 以上，层理构造少见。上扇可进一步划分为主水道和砾质漫滩两种微相。

　　水道是砾质水道，是洪水在消退阶段在洪积扇上冲刷形成的。根据现代洪积扇观察，上扇的水道较大，但数量少，一般为 1～2 条，其宽度多为几十米至上百米，深度多为几米。其沉积主要为砾岩夹少量透镜状砂岩，其底面为凹凸不平的冲刷面。

砾质漫滩位于河道两侧,仅在发洪时淹没,平时暴露地表,其沉积主要发生在山洪暴发期,以砾岩为主,与水道沉积相比,其储集物性要差。

（2）扇中

中扇沉积总体上比扇根细,其沉积主要为砾岩、砾质砂岩夹砂岩,砾岩以中砾岩为主,也有细砾岩,粗砾岩则少见,泥岩夹层虽有,但很少。砾质砂岩和砂岩中交错层理和平行层理常见。砾岩和砾质砂岩含量一般占中扇沉积剖面的50%～90%（图3.2）。

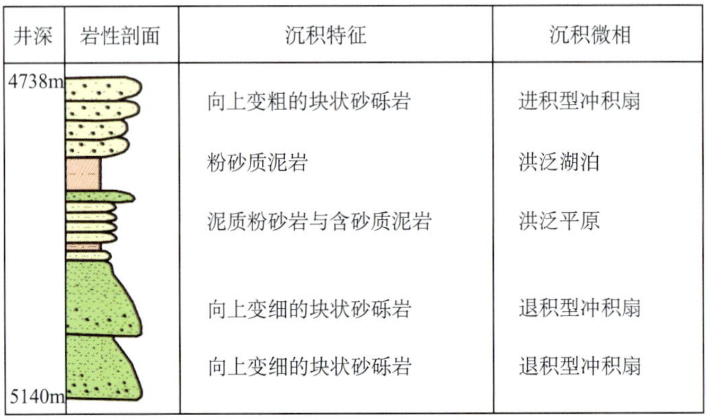

井深	岩性剖面	沉积特征	沉积微相
4738m		向上变粗的块状砂砾岩	进积型冲积扇
		粉砂质泥岩	洪泛湖泊
		泥质粉砂岩与含砂质泥岩	洪泛平原
		向上变细的块状砂砾岩	退积型冲积扇
5140m		向上变细的块状砂砾岩	退积型冲积扇

图3.2　马参1井上侏罗统冲积扇沉积相

扇中的微相与上扇基本相同,为水道和砾质或砂质漫滩两种微相。水道是砾质或砂质水道。

与扇根相比,扇中水道数量多,呈辫状,而且比上扇的小,其宽度多为十几米至上百米,深度多为几十厘米到1～2m。其沉积主要为砾岩和砾质砂岩夹砂岩,具凹凸不平的冲刷面。砂岩呈层状或透镜状,也是洪水期后正常流水在河床低洼处沉积形成的,而且向下游方向数量增多。

（3）扇端

扇端沉积总体上比中扇细,其沉积主要为砂岩夹砾岩、砾质砂岩,砾岩以细砾岩为主,中、粗砾岩则少见,泥岩夹层较常见。砾岩和砾质砂岩含量一般占下扇沉积剖面的50%以下,其单层厚度一般为几十厘米至几米。砾质砂岩和砂岩中交错层理和平行层理常见。

下扇表面较平坦,以砂质（或砂砾质）漫滩为主,水道少且小。

砂质（或砂砾质）漫滩在发洪时淹没,其沉积同样主要发生在发洪期,属于片流沉积。同样,由于风的作用,这里沉积的砾岩和砾质砂岩的填隙物多为泥质,其储集物性较差。但砂岩由于颗粒较细,风能够对其进行"簸洗",泥质含量反而较少。

（二）河流相

1. 总体特征

本区河流相可进一步划分为辫状河与曲流河。辫状河主要处于山前坡降相对较大的地带，既可形成于干旱气候，也可形成于潮湿气候环境。早、中侏罗世暖湿气候背景下的辫状河流相广泛分布，主要见于鱼卡、大煤沟、结绿素露头和潜西地区井下，岩性以灰绿、灰白色含砾砂岩、砂岩、泥岩为主，具有下粗上细的不完整二元结构，每个二元结构的厚度为1～10m，在潮湿气候条件下可发育炭质泥岩和煤层。

辫状河流相含砾和粗粒砂岩发育，砂岩成分成熟度较低，石英为45%～65%，长石为5%～20%，岩屑为15%～35%，基质为10%～30%，岩屑中云母含量较高，有时可达30%，以云母岩屑砂岩为主，有槽状交错层理和收敛状交错层理，北缘地区的古水流方向基本是由南向北。如尕西1井2070～2090m井段（图3.3），主要发育红褐色砾岩，分选性差，具水平层理，向上粒度变细，主要为红褐色粗砂岩、中砂岩，具板状交错层理，部分层理不明显。

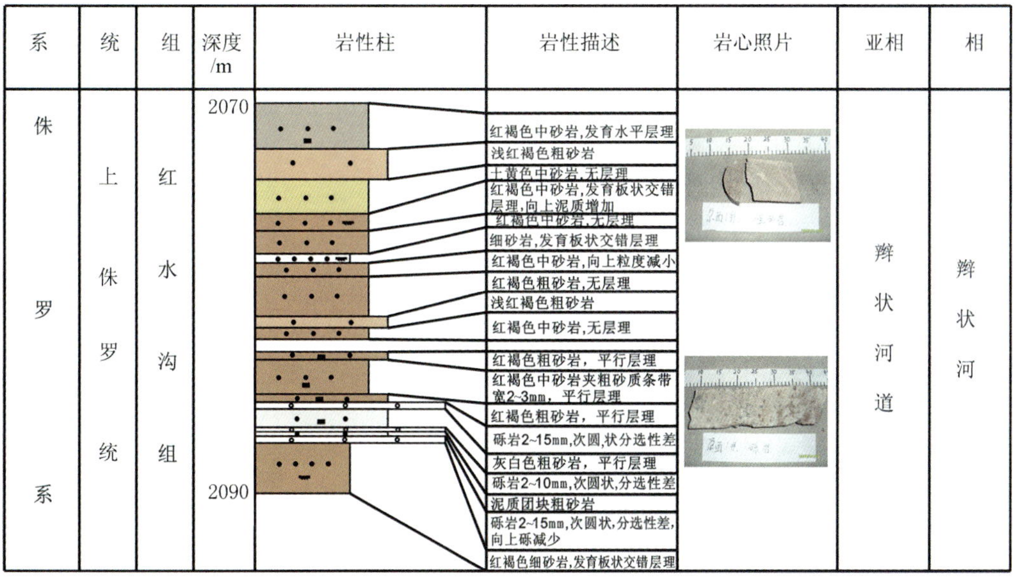

图3.3　尕西1井红水沟组辫状河沉积相

曲流河广泛分布于湖盆收缩期的上侏罗统、白垩系中（图3.4），这时物源供给贫乏，水体搬运能力较弱，以砂岩和泥岩为主，垂向上砂岩百分含量较低，二元结构上部单元较发育，电测曲线为明显钟形，地震剖面上垂直河道剖面呈透镜状，平行河道剖面为变振幅、断续亚平行席状相，泛滥平原为中振中连平行-亚平行席状相。

2. 亚相和微相类型

辫状河沉积体系可分为河道和泛滥平原两类亚相（表3.1）。河道亚相可进一步划分为河床和心滩微相。泛滥盆地亚相可进一步划分为河漫滩和间歇性河漫湖泊微相。

（1）河道

辫状河是多河道河流，河道分叉合并频繁，迁移快，因此河道两侧的天然堤不发育，这也是与曲流河的重要区别。

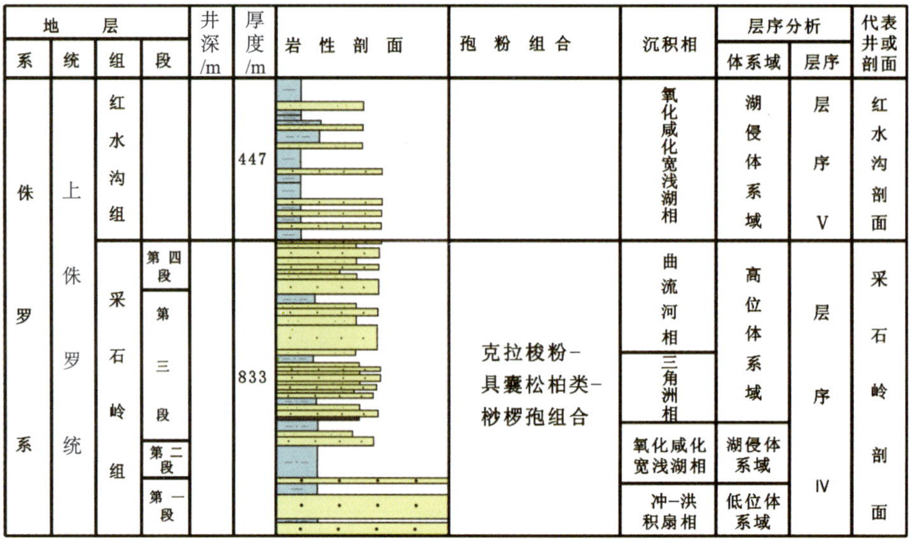

地 层				井深/m	厚度/m	岩 性 剖 面	孢 粉 组 合	沉积相	层序分析		代表井或剖面
系	统	组	段						体系域	层序	
侏罗系	上侏罗统	红水沟组		447				氧化咸化宽浅湖相	湖侵体系域	层序V	红水沟剖面
		采石岭组	第四段	833			克拉梭粉-具囊松柏类-桫椤孢组合	曲流河相	高位体系域	层序IV	采石岭剖面
			第三段					三角洲相			
			第二段					氧化咸化宽浅湖相	湖侵体系域		
			第一段					冲-洪积扇相	低位体系域		

图 3.4　柴达木盆地上侏罗统沉积相划分

　　辫状河河道包括河床和心滩。河床主要为滞留沉积,较粗,多为砾岩和砾质砂岩,厚度不大,多为十几厘米,位于凹凸不平的冲刷面之上,向上过渡为心滩沉积。

　　心滩沉积主要为中-粗砂岩、砾质砂岩和砾岩。砂、砾岩单层厚度多为几米至二十几米。砾岩以细砾岩为主,也有中砾岩。砾石为次棱角状至次圆状,向下游方向圆度增高。砾岩中叠瓦状构造和平行层理常见,其他层理构造不发育。砂岩中平行层理和大型板状、槽状交错层理发育,尤其是平行层理,代表上部急流流动体制。砂岩的碎屑颗粒磨圆较差,主要为次棱角状,分选也较差,成分成熟度和结构成熟度均较低。

　　砂(砾岩)体中经常发育多个粗-细韵律,每个韵律厚度多为十几厘米至几十厘米。粗的部分是砾岩或砾质砂岩,细的部分是砂岩,每个韵律通常代表一次洪水沉积作用。对于间歇性河道,无水期风携带来的泥土沉积下来充填砂、砾间的孔隙,导致泥质含量高。在河道中容易积死水的低洼部分,洪水过后悬浮的泥质会逐渐从静止的水体中沉积下来,充填砂、砾间的孔隙,导致泥质含量高。而在有常流水的河道,由于湍急水流不断冲洗,砂、砾间的泥质很少,因此其泥质含量低,后期可充填胶结物。

　　由于辫状河道频繁改道,使其沉积的砂、砾岩体有如下三个特点:

　　A. 砂(砾岩)体底面为冲刷面,顶面也为突变接触,自然电位多为上下对称箱形或圆弧形。这是由于堤岸沉积不发育、砂(砾岩)体与上覆及下伏泥岩均为突变接触所致。

　　B. 单砂(砾岩)体厚度普遍大,这主要是由于多河道频繁摆动导致砂体叠加所致。据统计,单砂体厚度从2~3m到20m以上的均有,但一般为5~20m。厚度大于10m的砂体通常为较大,在此称"主河道",而厚度小于10m的砂体为规模较小,在此称"支河道"。

　　C. 砂体侧向连续性好,砂体宽,这主要是由于多河道侧向拼合所致。

随着离物源的距离变大，河道会逐渐变少、变小。根据砂、砾岩含量和砂、砾岩单层厚度等特征，本次将辫状河沉积体系划分为上游和下游（图 3.5）。

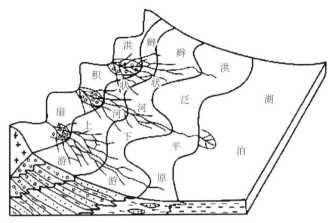

图 3.5　柴北缘辫状河沉积相模式

上游沉积的特征是：砂、砾岩的含量在 30％ 以上，单砂、砾岩层厚度大，多在 10m 以上，主河道发育，砂体由于拼合叠加而呈席状，可在大范围内追索。

下游沉积的特征是：砂、砾岩的含量在 10％ 以上、30％ 以下，单砂层厚度较小，多在 10m 以下，支河道发育，砂体由于拼合叠加程度差而呈条带状，横向不稳定。

此外，根据河道沉积类型，可将辫状河划分为砾质、砂质辫状河，前者的河道沉积

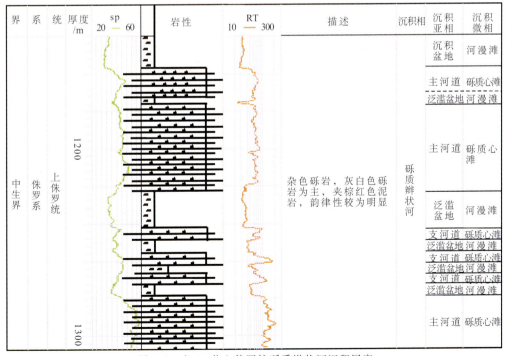

图 3.6　鱼 34 井上侏罗统砾质辫状河沉积层序

以砾岩为主，后者则以砂岩和砾质砂岩为主（图3.6）。

（2）泛滥盆地

泛滥盆地位于辫状河道之间，通常主要在洪水泛滥时期发生沉积。本区的泛滥盆地主要包括河漫滩与河漫湖，以前者为主。

河漫滩是长期暴露于大气的强氧化环境，只有在发洪时才被淹没，其沉积主要为呈悬浮状态搬运的泥、粉砂和一些细砂，形成砂质泥岩、粉砂质泥岩和泥质粉砂岩。这些沉积多呈紫红色、杂色、棕黄色，植物化石虽有，但数量很少。由于沉积速度快，层理构造不发育，多呈块状。

河漫湖是地势较低洼的地区积水形成的，这种湖泊通常浅，而且由于气候干旱，经常干涸，属于间歇性湖泊。其沉积主要是灰绿、棕红色泥岩、泥灰岩，泥灰岩是水体蒸发导致方解石沉淀形成的。可见生物扰动，浪成对称波痕，常含一些植物化石。

（三）扇三角洲相

1. 总体特征

扇三角洲是由冲积扇提供物源，主要发育于水下或完全发育于水下的楔形沉积体，是活动的冲积扇与水体（湖、海）之间的沉积体（姜在兴，2003）。研究区扇三角洲非常发育，尤其是在靠近物源区的祁连山古陆、昆仑山古陆等区域，发育了大量扇三角洲沉积；同时，早侏罗世断裂非常发育，致使沉积区与剥蚀区高差增大而水平距离短，使湖泊具有非常充足的陆源碎屑物质供给，故扇三角洲相当发育，为本区侏罗系重要的沉积相类型之一，主要分布于冷湖三号、五号和鄂博梁一号，又分为扇三角洲平原和扇三角洲前缘亚相。如冷湖三号、石深25井、石地22井、石地28井、石地10井（图3.7，图3.8）可见一套由灰色、深灰色砂砾岩、砂岩、粉砂岩与砂泥质泥岩互层组成的扇三角洲平原相沉积，冷湖五号冷科1井扇三角洲平原中河道与含煤沼泽沉积交互出现。扇三角洲前缘在冷湖五号冷科1井4314.76～4321.93m井段是由多个下粗上细的旋回组成的水下分流河道沉积，岩性主要为灰色、浅灰色、灰白色含砾砂岩、砾岩、砂岩，在冷湖三号为一套灰色、浅灰色中细砂岩、粉砂岩夹砾状砂岩的河口砂坝沉积，并构成冷湖三号油田的良好油气储层。

2. 亚相和微相类型

根据扇三角洲的沉积环境特征，可将研究区扇三角洲划分成扇三角洲平原和扇三角洲前缘亚相。

（1）扇三角洲平原

扇三角洲平原亚相沉积是指三角洲平原上的分流河道、分流间湾沉积。分流河道微相是扇三角洲平原亚相的格架部分，形成扇三角洲的大量泥沙都是通过它们搬运至河口处沉积下来的。分流河道沉积具有一般河道沉积的特征，即向上逐渐变细的层序特征，但它们比中上游河流沉积的粒度细，分选变好。

分流间湾微相主要是分流河道中间的凹陷地区。当扇三角洲向前推进时，在分流河

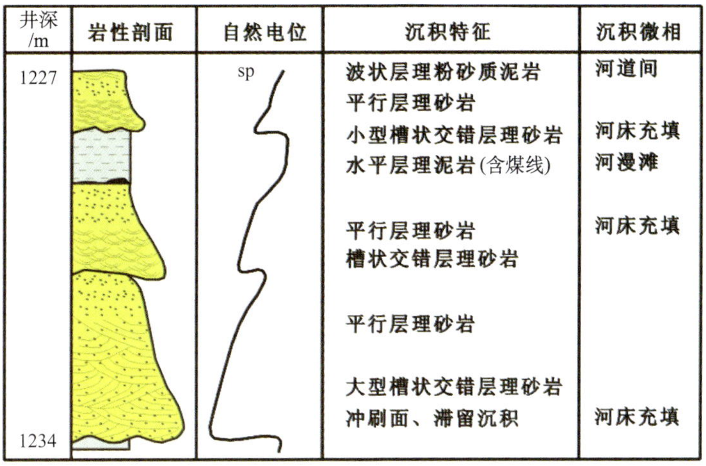

井深/m	岩性剖面	自然电位	沉积特征	沉积微相
1227		sp	波状层理粉砂质泥岩	河道间
			平行层理砂岩	
			小型槽状交错层理砂岩	河床充填
			水平层理泥岩(含煤线)	河漫滩
			平行层理砂岩	河床充填
			槽状交错层理砂岩	
			平行层理砂岩	
			大型槽状交错层理砂岩	河床充填
1234			冲刷面、滞留沉积	

图 3.7　石深 25 井 J_1h^2 扇三角洲平原河流沉积剖面图

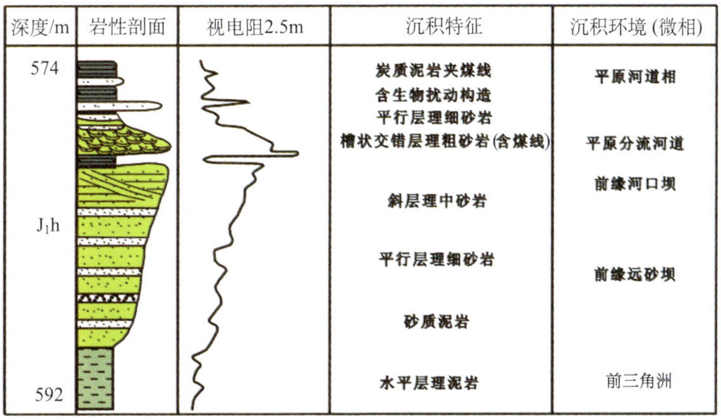

深度/m	岩性剖面	视电阻2.5m	沉积特征	沉积环境(微相)
574			炭质泥岩夹煤线	平原河道相
			含生物扰动构造	
			平行层理细砂岩	
			槽状交错层理粗砂岩(含煤线)	平原分流河道
J_1h			斜层理中砂岩	前缘河口坝
			平行层理细砂岩	前缘远砂坝
			砂质泥岩	
592			水平层理泥岩	前三角洲

图 3.8　石地 22 井 J_1h^2 局部扇三角洲沉积剖面图

道间形成一系列尖端指向陆地的楔形泥质沉积体。分流河道间微相的岩性以泥岩为主，含少量透镜状粉砂岩和细砂岩。砂质沉积多是洪水季节河床漫溢沉积的结果，常为黏土夹层或薄透镜状。具水平层理和透镜状层理。可见浪成波痕及生物介壳和植物残体等，虫孔及生物扰动构造发育。

（2）扇三角洲前缘

三角洲前缘亚相主要沉积于滨湖带，是三角洲最活跃的沉积中心。从河流带来的砂、泥沉积物，一离开河口就迅速堆积在这里。由于受河流和波浪的反复作用，砂泥经冲刷、簸扬和再分布，形成分选较好、质较纯的碎屑沉积集中带，该碎屑岩可构成良好储集层。研究区扇三角洲前缘亚相主要发育水下分流河道、水下分流河道间和河口砂坝微相。

水下分流河道微相是陆上河道在水下的延伸部分，沉积物较陆上部分细，单砂体厚度减薄。不同类型三角洲层理与底面构造不同，但水下分流河道在三角洲沉积中所占厚度最大，为其主体沉积部分。

河口坝微相是辫状河道入水后，携带的砂质由于流速降低而在河口处沉积下来形成的，其岩性较水下分流河道要细，但分选要好，质较纯净，在垂向上一般呈下细上粗的反韵律，可见平行层理和交错层理。

水下分流间湾微相是水下河道改道被冲刷保留下来或沉积的较细粒物质，其沉积作用以悬浮沉降为主，岩性一般为暗色泥岩，含粉砂泥岩及泥粉砂岩，见水平层理及小型砂纹层理。同时，河道间泥岩常夹一些漫溢成因的孤立砂体，其岩性变化较大，可从含砾砂岩至粉砂岩，结构成熟度低。

（四）辫状河三角洲相

1. 总体特征

辫状河三角洲（图 3.9）主要发育于断陷湖盆的缓坡带和湖盆拗陷期，自岸向湖依次出现辫状河三角洲平原、辫状河三角洲前缘和前三角洲。辫状河三角洲与扇三角洲的区别在于前者水上部分为辫状河沉积，而后者为冲积扇沉积。以粗碎屑沉积比例较大而区别于常规三角相，主要分布于鱼卡、红岩山、圆顶山、路乐河、大头羊、绿草山和大煤沟露头的侏罗系中，三角洲平原主要由分流河道和河漫滩组成，大煤沟、绿草山、大头羊、红岩山露头的侏罗系大煤沟组第 6 段发育三角洲平原沉积，以含砾砂岩、砂岩夹薄层砂质泥岩、炭质泥岩、煤层为主要特征（图 3.10）。

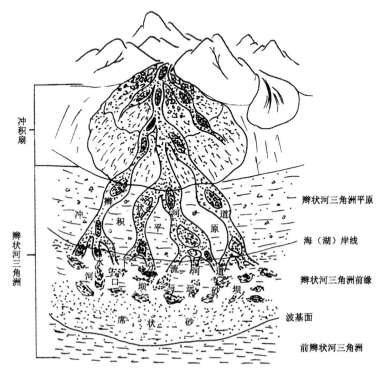

图 3.9　冲积扇-辫状河三角洲沉积体系

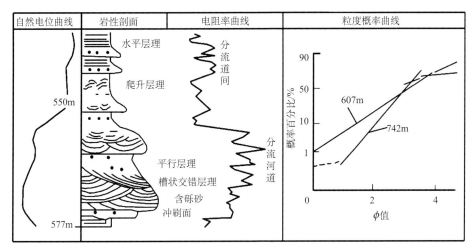

图 3.10　辫状河三角洲平原沉积特征图

2. 亚相和微相类型

本区的辫状河三角洲可识别出辫状河三角洲平原和辫状河三角洲前缘两种亚相。前三角洲亚相本身就属于湖泊，与正常的湖泊沉积不易区分；故将其归为湖泊。本区三角洲平原和三角洲前缘的区别在于前者煤层发育、水上沉积的炭质泥岩和氧化色泥岩常见，而后者煤层不发育，泥岩全部为水下沉积且呈还原色。

（1）辫状河三角洲平原

本区三角洲平原上可识别出分流河道、河间沼泽、河间湾、河间滩等微相。

分流河道以细砾岩、砾质砂岩、砂岩为主，单层厚度多为几米至十几米，顶、底面均为突变接触，底面为凹凸不平的冲刷面，交错层理和平行层理常见。

根据煤层底板岩性分析，本区的沼泽主要是分流间湾淤积或废弃河道淤积形成的。分流间湾淤积形成的沼泽，煤层的底板是分流间湾形成的暗色泥岩。废弃河道淤积形成的沼泽，煤层的底板是分流河道沉积的砂、砾岩。

河间滩是分流河道间长期处于水上的部分，其沉积主要是红色、杂色泥岩。

河间湾是位于分流河道之间孤立、闭塞的湖湾，其沉积主要是暗色泥岩。

（2）辫状河三角洲前缘

辫状河三角洲前缘包括水下分流河道、河口坝和水下分流间湾。

水下分流河道的沉积特征与三角洲平原上的相似，只是其沉积的砂、砾岩夹于水下沉积的暗色泥岩中。

河口坝沉积主要为砂岩、砾质砂岩，具有向上变粗的逆粒序，发育槽状交错层理、浪成波痕等。颗粒分选好，磨圆好到中等，由于波浪的淘洗作用，泥质含量低，填隙物多为方解石胶结物。

水下分流间湾位于水下分流河道之间，其沉积主要是灰色、深灰色泥岩，水平层理发育，常见生物扰动构造。

（五）湖泊相

湖泊在本区主要发育于早、中侏罗世，可划分为滨浅湖亚相和半深湖亚相（图 3.11，图 3.12），深湖在研究区内不发育。

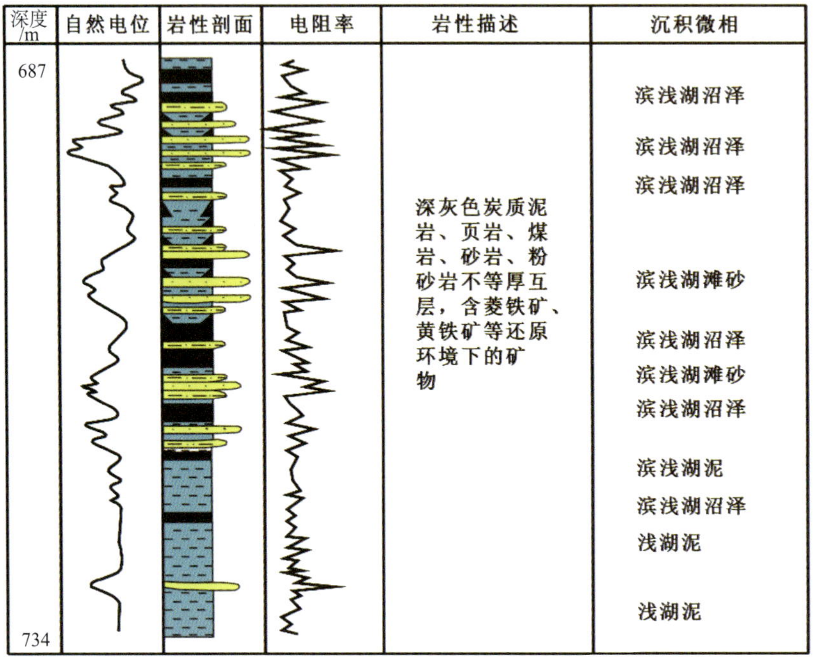

深度 /m	自然电位	岩性剖面	电阻率	岩性描述	沉积微相
687				深灰色炭质泥岩、页岩、煤岩、砂岩、粉砂岩不等厚互层，含菱铁矿、黄铁矿等还原环境下的矿物	滨浅湖沼泽 滨浅湖沼泽 滨浅湖沼泽 滨浅湖滩砂 滨浅湖沼泽 滨浅湖滩砂 滨浅湖沼泽 滨浅湖泥 滨浅湖沼泽 浅湖泥 浅湖泥
734					

图 3.11　石中 1 井侏罗系滨湖及湖沼沉积剖面

（1）滨浅湖

滨浅湖指湖泊水深在正常浪基面之上的部分，由于水体循环好，属于弱还原环境。其沉积为浅灰色、灰色泥岩夹细砂岩、粉砂岩薄层。泥岩中层理构造不发育，多呈块状，生物扰动强烈。砂岩、粉砂岩成层性好，多呈席状，但厚度小，多为十几厘米至几十厘米，发育小型交错层理、浪成波痕等，冲刷面不发育，成分和结构成熟度均较高。碎屑颗粒中，石英含量 40%～70%，岩屑含量 10%～30%，长石 10%～20%。颗粒分选好，磨圆好到中等，由于波浪的淘洗作用，泥质含量低，填隙物多为方解石胶结物。

滨浅湖沉积的 SP 曲线、Rt 曲线为顶底渐变的齿状。在地震上表现为强振高连或中振中连平行-亚平行席状。

（2）半深湖

半深湖指湖泊水深在风暴浪基面（通常为十几米）之下的部分，水体安静，属于强还原环境（图 3.12）。其沉积主要为深灰色、灰黑色泥岩夹粉砂岩薄层。泥岩水平层理发育。自然电位曲线平直，电阻率曲线呈锯齿状，在地震上表现为中弱振幅中低连续或中弱振幅中高连续，平行-亚平行结构。

(六) 湖底扇相

该沉积相仅见于冷湖地区侏罗系，是冷湖地区早侏罗世沉积物的大量堆积或扇三角洲不稳定沉积在外界条件诱发因素（如断裂活动或地震）影响下发生滑动或滑塌而导致形成碎屑流和高密度浊流，最终快速堆积在湖盆内部的深凹部位而形成的，如冷湖四号深 85井发育粗碎屑湖底扇相，而冷科 1 井深湖相中夹有一套浊流粉砂、细砂（图 3.12）。

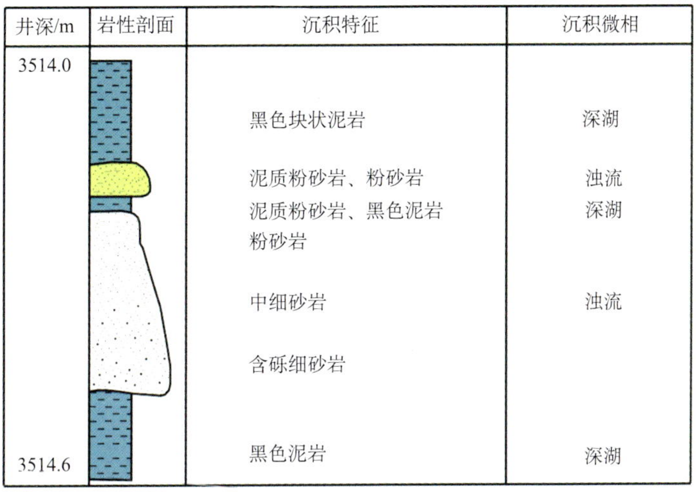

井深/m	岩性剖面	沉积特征	沉积微相
3514.0		黑色块状泥岩	深湖
		泥质粉砂岩、粉砂岩	浊流
		泥质粉砂岩、黑色泥岩	深湖
		粉砂岩	
		中细砂岩	浊流
		含砾细砂岩	
3514.6		黑色泥岩	深湖

图 3.12　冷科 1 井侏罗系深湖及深湖浊积扇沉积剖面图

二、中生界层序划分及其特征

依据岩心、露头以及测井和地震的层序界面特征，可将下构造层划分为两个盆地充填层序，四个构造层序和 10 个三级层序（表 3.2）。

1. 构造层序Ⅰ

包括湖西山组、小煤沟组和大煤沟组一至三段。底界面为印支运动末期产生的 T_6 界面，表现为杂乱或强振幅连续平行地震相，顶界面为燕山运动第Ⅰ幕造成的盆地湖平面大规模的下降形成的区域平行不整合面 T_{J2}（缺失中生界上部时为 T_R），下部为强振幅连续平行夹楔形地震相，属滨浅湖、沼泽、扇三角洲相沉积。该套地层总体以较连续、弱反射地震相为特征，部分为中强振幅、较连续反射，局部见前积反射特征，反映该套地层总体以湖泊沉积为主，部分为湖沼相，局部为水下扇、辫状三角洲沉积。

2. 构造层序Ⅱ

主要包括大煤沟组第四段至第七段，底界面为 T_{J2}（缺失下侏罗统时为 T_6），顶界面为 T_{J3}（缺失中生界上部时为 T_R），地震特征表现为区域的界面之上的上超和界面之

表 3.2　下构造层层序划分表

构造层	地层			地震标准层	层序			层序边界反射终止类型（顶/底）	构造运动
	系	统	组		盆地充填层序	构造层序	三级层序		
				T_R					
下构造层	白垩系		犬牙沟群		2	IV	10	顶超/上超	晚燕山运动
							9	削蚀/上超	
				T_K					
	侏罗系	上统	红水沟组			III	8	削蚀/上超	
			采石岭组				7	顶超/上超	
				T_{J3}					
		中统	大煤沟组	四至七段		II	6	顶超/上超	早燕山运动
							5	顶超/上超	
				T_{J2}	1				
				一至三段			4	顶超/上超	
		下统	小煤沟组			I	3	顶超/上超	
							2	削蚀/底超	
			湖西山组				1	削蚀/底超	
				T_6					印支

下的削截。该套地层以中—强振幅、较连续反射为特征，反映该套地层静水条件下的湖沼相-湖泊沉积的特点。

3. 构造层序 III

相当于上侏罗统，包括采石岭组和红水沟组，底界面为 T_{J3}（缺失中、下侏罗统时为 T_6），顶界面为燕山运动第 III 幕造成的 T_K（缺失白垩系时为 T_R），该界面为侏罗系和白垩系之间平行不整合面，地震终止类型表现为区域上的上超削截。该套地层主体以弱振幅、较连续反射为特征，反映以冲积平原、河流泛滥平原相为主的沉积特征。

4. 构造层序 IV

相当于白垩系犬牙沟组，其底界面为 T_K 界面，顶界面为中生界与新生界之间的界面 T_R，这是由于晚燕山运动第 IV 幕产生的界面，该界面为一区域的不整合面，界面上、下削截，反射特征普遍发育。该套地层以强振幅、较连续反射为特征，应代表洪积-冲积相砂、砾岩互层沉积。

第二节　新生界沉积层序划分及其特征

一、新生界沉积相类型及其特征

通过对研究区内的 50 余口重点钻井的层序结构、岩心特征和测井资料的详细分析，对柴达木盆地新近系进行了较全面的、系统的研究，并根据陆相湖盆沉积体系及相带划分方案，将研究区新生代划分为 7 个沉积相，12 个沉积亚相（表 3.3）。

表 3.3　柴达木盆地新生界沉积体系和沉积相划分方案

沉积相	亚相	微相
冲积扇相	扇根	主槽、侧缘槽、槽间滩
	扇中	辫状水道、水道间
	扇端	席状片流
曲流河 辫状河	河道	河床滞留沉积、边滩及河道充填 河床滞留沉积、心滩及河道充填
	泛滥平原	天然堤、决口扇、河漫滩等
三角洲相 辫状河三角洲相 扇三角洲相	三角洲平原	分流河道、分流河道间
	三角洲前缘	水下分流河道、河口坝、席状砂、远砂坝
	前三角洲	前三角洲泥、前三角洲粉砂泥
湖泊相	滨湖	滨湖滩砂、滩坝、泥质湖岸
	浅湖	湖泥、浅湖粉砂
	滨浅湖滩坝	砂质滩坝、碳酸盐岩滩坝
	半深湖和深湖	浊流砂体、碳酸岩盐滩坝、生物礁
湖底扇相	\	\
风暴沉积	\	\

（一）冲积扇相

　　冲积扇沉积是一种山麓的快速沉积，一般分布于盆地的边缘地带，而且与油气关系密切。它是在干旱-半干旱气候条件下由突发性洪水或暂时性河流携带大量的砂泥物质，在山前堆积而成。这是柴达木盆地西部地区广泛发育的边缘相带。其沉积物常以巨厚的无规律排列、分选性差的砾岩为特征。总体形态常呈扇状，成层性较差。按冲积扇的沉积地层结构从上游至下游依次发育近端相扇根、中段相扇中和远端相扇端三个亚相。从柴达木盆地发育演化的过程来看，冲积扇主要形成于盆地发育初期和盆地萎缩期，主要发育地层为下油砂山组（N_2^1）、上油砂山组（N_2^2）和狮子沟组（N_2^3）。冲积扇的形成受着古构造、古地形、古气候的控制，在研究区冲积扇主要分布于坡度较陡的阿尔金山和昆仑山的老山山前，规模较大，连片分布。

　　1. 岩石学特征

　　冲积扇沉积由于距离物源区很近，沉积速度较快以及暴露于空气中时间较长，常表现为砾石为主的粗细混杂堆积。冲积扇在岩性上差距较大，这主要是由于源区母岩性质不同造成的。

　　岩石类型主要为砾岩、角砾岩、砾状砂岩、泥质砾岩，底部为灰色砾岩（图 3.13，

图 3.14），中上部灰绿色细砾岩、粉砂岩，砾石间充填有砂、粉砂和黏土级的物质，有些冲积扇也可由含砾的砂、粉砂岩组成。扇顶部分以砾、砂岩为主，扇缘部分砾岩减少，砂、粉砂和泥质岩增多，层的厚度变薄，扇体与平原过渡地带，以黏土沉积为主。在此沉积体系中岩性以灰白色砾岩、砾状砂岩、含砾砂岩和砂岩夹少量的黄色、棕黄色砂质泥岩和泥质粉砂岩为特征，砾石以棱角状为主，分选性及成层性非常差，成分成熟度非常低，厚度变化大。冲积扇沉积中常含有碳酸盐、硫酸盐等矿物，如方解石、石膏等，它们是与碎屑沉积同时沉积，或是作为地表物质风化结果堆积下来的。冲积扇的源区母岩性质不同，则所含的盐类矿物就可能出现明显的变化。所以根据盐类矿物的差异，在一定条件下有可能推断出源区母岩的性质。

图 3.13　冲积扇灰白色砾岩（沟 4 井）　　　图 3.14　冲积扇扇中深灰色砾岩（黄 2 井）

2. 沉积结构特征

粒度粗、成熟度低、圆度不好、分选差是冲积扇沉积的重要特征。然而不同沉积类型，其分选亦有较大差异。布尔（Bull，1972）曾将冲积扇各沉积类型的碎屑物质分选做了定量对比，发现泥石流沉积是其中分选最差的。从扇顶至扇端粒度逐渐变细，分选、圆度逐渐变好。但有时因河床切割-充填沉积的影响，也会使粗粒沉积物位于扇体中部或下部。冲积扇沉积由于属间歇性急流成因，故层理发育程度较差或中等。泥石流沉积显示块状层或不显层理，细粒泥质沉积物可见薄的水平层理，粗碎屑沉积中可见不明显和不规则的大型斜层理和交错层理，斜层倾向扇端，倾角为 $10°\sim15°$。在垂向上，层理构造表现为流水沉积物与泥质沉积物复杂交互的构造序列。粗碎屑沉积中常见冲刷充填构造，主要发育在扇根附近。砂质沉积局部可见水流波痕。砾石若定向排列，呈"向源倾斜"，倾角 $30°\sim40°$。泥质表层可发育泥裂、雨痕、流痕等。

冲积扇形成和发育过程中，由于沉积物堆积速度和盆地沉降速度不同，可使冲积扇砂体发生进积和退积或侧向转移过程，这种过程明显地反映在冲积扇的沉积层序中。当沉积物的堆积速度大于盆地的沉降速度时，冲积扇砂体逐渐不断地向盆地方向推进，使扇根沉积置于扇中沉积之上，而扇中沉积又置于扇端沉积之上，形成自下而上由细变粗的进积型反旋回层序（图 3.15）。

相反当沉积物的堆积速度小于盆地的沉降速度时，冲积扇砂体则向物源方向退积，或者向侧向转移，其结果便形成自下而上、由粗变细的退积型正旋回沉积层序。沉积扇的不同部位，其沉积序列也不同。扇根的沉积序列主要为块状混杂砾岩和具有叠瓦状组构砾岩组成的正韵律沉积组合（图3.16）。扇中的沉积序列自下而上为具有叠瓦状组构的砾岩及不明显的平行层理、交错层理砾状砂岩、砂岩组成。扇端的沉积序列通常为具有冲刷充填构造的含砾砂岩、交错层理和平行纹理砂岩以及水平纹理粉砂岩和块状层理泥岩，但有时也发育有变形构造，如旋卷纹理及球状构造。

3. 测井曲线特征

冲积扇扇根的自然电位曲线以钟形频繁交替为特色，反映出在冲积扇的形成过程中，水流能量频繁变化、沉积粒序混杂的沉积特征；冲积扇不同的亚相表现出不同测井曲线特征。冲积扇扇根的亚相，沉

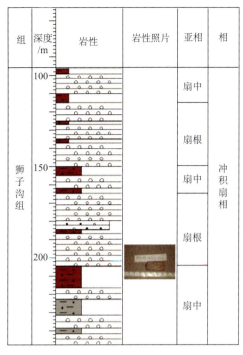

图3.15　德参1井狮子沟组冲积扇沉积相特征

积物为片状加积的巨厚砾岩层，电阻率曲线表现为块状高阻形态，因该区是冲积扇最早接受沉积的部位，底部沉积物含泥量较高，故电阻率值由下而上增高，而渗透率变化趋势使自然电位曲线的偏移幅度也向上变大，电阻率和自然电位曲线组成漏斗形态。扇中亚相电性曲线呈高低阻互层形态，高阻层为辫状水流沉积，低阻为辫状水流之间地形高处的漫流沉积，由于该部位存在多条辫状水流，因此，横剖面上同一层位的高低阻层相间分布，呈现指形的特征。扇缘亚相沉积物主要是细粒悬浮质，粗碎屑很少，电性曲线为平直低阻形态，其间有时夹少量中阻薄层。上述不同亚相的测井曲线的空间组合特征反映了冲积扇沉积作用不断前积的特点，从下到上依次为平直基线、指形、漏斗形。

4. 亚相划分

冲积扇相根据岩性、岩相特征及其变化可划分为扇根、扇中、扇端三个亚相，进而可划分为若干微相。扇根分为主槽、侧缘槽、槽间滩；扇中分为辫状水道、水道间；扇端分为水道径流和片流微相。以下就研究区的冲积扇相各亚相特征分述之。

（1）扇中亚相

扇中亚相位于冲积扇中部，构成冲积扇主体。扇中亚相沉积厚度大，主体为辫状河道沉积，其粒度分布具有明显河流搬运沉积特征。沉积物以辫状分支河道和漫流沉积为主，与扇根相比砂砾比值较大，并且砂地比范围为0.5~0.8，岩性以砂岩、砾状砂岩为主（图3.17，图1.18），可见辫状河流形成的不明显的平行层理和交错层理，侵蚀下切和冲刷充填构造发育。泥岩中可见水平纹层和不规则水平纹层。在剖面上砂、砾岩呈

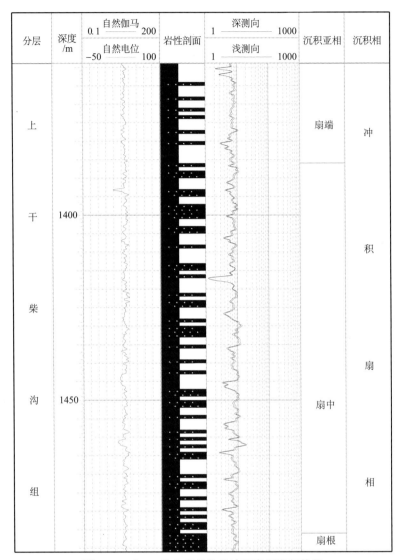

图 3.16　七 29 井上干柴沟组冲积扇沉积相特征

透镜状叠置，具有大型板状交错层理、块状层理及正、反粒序层理。电性特征呈中-高阻互层，自然伽马为中、高值，其曲线为钟形、箱形-钟形，反映扇中沉积细粒沉积物不发育。

　　（2）扇根亚相

　　扇根亚相分布于冲积扇体根部，顶端伸入山谷，沉积坡度较大，常发育有单一或多个直而深的主河道。沉积物由泥质砾岩、砂质砾岩、砂砾岩和含砾粗砂岩、石质砂泥岩组成，亦可见角砾岩。砾沉积物粒度粗，砂岩厚度同地层厚度比值高。分选和磨圆差，显杂基支撑结构和碎屑支撑结构，呈杂乱块状堆积，单层厚度大，可见多个洪积砂砾岩透镜体叠置而形成的巨厚层堆积，主要为泥石流和辫状砾质河道沉积，在平面上呈向扇顶收缩状。电性特征为厚层、块状高电阻率，自然伽马呈低值。

图 3.17　冲积扇扇中亚相，细砾岩
（浅北 4-2 井，199.2m，N_2^2）

图 3.18　冲积扇扇中，砾石粒径 0.5～2.8cm，
次棱角状（七 6-29 井，571.3m，N_2^2）

（3）扇端亚相

扇端亚相出现于冲积扇的下部至外缘，地形平缓，沉积坡度较小，沉积物以漫流沉积为主。扇端主要为河流及洪水漫流沉积，以中、粗砂岩夹粉砂岩、泥岩为主，泥岩以红色、棕红色及紫红色为主。砂岩百分含量一般小于 50%，地层中有石膏发育，多呈薄层，厚 1～3cm，顺层分布或斜交穿插，为成岩阶段的产物。扇端砂质沉积物分选较好，具平行层理、砂纹层理及小型板状层理、冲刷-充填构造等。粉砂岩、黏土岩可见块状层理、水平层理和变形构造以及干裂、雨痕等暴露构造。电性特征呈现低齿状，自然伽马为中、低值，代表扇端亚相中河道分岔现象减少及河床逐渐变浅直至消失的沉积特点。

（二）河流相

河流相沉积在内陆沉积盆地广泛分布。由于盆地与周边的山系地势高差大，区域性水系由山系向盆地汇集，水流进入盆地后地势坡度变缓，河道由辫状河变为曲流河。

1. 岩石学特征

河流相发育的岩石类型以碎屑岩为主，次为黏土岩，碳酸盐较少出现，此外在红柳泉地区膏岩还相当发育。在碎屑岩中，又以砂岩和粉砂岩为主，砾岩多出现在山区河流和平原河流的河床沉积中。碎屑岩的物质成分复杂，它与物源区以及河流流域的基岩成分有关。一般不稳定组分高，成熟度低。砾岩多为复成分的，砂岩以长石砂岩、岩屑砂岩为主，个别也出现石英砂岩，泥质胶结者居多，间或有钙、铁质胶结者。大多数河流的水介质是弱氧化的，并且几乎是中性至弱酸性的。黏土矿物以高岭石居多，伊利石较少。河流相碎屑沉积物以砂、粉砂为主，分选差至中等，分选系数一般大于 1.2，粒度概率曲线显示明显的两段型，且以跳跃为总体特征，其分布范围为 1.75φ～3.0φ，跳跃总体与悬浮总体之间的截点在 2.75φ 和 3.5φ 之间，悬浮总体的含量为 2%～30%；通常缺乏牵引总体，如果有，也比 1φ 粗。

辫状河沉积的岩性以浅灰色、灰绿色的中砂岩、细砂岩、粉砂岩为主，发育低角度交错层理和单倾向前积交错层理，砂粒分选程度中等-较差，磨圆度为次圆-次棱角状，胶结物为泥质等。

从单井相分析来看，柴达木盆地新近纪具有曲流河和辫状河两种河流相类型（图3.19，图3.20）。辫状河相向盆地边缘相变为冲积扇相，向下游方向则过渡为曲流河相或三角洲相。在阿拉尔、干柴沟、牛鼻子梁、弯西潜伏构造、乌南和绿草滩等地区都可见到该种沉积相的发育，如在SX中-11井可见到曲流河沉积相中的河漫亚相（图3.20），岩性主要以肉红色、灰绿色粉砂岩为主，夹少量砾岩和含砾细砂岩，砾石分选中等，磨圆度较好，发育水平层理、波状层理和小型交错层理，含较多砂质结核。

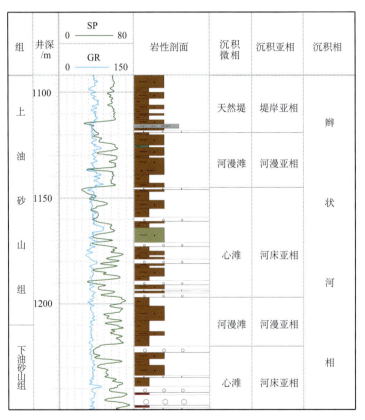

图 3.19　阿 3 井辫状河沉积相

2. 沉积结构特征

河流相层理发育，类型多样，以板状和大型槽状交错层理为特征。细层倾斜方向指向砂体延伸方向，由下至上层系及细层的厚度变薄，粒度变细，细层具粒度正韵律。在河流沉积的剖面上，大型板状、槽状交错层理发育在下部，小型者发育在上部，波状层理发育在剖面顶部。可见砾石的叠瓦状排列，沿平面向上游倾斜；底部具有明显的侵蚀、切割及冲刷构造，并常含泥砾及下伏层砾石。河流的砂体在平面上多呈弯曲的长条状、带状、树枝状等。在横切河流的剖面上，呈上平下凸的透镜状或板状嵌于河漫泥质沉积之中，如辫状河心滩砂体，多呈透镜状成群出现，交错叠置，四周为泥质沉积所包

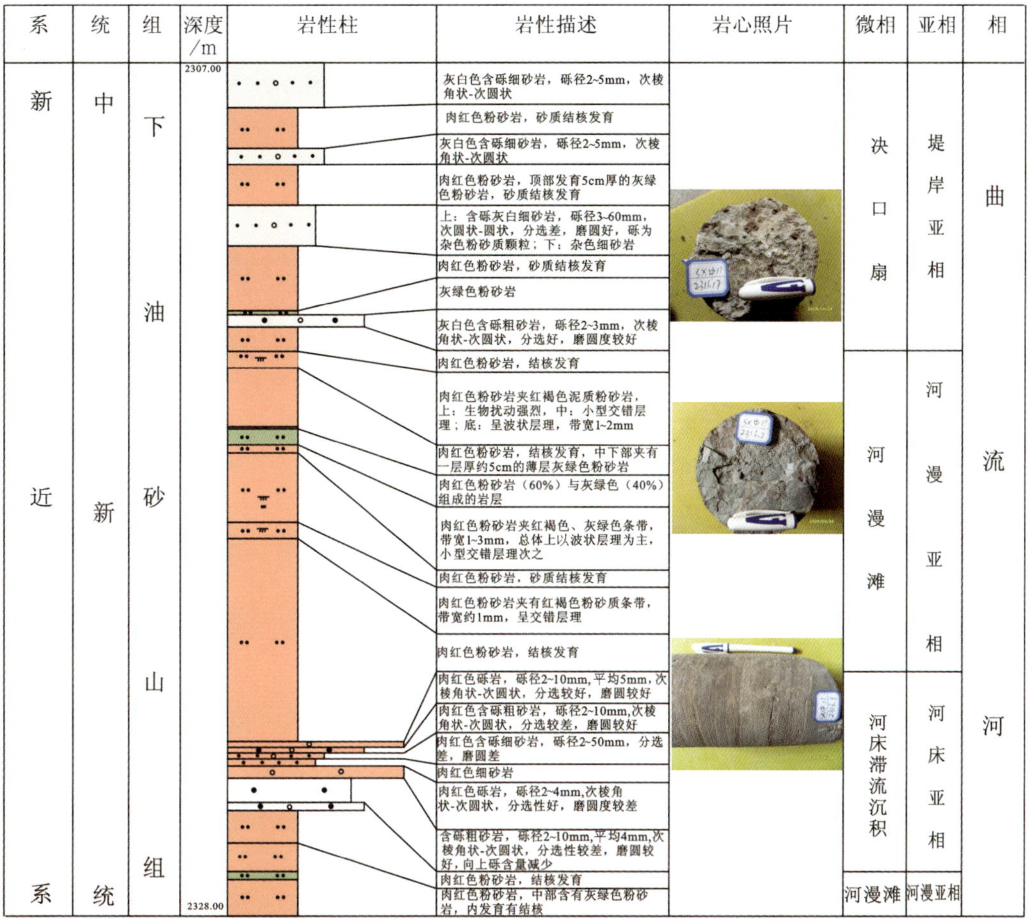

系	统	组	深度/m	岩性柱	岩性描述	岩心照片	微相	亚相	相
新近系	中新统	下油砂山组	2307.00		灰白色含砾细砂岩，砾径2~5mm，次棱角状-次圆状		决口扇	堤岸亚相	曲流河
					肉红色粉砂岩，砂质结核发育				
					灰白色含砾砂岩，砾径2~5mm，次棱角状-次圆状				
					肉红色粉砂岩，顶部发育5cm厚的灰绿色粉砂岩，砂质结核发育				
					上：含砾灰白色细砂岩，砾径3~60mm，次圆状-圆状，分选起，磨圆好，砾为杂色粉砂质颗粒；下：杂色细砂岩				
					肉红色粉砂岩，砂质结核发育				
					灰绿色粉砂岩				
					灰白色含砾粗砂岩，砾径2~3mm，次棱角状-次圆状，分选好，磨圆度较好		河漫滩	河漫亚相	
					肉红色粉砂岩，结核发育				
					肉红色粉砂岩夹红褐色泥质粉砂岩，上：生物扰动强烈，中：小型交错层理，底：呈波状层理，带宽1~2mm				
					肉红色粉砂岩，结核发育，中下部夹有一层厚约5cm的薄层灰绿色粉砂岩				
					肉红色粉砂岩（60%）与灰绿色（40%）组成的岩层				
					肉红色粉砂岩夹红褐色、灰绿色条带，带宽1~3mm，总体上以波状层理为主，小型交错层理次之				
					肉红色粉砂岩，砂质结核发育				
					肉红色粉砂岩夹有红褐色粉砂质条带，带宽约1mm，呈交错层理				
					肉红色粉砂岩，结核发育				
					肉红色含砾岩，砾径2~10mm，平均5mm，次棱角状-次圆状，分选较好，磨圆较好		河床滞流沉积	河床亚相	
					肉红色含砾粗砂岩，砾径2~10mm，次棱角状-次圆状，分选较差，磨圆较好				
					肉红色含砾细砂岩，砾径2~50mm，分选差，磨圆较差				
					肉红色细砂岩				
					肉红色砾岩，砾径2~4mm，次棱角状-次圆状，分选性好，磨圆度较差				
					含砾粗砂岩，砾径2~10mm，平均4mm，次棱角状-次圆状，分选性较差，磨圆较好，向上含量减少				
					肉红色粉砂岩，结核发育		河漫滩	河漫亚相	
系	统	组	2328.00		肉红色粉砂岩，中部含有灰绿色粉砂岩，内发育有结核				

图 3.20　SX 中-11 井曲流河沉积相

围，显示河道的多次往复迁移。生物化石一般保存不好，通常较难见到动物化石及较完整的植物化石，常见破碎的植物枝、干、叶等。河流相具有二元结构：下部砾石层是河道沉积，上部粉砂黏土层是洪水溢出河道时在河道两旁地面沉积，所以河流相河道两旁的地面也称为泛滥平原。由于河道摆动，上述具二元结构的河流沉积就在横向上大面积展布。

　　3. 测井曲线特征

　　辫状河河道沉积在自然电位曲线上表现为箱形-齿形、齿形（图3.19）。冲积平原自然电位曲线一般为平直的基线。河漫滩沉积的自然电位曲线以低幅度微齿化为特征，反映了沉积环境的水能较低，沉积粒度较细。河道砂坝的测井曲线的纵向幅度组合呈减小的变化趋势，代表了正粒序沉积，是河道变迁的结果。

　　4. 曲流河沉积

　　曲流河不论现代还是古代多是最常见和最重要的河流类型。研究区主要发育河床、河漫两个亚相（图 3.20）。

　　河床亚相岩石类型以砂岩为主，次为砾岩，碎屑粒度是河流相中最粗的。层理发育，类型丰富，有大中型槽状交错层理、板状交错层理、平行层理、块状层理、小型砂纹层理等，缺少植物化石，仅见破碎的植物枝、干等残体，岩体形态多具透镜体，底部具明显的冲刷界面。河漫亚相地势低洼而平坦，洪水泛滥期间，水流漫溢天然堤，流速降低，使河流悬浮沉积物大量堆积。由于它是洪水泛滥期间沉积物垂向加积的结果，故又称泛滥盆地沉积。河漫亚相沉积类型简单，主要为棕红、棕黄、夹黄色泥岩、砂质泥岩为主，夹砂岩、粉砂岩、砾状砂岩，泥岩粒度是河流沉积中最细的，层理类型单调，主要为波状层理和水平层理，分布面积广泛。在河流迅速侧向迁移的情况下，天然堤发育不良，洪水泛滥可形成广阔平坦的河漫沉积区，沉积物不仅有泥质，而且有大量砂质沉积，这时堤岸亚相与河漫亚相已无区别，故统称为泛滥平原沉积（图 3.21）。

　　曲流河沉积物以砂砾岩和中、粗砂岩与粉细砂岩、泥岩不等厚互层，具有典型的河流相沉积的二元结构，且二元结构中下部组构不发育，而上部组构较发育，沉积构造多见板状、槽状交错层理及平行层理，层序顶部见有波状、斜波状纹层。自然电位曲线在大段较为光滑平直的泥岩基值上，出现光滑厚层中幅箱形曲线组合，该曲线可以清楚地划分出河流的沉积旋回。

图 3.21　曲流河相，砾岩，正粒序图
（弯西参 1 井，964.5m，N_1^1）

图 3.22　辫状河相，棕红色细砾岩，平行层理
（SX 中-11 井，2242.5m，N_2^1）

　　5. 辫状河沉积

　　辫状河流相沉积标志较多，如大、中型槽状交错层理、板状交错层理及平行层理，以及各种小型的交错层理和冲刷-充填构造等。下部为砂砾岩、中粗砂岩，并且这种粗粒的河道充填沉积在横向上不稳定，尖灭较快，多呈透镜状分布，向上逐渐变为中、细砂岩、粉砂质泥岩、泥质粉砂岩及薄层泥岩，组成向上变薄变细层序（图 3.22）。辫状

河流的二元结构中的上部结构组分不发育，砂砾岩与泥岩比约 4 左右。自然电位曲线为微齿化，低-中幅的箱形或钟形，齿中线内敛或水平。在七个泉、干柴沟、阿拉尔、跃进和牛鼻子梁等地区较为发育。

（三）三角洲相

三角洲沉积环境是湖泊环境与陆地环境的过渡环境，其水文特点明显受湖泊水体与河流水体的双重作用的控制，但不同类型的盆地形成的三角洲类型有差异，同一盆地所处的古地理条件不同，其形成的三角洲沉积特点有巨大的差异。在陆相沉积环境中，携带大量陆源沉积物的河流在其入湖口处，由于湖水与河流水体交汇，至使河水流速降低，水流携带的沉积物便会在河口处堆积下来，形成平面上呈扇形或舌形，剖面上呈透镜状的沉积体，即三角洲沉积。

1. 岩石学特征

三角洲岩石类型主要包含中、细砂岩、粉砂岩、泥质粉砂岩和粉砂质泥岩，以及暗色泥岩等。其中，三角洲平原亚相主要由砂岩、泥岩组成，有时可出现含砾砂岩。砂岩主要由分支河道砂岩和天然堤砂岩组成，厚度一般为 $100\sim200m$，分支河道微相砂体以砂岩、粉砂岩为主；天然堤砂体则由细至粉砂岩组成，其中砂岩的成分成熟度中等，石英含量为 $50\%\sim60\%$，长石含量为 $20\%\sim30\%$，岩屑含量为 $10\%\sim20\%$，泥质含量为 $5\%\sim10\%$，并含钙质。结构成熟度较高，分选中等至好。三角洲前缘亚相以分支河道和河口坝微相砂体为特征，砂岩主要为灰色细砂岩、粉砂质细砂岩。前三角洲亚相则以灰色、深灰色泥岩、粉砂质泥岩为主，其与弱还原环境的滨浅湖亚相沉积呈过渡关系，在剖面上与弱还原环境的浅湖亚相暗色泥岩呈交互出现。

如跃东 110 井的上干柴沟组便出现了三角洲沉积相（图 3.23），主要以灰白色细砂岩、粉砂岩、泥质粉砂岩为代表，发育波状层理、小型交错层理和水平层理，局部层段生物扰动较强烈。其中 $2357\sim2354.8m$ 井段主要为粉砂岩与细砂岩互层。

2. 沉积结构和构造特征

由于三角洲相沉积是河流与湖泊共同作用的产物，因此，在沉积结构与构造特征上也表现出双重性，但在三角洲沉积体系不同相带沉积结构与构造不同。据粒度分析资料，三角洲沉积的概率曲线主要为三段式，部分为二段式，以跳跃总体为主，含量一般大于50%，滚动总体含量较少或不发育。三角洲相主要表现为前三角洲亚相，灰色泥岩中主要发育块状层理、水平层理和波状层理；三角洲前缘亚相的水下分支河道、河口砂坝等是河湖共同作用最主要的地带，因此沉积构造类型多样，主要有透镜状层理、浪成砂纹层理、揉皱变形层理、脉状层理以及植物根须等沉积标志；三角洲平原相的分流河道则发育平行层理、槽状和板状交错层理，并可在砂岩与泥岩的接触面上见冲刷面和冲刷泥砾。

3. 测井曲线特征

不同微相在测井曲线上同样表现出不同特征，前三角洲亚相为光滑平直段夹小段微

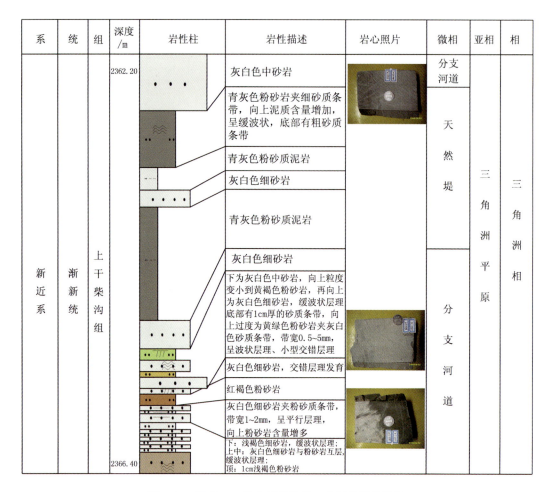

图 3.23　跃东 110 井上干柴沟组三角洲前缘沉积相

齿状曲线；三角洲前缘亚相为箱形与漏斗形；三角洲平原亚相则为钟形-箱形，底部呈突变关系，从下到上依次为平直基线、指形、漏斗形、箱形、钟形、齿形（图 3.24）。

4. 亚相划分

根据三角洲沉积环境特征，可将研究区三角洲划分成三角洲平原、三角洲前缘和前三角洲三个亚相沉积。三角洲平原亚相可进一步划分为分流河道、分流间湾等微相，三角洲前缘亚相可进一步划分为水下分流河道、河口坝、远砂坝和席状砂等微相，前三角洲亚相则以泥质沉积为主。

（1）三角洲平原亚相

三角洲平原亚相沉积是指三角洲平原上的分流河道、分流间湾沉积，三角洲平原岩石类型较细，纵向自下向上粒度变细。

分流河道微相是三角洲平原亚相的格架部分，大量泥沙搬运至河口处沉积。分流河道沉积具有一般河道沉积的特征，即向上逐渐变细的层序特征，但比中上游河流沉积的

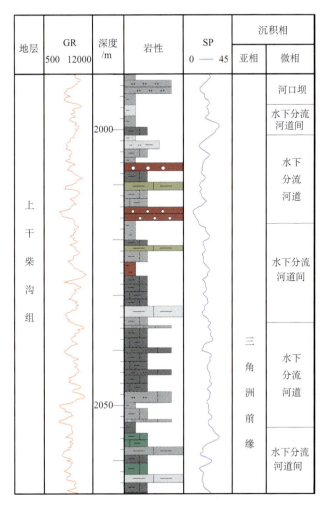

图 3.24　三角洲沉积相测井曲线特征

粒度细，分选变好。辫状河三角洲分流河道具有辫状河的特征，砂砾含量高，正常三角洲以砂与粉砂为主，无典型二元结构，其规模较正常三角洲要小。与扇三角洲相比，辫状河三角洲分流河道供源为辫状河的碎屑流，而扇三角洲为泥石流与碎屑流，辫状河三角洲分流河道粒度较扇三角洲细，以砂为主，纵向上扇三角洲粒度变化快，而辫状河三角洲粒度变化较慢。这三种三角洲层理类型有较大差异，与下伏地层接触关系也不同，虽然辫状河三角洲对下伏地层侵蚀作用强烈，但冲刷面平坦，不易识别，而正常三角洲和扇三角洲与下伏地层侵蚀冲刷接触关系明显，容易识别。

　　分流间湾微相主要是分流河道中间的凹陷地区。当三角洲向前推进时，在分流河道间形成一系列尖端指向陆地的楔形泥质沉积体。分流河道间微相的岩性以泥岩为主，含少量透镜状粉砂岩和细砂岩。砂质沉积多是洪水季节河床漫溢沉积的结果，常为黏土夹层或薄透镜状。具水平层理和透镜状层理。可见浪成波痕及生物介壳和植物残体等，虫孔及生物扰动构造发育（图 3.25，图 3.26）。

图 3.25　三角洲平原，生物扰动，浅肉　　　　　图 3.26　三角洲前缘水下分流河道，含砾粗
红色砂质泥岩（跃 42 井）　　　　　　　　砂岩，发育平行层理（油砂山剖面，N_2^1）

（2）三角洲前缘亚相

三角洲前缘亚相主要沉积于滨湖带，是三角洲最活跃的沉积中心。从河流带来的砂、泥沉积物，一离开河口就迅速堆积在这里。由于受到河流和波浪的反复作用，砂泥经冲刷、簸扬和再分布，形成分选较好、质较纯的碎屑沉积集中带，这种碎屑岩可构成良好的储集层。

三角洲前缘亚相可进一步划分为水下分支河道、水下天然堤、支流间湾、分支河口砂坝以及远砂坝和三角洲前缘席状砂等微相。

1）水下分支河道微相

图 3.27 为三角洲前缘水下分流河道沉积的粒度概率曲线，该微相是三角洲平原亚相水上分流河道微相的向湖方向的水下延伸部分，其粒度概率图有两种主要类型。

一类是"一跳一悬加过渡"，即具有跳跃和悬浮总体间过渡段的两段式，如图 3.27（a）跃东 110 井（N_1^1）和风 2 井（E_3^3）为三角洲前缘水下分流河道沉积，曲线由跳跃总体、悬浮总体及两者之间过渡段组成，其特点是跳跃总体含量约占 20%～30%，分选较好。跳跃总体比较粗，在细砂至中砂之间变化。悬移总体含量较高，50%～60% 为粉砂和黏土，过渡组分为 10%～30%。悬浮、跳跃两总体间的交截点在 2.5～3.5φ，反映出水流方向的多变性或出现紊流。总体而言曲线反映枯（平）水期稳定水流进入湖盆后能量降低的水动力特征。

另一类是"多段式"，为总体斜率中等的多段式（图 3.27（b）跃东 110 井（N_1^1）、风 2 井（E_3^3）），其粒度累积曲线表现为由多个折线组成上凸拱形，粒度范围较宽，跳跃总体分为 2～3 个次总体，斜率相近，且第二个次总体斜率比第一个高；悬浮总体含量高，可达 40%～80%；滚动总体不发育。反映洪水期不稳定动荡水流，流体密度大，堆积快。

2）水下天然堤微相

水下天然堤是陆上天然堤的水下延伸部分，为水下分支河道两侧的砂脊，退潮时可

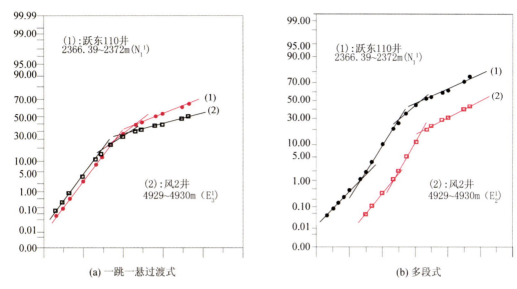

图3.27　三角洲前缘亚相水下分支河道沉积粒度概率曲线图

部分出露水面成为砂坪。沉积物为极细的砂和粉砂。常具少量的黏土夹层。流水形成的波状层理为主，局部出现流水的波浪共同作用形成的复杂交错层理。其他尚有冲刷-充填构造、虫孔、泥球和包卷层理等，同时可见植物碎片。

　　3）支流间湾微相

　　支流间湾为水下分支河道之间相对凹陷的海（湖）湾地区，与海（湖）相通。当三角洲向前推进时，在分支河道间形成一系列尖端指向陆地的楔形泥质沉积体。因此支流间湾以黏土沉积为主，含少量粉砂和细砂。砂质沉积多是洪水季节河床漫溢沉积的结果，常为黏土夹层或薄透镜状。具水平层理和透镜状层理。可见浪成波痕及生物介壳和植物残体等，虫孔及生物扰动构造发育。

　　4）分支河口砂坝微相

　　分支河口砂坝位于水下分支河道的河口处，沉积速率较高。湖水冲刷和簸选作用，使泥质沉积物被带走，砂质沉积物被保存下来，故分支河口砂坝沉积物主要由分选好、质纯净的细砂和粉砂组成，具较发育的槽状交错层理，成层厚度中-厚层，可见水流波痕和浪成摆动波痕。河口砂坝随三角洲向海推进而覆盖于前三角洲黏土沉积之上，黏土中有机质产生气体冲上来可形成气鼓构造，也称气胀构造。如果下面泥质层很厚，也可产生泥火山或底辟构造。生物化石稀少。三角洲废弃时，砂坝顶部可出现虫孔以及河流和海洋搬运来的生物碎片。

　　5）远砂坝微相

　　远砂坝位于河口砂坝前方较远部位。沉积物较河口砂坝细，主要为粉砂，并有少量黏土和细砂。可发育有槽状交错层理、包卷层理、水流波痕和浪成波痕以及冲刷-充填构造等。由粉砂和黏土组成的结构纹层和由植物炭屑构成的颜色纹层在远砂坝微相中也较为突出，向河口方向结构纹层增加，颜色纹层减少，向湖方向则相反。远砂坝化石不多，仅见零星的生物介壳，可见虫孔。在层序上，位于河口砂坝之下，前三角洲黏土沉积之上，形成下细上粗的垂向层序，这是与河流沉积层序的重要区别。指状砂坝的几何形态是确定古代三角洲的重要标志。

6）三角洲前缘席状砂微相

在湖泊作用较强的河口区，河口砂坝受波浪和岸流的淘洗和簸选，并发生侧向迁移，使之呈席状或带状广泛分布于三角洲前缘，形成三角洲前缘席状砂体。席状砂的砂质纯、分选好。沉积构造与河口砂坝不同，广泛发育交错层理，生物化石稀少。砂体向岸方向加厚，向湖方向减薄。三角洲前缘席状砂是破坏性三角洲的沉积微相类型，在高建设性三角洲相中不发育。

（3）前三角洲亚相

前三角洲亚相位于三角洲前缘亚相的前方。它是三角洲体系中分布最广、沉积最厚的地区。由于前三角洲的暗色泥质沉积物，富含有机质，而且其沉积速度和埋藏速度较快，故有利于有机质转化为油气，可作为良好的生油层。

前三角洲沉积主要为泥岩和粉砂质泥岩，颜色较深。沉积物中的沉积构造不发育，有时见水平层理。若三角洲前缘沉积速度快，可形成滑塌成因的浊积砂砾岩体包裹在前三角洲或深水盆地泥质沉积中。

前三角洲向湖方向过渡为较深湖区，水体较深，其沉积特征与深湖、较深湖相似。在进积三角洲中，前三角洲位于河口坝、远砂坝下方，岩性为深灰、黑色泥页岩，泥岩质纯，常发育水平层理，有机质含量较高，其与弱还原环境的滨浅湖亚相沉积呈过渡关系，在剖面上与弱还原环境的浅湖亚相暗色泥岩呈交互出现。泥岩中偶夹薄层粉砂，系洪水期产物，总的特征反映了静水还原环境。前三角洲亚相灰色泥岩中主要发育块状层理、水平层理和斜波状层理。

（四）扇三角洲相

扇三角洲是湖成三角洲的一种特殊类型。关于扇三角洲的概念，首先由霍尔姆斯（A. Holmes，1965）和梅戈温（J. H. McGowen，1970）在分别研究英格兰西海岸和美国得克萨斯西海岸现代沉积时提出的。后来又有不少人进行过研究，而对扇三角洲的含义却众说纷纭，莫衷一是。霍尔姆斯认为，扇三角洲是从邻近高地推进到海、湖稳定水体中的冲积扇。本书认为，扇三角洲是指来自陡坡或较缓坡的碎屑物质推进到滨浅湖地区形成的扇形堆积体，沉积物以粗碎屑为主，在垂向序列上多具有自下而上变粗的特征。从湖盆的演化阶段来看扇三角洲主要发育于湖盆收缩或湖盆稳定阶段。

柴达木盆地夹于阿尔金造山带、昆仑山造山带和祁连山造山带之间，具有形成扇三角洲的条件，包括：①近岸带有高度的地形起伏，强烈的地形反差，常常是构造活动的反映，因此扇三角洲常发育在构造活动带边缘地区。②近岸坡降较大的短小辫状河，具有丰富的底部载荷。③干湿季节分明的气候条件，有利于河流搬运大量粗碎屑物质入湖。

扇三角洲在平面上是扇形，纵向上是楔状，它由粗碎屑构成，插入细粒湖相之中，结构成熟度和矿物成熟度不高，含丰富的不稳定岩屑，反映出邻近物源区的特性。扇三角洲在平面上是扇形，纵向上是楔状，它由粗碎屑构成，插入细粒湖相之中，结构成熟度和成分成熟度不高，含丰富的不稳定岩屑，反映出邻近物源区的特性。

在西岔沟剖面的下干柴沟组上段（E_3^2）、七西 1 井的下干柴沟组下段（E_3^1）、跃 01-21 井下干柴沟组下段（E_3^1）的地层中我们都见到了扇三角洲相的沉积，从平面展布来看主要发育于阿尔金山前地区。

1. 岩性特征

扇三角洲相沉积物以中、粗粒碎屑岩为主，多为砾岩、砂砾岩、砾状砂岩、粗砂岩夹薄层粉细砂岩及泥岩，其中砾岩、砾状砂岩主要表现为杂色，且砾石成分复杂，为石英、长石、燧石、花岗岩、片麻岩、灰岩及泥岩等，泥岩以棕红、紫红、棕褐色、紫褐颜色为主，其次为棕黄、灰黄色等（图 3.28a～d）。此外，研究区还可见方解石、石膏等碳酸盐、硫酸盐等（图图 3.28e～f）。

如跃东 110 井中的扇三角洲平原亚相（图 3.29），岩性以青灰色、浅灰色泥质粉砂岩、砂岩为主，局部层段出现砂泥岩互层沉积，可见水平层理和波状层理，有的层段底部可见冲刷面。在德参 1 井也发现了扇三角洲沉积相。

2. 结构特征

砾石成分复杂，磨圆度以次圆-次棱角状为主，混杂结构，碎屑（砂、砾）支撑，杂基支撑，颗粒多为次棱角状，分选较差-中等；砾状砂岩、含砾砂岩中的砾径 4～8mm，次棱角状。砂岩杂基支撑、颗粒支撑者均可见到。镜下观察见砂岩中长石含量较高，以长石砂岩、岩屑长石砂岩为主，颗粒接触关系为点接触-线接触。

3. 沉积构造特征

砂砾岩常见底部冲刷现象，冲刷面附近有泥砾和砂砾，向上依次发育粒序层理、块状层理、大型交错层理、平行层理，并常见叠覆冲刷构造；粉砂岩发育波状层理，含砂质团块；砂岩中可见板状交错层理和平行层理，大量炭屑、植物屑以及滑塌变形造成的岩性搅混构造。由此可见，扇三角洲相沉积既具有牵引流的沉积特征如各种交错层理等，同时还具有重力流沉积特征如递变层理、叠覆递变层理和块状层理等沉积构造，反映暂时性突发性水流所引起的快速沉降、堆积作用（图 3.30）。

4. 测井曲线特征

扇三角洲相可以划分为三个亚相，即扇三角洲平原、扇三角洲前缘和前扇三角洲亚相。扇三角洲平原亚相辫状河道沉积的电测曲线以宽幅钟形、漏斗形为主，个别箱形，微齿化。扇三角洲前缘水下辫状河道的 SP 曲线为高幅箱形、齿化箱形、钟形和高幅指形，而河口坝的 SP 曲线中-高幅漏斗形、略齿化的箱形，垂向上与水下辫状河道的箱形、钟形以及洪泛平原的平直基线相连。前扇三角洲电测曲线呈现为低幅值曲线（图 3.31）。

(a) 扇三角洲前缘，含砾粗砂岩，平行层理
（西岔沟剖面，N_1）

(b) 扇三角洲前缘分流河道微相，角砾岩，块状层理
（月1井，2902.4m，N_1^2）

(c) 扇三角洲前缘，4m厚的角砾岩
（西岔沟剖面，E_3^2）

(d) 扇三角洲前缘，棕褐色角砾岩
（沟4井，2886.8m，E_3^2）

(e) 扇三角洲平原洪泛平原亚相，暗红色泥岩，见石
膏晶体
（红20井，3273m，E_3^1）

(f) 扇三角洲平原分流河道亚相，砂砾岩，粒序层理
（七西1井，700.8m，E_1^1）

图 3.28　新生界扇三角洲岩性类型特征

5. 地震相特征

　　扇三角洲地震相与冲积扇地震相基本相似，主要区别在于它有顶积、前积结构，而无底积结构，只有在平行扇的物源方向的测线上才能见到。另一重要区别是扇三角洲的底超结构与湖相的上超结构呈指状交叉反射终止，出现反射结构不协调现象。

图 3.29 跃东 110 井下干柴沟组扇三角洲及湖泊沉积相

6. 亚相类型划分

（1）扇三角洲平原亚相

1）辫状河道微相

以大套的杂色砾岩、砂砾岩、砂岩为主，顶部可见薄层粉砂岩。砂岩的成分成熟度

(a) 扇三角洲平原洪泛平原亚相，暗红色砂纹交错层理
（红20井，3223.4m，E_3^1）

(b) 扇三角洲平原暗红色泥岩，透镜状层理、垂直生物钻孔
（红20井，3262.m，E_3^1）

(c) 扇三角洲平原，暗红色泥岩，倾斜生物钻孔发育
（红20井，3188.0m，E_3^1）

(d) 扇三角洲平原，暗红色泥岩，水平、透镜状层理
（红20井，3291.0m，E_3^1）

(e) 扇三角洲平原分流河道，灰黄色粗砂岩，块状层理
（七西1井，708.9m，E_3^1）

(f) 扇三角洲平原分流河道，砾岩，块状层理
（跃东110井，3764.8m，E_3^1）

图 3.30　新生界扇三角洲相的沉积结构构造

低，杂基含量高，一般为岩屑杂砂岩和长石杂砂岩类。这指示典型的近源、陡坡、快速堆积的特点。砾石成分复杂，磨圆度以次圆-次棱角状为主，分选较差，混杂结构，碎屑（砂、砾）支撑。发育块状或大型交错层理、粒序层理。扇三角洲平原水上辫状河道可以是冲积扇上的河道，也可以是冲积平原上发育的辫状河流，能量高，迁移快，部分沉积具有重力流的特点。砂砾岩常见底部冲刷现象，冲刷面上见泥砾，向上依次发育粒序层理、块状层理、大型交错层理、平行层理；粉砂岩发育波状层理，含砂质团块。垂向上具明显的正韵律，反映一次洪流过程中能量由盛至弱的变化，即由下向上，粒度变细，从砾状砂岩依次变为含砾砂岩、粗砂岩、中砂岩、细砂岩、粉砂岩；层理规模由大变小，成因由重力流向牵引流转化，由递变层理、块状层理、大型交错层理递变至平行

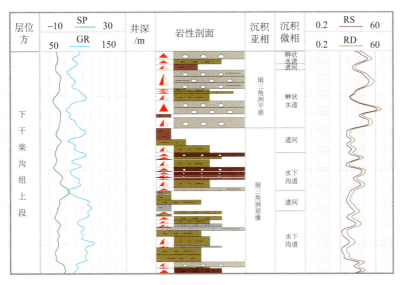

图 3.31　七 29 井扇三角洲测井相图

层理、波状层理。辫状河道自然电位曲线为微齿化的箱形与钟形的组合。

扇三角洲平原水上辫状河道可以是冲积扇上的河道，也可以是山区辫状河流，能量高，迁移快，部分沉积具有重力流的特点，这在研究区部分钻遇该微相的井段的粒度概率累积曲线上有典型的反映，粒度曲线类型主要有两种。

一种粒度概率图类型是"上拱弧形"，这种粒度概率曲线的特点是跳跃总体和悬浮总体缓慢过渡而无明显转折点，整体呈上拱弧形。悬浮总体含量高，可达 50% 以上，斜率在 $10°\sim20°$ 间，分选差；跳跃总体分选相对较好，斜率为 $50°\sim60°$，如跃 42 井（N_2^1）和沟 4 井（E_3^2）。该类曲线与浊流沉积物的粒度概率图有很好的相似性，主要反映的是泥石流和碎屑流沉积物的粒度特点。

另一种类型是典型的两段式或三段式，该种粒度概率累积曲线包括含量很低的滚动总体（<5%）、斜率较高的跳跃总体（$45°\sim60°$）和比较发育悬浮总体（>5%），跳跃和悬浮总体交截点的 φ 值为 $3.0\sim3.5$ 风 2 井（E_3^1），两者之间有时存在较短的过渡段，为较典型扇三角洲平原的辫状河沉积特点，充分反映能量高，迁移快，且部分具有重力流的特点，与大石河等现代辫状河沉积物的实地观测结果吻合。

2）洪泛平原微相

一般为灰红-红褐色泥岩夹薄层粉砂质泥岩、泥质粉砂岩。类似于冲积扇上的漫溢沉积，是洪水越过河道悬浮细粒物质快速沉降而成的薄层席状沉积物，反映洪水期流体越岸后能量释放、动荡、骤减的环境特点。SP 曲线一般为平直的基线，在垂向上，洪泛沉积位于水上辫状河道的上方，共同组成正韵律。

（2）扇三角洲前缘亚相

1）水下辫状河道微相

以大套灰色、灰绿色砾状砂岩、含砾砂岩、中粗砂岩、中细砂岩为主，顶部有薄层粉砂岩。扇三角洲水下辫状河道是水上辫状河道入湖后向湖盆中央延伸部分，除具有水上辫状河道原有特点外，由于受湖水影响，其能量有所降低，所携带沉积物也受到多组水流作用，其砂砾岩结构成熟度低，一般为杂基支撑，颗粒多为次棱角状，分选较差-中等，砾状砂岩、含砾砂岩中砾径 4～8mm，次棱角状，这是扇三角洲水下辫状河道有别于三角洲稳定的水下分支河道的重要沉积特征。砂砾岩底部具有冲刷面，冲刷面附近有泥砾和灰绿色砂砾，向上为粒序层理，并常见叠覆冲刷构造。砂岩中可见板状交错层理和平行层理，见大量植物屑。多反映洪水入湖后能量逐渐衰竭的一般过程，多与下伏河口坝构成漏斗-钟形组合。层序表现为明显正韵律，同扇三角洲平原水上辫状河道类似，由下向上粒度变细，层理规模减小。SP 曲线为高幅箱形、齿化箱形、钟形和高幅指形。

扇三角洲前缘水下辫状河道是水上辫状河道入湖后向湖盆中央延伸的部分，除具有水上辫状河道原有特点外，由于受湖水影响，其能量有所降低，所携带的沉积物也受到多组水流的作用，因此其沉积物粒度概率曲线除了反映重力流沉积特征的一段式（沟井（N_1）、跃 42 井（N_2^1）、月 1 井（N_2^1））、多段式（沟 4 井（N_2^2）、月 1 井（N_2^2）、七心 1 井（E_3^3））和反映典型河流沉积的两段式、三段式以外，还有跃 110 井（E_3^1）样品呈现出的跳跃总体由两个次总体组成的复杂两段式和三段式（跃 110 井（E_3^1）、柴 3 井（E_3^2）），跳跃和悬浮总体交截点在 3.0～3.5φ，悬浮总体含量为 20%～30%。这正是能量高、迁移快的扇三角洲水下辫状河道所携沉积物同时受湖浪、湖流等多向、多组水流影响的具体表现，也是扇三角洲水下辫状河道有别于三角洲稳定的水下分支河道的重要沉积特征。

2）河口坝微相

多由灰绿色、灰褐色、灰色中砂岩、细砂岩、粉细砂岩、粉砂岩互层构成复合韵律，含油性较好，岩心一般为含油-油斑。砂岩杂基支撑、颗粒支撑者均可见到。镜下观察见砂岩中长石含量较高，以长石砂岩、岩屑长石砂岩为主，颗粒接触关系为点接触-线接触。砂岩发育平行层理、槽状交错层理、楔状交错层理，粉砂岩发育浪成砂纹层理、波状层理。底部可有冲刷构造。见炭屑、植物屑以及滑塌变形造成的岩性搅混构造，反映扇三角洲沉积时的坡度比较大。SP 曲线中-高幅漏斗形、略齿化的箱形，垂向上与水下辫状河道的箱形、钟形以及洪泛平原的平直基线相连。层序一般为反韵律，由下向上粒度逐渐变粗，由粉砂岩、细砂岩，变为中砂岩、粗砂岩，层理规模逐渐变大，由波状层理、浪成砂纹层理、平行层理变为楔状交错层理、槽状交错层理。

形成扇三角洲河口坝要求有相对稳定的河道和相对较弱的湖水能量，研究区扇三角洲河口坝沉积物的粒度概率曲线有三种类型：低斜三段式、高斜多跳一悬式和高斜一跳一悬加过渡式。

3）前缘席状砂

以粉砂岩、细砂岩为主，厚度小，夹泥岩薄层。以小型交错层理、变形层理、波状层理及透镜状层理为主。视电阻率曲线表现为低幅值倒圣诞树型。

4）砂泥互层沉积

发育于扇三角洲的最前端，以粉砂岩、泥岩呈薄互层为特征。波状层理、透镜状层理及水平层理为主，指示水体能量较低。在视电阻率曲线上表现为幅值不高的锯齿状。

（3）前扇三角洲亚相

前扇三角洲泥质沉积微相是扇三角洲相在湖盆中延伸最远的部分，其沉积物以致密灰-灰黑色泥岩、粉砂质泥岩及油页岩为主，可见块状层理、水平层理、波纹层理、隐水平层理及生物扰动构造，电测曲线为低幅值曲线，剖面图上一般相变为远端砂坝，也可与重力流沉积相变。属于较深水条件下沉积。有机质含量高，含较多介形虫和菱铁矿。

（五）辫状河三角洲相

辫状河三角洲是辫状水流进入稳定水体形成的粗碎屑三角洲，其发育受季节性洪水流量或山区河流流量的控制。冲积扇末端和山顶侧缘的冲积平原或山区直接发育的辫状河道经短距离或较长距离的搬运后都可直接进入湖泊而形成辫状河三角洲。因此，同扇三角洲和正常三角洲相比，辫状河三角洲距源区距离介于两者之间，在远离无断裂带的古隆起、古构造高地的斜坡带，沉积盆地的长轴和短轴方向均可发育。发育辫状河三角洲所需沉积地形和坡度一般比扇三角洲缓，比正常三角洲陡，但也有在较大地形坡度下形成的辫状河三角洲。

柴达木盆地新近系辫状河三角洲沉积在柴北沟剖面上干柴沟组及咸水泉剖面的下油砂山组较为典型，主要特征为辫状河平原亚相中的辫状河道十分发育，辫状河道沉积厚度约 20 米，见交错层理，底部见明显的冲刷-充填构造，砂砾岩结构成熟度和成分成熟度均较低。新近纪早期，由于阿尔金斜坡古地形坡度变缓，湖盆收缩，一些山前的冲积扇-扇三角洲沉积发展为辫状河三角洲沉积。

1. 岩石学特征

辫状河三角洲界于正常三角洲与扇三角洲之间，沉积物以杂色粗粒碎屑为主，一般最粗为中砂，大多为细砂与粉砂，也见砾岩，成分复杂，泥岩为紫红色与灰绿色（图 3.32）。

2. 沉积结构特征

辫状河三角洲碎屑成分复杂，磨圆度以次尖-次圆状为主，混杂结构，成分与结构成熟度都较扇三角洲好，辫状河三角洲的粒度概率曲线主要以三段式与二段式为主，以大型板状、槽状交错层理为主，也见块状、水平层理。

3. 测井曲线特征

辫状河三角洲平原亚相的辫状河道沉积的电测曲线以宽幅箱形、齿状钟形为主，具中高幅值，顶底截变辫状河三角洲前缘水下分流河道的自然伽马曲线表现为底突变的箱形，前辫状河三角洲自然伽马曲线表现微齿状或波状（图 3.32）。

4. 亚相类型划分

辫状河三角洲同扇三角洲和正常三角洲一样，由辫状河三角洲平原、辫状河三角洲

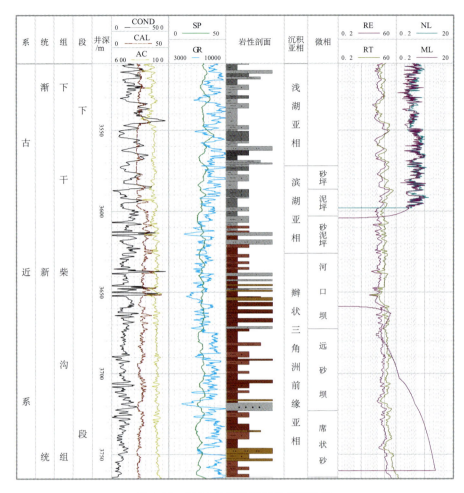

图 3.32　红 17 井辫状河三角洲沉积相

前缘和前辫状河三角洲三个亚相单元组成。

（1）辫状河三角洲平原亚相

辫状河三角洲平原亚相主要由辫状河道和冲积平原组成，潮湿气候下可有河漫沼泽沉积。高度的河道化、持续深切的水流、良好的侧向连续性是该亚相的典型特征。

辫状河道沉积以杂色、粒粗、分选较差、不稳定矿物含量高、底部发育冲刷-充填构造为特征。辫状河道充填物宽厚比高，剖面呈透镜状，以具大型板状和槽状交错层理、平行层理的砾岩、砂岩及块状砾岩常见；也有以砂质为主的辫状河三角洲。

冲积平原由辫状河道的迁移摆动形成，一般范围较宽，如河北秦皇岛大石河冲积平原约 5～6km 宽（赵澄林等，1997），以砂砾质沉积为主。潮湿气候条件下可发育河漫沼泽沉积，由棕褐色泥岩、泥质粉砂岩与煤层构成。

与扇三角洲平原相比，辫状河三角洲平原为位于陆上的辫状河组合，以牵引流为主，缺少碎屑流沉积。而扇三角洲平原为片流、碎屑流和辫状河道互层沉积，其岩石类型和构造类型更为复杂。因此，平原相带沉积作用的差异是区别两者的关键标志。与正常三角洲相比，辫状河三角洲粒度更粗，层理类型更复杂；而正常三角洲平原亚相的沉积物由限定性极强的分流河道和分流河道间组成。

（2）辫状河三角洲前缘亚相

辫状河三角洲前缘亚相主要发育水下分流河道、河口坝、远砂坝、席状砂和水下分流河道间沉积。

水下分流河道是平原辫状河道在水下的延伸部分，沉积物粒度较细，其他沉积特征与辫状河道极为相似：整体上向上粒度变细，单砂体厚度减薄。水下分流河道在辫状河三角洲中所占的厚度最大，是其主体沉积。

平原辫状河道入水后，携带的砂质由于流速降低而在河口处沉积下来即形成河口坝。然而一方面由于流体能量较强，辫状河道入水后并不立即发生沉积作用，而是在水下继续延伸一段距离，因此河口坝大多数发育于离湖岸线较远处（水下分流河道末端）。另一方面，由于辫状河三角洲通常由湍急洪水或山区河流控制，水下分流河道迁移性较强，河口不稳定，难以形成正常三角洲前缘那样的大型河口坝，而与扇三角洲相似，河口坝不发育或规模较小。辫状河三角洲前缘河口坝砂体主要为砂岩，也可见含砾砂岩和粉砂岩，在垂向上一般呈下细上粗的反韵律，砂体中可见平行层理和交错层理。

远砂坝与河口坝为连续沉积的砂体，位于河口坝的末端。与河口坝相比，远砂坝砂体厚度较薄，岩性较细，多为细砂岩和粉砂岩。

席状砂为辫状河三角洲前缘连片分布的砂体，形成于波浪作用较强的沉积环境。先期形成的水下分流河道、河口坝等砂体被较强的波浪改造，发生横向迁移，并连接成片，便形成了席状砂。砂体一般为粒度较细的砂岩、粉砂岩与泥岩互层，颗粒分选性和磨圆度较好，垂向上呈反韵律或均质韵律。

水下分流河道间沉积为水下河道改道被冲刷保留下来或沉积的较细粒物质，其沉积作用以悬浮沉降为主，岩性一般为暗色泥岩，含粉砂泥岩及含泥粉砂岩，见水平层理及小型砂纹层理。同时，河道间泥岩中常夹一些漫溢成因的孤立砂体，其岩性变化较大，可从含砾砂岩至粉砂岩，结构成熟度较低。

（3）前辫状河三角洲亚相

前辫状河三角洲沉积主要为泥岩和粉细砂质泥岩，颜色较深，有时见水平层理。若辫状河三角洲前缘沉积速度快，可形成滑塌成因的浊积砂砾岩体包裹在前辫状河三角洲或深水盆地泥质沉积中。

5. 相层序和相模式

辫状河三角洲垂向沉积序列具有两种韵律结构，一是向上变细的退积型辫状河三角洲，剖面上表现为多个水流作用由强至弱向上变细的正韵律组合；二是向上变粗的进积型辫状河三角洲，由多个向上变粗的沉积旋回组成。进积型辫状河三角洲垂向层序更常见，其完整的层序由上而下表现为辫状河-滨浅湖-辫状河三角洲平原亚相-辫状河三角洲前缘亚相-前辫状河三角洲。

（六）湖泊相

湖泊环境是陆盆沉积的汇水区，其沉积物根据粒度的大小，从湖边到湖心依次为砂-粉砂-黏土（或泥），呈环状分布。湖泊的水动力条件主要是风浪作用，因此以浪基面为界，将其划分为两部分：浪基面以上的浅湖区和浪基面以下的深湖区。湖泊中的深湖区往往沉积富含有机质的泥岩，是形成良好烃源岩的理想区域。

通过对鄂 I-2 井、红地 107 井、尖 7 井、尖 6 井、碱 1 井、旱 2 井、柴 6 井、跃东

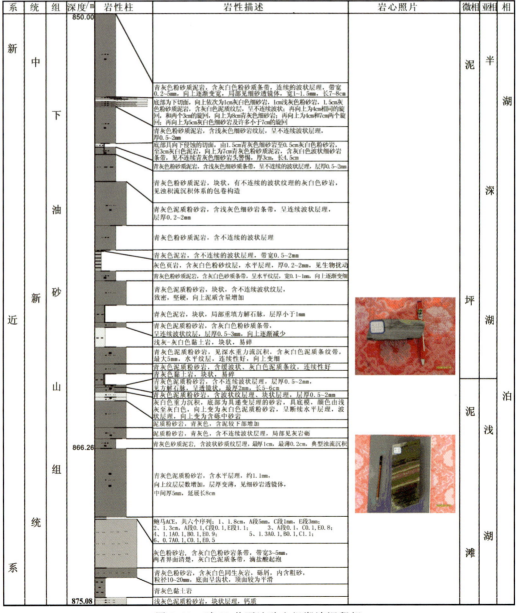

图 3.33　碱 21 井下油砂山组湖泊沉积相

110、花 101 井和昆 2 井的岩心观察，都见到了湖泊相的沉积。如碱 21 井 850～875m 井段的湖泊相（图 3.33），岩性以青灰色粉砂岩、泥质粉砂岩、粉砂质泥岩和泥岩为主，发育水平层理和波状层理，偶见生物扰动构造。湖泊相的自然电位曲线一般为光滑-微齿化、齿形-钟形、夹指形曲线组合（图 3.33）。齿中线水平或下倾并基本平行。在粉砂或泥质粉砂、灰质粉砂岩处有异常幅度，幅度差一般小于 60 毫伏，呈加积式沉积。该自然电位曲线组合在略有起伏的泥岩背景值上，出现低-中幅薄层幅度差，为灰质、泥质粉砂岩夹层，微电极曲线几乎没有幅值差，成一条直线状。

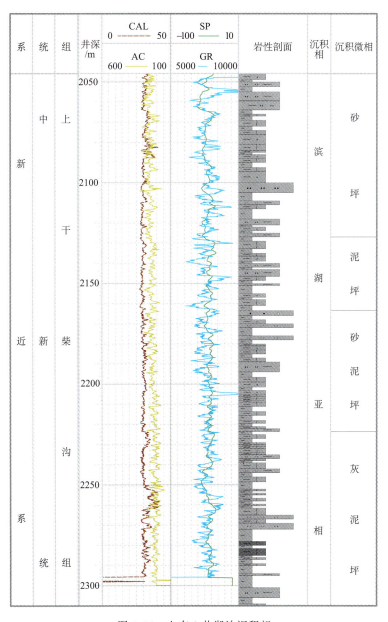

图 3.34　七东 1 井湖泊沉积相

1. 滨湖亚相

滨湖是指湖泊边缘地区，向湖泊内部滨湖过渡为浅湖。对于滨湖与浅湖的界线认识不一，一般是把滨湖限于洪水期与枯木期水面之间的地带。滨湖带的水动力条件复杂，除受波浪强烈作用外，还受湖水频繁进退的影响。滨湖地区高水位时被水淹没，低水位时露出水面，氧化作用强，因此沉积物类型表现出多样性，常见暴露沉积构造和生物遗迹化石。

滨湖亚相沉积的特点是：距岸最近，接受来自湖岸的粗碎屑物质；水动力条件复杂，击岸浪和回流的冲刷、淘洗对沉积物的改造作用强烈；水位较浅，沉积物接近水面，有时出露水面，氧化作用强烈。

由于滨湖地带沉积环境复杂，因此沉积物类型表现出多样性。在开阔湖岸的滨湖区，陆源碎屑物质供应充分，可形成砂质湖滩沉积。击岸浪的冲刷、簸选和淘洗，使碎屑物质成熟度增高，分选、磨圆好，由岸边向湖心方向粒度由粗变细，沿湖岸附近常出现重矿物富集带，湖滩砂岩中可出现倾角平缓向湖倾斜的中小型交错层理，多是击岸浪和回流作用不太强的情况下形成的（图 3.34）。在湖滩上经常出现由湖浪从浅水地带搬运来的底栖生物化石碎片，有时可集中形成生物介壳滩。

当湖岸较陡，滨湖水动力作用较强时，击岸浪对湖岸的侵蚀产生粗碎屑，或近物源河流有粗碎屑物质的充分供应，滨湖地区也可形成砾质湖滩沉积。

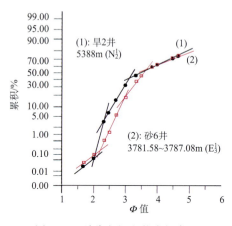

图 3.35　滨湖相沉积粒度概率图

当湖滨地形平缓，水动力较弱，波浪作用不能波及岸边，物质供应以泥质为主时，则可形成滨湖泥滩或泥坪。其沉积物以棕灰色、浅棕色、土黄色泥岩和粉砂岩为主，夹薄层粉砂岩、泥灰岩，如在风 2 井区 E_3^2 地层中顶部发育白云质泥岩薄层，夹于紫红、暗紫红、灰色泥岩、浅棕色、浅灰色粉砂岩、泥质粉砂岩中。常见小型交错层理、波状纹层、上攀纹层等层理构造以及各种中小型浪成波痕；自然电位曲线为齿形-微齿形-平直组合。并见有泥裂、生物潜穴、生物扰动构造，以及植物的根、叶、枝干等化石碎片。由于该区水体动荡，盐度变化较大，生物潜穴以垂直和倾斜形态为主［图 3.35，图 3.36(a)～(b)］。

2. 浅湖亚相

浅湖区水介质能量变低，沉积物以砂和泥为主，夹有细砂透镜体。砂岩粒度均匀，分选性亦较好，生物化石丰富，保存较完整。砂岩常具有较高的结构成熟度，多为钙质胶结，呈水平层理、浪成砂纹层理和中小型交错层序等多种层理，还常见到浪成波痕、垂直或倾斜的虫孔、水下收缩缝等沉积构造［图 3.36 (c)］。

3. 半深湖亚相

位于正常浪基面以下、风暴浪基面以上的湖底范围，地处缺氧的弱还原-还原环境。岩石类型以黏土岩为主，常具有粉砂岩、化学岩的薄夹层或透镜体，黏土岩常为有机质丰富的暗色泥岩、页岩或粉砂岩、页岩，水平层理发育，间有细波状层理。化石较丰富，以浮游生物为主，保存较好，底栖生物不发育，可见菱铁矿和黄铁矿等自生矿物。除此之外，还可有风暴沉积和重力流沉积 [图 3.36（d）]。

(a) 红色泥岩，块状层理，生物钻孔发育
（砂33井，2010.2m，N_2^1）

(b) 滨湖相，土黄色泥岩，块状层理，生物钻孔发育
（砂33井，2012.0m，N_2^1）

(c) 浅湖亚相，灰色砂质泥岩，水平层理、脉状层理
（碱2井，2539m，N_2^1）

(d) 半深湖相，深灰色泥岩，水平层理，裂缝充填石膏
（茫南1井，3465m，N_2^1）

图 3.36 新生界湖相沉积结构构造特征

（七）相

湖底扇是深水重力流成因的扇状碎屑岩体，在地理位置上多处于深水地区，其成因机制可以是洪水重力流直接注入深水区而成，也可以是三角洲前缘或扇三角洲前缘沉积物顺坡滑塌快速堆积而成。前者粒度较细，规模较小；后者规模较大，粒度较粗，可以对古湖底沉积物重力流（扇形浊积岩）沉积体系起模式作用。

通过野外观察、粒度分析，并结合砂岩百分含量、砾岩百分含量、沉积相的平面展布规律分析发现，柴达木盆地西部地区新近系和古近系发育洪水型和滑塌型湖底扇，主要分布在狮子沟、南翼山、油泉子、咸水泉地区的上、下干柴沟组。

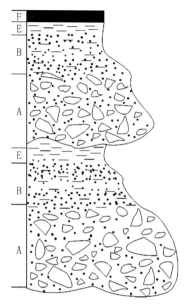

图 3.37　"ABE"序滑塌浊积岩

在阿尔金山前的七个泉-狮子沟-干柴沟-咸水泉地区形成的湖底扇，主要受古构造和古地形所控制。在阿尔金山西段，新近系和古近系下干柴沟组沉积时期，由于古阿尔金山的推覆作用，使该地区沉积坡度较大，另外，在该沉积时期湖盆水面上升，湖水面扩大，河流后退，该地区的较深湖、半深湖环境靠近山前，使扇三角洲前缘亚相很快相变为较深湖亚相的湖底扇相沉积。这种滑塌型成因机制的湖底扇相沉积在西岔沟剖面中最为典型。在该剖面的上干柴沟组下段沉积中，岩性主要为灰绿色、灰色厚层状细砾岩、紫红色钙质砂岩夹灰黄色钙质泥岩、泥灰岩，底部有三层区域上分布的疙瘩状泥灰岩，向上变为灰绿色厚层至块状细砾岩与中薄层钙质粉砂岩-黄绿色钙质泥岩组成正韵律。砾石成分复杂，分选中等，磨圆差，叠复冲刷构造常见，组成"AAA 序"和"ABAB"序，砂岩具平行层理，典型浊积岩层序表现为"ABE"、"AE"、"BCE"等不同序次（图 3.37），至狮子沟构造地区，沉积物冲出沟道向四周漫溢，沉积物以灰、深灰色钙质泥岩为主，粉砂质泥岩次之，夹浅灰色薄层粉砂岩，泥质粉砂岩，白色芒硝、无色透明石膏、岩盐层及薄层泥灰岩组成"油岩"共生的特殊地层单元（图 3.38）。

滑塌型湖底扇的地震相特征是平面形态常常呈长椭圆形，在走向和倾向上测线为丘形，内部具有亚平行或发散结构，向四周过度为席状连续反射。

南翼山、油泉子、咸水泉地区，湖底扇主要是洪水重力流直接注入深水区而形成的沟道浊积岩。岩性主要为深灰色、灰色钙质粉砂岩和钙质泥岩，呈 DE 或 CDE 序（图 3.39）。

从粒度分析来看，湖底扇中扇辫状沟道粒度概率累积曲线有两种类型，都反映了重力流的典型沉积特征（图 3.40）。

一类是"低斜一段式"或"宽缓上拱形"（南 10 井（E_3^1）），即粒度曲线表现为一条低斜率直线段或宽缓上拱的曲线段，粒度区间跨度大，在 $1\sim5\varphi$，跳跃和滚动总体不发育，悬浮总体占绝对优势，是重力流，尤其是浊流沉积的典型特点。

第二类是"低斜多段式"，即粒度概率曲线由多条低斜率的较短的直线段组成，粒度区间跨度可大可小，反映动荡的能量不稳定的重力流特点。同时，沟道顶部，即重力流尾部曲线斜率大于底部（或重力流头部）的曲线斜率，且跳跃总体含量增加，反映重力流后期能量衰减并向牵引流转化、沉积物分选逐渐偏好等特点。

湖底扇的测井曲线幅度组合特征是在平直曲线中出现一大套自下而上、由高幅到低幅的组合，形态为由齿化的箱型、钟性到漏斗形曲线组合。齿中线平行，由下倾逐渐转换。

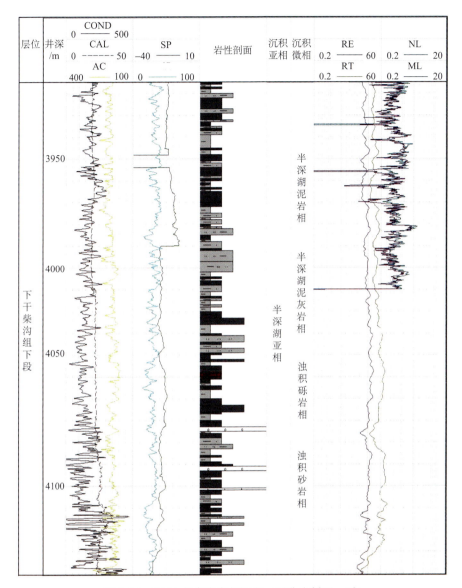

图 3.38 狮 20 井湖底扇相沉积（西岔沟剖面，E$_3^2$）

(八) 风暴相

风暴岩沉积是由风暴浪引起的一种密度流沉积。尽管风暴作用的时间短、频率低，但这种灾变作用的破坏性和建设性对于指示沉积环境有着重要的意义。

研究区的风暴岩多为原地风暴岩或微异地风暴岩，是在风暴高峰时期尚未完全固结的岩层被风暴撕裂、打碎后就地沉积形成。乌 12 井下油砂山组（N$_2^1$）、跃东 110 井下干柴沟组下段（E$_3^1$）、跃 IV-2 井上干柴沟组下段（N$_1^1$）、跃 42 井下油砂山组（N$_2^1$）和阿 2 井下干柴沟组上段（E$_3^2$）都见到了该种相的沉积特征。

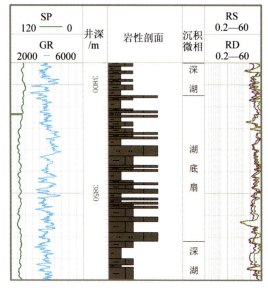

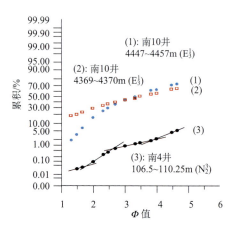

图 3.39　狮 20 井湖底扇相沉积（E_3^2）　　　　图 3.40　湖底扇中扇辫状沟道沉积粒度概率图

1. 岩性特征

风暴岩的成分主要是碎屑岩。碎屑风暴岩一般为泥岩、粉砂质泥岩、泥质粉砂岩和粉砂岩，多呈条带状。风暴岩的砾屑成分与周围的围岩成分一致，而微异地风暴岩的成分与围岩相差不大。

2. 结构特征

本研究区风暴岩内碎屑的形态各异，呈不规则状分布于粉-细砂岩之中。砾屑形态有长条状、透镜状、尖角状、拖尾状等。磨圆差，呈次棱角状，表明沉积物被风暴作用后未经搬运或有稍许搬运就沉积下来。底部可见少量泥砾与原地沉积层相连（图 3.41）。

(a) 细砂岩中呈拖曳状的泥砾　　　　　　　(b) 杂乱排列、棱角明显的泥砾
（跃东110井，3721.7m，E_3^1）　　　　　　（跃IV-2井，2573.4，N_1^1）

图 3.41　风暴事件沉积的砾屑特征

本区发育的风暴内碎屑因受到湖盆大小限制而规模不大，泥岩条带一般为 0.5cm 至几厘米，跃东 110 井中风暴岩，泥岩条带厚 0.5~1.0cm，长 1~3cm，最大可达 5cm。而且研究区风暴岩分选差，泥岩条带棱角分明，有的呈撕裂状，大部分显示磨圆差或局部有不同程度的磨圆。风暴岩段内的泥砾排列有规律，呈放射状或叠瓦状，但它们在空间上的分布却是无规律的，以近水平和低角度倾斜为主，部分高角度倾斜，甚至直立，呈杂乱堆积。部分井中风暴泥砾的含量达到 40% 左右，表现为以粉砂岩为基质杂基支撑。

3. 沉积构造特征

通过岩心观察，反映风暴流沉积的沉积构造十分丰富，类型多样（图 3.42）。

（1）侵蚀构造

强流体流经沉积物表面时，便形成各种侵蚀构造，本区常见的侵蚀构造有渠模、冲刷面和截切构造。

1）渠模，也称钵模，是在风暴高峰期风暴浪引起的涡流及风暴退潮流强烈地侵蚀湖底，形成的扁长状侵蚀充填构造，是风暴流环境良好指相构造。渠模类似于重力流沉积环境中的槽模，不同之处是渠模不具有方向性，也不一定成组出现，并且侵蚀冲刷下来的下伏浅湖—半深湖细粒沉积物常以同生泥砾、砂球、撕裂屑的形式充填在渠模附近。

2）冲刷面，冲刷面的凹凸程度反映了风暴作用的大小，本研究区的冲刷面呈平缓的波状、槽状。

3）截切构造，截切是造成本区砂岩顶面不平整的构造之一，如乌 12 井［图 3.42（a）］，块状层理的砂岩一侧高出，一侧变平，截切角度较大，并被泥质充填，表现为泥质冲刷砂质，它是由于风暴底部回流有很强的剪切力，使先期沉积砂质遭到侵蚀，并被部分切去，形成了不规则的剪切面。毫无疑问，截切构造是风暴流影响较深水湖底的有利证据。

（2）准同生变形构造

准同生构造发育，主要有揉皱变形、火焰状构造、球枕构造、水下岩脉等［图 3.42(b)~(f)］，乌 12 井（1248.7m）中砂岩球枕构造直径 2~5cm，具有纹层，但已变形，变形的纹层呈槽状向下弯曲，下伏泥岩呈舌状伸入砂层中，形成火焰状。虽然准同生变形构造可能起因于多种沉积环境，但一般来说，它们在牵引流中较少出现，多出现在重力流沉积中，重力流沉积砂泥混杂，堆积速度快，来不及排水，从而形成超孔隙压力，随后便形成一系列变形构造。风暴流沉积兼有重力流特点，因此其沉积物具有重力流沉积特征。

（3）层理构造

柴达木盆地西部地区古近系和新近系风暴岩层理类型多样，特征各异。主要有递变层理、平行层理、丘状交错层理、浪成砂纹层理、透镜状层理等。下面介绍与风暴作用有密切关系的几种层理类型。

(a) 截切构造 (乌12井，1192.5m)　　　　　　　(b) 揉皱变形孔 (乌12井，1357.0m)

(c) 砂纹层理，生物钻 (跃42井，2110m)　　　　(d) 火焰构造 (乌12井，1204.2m)

(e) 砂枕构造 (乌12井，1248.7m)

(f) 砂枕构造 (跃42井，2129.5m)　　　　(g) 砂枕构造，丘状交错层理，平行层理，生物钻孔
　　　　　　　　　　　　　　　　　　　　　　　(乌12井，1220.3m)

图 3.42　新生界风暴相中的沉积构造

1）递变层理

递变层理位于冲刷面之上，一般厚约 5～10cm，岩心中所见递变层理以正粒序为主，与下伏泥岩呈突变接触。正粒序层理是风暴高峰过后，随着涡流支撑力的减弱，风暴密度流按重力分异迅速沉降而成的，粒序层代表风力减弱，重力大于剪切力的沉积环境。

2）平行层理

平行层理［图 3.42（g）］见于中细砂岩中，砂岩剥开面上见剥离线理构造。剥离线理一般产生于高流态平床上，代表了风暴流活动的高能环境。

3）丘状、洼状交错层理

丘状交错层理仅在乌 12 井（图 3.42）中有发现，其内部纹理清晰，丘高 2cm，位于平行层理或递变层理之上，多数研究者认为它是风暴浪减弱时由弱振荡水流和多向水流形成的孤立沙波迁移造成的，是风暴作用的重要标志。

（4）波痕

除了截切构造，波痕也是造成风暴砂岩顶面不平整构造之一。本区所见波痕为对称波痕、削顶波痕和浪成波痕，波长约 3～5cm，波高 0.3～0.6cm。波痕是波浪活动最常见的鉴别标志，T. Aigner（1985）所提出的理想风暴层序与浊流层序的区别主要就在于这一点。

4. 生物成因构造

本区与风暴作用有关的生物成因构造最重要的莫过于生物逃逸迹［图 3.42（g）］。它一般位于风暴层序的下部，是一种较细长的垂直潜穴，代表了事件沉积作用的发生：当快速的沉积作用发生时，生物为了不被埋葬便向上逃逸或为避免被风暴流卷裹而向下逃逸。

风暴岩的顶部常见掘穴生物活动的遗迹。其相关遗迹化石以浅水分子为主，可归入 Skolithos 和 Cruziana 遗迹相。但是形态以分枝迹为主，行为以觅食迹为主。

二、新生界层序划分及其特征

依据岩心、露头以及测井和地震的层序界面特征，可将新生界中上构造层划分为两个盆地充填层序、7 个构造层序和 14 个三级层序（表 3.4）。

1. 构造层序 I

相当于古始新统路乐河组地层沉积，其底界面为中生界与新生界分界 T_R 界面，顶界面为喜马拉雅运动第 I 幕产生的 T_5 界面，即为路乐河组（E_{1+2}）与下干柴沟组下段（E_3^1）之间的界面，地震能量强，连续性好，全区稳定，易于识别、追踪，是 E_3 底部的砂砾岩与下伏砂泥岩间的反射，为区域的平行不整合界面。

2. 构造层序 II

相当于渐新统下干柴沟组地层沉积，其底界面为构造层序 I 的顶界面，其顶界面为喜马拉雅运动第二幕形成的 T_3 界面，该界面之上表现为顶超，界面之下表现为削截。

表 3.4　中上构造层层序划分表

构造层	地层			地震标准层	层序			层序边界反射终止类型（顶/底）	构造运动
	系	统	组		盆地充填层序	构造层序	三级层序		
上构造层	第四系	全新统—上更新统			2	VII			晚喜山运动
		中—下更新统	七个泉组 Q	T_0					
	新近系	上新统	狮子沟组 N_2^3			VI	14	顶超/上超	
				T_1			13	削蚀/上超	
			上油砂山组 N_2^3			V	12	削蚀/上超	
				T_2			11	削蚀/上超	
中构造层			下油砂山组 N_2^2			IV	10	顶超/上超	
				T_2'			9	削蚀/上超	
		中新统	上干柴沟组 N_1			III	8	顶超/上超	早喜山运动
				T_3			7	顶超/上超	
	古近系	渐新统	下干柴沟组上段 NE_3^2		1	II	6	顶超/上超	
				T_4			5	顶超/底超	
			下干柴沟组下段 E_3^1				4	顶超/底超	
				T_5			3	削蚀/上超	
		古始新统	路乐河组 E_{1+2}			I	2	削蚀/底超	
							1	削蚀/底超	
				T_R					燕山—

3. 构造层序Ⅲ

相当于中新统上干柴沟组沉积地层，其底界面为喜马拉雅运动第Ⅱ幕形成的 T_3 界面，其顶界面为喜马拉雅运动第Ⅲ幕产生的 T_2 界面，该界面下表现为削蚀，上表现为上超，在全盆地该界面表现为整合接触，局部表现为不整合接触。

4. 构造层序Ⅳ

相当于上新统下油砂山组沉积地层，其底界面为构造层序Ⅲ顶界面，其顶界面为喜马拉雅运动第Ⅳ幕产生的区域平行不整合面（T_2'），该界面之下地震表现为削蚀，之上表现为边缘上超。

5. 构造层序Ⅴ

相当于上新统上油砂山组沉积地层，其底界面为构造层序Ⅳ顶界面，其顶界面为喜马拉雅运动第Ⅴ幕产生的区域平行不整合面（T_1），该界面之下地震表现为削蚀，之上表现为边缘上超。

6. 构造层序Ⅵ

相当于上新统狮子沟组沉积地层，其底界面为构造层序Ⅴ的顶界面，其顶界面为喜马拉雅运动第Ⅵ幕产生的区域平行不整合面（T_0），该界面之下表现为削截，之上表现为上超。

7. 构造层序Ⅶ

相当于第四系沉积地层，其底界面为构造层序Ⅵ的顶界面。

第三节　中新生界沉积演化与展布

一、下构造层沉积演化与展布

（一）下侏罗统沉积体系展布

柴达木盆地下侏罗统地层主要分布在冷湖-南八仙构造带以西及以南的地区，其南部边界在一里坪凹陷南斜坡的中下部地区。这一区域是其分布最广的地区，包含有冷湖、鄂博梁Ⅰ号-鄂博梁Ⅱ号与伊北等三个沉积中心，沉积相为浅湖-半深湖（图3.43）。

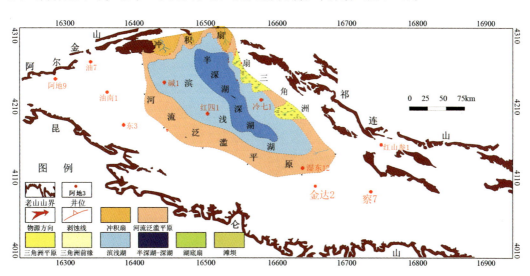

图 3.43　柴达木盆地下侏罗统沉积体系展布图

阿尔金山前和昆特依地区发育冲积扇相，其规模较小，三个冲积扇体孤立分布，冷湖-南八仙断裂带主要发育扇三角洲相，西段扇三角洲扇体连片发育，东段扇三角洲扇体孤立分布。全区湖泊相较为发育，主要以滨浅湖相为主，南缘和西缘发育冲积平原。

（二）中侏罗统沉积体系展布

侏罗系大煤沟组沉积中心位于柴达木盆地北缘的昆特依-冷湖地区、伊北和祁连山山前一带和柴达木盆地东部德令哈地区，沉积相为浅湖-半深湖（图3.44）。柴北缘地区以冲积扇和冲积平原为主，鱼卡-红山向南向东到德令哈地区则以滨、浅湖相为主。

（三）上侏罗统—白垩系沉积体系展布

该段沉积范围较中侏罗统变大，但经后期隆升剥蚀，残留地层分布较中侏罗统有所

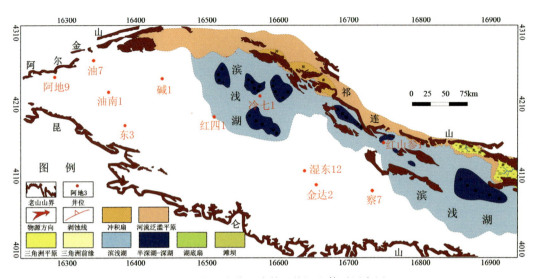

图 3.44　柴达木盆地中侏罗统沉积体系展布图

减小。冷湖七号-南八仙一带发育滨浅湖，阿尔金山前带发育冲积扇和辫状河，茫崖、大风山地区发育滨、浅湖，冷湖地区发育滨湖，鱼卡-红山至德令哈地区湖泊范围萎缩，冲积扇和扇三角洲沿山前一带零星分布。全区冲积平原相较发育（图 3.45）。

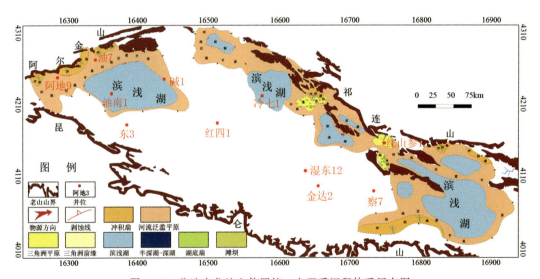

图 3.45　柴达木盆地上侏罗统—白垩系沉积体系展布图

二、中构造层沉积演化与展布

中构造层由古近系与新近系的中新统和上新统下油砂山组组成，在盆地周边可以见到中构造层与上下构造层为不整合接触关系。

盆地内部古近系与白垩系呈平行不整合接触，说明晚燕山运动造成盆地内部的相对稳定构造单元整体抬升。早喜马拉雅运动控制中构造层发育。由于构造活动的非同时性，早喜马拉雅运动在青藏高原不同地区的表现有较大差别，因而对各构造带的喜马拉雅运动幕划分上也不能一致。

新生代开始，印度板块向北偏东移动，与亚洲大陆相遇，最初是北特提斯洋与南特提斯洋闭合，继后才是大陆和大陆碰撞（李春昱，1982）。就柴达木盆地而言，虽然同处青藏高原内部，但因距喜马拉雅山较远，并且与喜马拉雅山之间还有多个构造带相隔，所以在欧亚大陆与印度板块汇聚初期，并没有立即产生同质构造活动。

此外，在喜马拉雅山隆升初期，位于其后方的陆块并不一定同时受挤隆升，相反在没有固结成一个块体之前，前方为挤压作用，后方可能处于相对伸展环境（陈建林等，2008）。

（一）路乐河组沉积体系展布

该组是在晚燕山运动后的热松弛和热沉降作用之后，在盆地较广泛沉积的一套地层。从其残留地层厚度图可看出，沉积主要分布在乌图美仁—大柴旦一线以西的菱形块体内。根据残留地层厚度和砂地比（图 3.46）对比分析可知，该段沉积中心与沉降中心不一致，沉降中心位于柴北缘，来自阿尔金山与祁连山的近源沉积物快速堆积形成了柴北缘巨厚沉积；沉积中心位于柴西，红狮凹陷—切克里克一线为半深湖-深湖-滨浅湖相沉积。

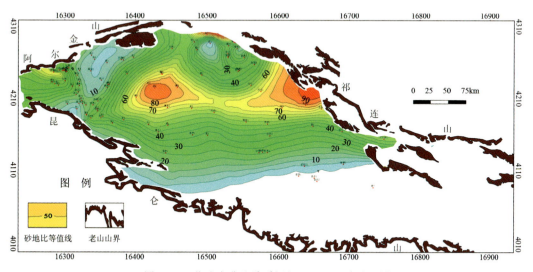

图 3.46　柴达木盆地路乐河组（E_{1+2}）砂地比图

平面沉积相为：盆地北缘为两大扇三角洲沉积构成，靠近阿尔金山的扇体规模大，向湖盆中心推进距离远，其前缘推进到切克里克—乌南一带，其沉积机制可能与沉积物和湖盆水体的密度差有关；离阿尔金山较远的马北方向扇体规模相对小，其前缘推进到台吉尔尔一带。盆地西部沿着阿尔金山山前发育一系列规模较小的扇三角洲。盆地西南缘发育一个辫状河三角洲扇体，规模较小，仅局限于跃东以西范围，其砂体结构和成分成熟度都较高，属于远距离搬运，是很好的储集砂体。盆地南缘此时发育滨浅湖相，推测其边界应比现今边界更靠西南，盆地长轴方向应为近南北向。该期半深湖-深湖相沉积区局限，平面上仅发育两个半深湖-深湖区，柴西半深湖-深湖区位于狮子沟凹陷，另一个可能分布于船形丘—红三旱一带（图 3.47）。

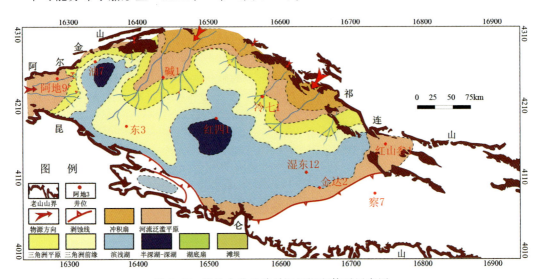

图 3.47　柴达木盆地路乐河组沉积体系展布图

路乐河组沉积主要受早喜马拉雅构造活动控制。由于阿尔金断裂带走滑与柴北缘断裂带的被动顺时针旋转，在阿尔金山与南祁连山的交汇处形成了较强烈的块体隆升，成为该阶段主要的物源体系；随着构造活动的逐渐减弱，该物源体系的显著程度也发生了由强至弱的变化。总之，露头及岩心所揭示的相序列说明路乐河组沉积阶段，北侧的物源体系具有很强优势，反映了中构造层盆地形成之初的构造地貌特征。

（二）下干柴沟组下段—下干柴沟组上段沉积相展布

下干柴沟组下段和下干柴沟组上段沉积时对应为喜马拉雅Ⅱ幕。此阶段沉积是路乐河组的继承，沉积格局并没有发生很大的变化。尤其是下干柴沟组下段，其主要沉积区仍局限于乌图美仁-大柴旦一线以西的菱形块体内。其沉降中心位于柴北缘，原来相对独立的两个沉降中心连接在一起，形成北缘一个完整的沉降中心；沉积中心位于柴西红狮凹陷和扎哈泉凹陷（图 3.48）。下干柴沟组上段沉积格局略有变化，沉积范围往东扩至德令哈一带，但乌图美仁-大柴旦一线以东地层较薄，厚度一般为 600m 左右；该段沉积中心仍位于柴北缘，由下干柴沟组下段单个沉降中心分化成两个相对独立的沉降中心；沉积中心仍位于柴西，位于红狮凹陷-扎哈泉凹陷-切克里克一带（图 3.49）。

下干柴沟组下段-下干柴沟组上段沉积相平面展布基本相似，与路乐河组对比，盆地北缘仍发育两大扇三角洲扇体，但规模明显变小，从路乐河组至下干柴沟组上段牛鼻子梁扇体呈明显退积，下干柴沟组下段扇三角洲前缘退至油泉子南一带，下干柴沟组上

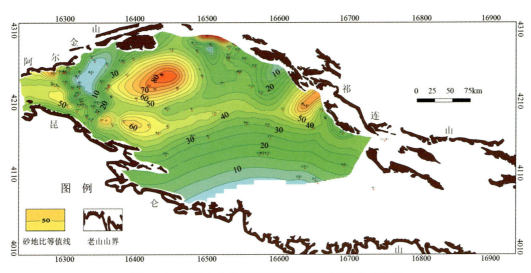

图 3.48　柴达木盆地下干柴沟组下段（E_3^1）砂地比图

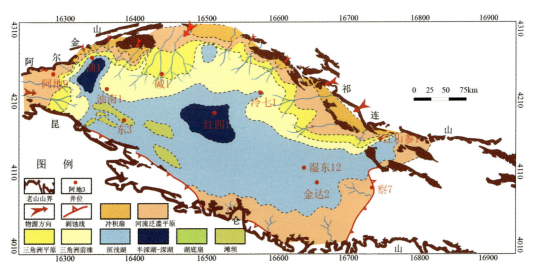

图 3.49　柴达木盆地下干柴沟组下段沉积体系展布图

段退缩至油泉子北一带，马北地区扇三角洲扇体规模变化不大；盆地西南仍发育一个辫状河三角洲扇体，其规模变化不大，三角洲朵体仍局限于跃东以西范围；盆地南面仍无近源沉积，仅发育一些滨浅湖砂坝。由于受喜马拉雅运动影响，与路乐河组相比此阶段沉积格局变化主要体现在：湖平面上升，湖盆面积扩大至东部德令哈一带；盆地北缘两大扇体规模变小，往北面收缩，沉积中心的浅湖相-半深湖相位置变化不大，仅分布范围明显扩大，柴西沉积中心浅湖-半深湖逐渐往南扩张至扎哈泉凹陷及昆北地区，一里坪南部沉积中心浅湖-半深湖区范围明显往北、往东和往西扩张（图 3.50）。

　　层序 5 为下干柴沟组上段下部地层，由冷湖凹陷沿东南方向至北陵丘构造的沉积相

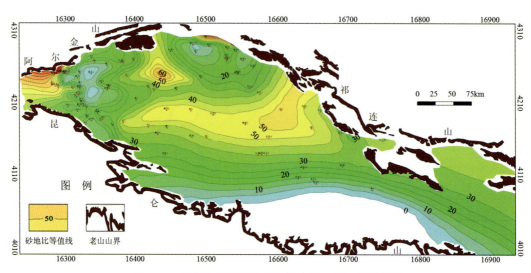

图 3.50　柴达木盆地下干柴沟组上段（E_3^2）砂地比图

剖面（图 3.51），反映此时该地区湖盆范围较小，仅在昆 2 井和深 88 井发育滨、浅湖亚相，其他井中均以扇三角洲相为主。深 88 井在低水位为滨湖亚相，至水进体系域水体变深，过渡为浅湖亚相（图 3.52）。

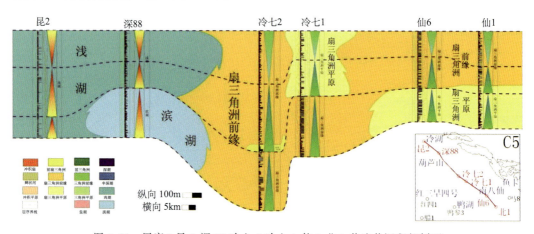

图 3.51　层序 5 昆 2-深 88-冷七 2-冷七 1-仙 6-北 1 井连井沉积相剖面

（三）上干柴沟组-下油砂山组沉积相展布

上干柴沟组-下油砂山组沉积对应喜马拉雅Ⅱ幕的中后期，沉积格局与之前相比有了较大变化，从地层厚度图可知该阶段沉积范围往东扩至德令哈地区，广泛分布至全盆地，沉降中心往东略有偏移。沉降中心仍位于柴北缘，沉积中心仍位于柴西红狮凹陷-扎哈泉凹陷-切克里克一带（图 3.53）。平面上上干柴沟组与下油砂山组沉积相相似，盆地北缘均发育两大三角洲扇体，靠近阿尔金山一侧的扇体长轴方向已经从近南北向转

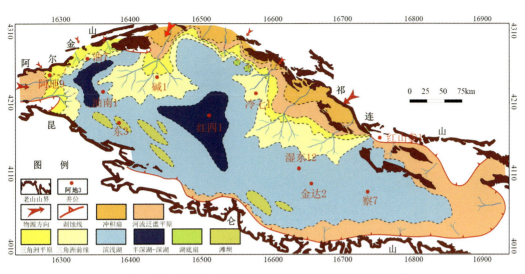

图 3.52　柴达木盆地下干柴沟组上段沉积体系展布图

变为南东向，其规模也较原来变小，远离阿尔金山的扇体逐渐往东迁移；盆地西南缘仍发育一个辫状河三角洲扇体，其规模较之前增大，表明物源区更近、物源供给更充足；盆地南缘昆仑山山前开始出现三角洲沉积，扇体从东柴山一带入湖（图 3.54，图 3.55，图 3.56）。

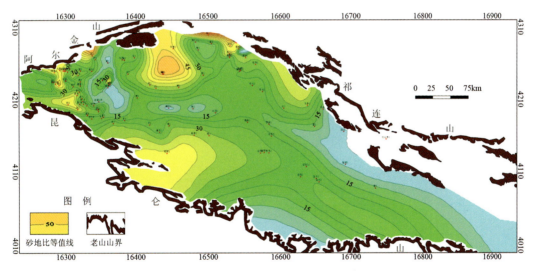

图 3.53　柴达木盆地上干柴沟组（N_1）砂地比图

　　该阶段末期，盆地边缘下油砂山组顶与上部地层呈角度不整合接触，表明盆地周缘山脉有明显隆升。推测此时早喜马拉雅运动效应传至柴达木盆地，但也可能属于盆地转变为拗陷性质，而周边山体隆升的演化效应。

　　上述各段沉积相展布说明，中构造层在上新世之前主要沉积在乌图美仁-大柴旦断裂带以西的菱形块体内，物源主要来自北缘和阿尔金山，来自盆地西南面物源规模小、

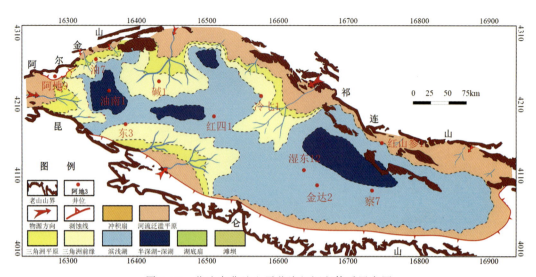

图 3.54　柴达木盆地上干柴沟组沉积体系展布图

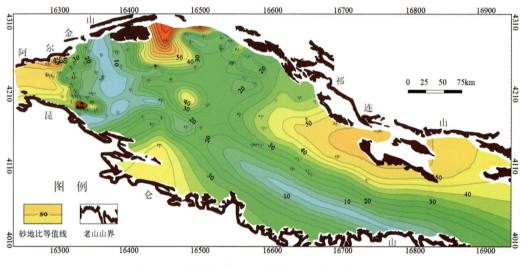

图 3.55　柴达木盆地下油砂山组（N_2^1）砂地比图

距离远，盆地南面昆仑山并没有整体隆升出水面，南面盆地边界应比现今边界更靠西南。到上新世早期末（N_2^1），由于受早喜马拉雅运动远程效应的影响，盆地转变为坳陷，南侧昆仑山开始隆升，但幅度并不大。随着沉积不断演化，总体上沉积物北退南进，盆地长轴方向开始由北东走向转变为南东走向，盆地性质由单一的坳陷改变为走滑挤压盆地。

三、上构造层沉积演化与展布

上构造层由上油砂山组、狮子沟组和七个泉组组成，其对应构造活动期为印度-欧

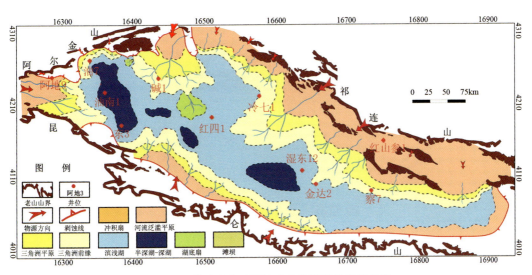

图 3.56　柴达木盆地下油砂山组沉积体系展布图

亚大陆碰撞后的晚喜马拉雅期构造活动阶段。

从沉积相的展布反映出此阶段昆仑山隆升强烈，阿尔金山和祁连山处于持续抬升中，但昆仑山的隆升更加强烈，南面以昆仑山为物源区的扇三角洲、三角洲沉积不断往湖盆中心推进，北缘以祁连山为物源区的扇三角洲、三角洲沉积不断退缩。

（一）上油砂山组-狮子沟组沉积相展布

该期沉积充填作用受晚喜马拉雅运动控制，主要表现为东昆仑山的强烈隆升，与盆地腹部基底的大规模迁移性挠曲沉降。盆地腹部的上油砂山组沉积看似下油砂山组沉积的延续，然而进入上油砂山组，一个全新的盆地演化又开始了。

该阶段沉积广泛分布于全盆地，但是沉降中心明显往东迁移，柴东地区地层厚度增厚，成为厚度最大地区；沉积中心分化成东西两个，西部沉积中心位于茫崖凹陷，东部沉积中心位于三湖南斜坡地区（图 3.57，图 3.58）。上油砂山组和狮沟组沉积相平面图相似，与下油砂山组对比，盆地北缘从两个三角洲扇体演化成三个三角洲扇体；远离阿尔金山的三角洲扇体分化成两个相对独立的扇体，并往西略有迁移；盆地南面开始出现近源沉积，在切克里克一带出现了一个扇三角洲扇体，由于山前带已经被剥蚀，推测黄石-甘森一带三角洲规模变大（图 3.59，图 3.60）。

层序 12 为上油砂山组上部，从层序 12 一南北向剖面可知，沉积中心位于油墩子和大风山地区，以湖相沉积为主，在墩 5 井低水位体系域，由于气候影响及水体分布，发育了盐湖沉积相，在牛参 1 井发育冲积扇相，昆 1 井主要发育扇三角洲沉积（图 3.61）。

层序 14 为狮子沟组上部，从层序 14 一南北向剖面可知，位于阿尔金山前地带，主要以粗碎屑沉积为主，在阿拉尔地区以扇三角洲沉积为主，至七个泉和狮子沟地区发育三角洲沉积相，咸水泉地区的采东 1 井发育冲积扇相（图 3.62）。

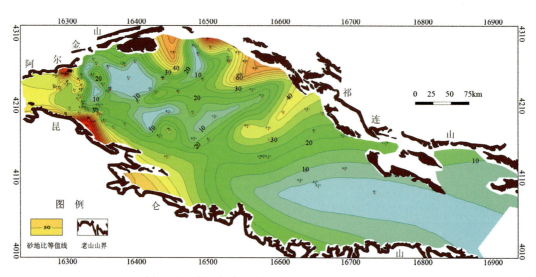

图 3.57　柴达木盆地上油砂山组（N$_2^2$）砂地比图

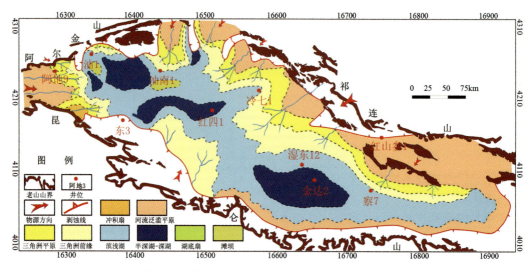

图 3.58　柴达木盆地上油砂山组沉积体系展布图

（二）第四系沉积体系展布

由于晚喜马拉雅运动导致盆地周缘山脉强烈隆升，盆地沉积格局发生了较大的变化。受青藏高原抬升影响，盆地西部整体抬升，沉积往东部迁移，沉降中心往东迁移至三湖一带，沉积厚度可达 2500m 以上；沉积中心与沉降中心不完全一致，其位置相对于沉降中心偏向北侧，位于三湖北斜坡带（图 3.63）。

该期沉积相平面图表现为：盆地北缘沉积整体往山前退缩，仅在山前发育一系列的冲积扇；靠近阿尔金山一侧仍有三角洲发育，其规模略有扩大，前缘推进到大风山、碱

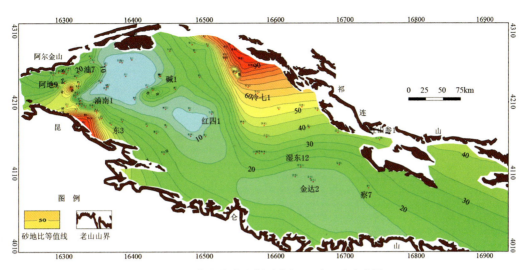

图 3.59 柴达木盆地狮子沟组（N$_2^3$）砂地比图

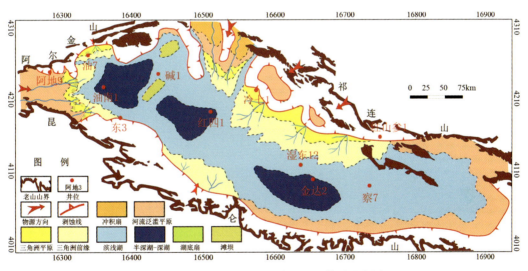

图 3.60 柴达木盆地狮子沟组沉积体系展布图

山一带；柴西南仍发育两个三角洲扇体，但规模都变小，三角洲朵体呈孤立分布；盆地东部南斜坡发育三个比较大的三角洲扇体，三湖南部两个三角洲朵体前缘推进到台吉乃尔一带；沉积中心明显往北迁移，半深湖-深湖区迁移至三湖北斜坡马参1井-星1井-盐深1井一带，此外三湖南部两个三角洲朵体间有可能发育有浅湖-半深湖沉积（图 3.64）。

上述各段沉积相展布说明，受晚喜马拉雅运动的影响，上构造层在上新世早期末盆地格局开始由原来的北东格局逐渐转变为南东格局；地层分布也从以乌图美仁-大柴旦断裂带以西的菱形块体内为主，转变为广泛分布于由三大山体围限的现今盆地；昆仑山开始强烈隆升，物源从北部祁连山和西北部阿尔金山为主，转变为以昆仑山物源为主，

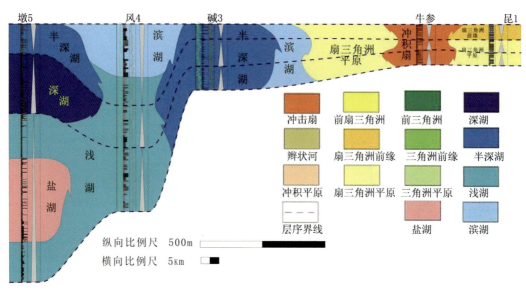

图 3.61 层序 12 墩 5-风 4-碱 3-牛参 1-昆 1 井沉积相剖面图

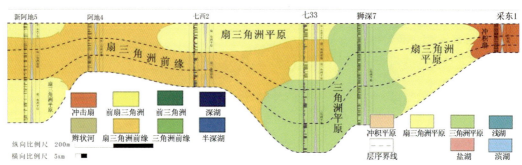

图 3.62 层序 14 新阿地 5-阿地 4-七西 2-七 33-狮深 7-采东 1 井沉积相剖面图

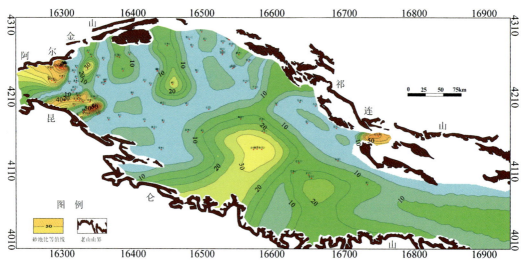

图 3.63 柴达木盆地七个泉组（Q）砂地比图

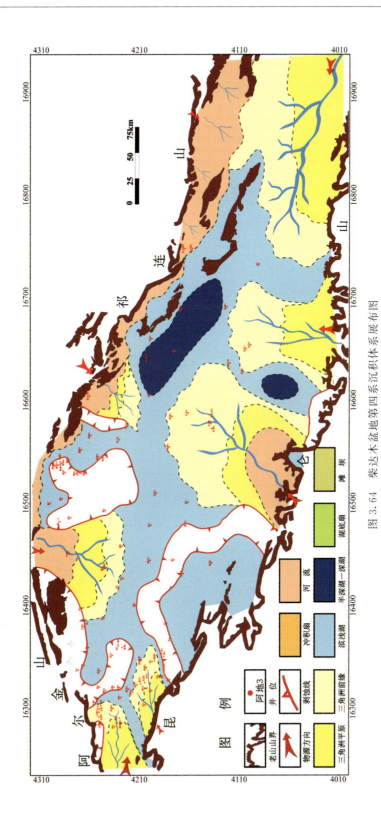

图 3.64　柴达木盆地第四系沉积体系展布图

沉积物北面退缩至山前，南面推进到三湖北斜坡一带；盆地格局也开始从北东向向南东向转变。因此上构造层的沉积中心可能偏于拗陷中心的北侧。一方面由于盆地边缘断裂带的走滑作用和盆地基底的迁移性挠曲沉降作用，上构造层沉积中心与沉降中心由西向东迁移，另一方面，沉积中心与沉降中心又不重叠，与各阶段的主要物源相对应而发生偏移。

因此柴达木盆地新生界可划分成两个明显不同的演化阶段，即以不整合面 T_2'（N_2^1 顶）为界的中构造层和上构造层两个盆山演化阶段。中构造层经历了从走滑旋转到弱挤压拗陷的过程，盆地主要分布在乌图美仁-大柴旦一线以西，其长轴方向呈北东向与阿尔金断裂平行。上构造层为走滑挤压盆地，受昆仑山强烈隆升，沉积、沉降中心逐渐从西往东迁移，呈近 EW 向格局。

第四章 盆地储层特征及储盖组合

柴达木盆地自中生代以来，发育了三大油气系统，分别为以柴北缘侏罗系烃源岩为主的油气系统、以柴西下—上干柴沟组、下油砂山组烃源岩为主的油气系统和以盆地中部第四系烃源岩为主的油气系统，其相应的储集层及其储集性能和储盖组合也有所不同。

第一节 柴北缘储层特征及有利储层分布预测

柴北缘储层按照岩性可分为三大类：碎屑岩储层、碳酸盐岩储层以及基岩裂缝型储层。其中碎屑岩储层分布最广，平面上分布于整个北缘地区，按照沉积相可以将其再细分为以下几种类型：冲积扇和河流相的河床滞留沉积的粗碎屑岩，扇三角洲和湖底扇的粗碎屑沉积体，曲流河的河道砂、天然堤以及决口扇砂体，三角洲平原的分流河道和三角洲前缘砂以及河口坝砂体，湖相沉积的滩砂、滩坝储集体等；基岩裂缝型储层主要分布于马海地区，非均质性强，分布不均；碳酸盐岩储层发育于石炭系，柴东地区周缘出露的碳酸盐岩剖面较多，是其研究的重点地区，通过分析化验发现致密性是碳酸盐岩储层的重要特征。柴北缘储层按照层系可以分为石炭系、侏罗系、白垩系以及古近系、新近系储层。

一、石炭系储层特征

石炭系储层按岩性可以分为碳酸盐岩储层和碎屑岩储层两种类型，其中碎屑岩的储层物性普遍比碳酸盐岩储层好（图 4.1），碎屑岩储层的孔隙度多数分布在 $4\%\sim8.5\%$，渗透率分布在 $0.01\times10^{-3}\sim1\times10^{-3}\mu m^2$，表现为低孔特低渗的储层特征；碳酸盐岩储

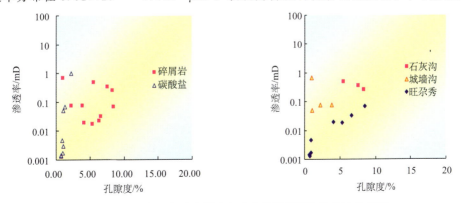

图 4.1 柴北缘石炭系碎屑岩和碳酸盐岩储层物性对比投点图

层的孔隙度多数分布在 $1\% \sim 5\%$，渗透率分布在 $0.001 \times 10^{-3} \sim 1 \times 10^{-3} \mu m^2$，表现为特低孔特低渗的储层特征（表 4.1）。

表 4.1　柴达木盆地北缘白垩系、石炭系露头样品孔渗数据表

剖面位置	样品编号	层位	岩性描述	孔隙度/%	渗透率/$\times 10^{-3}\mu m^2$
圆顶山	YDS-R-02	C	灰黑色灰岩	2.2	1.01
	YDS-R-03	C	亮晶灰岩	1.3	0.07
结绿素	JLSPM-S-03	C	灰黑色生物碎屑灰岩	1.1	0.00
	JLSPM-S-05	C	紫红色细砂岩	6.4	0.02
旺尕秀	WGX-S-01	C_2z	灰黑色灰岩	5.1	
	WGXSD-S-01	C	灰色鲕粒灰岩	0.8	0.00
	WGXSD-S-03	C_1c	灰黑色灰岩	0.7	0.00
	WGXSD-S-04	C_1c	深灰色鲕粒灰岩	0.8	0.00
	WGXSD-S-06	C_1	灰色生物碎屑灰岩	0.9	0.00
	WGXSD-S-09	C_1	灰黑色微晶灰岩	0.9	0.00
	WGXSD-R-13	C_1	灰绿色细砂岩	8.5	0.07
	WGXSD-R-16	C_1	灰色细砂岩	6.6	0.02
	WGXSD-R-17	C_1	浅灰绿色细砂岩	5.3	0.02
	WGX1-R-03	C	灰色中砂岩	4.1	0.02

石炭系储层的物性普遍较差，孔隙普遍不太发育，碎屑岩储层的孔隙类型以残余粒间孔为主（图 4.2），部分砂岩溶蚀孔也较为发育，偶见裂缝，碳酸盐岩储层主要以裂缝和微裂缝为主，在扫描电镜下可见残余粒间孔、晶间孔、生物体腔孔以及溶孔溶洞等。

碳酸盐岩储层不仅在本研究区具有特低孔特低渗的特征，通过与几个临区对比发现这一规律具有普遍性，如特低孔特低渗的塔里木盆地古生界碳酸盐岩仍可高产天然气：塔参 1 井古生界碳酸盐岩孔隙度绝大多数小于 2%，渗透率绝大多数小于 $10 \times 10^{-3} \mu m^2$，塔中 162 井寒武系碳酸盐岩孔隙度绝大多数小于 3%，渗透率绝大多数小于 $1 \times 10^{-3} \mu m^2$，但日产气 18.388 万 m^3 和水 56.5m^3。塔西南石炭系的和田河气田生屑灰岩段平均孔隙度为 3.55%，小于 1% 的孔隙度样品占到 40% 以上，平均渗透率为 $2.33 \times 10^{-3} \mu m^2$，其中小于 $0.01 \times 10^{-3} \mu m^2$ 的样品占约 60%，绝大部分样品渗透率值小于 $0.16 \times 10^{-3} \mu m^2$。鄂尔多斯盆地奥陶系碳酸盐岩物性测试结果统计表明，碳酸盐岩的孔隙度为 $0.11\% \sim 19.8\%$，平均为 $0.39\% \sim 2.4\%$，渗透率变化范围较大，为 $0.0026 \times 10^{-3} \sim 2121 \times 10^{-3} \mu m^2$，平均 $1.7 \times 10^{-3} \sim 2.5 \times 10^{-3} \mu m^2$。由此可见，研究区石炭系具有一定的储集能力和勘探潜力。

石炭系储层以碎屑岩储层物性最好，碎屑岩储层中以潮坪亚相砂体物性最好，因此有利储层主要分布在下石炭统阿木尼克组、下石炭统穿山沟组中下部的砂砾岩段、下石炭统怀头他拉组下部的砂砾岩段以及上石炭统克鲁克组第三段。

(a) WGX-R-06，灰黄色中砂岩，发育残余粒间孔，磨圆中等至好，J，铸体薄片，单偏光

(b) WGX1-R-06，灰白色中砂岩，发育溶蚀孔隙，粒间孔不发育，C，铸体薄片，单偏光

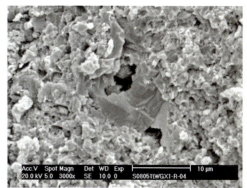

(c) WGXSD-S-11，残余粒间孔

(d) WGX1-R-04，见晶内溶蚀孔隙，C2，扫描电镜

图 4.2　柴北缘石炭系碎屑岩孔隙结构特征

二、侏罗系储层特征

　　侏罗系储层按照层系可以分为上统、中统和下统，平面上分布较广且具有一定规律性，上侏罗统有利储层主要分布在鱼卡地区；中侏罗统储层主要分布于北缘中段至东段，如鱼卡、德令哈地区；下侏罗统储层主要分布于柴北缘西段，如冷湖三、四、五号。柴北缘西段受阿尔金物源体系和北缘物源体系联合控制，主要发育扇三角洲、滨浅湖沉积体系，冷湖三号侏罗系油层的物性较好，可达中孔中渗级别，由于烃类的早期占位使得岩石具有一定抗压实作用，从而使得岩石孔隙得以保存；冷湖四号、五号物性相对较差，以低孔低渗为主。总之，该区紧邻冷西生烃凹陷，古近系、新近系和侏罗系储层发育，为有利的源储组合带。柴北缘东段侏罗系储层埋深较大，受压实作用影响，储层物性以低孔低渗或特低孔特低渗为主，据大煤沟剖面采样物性分析结果，J_2 有的样品物性可达"中孔中渗"级别，因此柴北缘东段侏罗系储层物性差中有好（表 4.2）。

表 4.2　柴达木盆地柴北缘侏罗系储层物性统计表

剖面位置	样品编号	层位	岩性描述	孔隙度/%	渗透率/×10⁻³μm²
鱼卡北滩	YQ-R-08	J_3c	灰色细砂岩	10.7	
	YQ-R-11	J_3c	灰色中砂岩	4.7	0.01
	YQ-R-14	J_3c	黄色钙质中砂岩	2.3	0.00
鱼卡煤田钻孔	YQMTZK1-R-1	J_3c	灰白色中砂岩	14.1	2.70
	YQMTZK2-R-1	J_2^5	灰白色含砾粗砂岩	9.3	0.14
	YQMTZK2-R-5	J_2^5	灰白色粗砂岩	10.9	0.83
	YQMTZK2-R-11	J_2^5	灰白色砾岩	10.7	0.64
	YQMTZK2-R-13	J_2^5	灰白色粗砂岩	10.2	
鱼卡河	YQH-R-04	J_2-5 层	浅灰色细砂岩	9.9	0.23
	YQH-R-08	J_2-9 层	灰黄色中砂岩	17.3	6.52
	YQH-R-10	J_2-10 层	浅灰色细砂岩	13.3	1.14
	YQH-R-12	J_2-12 层	灰黄色中砂岩	15.9	5.83
	YQH-R-19	J_2-22 层	灰黄色粉砂岩	5.5	0.01
	YQH-R-24	J_2-26 层	浅灰色细砂岩	13.4	0.69
	YQH-R-28	J_2-30 层	灰白色中砂岩	16.4	
	YQH-R-32	J_2-36 层	灰黄色细砂岩	10.9	13.08
	YQH-R-33	J_2-39 层	灰黄色细砂岩	8.9	0.75
圆顶山	YDSJ-R-02	J_2^5	棕黄色含砾砂岩	7.0	0.01
路乐河	LLH-R-02	J_2^5	灰色中砂岩	6.2	0.44
	LLHT2-R-03	J_2^5	灰白色中砂岩	16.0	
	LLHT2-R-04	J_2^5	灰白色中砂岩	15.4	1.50
	LLHT2-R-08	J_2^5	灰白色中砂岩	16.7	1.78
路乐河西沟	LLHXG-R-02	J_2^5	灰白色粗砂岩	22.7	
	LLHXG-R-10	J_3c	灰色含钙中砂岩	8.4	0.09
	LLHXG-R-17	J_3h	浅灰色钙质中砂岩	5.2	0.05
	LLHXG-R-19	J_3h	灰绿色含粉砂泥岩	7.4	0.10
结绿素	JLS-R-07	J_2	灰色泥质中砂岩	3.8	0.01
	JLSPM-R-09	J_2^6	黄色中砂岩	21.0	60.58
花石沟	HSG1-R-06	J_2	灰绿色粗砂岩	18.8	
	HSG2-R-05	J_2	杂色粗砂岩	10.5	5.98
羊肠子沟	YCZG-R-02	J_3c	灰白色细砂岩	20.1	9.75
旺尕秀	WGX-R-06	J	灰黄色中砂岩	14.5	4.56
鄂 12	E12-R-07	J_{1+2}	灰色砂岩	3.85	0.07
鱼 35	Y35-R-01	J	灰白色粗砂岩	15.27	
冷科 1	LK1-R-01	J_1	灰白色细砂岩	9.94	0.076

续表

剖面位置	样品编号	层位	岩性描述	孔隙度/%	渗透率/$\times 10^{-3}\mu m^2$
冷科 1	LK1-R-12	J_1	灰色细砂岩	0.73	0.003
冷科 1	LK1-R-24	J_1	灰白色中砂岩	8.94	0.049
冷科 1	LK1-R-30	J_1	灰绿色含砾粉砂岩	1.22	0.003
石地 22	SD22-R-01	J_1	浅灰色细砂岩	15.12	1.249
石地 22	SD22-R-16	J_1	灰色粉砂岩	14.31	0.444
石地 22	SD22-R-35	J_1	浅灰色中砂岩	6.3	0.102
石地 22	SD22-R-56	J_1	灰白色中砂岩	12.54	0.865
马 8	M8-R-01	J	灰色细砂岩	26.96	
马 8	M8-R-07	J	灰色细砂岩	24.08	47.286
马 8	M8-R-15	J	灰色细砂岩	21.13	4.082
马 8	M8-R-04	J	灰色细砂岩	28.76	356.376
鱼 33	Y33-R-01	J_2	浅灰色细砂岩	10.48	0.408
鱼 25 孔	Y25-R-01	J_3	灰绿色细砂岩	6.8	0.035
鱼 25 孔	Y25-R-02	J_3	灰绿色细砂岩	13.52	0.308
鱼 25 孔	Y25-R-04	J_3	灰绿色中砂岩	19.96	10.91
鱼 25 孔	Y25-R-13	J_3	灰白色粗砂岩	20.11	15.1
鱼 25 孔	Y25-R-21	J_3	浅灰色细砂岩	16.3	3.795
鱼 25 孔	Y25-R-25	J_3	浅灰色含砾粗砂岩	20.82	402.113
鱼 25 孔	Y25-R-56	J_{1+2}	灰色粉砂岩	7.78	0.037
鱼 25 孔	Y25-R-64	J_{1+2}	灰白色细砂岩	17.45	14.822
鱼 25 孔	Y25-R-71	J_{1+2}	灰色细砂岩	5.72	0.011
鱼 25 孔	Y25-R-89	J_{1+2}	灰色细砂岩	4.87	0.007
鱼 25 孔	Y25-R-101	J_{1+2}	灰色粉砂岩	5.78	
鱼 25 孔	Y25-R-118	J_{1+2}	灰色中砂岩	12.5	

（一）储层的岩石学特征

鱼卡地区上侏罗统红水沟组储集岩不发育，含少量蓝灰色、棕褐色粉砂岩；上侏罗统采石岭组储集岩主要发育于中上部，以灰白色砾岩、砾状砂岩、灰色粉砂岩为主；中侏罗统大煤沟组储集岩主要以灰白色细砂岩为主，少量含砾砂岩、砾状砂岩。从结构-成因上分是以岩屑长石砂岩为主，成分成熟度中等。

德令哈地区主要发育中侏罗统储层，野外地质调查及薄片分析表明，德令哈地区中下侏罗统砂岩的岩石类型以石英砂（砾）岩为主（图 4.3），砂岩成分成熟度高。碎屑粒度主要集中在中-粗砂级范围内，细砂级次之。碎屑颗粒的磨圆大多以次棱角-圆为主，少量次棱角-次圆状，分选性中等。

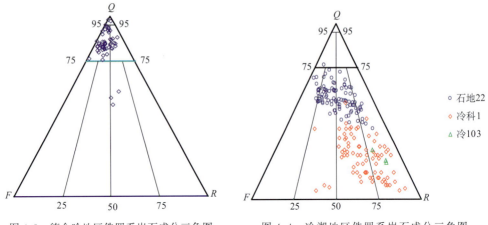

图 4.3　德令哈地区侏罗系岩石成分三角图　　　　图 4.4　冷湖地区侏罗系岩石成分三角图

冷湖三、四、五号侏罗系是该区又一大主力产油层位，储集岩的主要岩石类型为细砾岩、含砾粗砂岩，其次为粉砂岩，从成分成因上分主要为长石岩屑砂岩，其次为岩屑砂岩、岩屑长石砂岩（图 4.4）。综合岩心观察和薄片鉴定资料可以得出，储集岩成分成熟度和结构成熟度都较低，分选中等到差。

（二）储层的物性特征

鱼卡地区目的层的储集岩包括两套河道砂体，一套是上侏罗统采石岭组中上部的辫状河道砂体（鱼 34 井试油获油产能 0.02m³/日），平均孔隙度为 13%，渗透率一般为 $10 \times 10^{-3} \sim 21 \times 10^{-3} \mu m^2$。另一套为大煤沟组的河道砂体，孔隙度为 7%～21%，渗透率一般为 $10 \times 10^{-3} \sim 50 \times 10^{-3} \mu m^2$。总体上孔渗值不高，主要与其泥质含量高达 25.5%～36.9%有关。孔隙类型主要以次生孔隙为主，尤其是次生溶蚀孔隙含量较多。

德令哈地区中下侏罗统主要储层段砂岩孔隙度的平均值为 11.3%，最大为 28.9%；渗透率的平均值为 $40.7 \times 10^{-3} \mu m^2$（43 个样品，图 4.5），其中最小为 $0.00584 \times 10^{-3} \mu m^2$，最大为 $484.4 \times 10^{-3} \mu m^2$，主要分布在数个到数十个毫达西范围内。总体具有低孔、低渗特征，但局部发育中-高孔渗储层。德令哈地区侏罗系储集岩的孔隙类型主要为残余原生孔隙和少量次生孔隙。

侏罗系为冷湖三、四、五号构造的主力产油层位，其中冷湖三号物性最好（孔隙度平均值为 14.5%，渗透率平均值为 $15.798 \times 10^{-3} \mu m^2$），冷湖四号次之，孔隙度平均值为 6.6%，渗透率平均值为 $0.188 \times 10^{-3} \mu m^2$；冷湖五号较差，孔隙度平均值为 5.9%，渗透率平均值为 $0.312 \times 10^{-3} \mu m^2$（图 4.6）。冷湖三号侏罗系储层埋深大，但原生粒间孔保存完整，主要原因是烃类的早期占位使得岩石具有一定抗压实作用。

三、白垩系储层特征

柴北缘地区白垩系为大套红层，其橘红色砂岩在研究区内广泛分布，祁连山南麓的

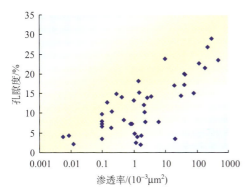 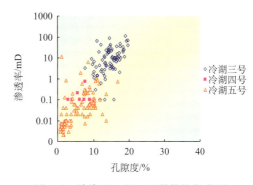

图 4.5　德令哈地区中下侏罗统储层物性投点图　　图 4.6　冷湖三、四、五号物性投点图

路乐河、鱼卡、红山、大红沟、无柴沟一带见有白垩系出露，德令哈亦钻遇白垩系。从岩性上看，山前带发育一些冲积扇沉积的粗碎屑岩，其余主要为一套河流相沉积，分选较好，磨圆较好，物性也较好，多数为优质储集岩。

（一）储层的岩石学特征

红山参 1 井揭示白垩系岩性特征为以砾岩及砂质砾岩为主，夹有泥砾岩，见少量浅黄色含砾泥岩及含砾砂岩，这与所处地理位置靠近物源区有关，粒度较粗，分选较差。德参 1 井揭示的白垩系储集岩主要为褐色粉砂岩、灰白色细砂岩、中砂岩为主。野外地质考察发现大红沟、路乐河以及来扎克等地白垩系储层砂岩十分发育，且皆为分选好、磨圆好的一套红色河流相砂岩（图 4.7）。

图 4.7　柴北缘白垩系储层砂岩地质露头（左：大红沟；右：路乐河）

（二）储层的物性特征

白垩系储层物性普遍较好，孔隙度绝大多数分布在 10%～20%，渗透率一般为几十到几百毫达西，大多数属于中孔中渗性储层，为柴北缘地区质量较好的储层（图 4.8）。

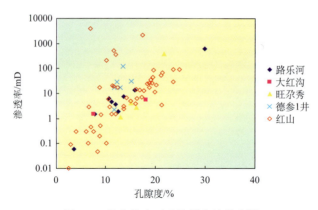

图 4.8　柴北缘白垩系储层物性投点图

德令哈地区白垩系砂岩储层的孔隙度平均值 13.4%，最大为 25%，渗透率平均值为 $149.1 \times 10^{-3} \mu m^2$，最小为 $0.3 \times 10^{-3} \mu m^2$，最大为数千毫达西，主要分布在数十到数百个毫达西范围内。具有中孔、中低渗特征。孔隙类型中含有一定比例的原生孔隙，由于其处于不整合面之下，次生孔隙也较发育。

红山地区油砂沟 T_1 孔取心及地面探槽岩性来看，白垩系地层主要以粉砂岩、泥质粉砂岩、细砂岩及薄层泥岩为主，平均孔隙度 16.1%，平均渗透率 $20.5 \times 10^{-3} \mu m^2$，属于中孔中渗储层。

白垩系碎屑岩储层的碎屑颗粒分选好，磨圆好，杂基含量少，孔隙结构较好，孔隙类型以原生粒间孔为主（图 4.9），连通性好。路乐河东沟 LLHD-R-08 样品的压汞测试结果显示，其孔隙均值为 11.2671（Φ），分选为 3.0567，歪度为 0.8595，变异系数为 0.2713，排驱压力为 0.9473MPa，孔隙中值半径为 $0.8519\mu m$。

四、古近系、新近系储层特征

（一）储层岩石学特征

柴北缘古近系、新近系储层埋藏较浅，发育广泛，冷湖构造带、鄂博梁地区、马海-南八仙地区、德令哈地区均有发育。岩石成分以长石砂岩、岩屑长石砂岩以及长石岩屑砂岩为主（图 4.10）。

冷湖三、四、五号构造储层来自两大物源：阿尔金山、赛什腾山，岩性包括棕红色粉砂岩、泥质粉砂岩、棕红色细砂岩以及杂色砾状砂岩、含砾砂岩等。岩石成分以长石岩屑砂（砾）岩和岩屑砂（砾）岩为主，成分成熟度不高。结构成熟度也较低，离物源较近，搬运距离不远，且沉积环境为氧化环境。平面上越靠近山前物源区，岩性越粗；纵向上、下干柴沟组（E_3）岩性较细，古近系、新近系其他层位的扇三角洲砂体、辫状河道砂体等储集体岩性均较粗，以砾岩、含砾砂岩、砾状砂岩等为主。

冷湖六、七号地区岩性较细，储集岩以泥质粉砂岩、粉砂岩为主，少量粗碎屑岩及泥灰岩、灰岩（湖相）。碎屑岩以岩屑长石（粉）砂岩和长石岩屑（粉）砂岩为主，成

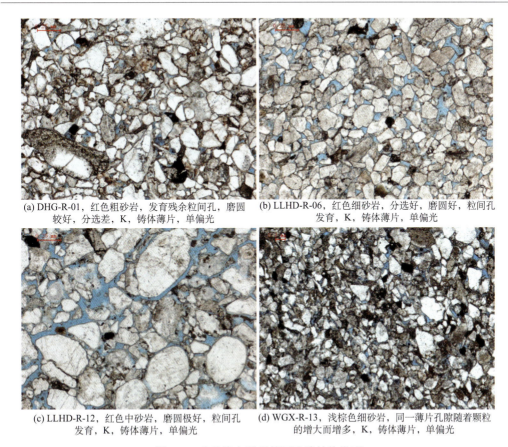

(a) DHG-R-01，红色粗砂岩，发育残余粒间孔，磨圆
较好，分选差，K，铸体薄片，单偏光

(b) LLHD-R-06，红色细砂岩，分选好，磨圆好，粒间孔
发育，K，铸体薄片，单偏光

(c) LLHD-R-12，红色中砂岩，磨圆极好，粒间孔
发育，K，铸体薄片，单偏光

(d) WGX-R-13，浅棕色细砂岩，同一薄片孔隙随着颗粒
的增大而增多，K，铸体薄片，单偏光

图 4.9 柴北缘白垩系储层孔隙结构类型

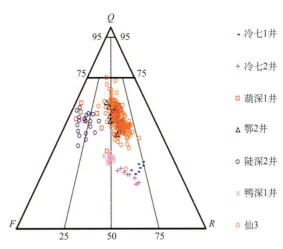

图 4.10 柴北缘古近系、新近系岩石学特征投点图

分成熟度不高。下油砂山组（N_2^1）储集岩岩性为棕黄色、灰绿色、绿灰色泥质粉砂岩
和粉砂岩；上干柴沟组（N_1）储集岩岩性为灰色、灰白色泥质粉砂岩，下部见含砾砂

岩。下干柴沟组上段（E_3^2）储集岩岩性为灰色、灰白色粉砂岩，下部为细砂岩、粗砂岩和含砾砂岩。下干柴沟组下段（E_3^1）储集岩岩性为棕褐色、灰白色泥质粉砂岩和粉砂岩，下部为细砂岩、粗砂岩和含砾砂岩。

鄂博梁地区储集岩主要以湖相沉积的滩砂滩坝为主（鄂博梁Ⅱ号下油砂山组上部发育三角洲前缘砂），岩性以细粒的泥质粉砂岩、粉砂岩为主，少量粗碎屑岩及泥灰岩、灰岩；从结构-成因上分是以岩屑长石（粉）砂岩和长石岩屑（粉）砂岩为主，成分成熟度不高。砂地比约为20%～40%。鄂博梁储集体类型主要包括：①以细粒结构的泥质粉砂岩、粉砂岩为主的碎屑岩储集体。②裂缝型的泥灰岩、灰岩储集体。③另外还可能存在泥岩裂缝型储集体（冷七2井N_1已经发现此类储集体）。储层质量主要影响因素为研究区主要以湖相沉积的粉砂岩和泥质粉砂岩为主，孔喉较小，且杂基及碳酸盐胶结物含量较高。

马海地区上油砂山组储集岩主要为棕灰色砾岩、砾状砂岩，夹少量浅灰黄色泥质粉砂岩及浅棕色粉砂岩；下油砂山组和上干柴沟组储集岩主要为棕灰色、浅灰色的泥质粉砂岩、粉砂岩；下干柴沟组储集岩主要为浅灰色、棕灰色泥质粉砂岩、粉砂岩，中下部为浅灰色、棕灰色砾岩、砾状砂岩储集岩；路乐河组上部储集岩为棕红色、棕灰色泥质粉砂岩、粉砂岩及暗棕色砾状砂岩，下部储集岩以暗棕色、棕灰色、灰白色砾状砂岩为主，夹棕红色含砾泥质粉砂岩及泥质粉砂岩。

南八仙、鸭湖地区储集岩按粒径大小可分为两套，一套是下干柴沟组中部及以上，岩性普遍较细，以灰白色、浅灰色粉细砂岩为主，分选较好（三角洲前缘亚相），岩石类型以长石岩屑砂岩为主，且地层越古老，石英含量越大；另一套是下干柴沟组底部及其以下沉积的杂色、棕红色砾岩、砾状砂岩和含砾砂岩等河道粗碎屑岩。

德令哈地区古近系、新近系储集岩很发育，砂地比可达55%。古近系、新近系上干柴沟组及其以上地层储集岩均以冲积扇或洪积相沉积的散状砾岩为主；下干柴沟组上部储集岩以棕灰色粗砂岩为主，夹少量粉砂岩，中下部以灰白色细砂岩、中砂岩、暗棕色粉砂岩为主，少量棕灰色粗砂岩。

（二）储层物性特征

古近系、新近系相对于下伏地层来说整体上埋深较浅，物性较好，原生粒间孔保存较好（图4.11），储层质量以马海-南八仙地区最为优良。冷湖三至五号的重要产油层位是古近系、新近系，包括E_{1+2}、E_3、N_1、N_2^1，其中物性最好的为冷湖四号的E_{1+2}，可达中孔中渗级别，其余均为低孔低渗或者特低孔特低渗（表4.3）。

冷湖六、七号主要发育两套储集岩，一套为N_2^1～N_1湖相沉积的滩砂滩坝储集体，埋深浅，分选好，平均孔渗值为13.7%和$23×10^{-3}\mu m^2$；一套为E_3河流泛滥平原相的河道砂储集体，分选差，杂基含量多，物性差（特低孔特低渗，孔隙度多在10%以下，渗透率多在$50×10^{-3}\mu m^2$以下）。但这套储集体上覆盖层优良，有利于油气的保存。冷湖六、七号构造储层发育有四种基本孔隙类型，包括原生粒间孔、溶蚀孔、基质内微孔、微裂缝，原生粒间孔主要发育在上部层位，如N_2^1。另外，冷七2井下干柴沟组下段

(a) E2-R-01，暗红色泥质粉砂岩，残余粒间孔较为发育，鄂2井，N_2^1，铸体薄片，单偏光

(b) DC1-R-03，灰色粗砂岩，碳酸盐含量较多，未见孔隙，德参1井，E_3，铸体薄片，单偏光

(c) MC1-R-07，灰色细砂岩，磨圆中等-好，粒间孔发育，马参1井，N_1，铸体薄片，单偏光

(d) X3-R-05，灰绿色细砂岩，粒间孔发育，仙3井，N_1，铸体薄片，单偏光

图 4.11　柴北缘古近系、新近系储层孔隙结构类型

表 4.3　柴北缘冷湖三、四、五号产油层位及物性特征

构造位置	工业产层	代表井	孔隙度/%	渗透率/$\times 10^{-3} \mu m^2$	物性级别
冷湖三号	J	石地 23	12～18	16	中孔低渗
冷湖四号	N_1	433			
	$N_2{}^1$	浅 14			
	E_3	冷探 15			
	E_{1+2}	冷四 1、深 17	6～19	5～300	中孔中渗
	J	深 85	6～9	0.1～1.0	特低孔特低渗
冷湖五号	N_1	深 38、中深 1	6～10	1.0～3.0	特低孔特低渗

（E_3^1）4740～5000m 处发育泥岩裂缝段，构成了泥岩裂缝性储层，E_3 储层物性普遍较差，孔隙度多分布在 5% 至 10% 之间。

南八仙-鸭湖地区古近系、新近系储集岩主要为一套远距离搬运的河流-三角洲沉积，分选好、磨圆好。上部地层物性普遍较好，随着埋深的加大逐步变差（表 4.4），下油砂山组以上孔隙度为 20%～25%，渗透率为 16×10^{-3}～$350 \times 10^{-3} \mu m^2$；上干柴沟组孔隙度为 13%，渗透率为 $22 \times 10^{-3} \sim 363 \times 10^{-3} \mu m^2$。下干柴沟组上部孔隙度为 13%，渗透率为 $51 \times 10^{-3} \mu m^2$，下部孔隙度为 6%～7%，渗透率为 $0.7 \times 10^{-3} \sim 43 \times 10^{-3} \mu m^2$。总体上，南八仙地区 N_1 及其以上地层的物性普遍较好，大多数可达中孔中渗，鸭湖地区 N_2^2 及其以上地层的物性普遍较好，N_1 开始变差。研究区的储集砂岩分选好、磨圆好，孔隙类型主要为原生粒间孔，这种几乎全部为原生粒间孔的储层受压实作用影响较大，因此埋深较大的下干柴沟组下部物性较差，为特低孔特低渗性储层，但其裂缝比较发育，也可作为天然气的有效储集体，如仙 6 井 E_3^1 地层已获高产气流。

表 4.4　柴北缘南八仙-鸭湖地区古近系、新近系物性统计表

构造位置	工业产层	孔隙度/%		渗透率/$\times 10^{-3} \mu m^2$	
		平均值	分布区间	平均值	分布区间
南八仙	N_2^2	21.93	3.2～34.7	125.76	0.04～1071.6
	N_2^1	19.03	1.6～37.2	172.22	0.01～3366.7
	N_1	19.5	2.3～29.8	181.38	0.002～1788.1
	E_3	8.1	0.6～22.9	28.18	0.003～703.2
鸭湖	N_2^1	15.7	6.2～21.1	14.55	0.01～51.5
	N_1	7	5～10	0.013	0.01～1.0
德令哈	N	20.7	7.5～30.4	169.2	
	E	4.7	3.5～5.9	0.5	

马海地区为一古隆起，即使是下部地层所受的压实作用也较小，主力产油层位为 E_3，储集体的成因类型较为单一，主要为河道砂体，包括各种粒径的砂砾岩，物性为柴北缘最好，孔隙度多分布于 17%～29%，渗透率为 $18 \times 10^{-3} \sim 1891 \times 10^{-3} \mu m^2$，以中孔高渗为主（图 4.12），其孔隙类型以原生粒间孔隙为主。

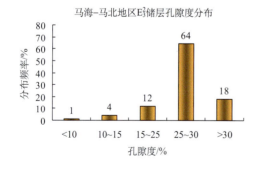
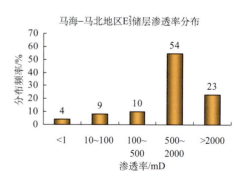

图 4.12　柴北缘马海地区物性数据分布图

鄂博梁地区储集岩特征主要表现为粒度细（粉砂岩和泥质粉砂岩为主）、杂基和方解石胶结物含量高，因此其孔渗值不高，总体表现为低孔低渗，少量中孔中渗，物性在纵向上有随埋深加大变差的趋势（图 4.13），通过钻井统计，N_2^1 孔隙度约 12%～20%，

渗透率约 $5 \times 10^{-3} \sim 100 \times 10^{-3} \mu m^2$；$N_1$ 孔隙度约 $3\% \sim 15\%$，渗透率约 $0.01 \times 10^{-3} \sim 10 \times 10^{-3} \mu m^2$；$E_3$ 孔隙度小于 10%，渗透率约 $0.001 \times 10^{-3} \sim 5 \times 10^{-3} \mu m^2$。上部地层 N_2^1 主要以原生粒间孔隙为主，以及一些灰岩裂缝，N_1 和 E_3 以次生溶蚀孔隙为主，也含有一些灰岩裂缝和泥岩裂缝，可以作为天然气的有效储集体。

德令哈地区古近系、新近系储集岩发育，尤其是新近系，主要以粗碎屑砂砾岩为主，物性分布不均，有差有好，有的可达高孔高渗（表 4.4）。

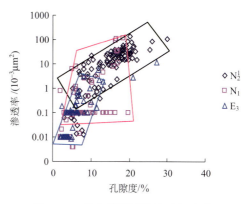

图 4.13 柴北缘鄂博梁地区古近系、
新近系物性分布散点图

第二节 储层控制因素及储层评价

一、储层控制因素

柴北缘侏罗系和古近系、新近系储层性质的主控因素不同，古近系、新近系主要受控于沉积相带（进而控制着岩石的组分、结构以及杂基含量等）。侏罗系除受控于沉积相带外，主要受控于与古埋深有关的成岩压实强度和主要胶结物类型及含量，整个柴北缘地区储层的溶蚀作用不是很发育，暂未发现大量的次生孔隙发育带。

1. 古近系、新近系储层质量主要受控于沉积相带，胶结物也是重要因素之一

沉积相带的不同从宏观上控制了储集砂体的分布和岩性（图 4.14，图 4.15），在微观上岩石的结构、颗粒的成分也都与沉积环境有密切联系，从而控制着储集岩的整体储集性能。冷湖-南八仙构造带两端好中间差的重要原因就是由其沉积相带决定的，两端均为主物源区，含有分选较好的河道砂体，而中间冷湖七号则以河流泛滥平原和湖相沉积为主，以泥质岩类和泥质粉砂岩沉积为主，物性差。

另外，在后期的成岩改造历史中，胶结作用也是影响古近系、新近系岩石物性的重要因素，如盐岩屑的大量发育，为碳酸盐胶结物提供了重要的物质来源，这也是该区孔隙递减率高达（$1.5\% \sim 2.0\%$）/100m 的重要内因。

2. 压实作用是储层原生孔隙减少的主要因素

通过对研究区大量的薄片显微镜观察，发现压实作用对储层孔隙减少影响巨大，尤其是埋深较大的地层，碎屑颗粒间多为线接触—缝合线接触，部分可见云母片被压弯或者压断（图 4.16）。侏罗系及以下地层多数粒间较少，并发育一定量的次生溶蚀孔隙。从井的声波孔隙度随深度变化图可以看出，埋深越大，压实作用越强，孔隙度越小（图 4.17）。

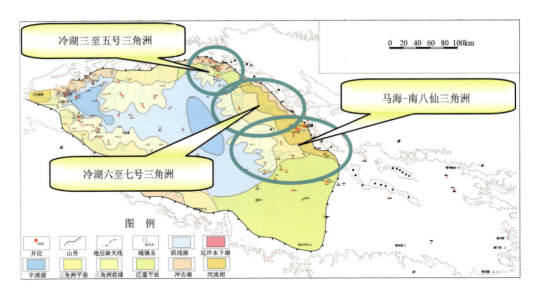

图 4.14　柴北缘古近系下干柴沟组下段储层发育与沉积相带关系图

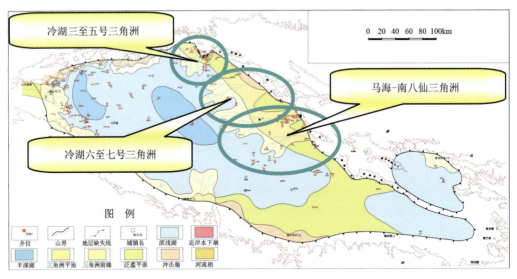

图 4.15　柴北缘新近系上干柴沟组储层发育与沉积相带关系图

3. 胶结作用是储层物性变差的重要因素

胶结作用是储层岩石物性变差的一大重要因素，胶结物的类型及含量决定了剩余原生孔隙所占的百分含量，进而决定了储层质量的好坏。

从胶结物含量与孔隙度关系图上看，随着胶结物的增多孔隙度有减小的趋势（图 4.18）。

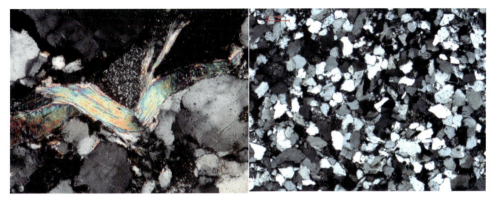

(a) 大煤沟剖面，云母碎屑因压实作用而变弯，J_1　　　(b) 冷科1井，颗粒间以缝合线接触为主，示压
　　　　　　　　　　　　　　　　　　　　　　　　　　　　　　实作用强，J_1

图 4.16　侏罗系遭受较强压实作用

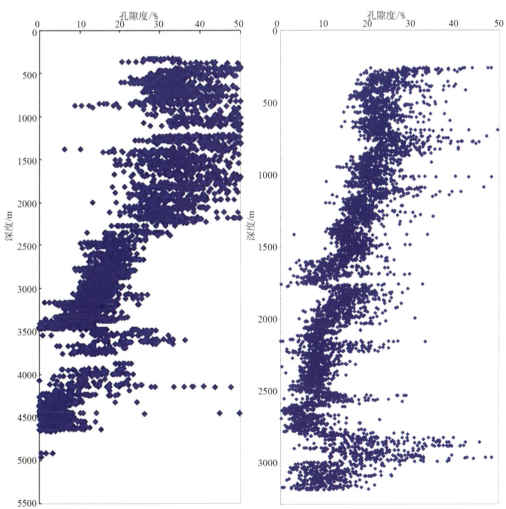

图 4.17　声波孔隙度随深度变化关系图（左：冷科 1 井；右：深 81 井）

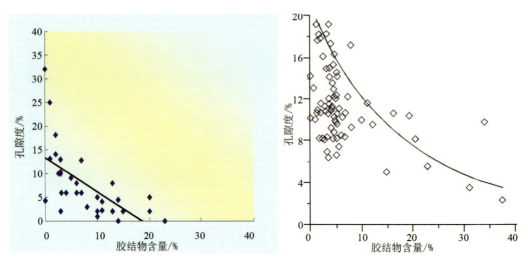

图 4.18　柴北缘侏罗系储层砂岩中胶结物含量与孔隙度关系（左：德令哈 J_{1+2}；右：冷湖三号 J_1）

　　元素测试结果显示研究区碎屑岩储层中的碳酸盐胶结物含量较多，且部分碳酸盐的胶结作用可以使岩石非常致密以致储集性极差，如鄂博梁地区的储集岩中陆源碳酸白云岩化，对储层孔隙的发育具有负面作用。通过染色薄片可以进一步证实碳酸盐胶结物占据大量的粒间孔，部分样品中早期连生胶结的碳酸盐使得岩石非常致密无孔隙（图 4.19）。

(a) 旺尕秀WGX1-R-03，灰色中砂岩,C;染色薄片　　　(b) 路乐河LLHD-R-02，红色钙质细砂岩,K;正交偏光

图 4.19　较多碳酸盐岩充填砂岩孔隙

4. 溶解作用是改善储层物性的积极因素

　　溶解作用是产生次生孔隙的直接原因，对储集性能的改善具有重要意义。尤其是深部地层，粒间孔较少，次生溶蚀孔隙为主要孔隙类型，此时溶解作用的强弱直接影响到储层的渗透性和储集能力。柴北缘地区侏罗系砂岩储层的溶解作用形成了粒间溶孔、长石粒内溶孔、岩屑粒内溶孔、杂基溶孔等一系列的孔隙类型（图 4.20），其中冷湖三、四、五号和德令哈地区的较深部地层如侏罗系发育此类次生溶蚀孔隙。

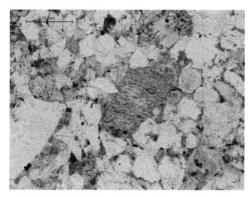 

(a) 冷科1井LK1-R-25，浅灰色中砂岩，长石粒内溶孔，　　(b) 石地22井SD22-R-56，灰白色中砂岩，长石粒内溶孔，
　　　　　　J₁，铸体薄片　　　　　　　　　　　　　　　　　　J₁，铸体薄片

图 4.20　下侏罗统砂岩中的粒内溶蚀孔隙

二、储层综合评价

柴北缘储层的主要孔隙类型为原生粒间孔或者残余粒间孔，深部地层亦有一定量的次生孔隙发育，因此埋深是影响储层最为重要的因素，其次是碳酸盐胶结物使得部分储层致密化。因此，根据以下四个条件将研究区储层质量评价为"较有利"级别（研究区的 II 类）。

（1）埋深小于 4000m；

（2）孔渗条件达到低孔低渗级别；

（3）沉积相带较为有利；

（4）储集岩中碳酸盐胶结物含量小于 15%。

在较有利区域中又将物性 "$\varphi > 15\%$ 和 $K > 50 \times 10^{-3} \mu m^2$" 的储层进一步划分为 "有利" 级别的储层（研究区的 I 类），其余的为"较差"的 III 类储层。整个柴北缘的储层大致相当于部颁标准的 III～IV 储层，其对应关系详见表 4.5、表 4.6。

表 4.5　柴北缘储层综合评价划分数据表

储层划分级别	埋深/m	物性		沉积相带	碳酸盐胶结物含量/%
		孔隙度/%	渗透率/$\times 10^{-3} \mu m^2$		
"有利" 储层 I 类	<4000	>15	>50	河流、三角洲、滨湖等	<10
"较有利" 储层 II 类	<4000	$10\sim15$	$0.1\sim50$	非深湖、较深湖相	$10\sim15$
"较差" 储层 III 类	>4000	<10	<0.1		>15

表 4.6　部颁标准物性分级

划分级别	I 类	II 类	III 类	IV 类	V 类
孔隙度/%	>30	25～30	15～25	10～15	<10
渗透率/×$10^{-3}\mu m^2$	>2000	500～2000	50～500	10～50	<10

从层位上看，N_2^1 储层埋深浅，物性较好，广泛分布，以南八仙-鸭湖地区三角洲沉积储层质量最好；N_1 储层埋深较浅，物性较好，广泛分布，以南八仙三角洲沉积储层质量最好；E_3^2 储层主要分布于马海地区、冷湖四号地区以及柴东北部山前带，其中马海地区质量最好；E_3^1 储层主要分布于冷湖地区、马海地区；E_{1+2} 较有利储层主要分布于冷湖地区、红山断陷及周边地区，无有利储层；K 储层物性较好，多为中孔中渗型储层，主要分布于红山断陷、柴东旺尕秀地区；J_3 储层主要分布于鱼卡地区、柴东地区，除鱼卡地区外埋深均较大，物性较差；J_{1+2} 储层主要分布于冷湖地区、鱼卡地区以及柴东地区，埋深较大，以低孔低渗为主。

在平面上，根据上述四个条件预测了各个层位有利储层发育展布情况，具有以下几个特点。

（1）古近系、新近系储层以马海-南八仙地区的大型三角洲沉积的储层砂体质量最好，其余地区由于普遍埋深不大，储层质量也不差。南八仙地区发育大型三角洲沉积，砂体分选好，磨圆好，且杂基含量相对较少，物性较好；马海地区发育河流相砂体，自身分选好、磨圆好，利于原生粒间孔发育，且具有古构造背景，压实作用较小，其埋深相对较大的层位 E_3 也具有很好的物性，可达高孔高渗，为全盆地最好的储层。

（2）白垩系储层除了靠近山前物源区的粗碎屑岩质量相对较差外，普遍以分选较好、磨圆较好、物性较好的河流相沉积的砂体为主，储层质量普遍较好，多数达中孔中渗。

（3）侏罗系储层大多埋深较大，储层质量一般，但冷湖地区中下侏罗统由于烃类的早期占位使得岩石具有一定抗压实作用，从而使得部分原生粒间孔得以保存，且从区内部分井的岩石显微照片中发现研究区还发育较多的长石溶孔，这对储层的物性具有进一步改善的作用，另外德令哈地区的中侏罗统六段也发育三角洲沉积，物性相对较好；上侏罗统的较好储层主要发育于鱼卡地区，部分可达中孔中渗。

（4）石炭系储层以碳酸盐岩储层为主，其间也发育海陆交互相的碎屑岩，普遍具有"特低孔特低渗"的特征。

第三节　柴西地区储层特征

柴西地区古近系、新近系储层类型丰富，从岩性上来看，可以分为碎屑岩和碳酸盐岩储层两大类，前者主要是指古近系、新近系湖盆沉积的各类砂体，包括与河流相（曲流河和辫状河）、冲积扇相、扇三洲相、三角洲相、滨浅湖亚相以及湖底扇相沉积有关的各类砂体，在不同的地区各种砂体的发育程度不同，砂体的发育程度主要受阿尔金斜坡、昆仑山、祁连山三大物源区水系控制。在阿尔金斜坡带，砂体相对不发育，以扇三角洲相和湖底扇相砂体为主，在西部的跃进至东柴山一带，扇三角洲、三角洲及滨浅湖相亚砂体较为发育，阿尔金山山前牛鼻子梁以东地区则发育三角洲及滨浅湖亚相砂体。在油泉子、南翼山一带广泛发育滩坝浅湖亚相砂体。

碳酸盐岩储层主要是指滨浅湖相沉积的生物碎屑灰岩、泥灰岩、泥云岩和半深湖相的泥灰岩。这类储层分布面积有限，主要分布在西部狮子沟构造到油泉子、南翼山地区，在跃进地区也有局部的分布。

一、储层岩石学特征

碎屑岩储层分布最广，主要分布于 E_3^1、N_1、N_2 层位，岩性为粉砂-细、中砂岩为主。碎屑岩储层的成分成熟度较低，储层碎屑组分中的石英含量一般为 15%～42%，平均 27%～39%；长石含量为 10%～39%，平均 12%～30%；岩屑含量为 30%～70%，平均 40%～57%，主要为长石岩屑砂岩，少量岩屑砂岩。纵向上，下干柴沟组（E_3^1）储层的成分成熟度略高于上干柴沟组-下油砂山组（N_1、N_2^1）储层，而长石含量低于后者。

平面上，七个泉和狮北地区储层的成分成熟度最低，岩屑含量高达 55%～77%，其他地区总体差异不大，这与七个泉地区近物源沉积有关。储层的分选多数为中至差，相对而言，E_3^1 砂岩储层的分选好于 N_1^2 和 N_2^1 储层。碎屑颗粒的磨圆度较差，以棱角和次棱状为主，总体上反映碎屑物搬运距离相对较短。储层的泥质杂基含量一般小于3.5%，部分细粒级储层（细粉砂岩-粉砂岩）常分布 5% 左右的泥杂基；另外，冲积扇和近岸水下扇等快速沉积的储层的杂基含量往往较高、分选较差至极差，其泥质杂基含量可大于 8.0%。除了泥质杂基外，盐湖沉积环境导致储层中的灰泥杂基较发育。

碳酸盐岩以泥灰岩和碎屑灰岩为主，局部出现白云质灰岩和灰质白云岩，其中泥灰岩中泥质含量在 25%～50% 之间，灰质成分含量 50%～75%，多呈泥晶结构，也见斑状亮晶出现。碎屑灰岩主要有生物碎屑灰岩、鲕粒灰岩、藻粒灰岩、球粒灰岩、叠层石灰岩。

二、成 岩 作 用

砂岩储层的埋深约为 1000～4000m，粒间接触关系呈点-线接触至线接触，成岩压实强度为中等至强。N_1～N_2^1 储层的埋藏深度一般小于 3000m，储层的碎屑颗粒之间一般呈点-线接触，压实量小于 13%，平面上的变化较小，且主要受深度的控制；E_3^1 储层的埋藏深度多大于 3000m，储层的碎屑颗粒之粒间一般呈点-线接触和线接触，压实量为 11%～30%。平面上的压实量变化较大且较复杂，它的大小不完全受深度控制。

碳酸盐胶结物类型较多，主要有方解石、含铁方解石、白云石、铁白云石。碳酸盐的含量在纵向上和平面上的变化较大，随着盐湖水介质盐度的变化，其含量表现出有规律的变化（表 4.7），从表中可以看出在沉积水体盐度较大的下干柴沟组地层中碳酸盐和硬石膏的含量明显大于其他层位，并且滨浅湖相带在跃进地区沉积砂体中两类自生矿物的含量明显大于干柴沟构造的扇三角洲相沉积砂体。

表 4.7　柴西地区古近系、新近系碎屑岩储层各构造填隙物含量统计表

构造位置	剖面或井	层位	杂基/%	主要胶结物/%				
				硅　质	石　膏	硬石膏	碳酸盐	黄铁矿
干柴沟	柴 4 井	$E_3^2 \sim N_2^1$	1～40	65～85	/		5～25	/
	柴深 3 井	E_3^2	2～15	50～70	<1～3	/	4～15	<1～3
	柴北沟	$E_3 \sim N_2^2$	<1	20～70			8～30	
	西岔沟	$E_3 \sim N_2^2$	2～10	50～70			6～45	
油砂山	油砂山	N_2^1	1～80	<1～20			20～80	<1～10
跃进一号	跃 45 井	E_3^2	1～30	<1～10		10～80	10～80	
	跃 50 井	E_3^2	<1～10	/			90～100	
跃进二号	跃 264 井	E_3^2	5～20	/		5～80	5～90	<1～3

　　溶解作用形式多样，既有长石、岩屑等不稳定碎屑颗粒被部分溶蚀形成次生微孔、微缝，或被全部溶蚀形成超粒孔，更为普遍的是早期和中期碳酸盐胶结物的溶解作用，形成大量的胶结物内孔隙、粒间次生溶孔或超粒孔。这一时期形成的大量的次生孔隙对储层物性的好坏起到决定性作用。

三、储层物性特征及储层评价

　　柴西主要地区各层位油气储集体类型的分布特征见图 4.21。下干柴沟组下段在跃进-尕斯地区为砂质岩孔隙性储层，大风山-小梁山等地区为砂质岩致密储层，狮子沟-花土沟和油泉子-南翼山等地区主要为构造裂缝性储集体；下干柴沟组上段在跃进-尕斯地区为砂质岩孔隙性储层、碳酸盐岩构造缝-溶孔溶洞性储集体和藻灰岩岩溶孔性储层，其他地区与下干柴沟组下段相似；上干柴沟组在跃进-尕斯地区主要为砂质岩孔隙性储层。狮子沟-花土沟地区除了砂质岩孔隙性储层外，还有少量藻灰岩岩溶孔性储层。英雄岭凹陷以东（东北）广大地区主要为构造裂缝性含气储集体，大风山-小梁山-碱山地区有薄层（含泥、含灰）粉砂质储层；油砂山组在英雄岭凹陷以西（西南）地区为砂质岩孔隙性储层，以东（东北）地区主要为微缝-溶孔性储层（构造轴部有构造裂缝），其次为薄层-极薄层粉砂质岩和少量薄层-极薄层藻灰岩孔隙性储层。

（一）碎屑岩储层

　　柴西地区下干柴沟组下段（E_3^1）储层物性变化较大，相对优质储层（$\varphi > 10\%$，$K > 1.0 \times 10^{-3} \mu m^2$）主要分布于柴西南区（图 4.22），主要受以下几个因素影响：①近源陡坡型储层结构差，远源缓坡型储层结构较好；②膏盐胶结作用占据大量粒间孔隙，砂岩胶结作用呈现出由膏盐湖中心向周围减弱趋势；③E_3^1 顶界埋深变化大，最浅几百米，最大埋深超过 11500m，浅埋藏储层主要分布在柴西南区。

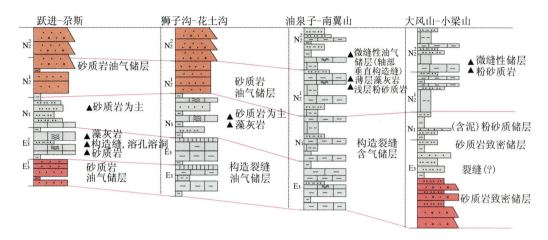

图 4.21 柴西主要地区各层位油气储集体类型的分布特征

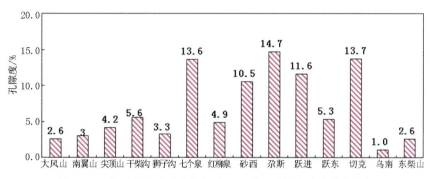

图 4.22 柴西地区下干柴沟组下段（E_3^1）储层孔隙度分布特征

下油砂山组储层特征（N_2^1）相对优质储层（$\varphi > 10\%$，$K > 1.0 \times 10^{-3} \mu m^2$）主要分布于柴西南以及裂缝-溶蚀型储层发育区（图 4.23），主要受以下几个因素影响：①砂岩胶结作用呈现带状分布，集中在七个泉-砂西-跃进-乌南-乌东（图 4.24）；②柴西 N_2^1 顶界埋深较浅，最大埋深大约 5000m，一般小于 4000m，柴西南一般小于 2000m。

（二）碳酸盐岩储层

碳酸盐岩储层是柴西地区一种重要储集岩类型，广泛发育于各个层位，E_3^2、N_1、N_2^1、N_2^2 均发育滨浅湖相碳酸盐岩储层，岩性以灰（云）岩为主，包括藻灰岩、颗粒灰岩、（含泥、粉砂）泥晶灰岩三种类型，其中藻灰岩是一套优质溶孔性储层（图 4.25），藻灰岩有四种发育模式：缓坡型、断隆型、古隆型、坡折型。

碳酸盐岩储集体广泛分布于英雄岭凹陷以东（东北）地区，从油气勘探目标而言，主要分布于干柴沟-咸水泉-油泉子-开特米里克地区一带和小梁山-南翼山-大风山-碱山地区一带的古近系和新近系，其次为英雄岭凹陷以西（西南）的干柴沟组（主要为 $E_3^2 \sim$

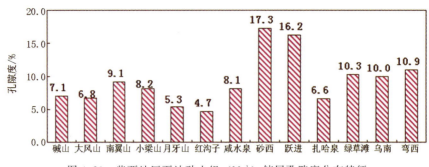

图 4.23 柴西地区下油砂山组（N_2^1）储层孔隙度分布特征

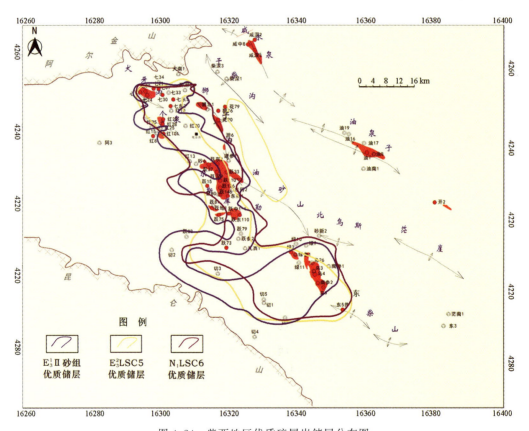

图 4.24 柴西地区优质碎屑岩储层分布图

N_1），其储集空间类型有构造裂缝性、孔隙性和微缝-溶孔溶缝性。构造裂缝性储集体主要分布于古近系，如狮子沟、砂西、尕斯北部（跃灰 1、跃灰 2 井等）、南翼山、油泉子等地区。新近系的构造裂缝性储集体主要分布于背斜构造的轴部，如南翼山、油泉子、开特米里克等地区；碳酸盐岩孔隙性储层目前主要见于跃进和砂西 E_3^2、狮子沟 E_3^1、花土沟 N_1 以及南翼山 $N_2^1 \sim N_2^2$；微缝-溶缝溶孔性储层主要分布于英雄岭凹陷以东

（东北）地区的新近系，其次为砂西地区 E_3^2。

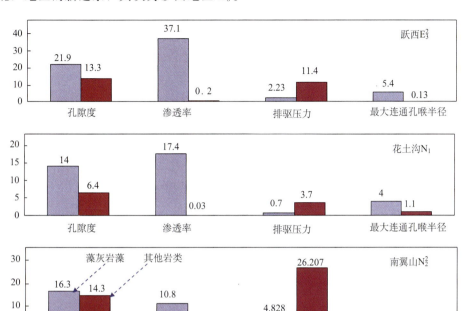

单位：孔隙度，%；渗透率，$\times 10^{-3}\mu m^2$；排驱压力，mPa；孔喉半径，μm

图 4.25　藻灰岩与其他岩类物性对比特征

第四节　储盖组合特征

一、柴北缘地区储盖组合特征

（一）古近系、新近系储盖组合

从钻井岩性剖面分析，冷湖-南八仙构造带盖层岩性主要为泥质岩类。油气层、油气显示以及各主要油气田平面上集中分布于冷湖、南八仙-马海构造带（图 4.26）。在鄂博梁-葫芦山和赛什腾-潜伏构造仅见到油气显示，纵向上油气层主要分布在古近系、新近系路乐河组下部、下干柴沟组下段、上干柴沟组、下油砂山组、上油砂山组，由此可以确定古近系、新近系各层的泥质岩均可构成油气藏的局部盖层或直接盖层。如南八仙地区，发育有上、下干柴沟组和上、下油砂山组区域盖层，而冷湖地区油砂山组地层基本上被剥蚀，主要盖层是上、下干柴沟组。

从泥岩盖层厚度分布来看，上干柴沟组（N_1）期，鄂博梁、葫芦山、冷湖五号属滨浅湖沉积区，泥岩厚度在 800m 以上，鄂 3 井泥岩厚达 805m，泥地比 79.3%，鸭湖-南八仙泥岩厚度大于 450m，单层厚度大于 60m，泥地比大于 50%，盖层封闭能力强；冷湖三号 N_1 地层基本缺失，冷湖四号地表见到油苗，说明冷湖三、四号 N_1 盖层封闭能力弱；冷湖七号以北至山前岩性变粗，物性封闭变差。上、下油砂山组期（N_2^1、N_2^2），泥岩累计厚度大部分地区大于 700m，盖层封闭能力强，冷湖四、五号鄂博梁Ⅰ号缺失上油砂山组，加之上油砂山组以粉砂岩夹砂质泥岩为主，盖层封闭性差。大面积油气显示说明，在盖层存在且质量好的情况下，只要物性好，就有油气藏，如南八仙油藏，南八仙上油砂山组储层孔隙度为 20%～25%，盖层封闭性孔隙度小于 10%，盖层渗透率小于 $0.01×10^{-3}μm^2$。储盖层物性差值大，而储层物性好，加上油源断层作用，有利于油气的聚集。鄂博梁Ⅰ号-鸭湖地区上、下油砂山组泥岩厚度均在 500m 以上，泥地比大于 50%，是有利盖层分布区；冷湖七号在上、下油砂山组泥质岩相当发育，均见到气测显示，且在 N_2^2 试油获 2000m^3 气，说明冷湖七号泥岩具有较好的封闭能力。南八仙上、下油砂山组泥岩厚度大于 300m，最厚 700m，泥地比均大于 50%，泥岩单层厚度一般 24～30m，油气藏几乎均富集于 N_2^1 地层中，N_2^2 除仙 3 成藏外，其他未见显示，说明了 N_2^1 盖层封闭性好，也说明了 N_2^2 上覆间接盖层的封闭性。

　　总体上看，柴北缘地区古近系和新近系滨浅湖相泥岩相当发育，具有厚度大、区域上分布稳定的特点，无疑会对油气的保存起重要的作用，可形成多套储盖组合。从油气显示的富集程度分析，并考虑到柴北缘地区经历了多期构造运动的改造，特别是浅部发育下干柴沟组上段（E_3^2）软地层的区域性滑脱而对盖层的破坏作用，可以认为，上干柴沟组（N_1）与下干柴沟组上段（E_3^2）泥岩一起构成其下伏油气藏的区域性盖层。以此为界，形成上下两个含油气系统，其下以原生油气藏为主，其上则以次生油气藏为主。浅部 N_2^1、N_2^2 油气藏是油源通过断层运移上去聚集而成。从冷湖六、七号盖层非常

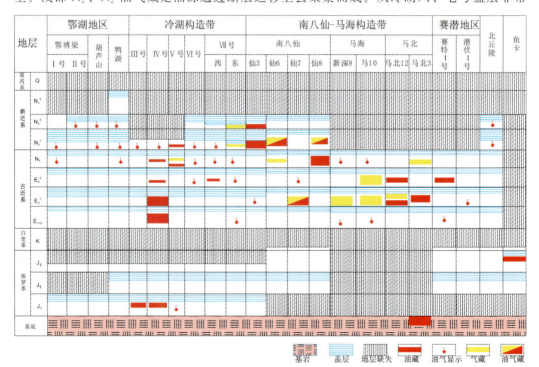

图 4.26　冷湖-南八仙构造带储盖组合与油气藏关系图

发育可以看出，岩性组合特征多为砂泥互层，上部地层 N_2^1、N_1 湖相的滩砂滩坝砂与湖相泥岩形成良好的储盖组合，E_3 为河流泛滥平原相，下部是河道砂，上部是棕红色泛滥平原泥岩，且厚度大，可以作为良好的盖层。从冷七 2 井的钻探结果来看，尤其是 4200～4490m 和 4740～5000m 井段的盖层最为优良，其突破压力可以达到 5～10MPa。

（二）侏罗系储盖组合

侏罗系尤其是中下侏罗统本身发育湖相泥岩，既为生油岩，又可以作为盖层，最大单层厚度可达数十米。通过柴北缘冷湖地区含油段各井岩性统计可以得出，研究区含油井段的盖层均发育较好，泥地比多数在 50% 以上，其中冷科 1 井侏罗系 3473～3869.5m 井段厚 396.5m，其中泥质岩类厚 347m，泥地比可达 87.5%。因此，盖层的发育是油气藏形成的重要条件。

通过野外地质考察，实测了柴东地区所有中下侏罗统剖面的砂泥岩发育情况，认为柴东地区盖层较为发育，且分布较广，特别是越靠近拗陷沉积中心，泥岩盖层越发育。通过大煤沟剖面砂地比统计可以看出，泥岩累计厚度为 662.4m，泥地比近 60%，然而靠近物源区的山前带则以发育砂砾岩为主，如秋吉三通沟剖面、柏树山剖面等。通过岩性综合柱状图可以看出，德令哈地区中下侏罗统发育多套湖相泥岩，其间也发育相对较好的储层，因此可形成良好的储盖组合。

（三）石炭系储盖组合

碳酸盐岩储层具有"特低孔特低渗"的特征，通过与塔里木等临区古生界碳酸盐岩对比认为，柴东石炭系具有一定的储集能力和勘探潜力。石炭系储层以碎屑岩储层物性最好，碎屑岩储层中以潮坪亚相砂体物性最好，因此，有利储层主要分布在下石炭统阿木尼克组、下石炭统穿山沟组中下部的砂砾岩段、下石炭统怀头他拉组下部的砂砾岩段以及上石炭统克鲁克组第三段。

野外地质考察得知石炭系石灰沟剖面和城墙沟剖面累计厚度为 2217m，其中泥质岩类累计厚度为 455.56m，泥地比为 20.5%，主要为一些沼泽泥页岩和潮坪泥页岩，单层厚度最大可达 25.6m，一般为十多米，可以形成较好的局部盖层；另外，石炭系广泛发育的致密灰岩亦可作为自身盖层，且厚度大，为良好的区域性盖层，这些致密灰岩在扫描电镜下也无法见到裂隙和孔隙，因此石炭系可以形成良好的储盖组合。

二、柴西地区储盖组合特征

柴西地区古近系、新近系储集岩较为发育，泥岩盖层也较为发育，可以形成多套良好的储盖组合（图 4.27）。

通过统计柴西地区各井泥岩累计厚度发现，E_3^2 和 N_1 泥岩厚度非常发育，可形成良好区域盖层。泥岩累计厚度在千米以上的井包括狮 20、狮 23、狮 25 的 E_3^2，泥岩累计厚度在 500m 以上千米以下的井包括红 30 的 E_3^2、七东 1 的 E_3^2、七 33 的 E_3^2、跃 19 的 E_3^2、扎西 1 的 E_3^2、乌 11 的 E_3^2、N_1、乌 26 的 E_3^2、乌 8 的 N_1、绿参 1 的 E_3^2、切 6 的 E_3^2、南 10 的

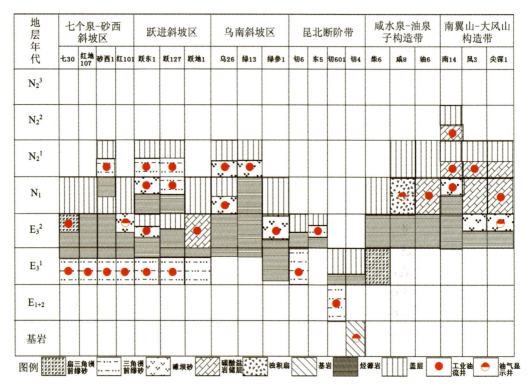

图 4.27 柴西生储盖组合示意图

E_3^2、油南 1 的 N_1、咸 7 的 E_3^2、开 2 的 N_1、犬南 1 的 E_3^2。

源储盖配置较好的地区集中在柴西的几大斜坡区和柴西北局部地区，如大风山、油泉子等地区，并且呈继承性发育。

第五章 柴达木盆地关键成藏期构造发育演化特征

第一节 柴西地区油气成藏关键期构造特征

柴西地区晚喜马拉雅运动之前发育的古隆起及古构造上都发现了重要的油气聚集。柴西地区的跃进一号油田、狮子沟油田、七个泉油田、跃进二号油田等都是在上干柴沟组沉积末期发育的背斜构造或断背斜构造。

而单一在喜马拉雅晚期新近形成的构造圈闭，油气富集程度都不太高。柴西地区的油泉子油田、咸水泉油田、尖顶山油田、红沟子油田、开特米里克油田和乌南油田等油气富集程度明显低于发育古构造的油气田。

晚喜马拉雅运动之前发育古隆起构造，不但使得这些构造上的圈闭可以接受 N_2^1 末期的油气充注，而且可以在 $N_2^2 \sim Q$ 运动中继续接受第二次油气充注，同时可以在深部古构造之上的浅部圈闭中发生第一次油气充注。这样，就在晚喜马拉雅运动之前发育古隆起的地区会出现三种不同的油气充注，结果自然会捕集到相对比较多的油气，从而形成大油气田。总之，对柴西地区来讲，N_2^1 及 $N_2^2 \sim Q$ 为油气成藏关键期，尤其以 N_2^1 已形成的生烃凹陷附近的古构造最为有利。

一、柴西地区宏观构造格局

柴西地区位于昆仑山与阿尔金山两大构造带所夹持的部位（图 5.1），晚喜马拉雅运动阶段，两大构造带的强烈活动导致柴西地区产生了复杂的构造变形。柴达木盆地柴西地区最显著的构造为英雄岭构造带，它本是古近系、新近系沉积相对较厚的盆地沉积或沉降中心地带，但在后期的构造变形中隆起成山，为柴西地区最明显的反转构造。在英雄岭构造带的北侧，分布有密集成带多条长轴背斜带，如小梁山、南翼山、大风山、油墩子等。英雄岭的南侧为第四纪湖沼沉积环境。再向南为昆北构造带或断阶带。可见柴西地区构造变形具有较大的差异性，尤其是反转构造较为发育。柴西地区是柴达木盆地的主要产油区，古近系、新近系生储盖条件良好，形成了较大规模的油气富集。但目前的勘探表明，油气并不是富集在出露于地表的大型构造带内，而主要富集在隐蔽性构造圈闭与岩性圈闭中。这些圈闭在晚喜马拉雅阶段并没有较大的变形，早喜马拉雅阶段为其主要发育阶段，如跃进一号、跃进二号构造等，跃进一号构造为晚喜马拉雅期同沉积披覆背斜圈闭；跃进二号为断块构造，早喜马拉雅期即已形成，后期继续发育。可以看出这类富集性油藏的圈闭具有继承发育的特点，这也是它们油气充满度高的原因。最近在昆北断阶带发现的切六构造也具有该特点。而在昆北断阶西段发现的油气则是聚集在反转构造中，即早期为构造高，后期经基底反转后，构造圈闭处于相对低的部位。

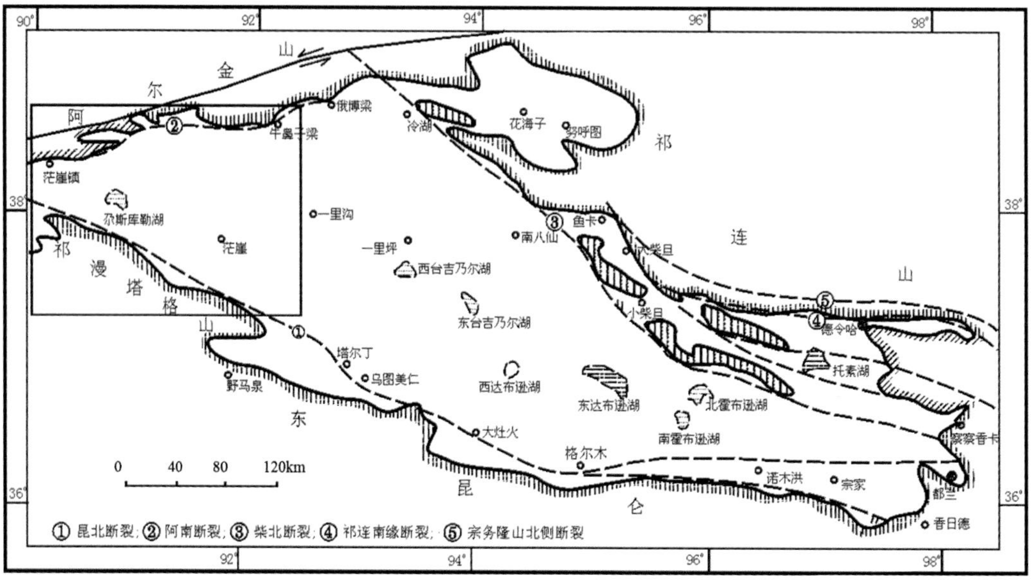

图 5.1　柴西地区位置图

　　因此，研究反转构造可在现在盆地的低部位落实早喜马拉雅期大规模成藏期间有利的古构造高点，为隐蔽油气藏勘探提供指导。

　　柴西地区断裂与褶皱都比较发育（图 5.2）。纵观断裂特征，总体表现为高角度断层为主（图 5.3）。断裂走向多为 NW 向与 NWW 向，柴达木盆地西部地区盆地的发育与发展主要受断裂构造控制，古近纪边界构造和高角度基底断裂的活动共同造就了古近系、新近系盆地的初始轮廓和基底形态。随着周边构造活动性的阶段性差异，盆地的形态和基底起伏也发生了变化，由古近纪的断陷转变为新近纪的拗陷。

　　晚喜马拉雅运动导致柴西地区构造格局的大转换。根据英雄岭构造带和东柴山-（老）茫崖拗陷的露头和剖面结构，柴西地区某些构造单元在晚喜马拉雅阶段前后经历了快速拗陷沉降和后期快速隆升的构造作用。如英雄岭及其周边发育多个 N_2^2 拗陷，东柴山-老茫崖地区也是这样。上新统 N_2^2、N_2^3 生长层序说明该区基底沉降迅速，但现今又处于隆升状态。在晚喜马拉雅运动强烈的构造作用的地区，后期构造规模大，断裂大多表现为压扭性，褶皱与断裂相伴生，而古近纪构造形迹的识别则很困难。

　　中构造层断裂的广泛发育反映了早喜马拉雅阶段构造背景与晚喜马拉雅期具有较大的差异性，晚喜马拉雅运动阶段盆地主要为走滑挤压性质，以大规模的基底拗陷和隆起为特征。但是，观察到未变形的岩心仍有伸展细微构造的存在。

　　这种断陷格局在英雄岭南侧的柴西南地区得到了比较好的保存，在近 EW 向断裂与近 SN 向断裂共同作用下，分布有多个次级凹陷和凸起，其中近 SN 向构造发育挤压型背斜构造，而近 EW 向的挤压背斜并不发育，说明在古近纪可能存在近 SN 向的伸展作用（图 5.4）。

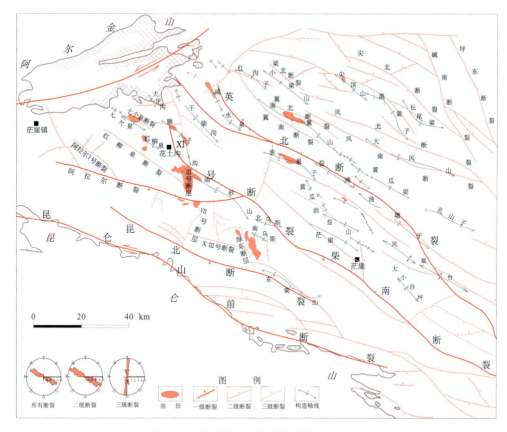

图 5.2　柴西地区构造纲要图及油气分布

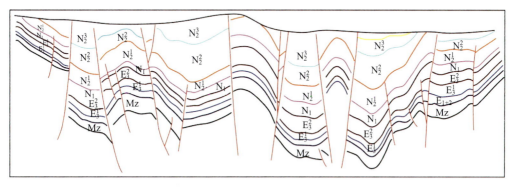

图 5.3　柴达木盆地西部构造横剖面图

二、古近纪柴西地区盆地性质分析

柴达木盆地西部地区盆地的发育与发展主要受断裂构造控制，古近纪边界构造和高

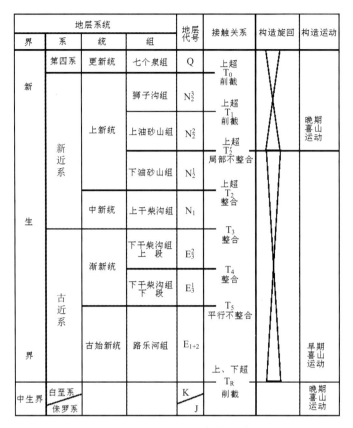

图 5.4　柴西地区沉积与构造旋回

角度基底断裂的活动共同造就了古近系、新近系盆地的初始轮廓和基底形态。随着周边构造活动性的阶段性差异，盆地的形态和基底起伏也发生了变化，由古近纪的断陷转变为新近纪的拗陷。

柴西地区的古近纪断陷湖盆是理想的成油盆地，这种受基底深大断裂控制的构造咸水湖盆不但发育有大量浮游生物，而且由于咸水湖盆中盐跃层的存在，造成底水长期缺氧而有利于有机质的埋藏和保存。断陷盐湖是该区生烃凹陷具有分割特征的决定因素。高角度基底断裂作为沟通地壳多层系的通道，不但向沉积盆地内输送了大量的矿物质和多种微量元素，还为盆地提供了热流。因此，对油气生成特别有利。

柴西地区的主要断层，在古近系沉积开始就产生了，在沉积过程中，边沉积边活动，成为同生断层。同生断层对断层两盘沉积起着明显的控制作用，可使沉积厚度相差几倍到十几倍。如红柳泉、阿拉尔、XIII、昆北等大型断层，控制了阿拉尔、切克里克凹陷的沉积，两盘地层厚度相差 2～9 倍。

作为控制柴西地区深水断陷湖盆形成的边界断裂，其性质还存有争论，一种说法是同沉积逆断层，但本书认为，同沉积逆断层有存在的可能，但不是主要的，对断陷沉积起控制作用的是同沉积走滑断层，以张性为主，即高角度张扭性断层。

柴西地区古近系至第四系内发育多个不整合面，对柴西地区来说影响较大的不整合面有两个，一个是 T_2'，另一个是 T_0。说明该区后期经历了多次构造变动，这些构造变动的结果较为清楚，既周边造山带的抬升和向盆地方向的推进，同时造成盆地内沉积地层的收缩变形和沉积中心的迁移。现在盆内的多数断裂经过了性质反转，由张性转为压性，断层的倾向也相应经历了反转。断层性质经过这样的反转过程，其伴生的断层相关褶皱才得以成型。大概从 N_2^1 末开始柴西地区大部经过了构造的反转过程，证据是 N_2^1 与 N_2^2 之间具有不整合接触关系。柴西地区由断陷转变为拗陷的时间可能从 E_3^2 开始，这可从断层分布的层位以及生长地层特征加以推断（图 5.5）（王亚东等，2009）。

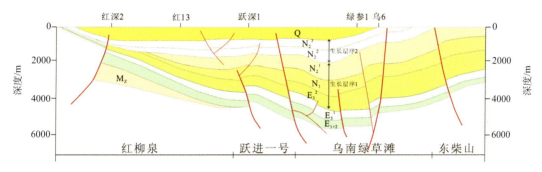

图 5.5　1050-1019 线生长层序划分

因此，目前盆地内的高角度断裂在构造反转前，大多是高角度的同沉积张扭断层，这类断层的活动导致了断陷湖盆的发展。显然，现在断层的产状是构造变动、断陷收缩后的结果（图 5.6），如Ⅺ号、阿拉尔断层、Ⅲ号及Ⅶ号断层等。如果在断陷发展阶段，它们是同沉积逆断层，即假设断层倾向没有变化，那么经过了构造反转，断层相关褶皱之后，断层还具有这么高的倾角，这是不太可能的。

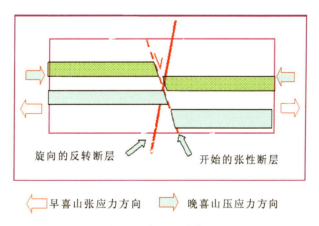

图 5.6　断裂反转模型

由昆北断裂的剖面结构可以看出，即使在晚喜马拉雅运动大规模的挤压作用下以及东昆仑山的造山作用中，昆北断裂的断面依然较陡，并且不发育逆冲断裂相伴生的背斜和断背斜构造，一是说明昆北断裂可能具有一定的走滑性质，同时也揭示出该断裂的断面倾向可能发生了反转。与甘森凹陷相邻的盆地南界断裂就是倾向盆地的正断层剖面形态（图 5.7），而在该处东昆仑山对盆地的挤压作用并不明显。

图 5.7　柴达木盆地南缘高角度正断层（246 大剖面）

如以柴西南近 EW 向断裂为例，则早喜马拉雅运动阶段有断裂南侧的生长地层厚度小于北侧，同时晚喜马拉雅运动阶段的盆地构造变形则有浅层褶皱强度大于深部的特点，这与柴西地区广泛出露的背斜构造的特点相近。

由断层两侧沉积厚度比较看（表 5.1），在古近纪Ⅶ号断层的活动性最强，代表断陷的发育、发展，中新世和上新世早期，该断层两侧厚度差别减小，代表断层活动性变弱，而到了上新世中晚期，断层两侧厚度差别又增大，表明断层活动性又增强。由断层上盘的厚度变化看出，N_2^2、N_2^3 具有顶薄翼厚的特点，表明断层在后期具有同生逆断层的性质。阿拉尔断层具有类似的特征。

表 5.1　Ⅶ号断裂上下盘厚度比较表

内容 ＼ 层位	$E_{1+2}+E_1^3$	E_2^3	N_1	N_1^2	N_2^2	N_3^2+Q
下　盘	730	850	530	540	280	1200
上　盘	300	270	440	420	140	710
生长指数	2.4	3.1	1.2	1.3	2.0	1.7

讨论早期基底断裂性质的意义，一方面是认识早期构造湖盆的具体特征，另一方面是分析油气圈闭构造形成的阶段和机理。

在某些地区高角度的张扭性断块控制的滨岸带是藻类生物活动的场所，进而形成生物碳酸盐岩，一般这些地区是远离陆源输入，属于相对静水、水清的环境。油气勘探已钻井发育碳酸盐岩的地区有狮子沟（E_1^3）、跃西、砂西、南翼山（E_2^3）、油泉子（$E_2^3 \sim N_2$）、咸水泉、尖顶山、开特米里克（$N_1 \sim N_1^2$）、南翼山、大风山（N_2）等。以上这些点基本是由岩心和测井资料确定，对大部分没有钻井的地区，还有待于研究和预测。

高角度的边界张扭性断层使柴西地区的断陷湖盆具有发育重力流的可能，进积三角洲在断陷湖盆的陡岸堆积后，会经常由于滑塌而产生重力流，形成浊流沉积。要是发育等深流，就可以使重力流重新分选，形成新的沉积。总之，这种深水沉积作用有助于在靠近源岩处形成好的油气储集体。但目前在柴西地区还没发现这样的圈闭类型。最有可能发育这类特殊圈闭的地区是英雄断陷、咸南断陷和油南断陷。红狮断陷离物源近，以粗粒碎屑物充填为主，虽然也有重力流发育的可能，但也可能是近源扇三角洲的滑塌造成，沉积物成熟度低、分选差、砂质成分少。如红狮断陷湖底扇相主要分布在七个泉-狮子沟-干柴沟地区，其形成主要受古构造和古地形所控制。其岩性主要为细砾岩、含砾粗砂岩等，内部具递变层理。湖底扇相发育在湖盆陡岸前缘的深湖相背景中，其最显著的特点是粗粒湖底扇相砂砾岩夹于深湖-半深湖相暗色泥岩中。

柴西地区的主要断层，在古近系沉积开始就产生了，在沉积过程中，边沉积边活动，成为同生断层。同生断层对断层两盘沉积起着明显的控制作用，可使沉积厚度相差几倍到十几倍。如红柳泉、阿拉尔、XIII、昆北等大型断层，控制了阿拉尔、切克里克凹陷的沉积，两盘地层厚度相差 2～9 倍。作为控制柴西地区深水断陷湖盆形成的边界断裂，其性质还存有争论，一种说法是同沉积逆断层。作者分析认为对断陷沉积起控制作用的是同沉积走滑断层，以张性为主，即可能高角度张扭性断层与压扭性断层并存，只不过空间上有一定的转换或过渡。

多条 NWW 向大型基底断裂在中构造层发育期间为高角度的走滑断层基于以下几个因素。一是，柴西地区中构造层的下部地层层序为一正旋回序列，反映了自古近纪初至中新世，沉积物源是由近至远的，反映了拉伸扩张性的盆地演化特点，而不是呈挤压收缩性。二是，地震剖面显示中构造层内断层发育，并且有的仍为正断层。压性盆地以褶皱为主，断层多为滑脱性逆断层，而张性盆地以断裂为主。中构造断裂的广泛发育反映了早喜马拉雅阶段构造背景与晚喜马拉雅期具有较大的差异性，晚喜马拉雅运动阶段盆地主要为走滑挤压性质，以大规模的基底拗陷和隆起为特征。三是，观察到为变形的岩心仍有伸展细微构造的存在（图 5.8），照片清楚显示了断陷构造格局。

从图 5.8 可以看出，在后期强烈的挤压作用下，早期的伸展构造形迹在某些地区还是得到了保存。这可能与挤压作用力在纵向上分布不均有一定关系。这类下方构造形迹保存较好，上部具有顺层滑脱断层的现象，说明柴西地区主要的边界断裂如昆北、阿拉尔等断裂上部的构造变形或应变量可能要大于下部，也就是说浅层的构造变形幅度要大于深层。而这与柴西地区，尤其是柴西北地区，包括英雄岭地区的构造变形样式基本一致。这些地区的大多数构造，如南翼山、尖顶山、小梁山等，地面构造轮廓清楚、变形幅度大，而到了深部，即在中构造层，大型构造的形态基本没有，仅仅为一些较小的圈闭。

另有其他证据显示柴西地区古近纪具有伸展特征。如在柴西南阿尔金山的采石岭处，发现了古近纪的火成岩，推测为拉张构造环境的产物（夏文臣等，1998）。根据对古近系的沉积厚度分布，推测古近纪为伸展构造环境，并分析出古近纪阿尔金断裂带为右行走滑作用，造成了柴达木盆地拉张伸展构造（郑孟林等，2003）。

根据柴西地区 NWW 向断裂与 NNW 向的空间关系、地层厚度分布、隆凹分布格局等，可推断 NWW 向断裂与 NNW 向断裂处于一剪切环境中，其中 NWW 向断裂为

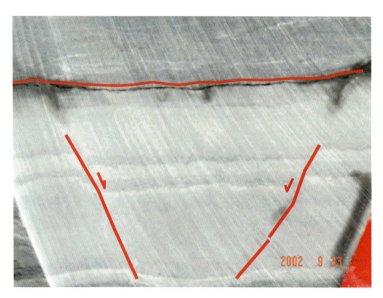

图 5.8 岩心照片（砂西 SXS-1：2907.05～3177.11m，E_3^2）

左行剪切，NNW 向断裂为右行剪切，在 NNW 向与 NWW 向断裂的东南交汇端为拉张构造环境，而在他们相交的西北端则为挤压环境。由此在菱形断块的西北侧为相对挤压区，因而近 SN 向断裂的东侧为局部构造、断块相对发育区，而西侧为凹陷分布区。

可以看出，柴西地区古近纪的拉张伸展作用属于扭张构造，地壳在单一方向的伸展作用并不强，即没有典型的东部拉张盆地的箕状凹陷的发育，凹陷内地层厚度的差异没有箕状盆地那么明显。说明柴西地区盆地的基底沉降作用相对统一，隆凹差异并不很明显。

由于晚喜马拉雅运动强烈的走滑挤压作用，柴西地区已遭受较大构造改造，中构造层的拉张伸展面貌仅仅保留在那些变形相对较弱的区块内，大部分地区，特别靠近断裂带的地块，后期的构造活动更为强烈，大多表现为走滑挤压特点。古近纪的伸展构造发生了大规模的反转。

从褶皱与断裂的特征上可以分析出柴西地区的反转构造作用。柴西地区地面构造面积大，成长轴状。褶皱的长宽比例达 5：1，这些褶皱大多具有浅层闭合度大、深层闭合度小的特点，反映了浅层褶皱变形强度大于深层，即褶皱浅层的收缩量大于深层。控制盆地变形的边界断裂本来就很陡，而在他们的控制范围内，浅层的收缩量又大。因此不难分析出，高角度逆断层如果一直保持这样的产状，即在后期挤压过程中，断层产状不变，整体向盆内挤压，那么盆内构造的变形强度在深浅层应该较为一致。显然这样的假设难以成立。

既然晚喜马拉雅运动盆地经受了强烈的走滑挤压作用，冲断作用应该较为活跃，那么形成盆地褶皱闭合度上大下小的根本原因应是边界高角度断层的产状发生了明显的反转。由于走滑作用较强，可能在主断裂的一侧形成了新的扭动断层，这些断层的发育期与褶皱基本同期。

　　柴西地区古近系至第四系内发育多个不整合面，对柴西地区来说影响较大的不整合面有两个，一是 T_2'，另一个是 T_0。说明该区后期经历了多次构造变动，这些构造变动的结果较为清楚，即周边造山带的抬升和向盆地方向的推进，同时造成盆地内沉积地层的收缩变形和沉积中心的迁移。现在盆内的张性断裂经过了性质反转，由张性转为压性，断层的倾向也相应经历了反转。断层性质经过这样的反转过程，其伴生的断层相关褶皱才得以成型。大概从 N_2^1 末柴西地区大部经过了构造的反转过程（图5.9）。

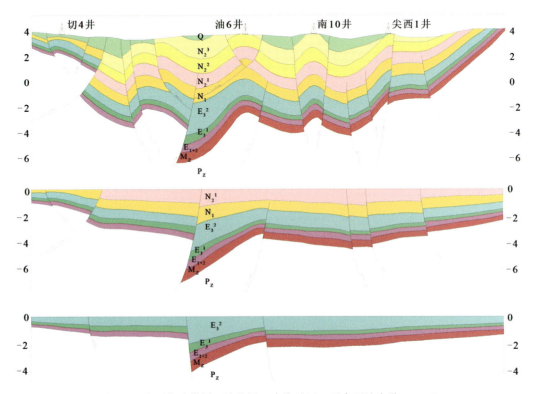

图5.9　柴西构造横剖面演化图（青海油田，西南石油大学，2005）

　　通过对柴西地区，重点是昆北地区的新一轮的地震解释，发现该区发育多处正反转构造，即在古近纪期间为低的负向的构造单元，到了晚喜马拉雅运动阶段反转为高的正向的构造单元（图5.10）。柴西地区的英雄岭构造带反转构造特征最为显著，在古近纪阶段为较大的构造沉降带，在晚喜马拉雅阶段反转成为一山体。在晚喜马拉雅阶段，该构造带的南北两侧具有不同的构造变形特征，说明了柴达木盆地构造变动的复杂性。

　　一系列地震剖面及断裂系统显示，柴达木盆地的构造反转具有走滑断层作用控制的特点，柴西南的昆北断裂、阿拉尔断裂、油北断裂等的构造特征体现了柴西地区走滑反转的特征，主要是变形带窄，断裂两侧基底埋深差异大，局部构造具有花状或半花状特点，并且断裂两侧构造高点为断层所错开（图5.11）。

　　因此，中构造层早期发育阶段在柴西地区可能为远离物源的断陷构造环境。基底高角度断裂的发育为还原相对安静水体提供了屏障，为从地壳深部向湖泊提供热液矿物质

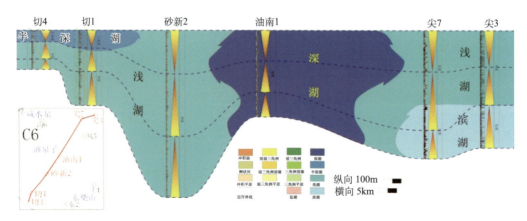

图 5.10　沉积演化剖面揭示古近纪英雄岭地区为沉积中心

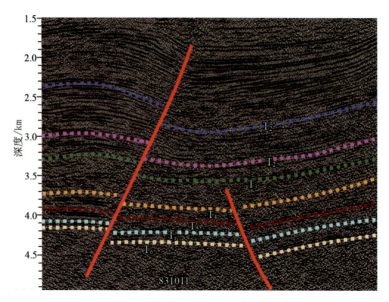

图 5.11　柴西英雄岭东段反转构造解释剖面

提供了通道,有利于优质烃源岩的发育,同时也为咸化湖盆的形成创造了条件。中构造层后期阶段周边山体逐渐隆升,尤其是阿尔金山抬升强度较大,盆地进入拗陷环境,边缘隆升遭受剥蚀,盆内或腹部沉降加大,断裂活动减弱,以基底拗陷沉降为主,这正好有利于烃源岩的成熟生烃。因此柴西中构造层盆地在 N_2^1 末为关键成藏期,该阶段在生烃凹陷周边已形成的构造圈闭均可能聚集石油。

三、中构造层下部多凹分布特征

柴西地区中构造层多凹格局主要受燕山晚期盆地古构造地貌与基底断层的活动。进入古近系、新近系，柴达木盆地的构造活动表现为热沉降作用，盆地沉降与周边路乐河组（E_{1+2}）的沉积充填是一种填平补齐的作用（图 5.12）。

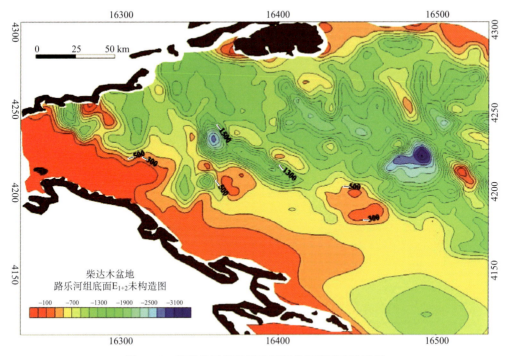

图 5.12　柴西地区路乐河组沉积前基底顶面构造图

　　古近纪（E），由于印度板块的持续北移和陆内俯冲，青藏高原整体处于近南北向的挤压背景，但柴达木盆地西部地区由于受到周围不同性质断裂的联合控制，NWW 向断裂的右行走滑（如Ⅺ号断裂）和 NEE 向断裂（如阿尔金断裂）的左行走滑共同导致了盆地向东逃逸、伸展，古近纪柴西地区构造背景为走滑伸展断陷阶段，亦可称为张扭构造作用阶段（图 5.13）。阿尔金采石岭发现有古近纪花岗岩岩体（图 5.14），该岩体刺穿侏罗系，为中新世地层覆盖，形成于 E_{1+2}～E_3 期间，岩石地球化学、微量元素及稀土分析表明，其形成与地幔柱上隆导致的上地幔部分熔融有关，为岩石圈拉张环境。

　　柴西地区断裂构造发育，古近纪断陷期间主要控凹断裂（Ⅺ号断裂）表现为正断裂，控制了柴西古近系、新近系烃源岩的分布，喜马拉雅中晚期发生强烈的构造反转，现今整体表现为一隆起区。NW 向构造成排成带发育，并且在构造形成期次上具有南早北晚、中间最晚的特点。其构造变形受阿尔金巨型走滑构造体系影响较大，表现出明显的压剪特征。

　　路乐河组—下干柴沟组下段（E_{1+2}～E_3^1）为裂陷前的早期充填阶段沉积，均为一套由粗变细的棕红、棕褐色砂泥岩。下干柴沟组上段（E_3^2）是主要断陷期的沉积，断陷主体位于柴西茫崖凹陷和一里坪凹陷，分别受Ⅺ号、坪东断裂控制，下盘厚度较上盘明显增大，表明沉积时具正断裂性质。

　　受基底断裂活动控制，中构造层下部的 E_{1+2} 与 E_3^1 在厚度上具有不均一分布的特点

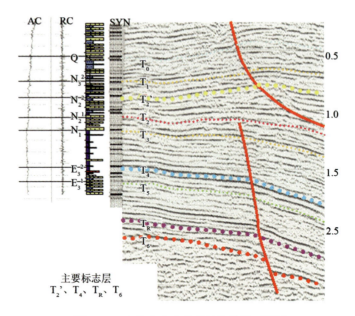

图 5.13 中构造发育早喜马拉雅期正断层

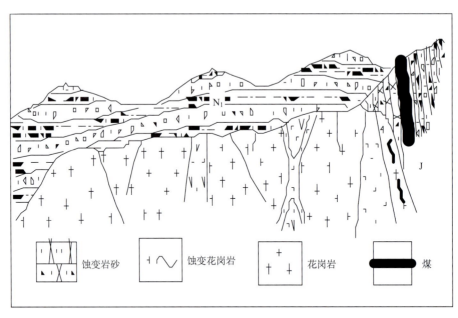

图 5.14 采石岭花岗岩体地质剖面图

（图 5.15，图 5.16）。其中路乐河组 E_{1+2} 分布在宏观上有明显的规律，柴西地区大致在东柴山—鄂博山一线以北，E_{1+2} 分布有多个厚度中心，由西向东分别是红狮凹陷、切克里克凹陷、英雄岭凹陷、油南凹陷、小梁山凹陷、风东凹陷。这些凹陷的主要特点是厚度变化快，尤其是油南凹陷、风东凹陷，凹陷中心地层厚度可达 2000m 以上，厚度梯度带密集。分析认为可能是断裂活动导致的快速沉降作用充填而成，推测为沉降中心。油南凹陷的主要控制边界断裂有 NW 向的油北大断裂、XI 号断裂与近 SN 向的多条断裂。推测物源供给主要来自北侧和南侧。

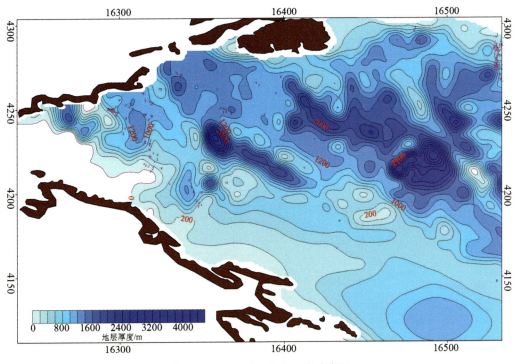

图 5.15　柴西 E_{1+2} 地层厚度分布图

从图 5.15 可以查看出，牛鼻子梁有三个鼻梁，分别是：①尖顶山-大风山鼻梁；②牛中鼻梁；③碱山鼻梁。表明燕山末期牛鼻子梁已隆升，并且后两者已成为断鼻，断裂为鼻梁的控制边界。这也是影响牛鼻子梁东南侧构造沉降的原因之一。

E_{1+2} 地层厚度分布图还揭示了柴西与阿尔金构造带的关系。从厚度延伸趋势看，在 E_{1+2} 沉积阶段，干柴沟、咸水泉两侧有伸入阿尔金山的湖湾，表明阿尔金山那时并未连成一体，现今的阿尔金山构造面貌是走滑挤压的产物。

总的来说，路乐河组（E_{1+2}）的沉积充填受 SN、EW、NW、NE 等方向断裂的控制，断裂活动带是沉降中心发育的部位。

进入下干柴沟组沉积时期，由于早喜马拉雅运动的效应，因基底地壳旋转伸展作用，盆地进入断裂构造活动时期。在扭张体制下，发育多个次一级的凹陷，多凹特征明显。根据基底断裂分布及对地层厚度的控制作用，NNW 向、NW 向断裂是 E_3^1 凹陷的主要控制边界。该阶段盆地整体沉降作用加强，隆起范围减小，说明由断裂造成的伸展作用并没有强烈，基底掀斜作用较为有限，分布于各次凹之间的构造主要为一些低隆起。总的来说，凹陷的厚度梯度带比较宽缓，显示了稳定缓慢沉降沉积的特征。注意到北缘地区发育受 NNW 和近 EW 向断裂控制的沉降中心。因此推测该阶段物源主要来自北侧的祁连山及阿尔金山的部分地段。

　　在很长的一段时间，柴达木盆地西部被认为就是一个茫崖拗陷，后来勘探发现红狮地区是一个生油凹陷，而最近由于昆北断裂带上盘油气的发现，又逐渐认识到切克里克-扎哈泉凹陷也是一生烃中心。说明了柴达木盆地的地质认识还是较为滞后的，或者说认识没有超前。当然过去曾有地质工作者提出过柴西地区基底构造具有多凹的特征，但由于证据不是很充足，难以令人信服。然而油气地质研究的主要特点就是由已知推未知、由表象揭示本质，地质研究一定程度上需要综合多方面信息进行逻辑推理，如果要等证据，那么就会裹足不前，错失良机。

　　在 E_3^1 地层厚度图上（图 5.16），柴西地区至少发育十个次级凹陷，这些次级凹陷分割性明显，大多与断裂有关。在分布规律上，柴西南地区的次级凹陷主要受近 EW 向和近 SN 向断裂控制，两组断裂呈 X 形格局，表明受张扭构造背景控制。柴西北区次级凹陷的分割性较差，NE、NW 向断裂为主要的控制边界。

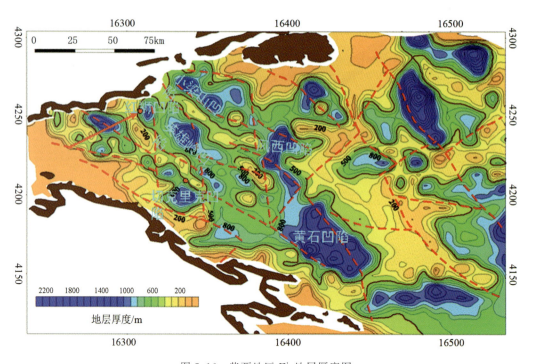

图 5.16　柴西地区 E_3^1 地层厚度图

　　除了红狮凹陷、切克里克-扎哈凹陷外，还有英雄岭凹陷、乌东凹陷，柴西北区有小梁山凹陷、风东凹陷等。除小梁山凹陷等少数几个外，多数凹陷与 E_{1+2} 古构造没有继承性，说明了早喜马拉雅运动完全是一种新格局。

　　通过对剥蚀厚度的恢复（图 5.17）可以看出，紧邻祁漫塔格山与柴西南区的阿尔金山山前带有凹陷分布，说明了该阶段这些山体没有隆升，揭示了当时实际的盆地范围要延伸入山体以里，远比现在的盆地范围大。同时还可以看出，凹陷的分布与边界山体走向的关系不大，说明当时南侧的东昆仑及西侧的阿尔金山部分段落没有构成其沉积边界。另外多次凹特点也比较明显。

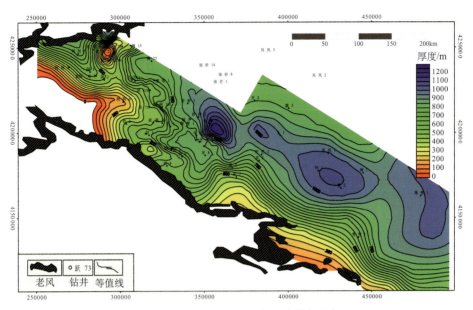

图 5.17　昆北断阶带 E_3^1 古厚度恢复特征

　　进入 E_3^2，基本以拗陷为特征（图 5.18），多凹特征减弱，英雄岭东南段分布几个拗陷中心，可能代表了沉降中心，一方面基底大断裂活动可能增强，同时揭示了柴西地区西侧与东南侧物源供给可能较为充足。在 SN 向乌南—红沟子一线以西地区分布多个次凹，表明该区的构造沉降作用较弱，南翼山、大风山、尖顶山等处有类似特点，此时英雄岭内部有低隆起，南翼山、大风山、尖顶山附近有凸起发育。红狮凹陷的沉积中心有所迁移，迁至干柴沟、狮子沟一带。切克里克凹陷也向东有所迁移。

　　柴西地区古近系沉积的构造背景为走滑断裂控制的断块型格局，并分析得出了柴西地区分布有多个断陷，注意到英雄岭西段与古近系 E_3^2 烃源岩有关的地段分为三个次凹陷和几个低凸起（图 5.18），它们分别是油砂山构造北、游园沟构造东侧的英雄断陷，位于咸水泉构造东南、干柴沟东侧的咸南断陷，位于油泉子构造南侧的油南断陷，以及这三个断陷之间的中央低凸起。

　　因此，柴西地区古近系应该有多个生烃凹陷，它们是由于昆仑山构造带和阿尔金构造左行走滑，引起柴西地区盆地基底发生断块作用而形成（图 5.19）。红狮、咸南、英雄断陷在 E_3^1 就已形成，E_3^2 时期，断陷规模扩大，这些凹陷继续发育并向外扩展，如咸南断陷向北、向西扩展，分别到达小梁山和干柴沟一带。而向东又有新的主要受 SN 向断裂控制的断陷产生，油南断陷和翼西断陷主要在 E_3^2 形成。

　　可分析得出，对于 E_3^1、E_3^2 期间持续发育的红狮断陷、英雄断陷和咸南断陷，它们受断裂控制持续沉降，沉积厚度大，长期处于半深湖-深湖的沉积环境中，具有形成优质烃源岩条件的地质条件。

　　由于后期构造的反转作用，原来的张扭性正断层后期大多发生了反转，在地震剖面

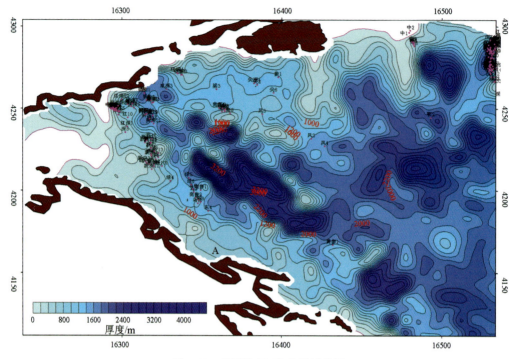

图 5.18　柴西地区 E_3^2 地层厚度图

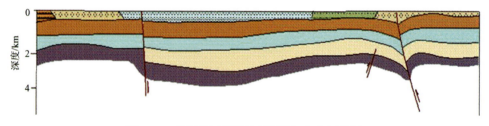

图 5.19　柴西地区断裂控制沉降沉积作用特征

需要仔细解释分析才能确认。如乌南构造带西侧，也即切克里克凹陷北侧的 XIII 号断层，早期正断层控制的沉积中心现在反转为相对高的构造剖面形态。图 5.20 中为最右端的断层，该断层是地层破碎带的分界线，断层以北，地震反射较为连续，而在断层以南变得非常凌乱，几乎没有同相轴。注意靠近断层地层有加厚的特点，反映其在古近纪阶段可能为伸展断层。

　　XIII 号断层与 NNW 向的断裂控制古近系凹陷中心的分布，即沉积中心在这两者所夹的锐角处为大厚度分布区，说明凹陷具有某种拉分性质，由此大致可以判断出张扭断层的走滑方向，即近 EW 向断裂为左行性质，NNW 向断裂为右行特征。这类由走滑断层控制的小凹陷在柴西南地区有多个，如由阿拉尔断裂与跃进西侧 VII 号断层构成的锐角等（图 5.21）。这样也可以推测在凹陷形成阶段的古构造高点位置，如乌南构造带的南端应有早期受挤变形的动力学条件。

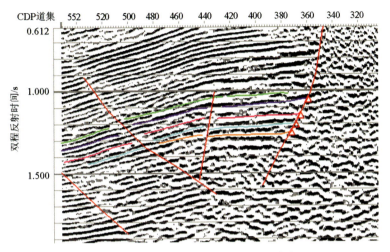

图 5.20　乌南三维地震 crossline385 垂直剖面

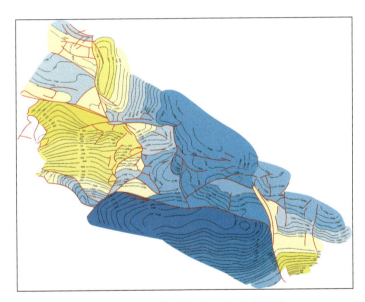

图 5.21　柴西南腹部地区 E_3^1 底构造图

受基底张扭构造作用形成的柴西地区多凹格局决定了这些凹陷能够作为富烃凹陷为该区提供丰富的油气资源。这在前面已有论述，不再重复。同时在油气勘探目标评价方面也很有意义。如断层存在与活动给储层次生溶孔的相对发育提供较好的外部条件，同时断层分布也指示了构造裂缝发育的有利部位，为油气运聚提供了良好的通道和储集空间，有利于油气成藏。

柴西南断陷构造格局之所以在图 5.21 中能够有清楚的显示，关键是晚喜马拉雅运动对柴西南区没有造成强烈的构造变形。

四、柴西地区反转构造特征

柴西地区反转构造有两种基本类型，即断层面反转和基底反转。断层面反转是指早喜马拉雅期的高角度张性走滑断层，在晚喜马拉雅阶段反转为高角度压性走滑断层（图5.22），断层面的倾向发生了极转，在柴西地区表现在断层面由北倾转变为南倾。这主要是昆仑山的隆升和向北的逆冲作用引起。断层面发生反转后必然导致盆地内的地层发生褶皱，由于深浅地层收缩的距离为浅大深小，因而褶皱幅度在深浅也不相同，表现为浅层褶皱幅度大，深层幅度小。如南翼山构造、油泉子构造等均具有这类特点。柴西地区走滑挤压作用主要发生于 N_2^2、N_2^3，在构造活动期，盆地内发育同沉积凹陷，即在褶皱的翼部、断裂的一侧发育生长地层。这在柴西北部较为明显。

另外一种反转构造为基底反转（图5.22），这种情况在自然界较为普遍，所谓沧海桑田就是盆地基底抬升反转的结果。柴西地区部分构造单元经历了较大规模的基底抬升作用。在基底反转抬升之前，这些构造单元于古近纪为盆地或凹陷的腹部，属于沉降较大的构造单元，在晚喜马拉雅运动阶段反转为相对高的部位，如昆北断阶的切4号构造。柴西地区大的基底反转构造为英雄岭隆起。

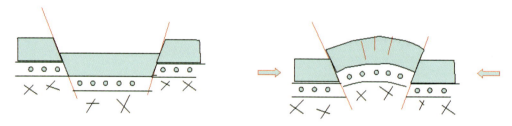

图5.22 基底反转模型（柴西英雄岭、南翼山局部等）

通过层拉平处理可以发现，切4井位于中构造层的较深拗陷内（图5.23）。切4井 E_3^1、E_3^2 均为较细的岩性，以泥岩为主，颜色偏暗。西侧为斜坡带，可以看到下方地层有上超的特点。并且可分析出古近系的物源方向可能来自东侧，后期有西侧的物源。后期基底构造反转后，切4井部位隆起成构造高点，而原来西侧的相对高的斜坡部位反成为相对低的部位（图5.24）。这也是切4井没有好的显示，而在西侧低部位却有工业性油气藏的原因。

分析穿过昆北断阶的联络剖面。新生界下方具有较连续的层状反射，推测可能属于古生界、元古界褶皱基底的反射，这可能是发生基底反转的因素之一。即较为韧塑性的变质岩易于发生揉褶作用。切12井、切11井钻遇的即为变质岩。

在古近纪该区为沉降较大的凹陷，在晚喜马拉雅运动阶段反转为隆起带。露头和井下资料均表明英雄岭构造上的古近系为较深水沉积，烃源岩较为发育。

古近纪断陷是柴达木盆地西部不被注意的构造现象，主要原因是晚喜马拉雅期的走滑拗陷与隆起作用较强烈地改造了深部的构造行迹，影响了对伸展构造的识别。上面展示的岩心照片揭示了这类伸展构造的存在，另外对大剖面的反演分析也说明了柴西的南

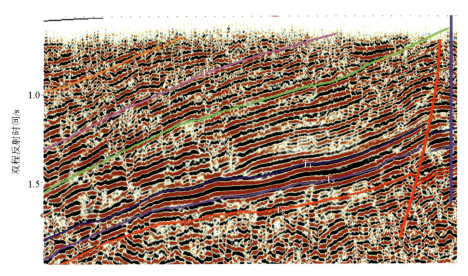

图 5.23　柴西地区 870988 地震解释剖面

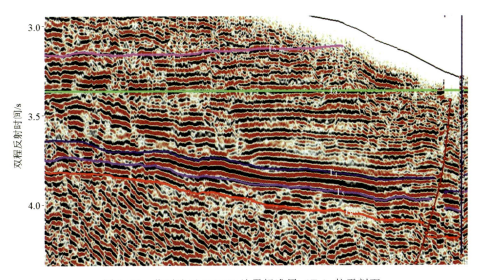

图 5.24　柴西地区 870988 地震标准层（T₃）拉平剖面

侧发育古近纪边界大型正断层。但柴西地区也发育古近纪的逆断层，如控制跃进一号构造的 VII 号断层（图 5.25）。这些正断层与逆断层的倾角均较大，推测可能为走滑断层活动所致。

　　由于柴北缘边界的不均一 NE 向转折作用，阿尔金断裂大规模走滑活动导致柴达木盆地西部发生基底旋转伸展，从而为古近系发育提供了盆地动力学条件（王桂宏等，2004）。在这种旋转伸展构造背景下，可能张扭性正断层与压扭性逆断层同时发育。仔细分析跃进一号构造，可以看出该背斜的两个转折端并不对称，这可能是块体在断层走向上具有一定的走滑分量形成的。

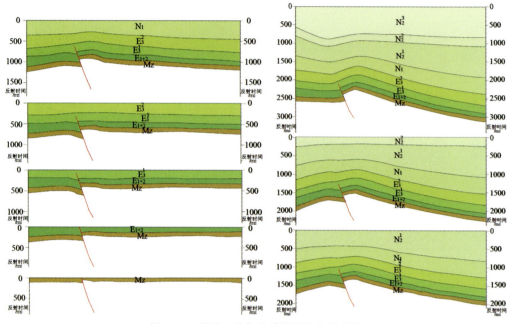

图 5.25　跃进一号构造横剖面演化示意图

晚喜马拉雅期的走滑挤压活动具有一定的线性特征，即沿着大规模的走滑断裂带或在不同块体相互接触带处，发育基底的沉降拗陷与隆升作用。在走滑断裂的侧接部位易产生基底隆起，而在走滑断裂的主干段落，则易形成拗陷。

柴西地区的古近纪断陷湖盆是理想的成油盆地，这种受基底深大断裂控制的构造咸水湖盆不但发育有大量浮游生物，而且由于咸水湖盆中盐跃层的存在，造成底水长期缺氧而有利于有机质的埋藏和保存。断陷盐湖是该区生烃凹陷具有分割特征的决定因素。高角度基底断裂作为沟通地壳多层系的通道，不但向沉积盆地内输送了大量的矿物质和多种微量元素，还为盆地提供了热流。因此，对油气生成特别有利。

中构造层从路乐河组向上至下油砂山组，均有源岩发育，但中构造层断陷构造环境沉积的古近系发育优质源岩。柴西地区中构造层烃源岩在 N_2^1 后期开始生排烃，N_2^1 之前形成的圈闭比晚喜马拉雅运动（N_2^2）形成的圈闭油气富集程度更高。

在古构造或古构造背景的控制下，构造、岩性控制为主的构造-岩性油气藏在柴西地区普遍分布，沉积相及其砂体展布特征控制了含油区油气的纵、横向分布特征，如平面上乌南油田的油气分布主要受滨浅湖滩坝砂体的控制，狮子沟油田主要受扇三角洲前缘砂体控制等，纵向上往往表现为古构造背景控制为主，岩性-物性特征控制油气分布的特征，如红柳泉、砂西、孕斯油田等。以昆北断阶带切 6 为代表的构造仅发育相对较早期成藏，油气主要在新近系富集；以乌南等构造及其斜坡带为代表的构造发育完整的两期成藏，古近系及新近系均具有较大的勘探潜力，下一步勘探应向深层的中构造层（E～N_2^1）拓展；以红柳泉构造及红柳泉-砂西斜坡带为代表的古构造背景下的斜坡部位对油气成藏较为有利，应以斜坡带的岩性油气藏勘探为主，在断裂相对不够发育的区带，有利成藏部位以古近系为主。因此，柴西南地区的油气勘探应围绕古构造（背景）及其斜坡带展开，考虑到两期成藏的有利富集部位，下一步油气勘探应由古构造背景及其斜坡向古近系的深层拓展，并考虑向凹陷的向斜方向延伸，如昆北断阶带的下盘、乌南构造凹陷的向斜部位等（图 5.26）。

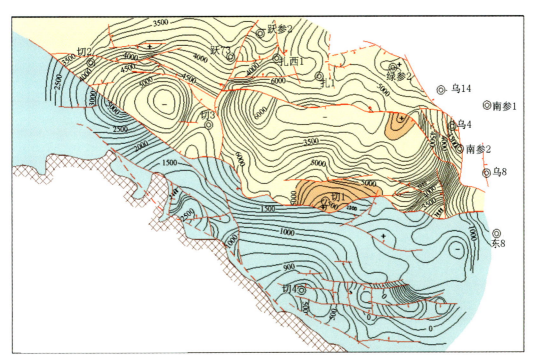

图 5.26　昆北切克里克断陷构造图（T_4）

勘探实践表明，逆冲断层下降盘的反射受基岩高速层的影响，导致下降盘构造形态失真。通过变速作构造图恢复真正构造形态，为此对切 1 号圈闭作变速研究。构造形态恢复的正确与否，主要取决于速度的精度及质量。依据迭加速度通过解释转换成平均速度对构造作变速研究。结果切 1 构造成一宽缓的短轴背斜（图 5.27），T_3 层构造图高点埋深 3700m，闭合度 500m，面积 15km²，T_4 层构造高点埋深 5000m，闭合度 400m，面积 17km²。据估算，地震解释层位与在其西部转折端附近的切 5 井较为接近。而与常速构造图的误差较大，说明昆北断层下盘的构造解释一定要考虑冲积扇砾石层的影响，将高速效应消除（图 5.28），这样才能得到较为可靠的构造解释成果。

对过切 1 构造 06040 地震测线做叠合深度偏移后，昆北断裂下盘显示了宽缓背形的形态。

五、喜马拉雅运动与柴西地区构造演化

侏罗纪以来，板块边缘逐渐往南远离柴达木盆地，柴达木盆地及邻区主要发生板内变形，发育陆内裂陷盆地-陆内拗陷盆地。古近纪，欧亚板块和印度板块沿着西藏雅鲁

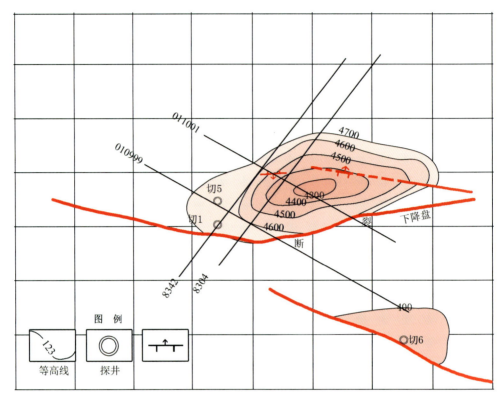

图 5.27　切 1 号构造 T₃ 变速构造图

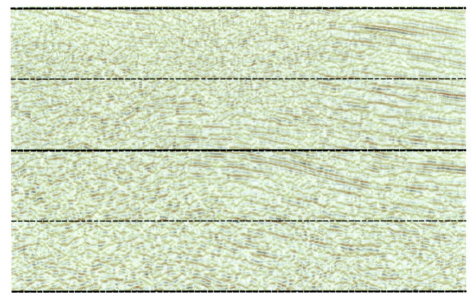

图 5.28　柴西地区 06040 地震叠后深度偏移剖面

藏布江缝合带发生碰撞。随后逆冲带南移，使得印度陆块北缘沿着主中央断层（MCT）和主边界断层（MBT）与其自身发生碰撞（Hancock and Yeats，1989），这便形成了喜马拉雅山。印度板块与欧亚板块的这次碰撞，不仅表现为喜马拉雅前缘带的逆冲作用，在中国西部及西伯利亚南部，有巨大的地壳块体远离印度板块而东移。

渐新世—上新世早期，即喜马拉雅早、中期，柴达木盆地以负向运动为主，其中包含若干较小的振荡运动，当时盆地范围最大，也较稳定，是柴达木盆地发展的全盛时期。喜马拉雅早期构造事件在柴达木盆地主要发生于始新世，主要表现为下干柴沟组与下伏地层（路乐河组）之间的平行不整合现象，下干柴沟组底部以100多米的底砾岩为特征，具有断陷盆地的特点。

喜马拉雅中期构造事件主要开始于中新世末期（N_1^2），结束于上新世中后期。在柴达木盆地周边表现为上新统狮子沟组与上新统上油砂山组之间的不整合现象，此不整合在盆地西部红沟子、咸水泉等地、盆地北部老山边缘表现比较明显，狮子沟组角度不整合于上油砂山组或更老地层之上，在盆地腹部则表现为整合接触。

晚上新世至第四纪中、晚更新世，相当于喜马拉雅运动晚期，或称新构造运动，或晚近构造运动等。柴达木盆地中新生代盖层褶皱隆起，改变了古盆地面貌，使之成为西北高东南低的格局，盆地拗陷沉积中心东移，形成以上新世晚期至第四纪的三湖新拗陷。下更新统七个泉组与下伏地层呈角度不整合接触。

更新世晚期至全新世，继续褶皱隆起，盆地衰亡收缩，大致成为现今的柴达木盆地（黄汉纯等，1996）。

新生代以来，英雄岭地区经过喜马拉雅运动的多个阶段后，呈现为现今的构造特征，构造线以 NW 向为主，褶皱和断裂发育，以压扭为主要特征。不同地区构造变形程度不同，其中靠近阿尔金断裂处，构造更为复杂，古油藏遭到破坏。

古近系和新近系油气分布主要集中在英雄岭地区，未进行勘探的领域较为广阔，难度也很大。研究喜马拉雅运动以来英雄岭地区的构造演化过程，有助于认识古近系和新近系烃源岩的分布、基底构造特征等基础问题，对指导在优质生烃凹陷周围勘探深部低隆起构造圈闭、非构造圈闭和构造裂缝型油气藏等具有意义。

（一）喜马拉雅晚期以来英雄岭地区变形特征及动力学

柴达木盆地新构造表现最为强烈的是英雄岭地区，它是盆地内一块侵蚀最强烈、地形最复杂的区域。其上分布的纵横沟壑、悬崖峭壁等复杂流水地貌，是在一基准面基础上侵蚀切割形成的，现该基准面已是一残留夷平面，表明英雄岭为年轻的山地。

英雄岭地区周缘，发育有犬牙沟-狮子沟-油砂山背斜带、咸水泉-油泉子背斜带，它们之间为英雄岭腹地，基底最大埋深11000m。该区许多背斜的核部都出露了油砂山组，周围为七个泉组及更新的地层所覆盖，区域上七个泉组与下伏地层为角度不整合接触，代表的构造运动即为喜马拉雅晚期。

英雄岭地区具有特殊的地形和水系特征，油砂山与油泉子之间英雄岭的山脊，即分水岭呈近东西向，而英雄岭构造带的走向为北西向，该山体走向与分水岭的不一致，表明英雄岭地区的深部可能发育活动的近 EW 向基底凸起带。

英雄岭周边分别为南侧尕斯第四纪断陷湖盆，西侧阿卡腾能山隆起带，北侧南翼山、油墩子压扭变形带和东侧的茫崖凹陷。

英雄岭地区浅部构造滑脱层主要是向西南方向，但在不同段落，构造样式是不同的。北部以走滑压扭构造为特征，断裂延续长、深度大，深浅构造发育，但破坏性强，因主干断裂走滑，导致构造不完整。南侧主要是浅层滑脱构造，因滑脱距离较大，深浅构造继承性差。油砂山构造是其中的典型，由该构造的西端到砂新 1 井部位，滑脱断层的深度逐渐加深，反映了油砂山滑脱构造的西端的幅度较大，变形强烈，而东端构造变形较弱。西侧靠近阿尔金山，因基底断块隆升，对盆地造成直接挤压，咸水泉构造的成因分析和构造上方裂缝成因和组合关系等分析表明，北西向东南的挤压的确存在。

七个泉组沉积前，即新近系末的喜马拉雅晚期，英雄岭与阿尔金构造带相接处有过强烈的构造变动，这可由狮子沟组呈高倾角产状，而七个泉组为近水平层理得到说明。

由于特殊的边界条件，新构造阶段的区域性近 SN 向构造压应力，使阿尔金山构造带的不同段落发生趋向于近 EW 向延展的构造变形。英雄岭相邻的阿卡腾能山发生了顺时针方向的扭动和隆升，对英雄岭凹陷产生了强烈的 NW-SE 向的挤压作用，并导致干柴沟一带的基底受挤抬升（图 5.29）。

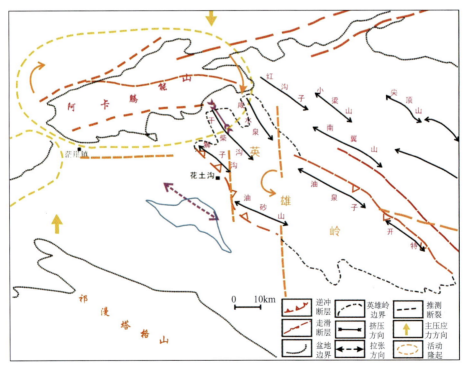

图 5.29　英雄岭地区新构造变形特征

因阿卡腾能山的顺时针和英雄岭构造带的逆时针旋转隆升作用，在尕斯库勒湖地区形成了 NW-SE 向的张性构造环境，导致现代尕斯库勒湖和阿拉尔所在第四系（七个泉组沉积期）湖盆得以形成。早、中更新世为该湖盆形成时期，这也是英雄岭凹陷隆起的主要阶段。

现在，尕斯第四系湖盆已开始萎缩，表明 N_2^3 末的构造运动对该区的影响已经减弱，上述的扭动、逆冲、局部隆升等构造活动目前也趋缓和。

晚喜马拉雅运动导致英雄岭西段的构造变形不仅幅度大，而且相对于英雄岭中段和东段具有较早阶段的构造变形。这也是造成英雄岭的地貌构造特征在东西方向上不协调的原因之一。从构造变形的阶段看，与英雄岭西端相接的阿尔金山在喜马拉雅运动中期首先隆升，具体表现为构造抬升，地层遭受剥蚀，成为英雄岭凹陷上、下油砂山组和狮子沟组沉积时的物源方向，古近系和新近系内部的不整合特征也表明了这一点（图 5.30）。

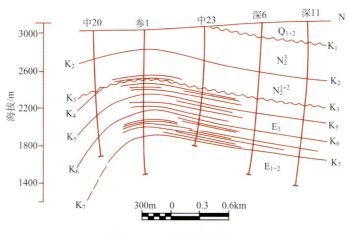

图 5.30　七个泉构造剖面

跃进一号地区的沉积研究表明，$N_1 \sim N_2^1$ 沉降期间，辫状河沉积体系主要物源来自阿尔金山，砂体呈北西向展布，为西北物源；网状河沉积体系物源来自阿尔金山和昆仑山交界处，砂体呈东西向展布，为西物源。沉积特征表明，阿尔金山作为盆地沉积近物源，在这个阶段已有隆升。而这个阶段，南侧昆仑山对盆地的作用相对较弱，基本还没有抬出水面，如跃进二号 N_2^2 与 N_2^3 之间为整合接触，而其北侧的跃进一号因为构造单元上属于阿拉尔斜坡，因而对应的 N_2^2 顶部出现了不整合。

这次运动主要以阿尔金山的阶段隆升为特征，盆地性质也由断陷向拗陷转变，喜马拉雅运动早期发育的大部分断层在喜马拉雅中期后活动减弱。原来以大幅度持续稳定下沉的断陷，转为缓慢隆起与沉降相持阶段的拗陷，并且沉积、沉降中心由西向东、由南向北迁移。

（二）喜马拉雅早期英雄岭地区断陷构造特征与动力学

英雄岭地区以北西向构造线为主，但通过近年的研究，在古近纪和新近纪，特别是古近纪和中新世，该区以发育近 SN 向和近 EW 的断裂构造为特征，它们对沉积具有控制作用。因此，该区近 SN、EW 向构造形成较早，而 NW 向构造线形成较晚。

与油砂山构造相邻的柴西南区，三维地震清楚地揭示了该区古近系及基底的构造特征，即七个泉、红柳泉、阿拉尔、XⅢ号、昆北等 NWW 向深大断裂呈雁行排列，这组断裂行成时间早、活动时间长，规模大，由这组断层分割，自西北向东南，依次形成了七个泉-红柳泉鼻隆、阿拉尔断陷、铁木里克鼻隆、切克里克断陷、昆北断阶，反映出隆凹相间、南北分块的构造特征。

由柴西南三维连片区构造反演系列图件，分析得出了该区构造发育规律，即：①在古近纪，该区发育断块构造；②断块主体方向为近 EW 向；③由南向北断块高度下降。由这些特征不难分析出，断陷最发育处位于 XI 号断裂北侧，并具有分割性。

柴西地区在古近纪以发育断陷湖盆为主，沉积和沉降中心受断裂构造控制，而在新近纪以拗陷发育为主。柴西地区沉积中心的迁移是由于盆地边界和基底构造的不均衡活动引起的。

根据重力反映的基底特征，北区块的基底构造方向主要呈 SN 向，SN 向隆起和拗陷相间排列，由西向东，隆起规模逐渐变小，拗陷规模增大（图 5.31）。油砂山构造在基底重力图上并没有对应的 NW 向异常，图中建参 2 井与砂 33 井之间的基底重力特征表明该段的基底具有 SN 向构造显示。砂新 1 井位于砂 33 井的西北，同样处于隆起构造带的鞍部。

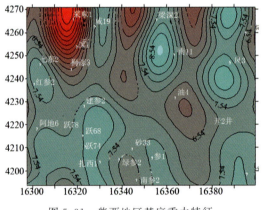

图 5.31　柴西地区基底重力特征

由基底重力图可以看出，干柴沟附近的近 SN 向构造规模很大，这可能与该基底构造在新构造时期的隆升有关。经过增强的遥感图像揭示了干柴沟构造上具有截然的近 SN 向色调分界线，据有关资料，近 SN 向色调分界线的两侧，岩性、岩相和厚度均可能不同。因此，该近 SN 向色调分界线很可能是基底大断裂的反映。

最近的勘探表明，英雄岭与阿尔金山结合处也存在东西向基底构造，如七个泉与狮子沟构造的中部偏北有近 EW 向基底断裂（图 5.32）。此外，附近出露的老山上，也分布有近 EW 向基底断裂。从遥感揭示的隐伏构造看，咸水泉、狮子沟构造上，均分布有近 EW 向基底构造。

可以看出，不论是北区还是南区，靠近阿尔金断裂带的区域，近 SN 向和近 EW 向构造均较发育。但到了南区的红柳泉斜坡和阿拉尔凹陷，近 SN 向构造和近 EW 向构造不发育，表明这里的断块构造不发育。因此，可以看出，英雄岭凹陷实际是受近 SN 向和近 EW 向基底断裂控制的断陷（图 5.33）。

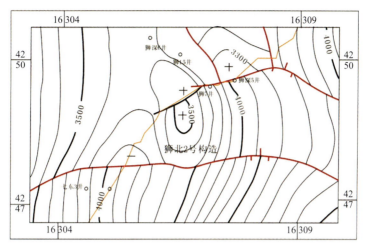

图 5.32　狮北 2 号构造 T$_5$ 反射层构造图

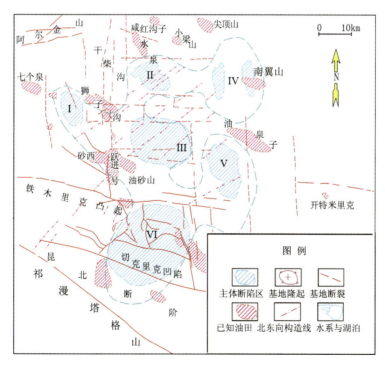

图 5.33　英雄岭及邻区基底构造与主体断陷分布

I. 红狮凹陷；II. 咸南断陷；III. 英雄断陷；IV. 油北凹陷；V. 油南凹陷；VI. 切克里克断陷

近 EW 向和 SN 向断裂性质都具有走滑特征，在 T$_5$ 构造图上这两组断裂相汇的锐角处，大多分布有小范围的三角形凹陷。在三维连片区，这类小凹陷具体分布的地区有：III 号断裂与阿拉尔断裂交汇处、XIII 号断裂与扎哈泉断裂交汇处、XIII 号断裂与乌南断裂交汇处等，尤其是 XI 号断裂与跃进一号北侧的近 SN 向断裂交汇处的凹陷最为发育，由这些特征可以得出，是近 EW 向左行和近 SN 向断裂的右行走滑作用导致了这些锐角凹陷的形成。并且，近 EW 向断裂走滑作用更为主要。这些近 EW 向和近 SN 向断裂连续性特征不好，尤其是近 SN 向断裂，连续性更差，表明这些断裂是在局部拉张的背景下发育的。盆地西端采石岭地区发现新生代板内 A 型花岗岩体，稀土元素和微量元素分析结果表明为地幔分异成因（Xia et al.，2001），该岩体的出现也表明新生代局部曾出现拉张状态。

因新生代以来近 EW 向东昆仑山断裂带的左行走滑（许志琴，1996；马宗晋等，2003；徐锡伟等，2002），使柴西地区主要近 EW 向基底断裂也发生了左行走滑的构造活动，并同时因阿尔金断裂带的左行走滑，产生了该区近 SN 向和近 EW 向的拉张作用，从而使柴西地区在喜马拉雅运动早期基底具有张性断陷特征。因此近 EW 向和近 SN 向古构造是有利的富油圈闭。

（三）英雄岭地区断裂构造控油特征分析

英雄岭地区的古近纪断陷湖盆是理想的成油盆地，这种受基底深大断裂控制的构造咸水湖盆不但发育有大量浮游生物，而且由于咸水湖盆中盐跃层的存在，造成底水长期缺氧而有利于有机质的埋藏和保存（汪品先、刘传联，1993）。断陷盐湖是柴西地区生烃凹陷具有分割特征的决定因素。高角度基底断裂作为沟通地壳多层系的通道，不但向沉积盆地内输送了大量的矿物质和多种微量元素，还为盆地提供了热流。因此，对油气生成特别有利。

关于高角度基底断裂，一种广泛的看法是同沉积逆断层，但作者以为同沉积逆断层局部有存在的可能，但不是主要的，对断陷沉积起控制作用的是同沉积走滑断层，以张性为主，即高角度张扭性断层。

该区后期经历了多次构造变动，其结果是，周边造山带的抬升和向盆地方向的推进，同时造成盆地内沉积地层的收缩变形和沉积中心的迁移。现在盆内的多数断裂经过了性质反转，由张性转为压性。现在断层的产状是构造变动、断陷收缩后的结果。如果在断陷发展阶段，它们是同沉积逆断层，即假设断层倾向没有变化，那么经过了构造反转、褶皱之后，断层还具有这么高的倾角，这是不太可能的。

高角度的边界张扭性断层使柴西地区的断陷湖盆具有发育重力流的可能，进积三角洲在断陷湖盆的陡岸堆积后，会经常由于滑塌而产生重力流，形成浊流沉积。要是发育等深流，就可以使重力流重新分选，形成新的沉积。总之，这种深水沉积作用有助于在靠近源岩处形成好的油气储集体。但目前在柴西地区还没发现这样的圈闭类型。最有可能发育这类特殊圈闭的地区是英雄断陷、咸南断陷和油南断陷。如红狮凹陷湖底扇相主要分布在七个泉-狮子沟-干柴沟地区，其形成主要受古构造和古地形所控制。其岩性主要为细砾岩、含砾粗砂岩，内部具递变层理。湖底扇相发育在湖盆陡岸前缘的深湖相背景中，其最显著的特点是粗粒湖底扇相砂砾岩夹于深湖-半深湖相暗色泥岩中。

局部构造的形成与断层关系密切。无论构造大小，无论背斜、断鼻、断块等构造的形成都与断层有密切的关系。如阿拉尔断层控制了跃进二号、尕南、铁木里克凸起等构造的形成；Ⅲ号断层控制跃进一号构造的形成等。

断层对油气运聚具有重要作用。断层控制油气运移、分布和聚集，实践证明，凡连接生油凹陷的深大断层，既是油气运移的通道，又是油气聚集带。同时断层有遮挡作用，可以形成断层圈闭，如断鼻、断块构造，上倾部位的泥质岩对下倾部位的渗透层，就起着遮挡作用，可形成断层遮挡油气藏。柴西南地区的一些正断层也具有遮挡作用（图 5.34）。

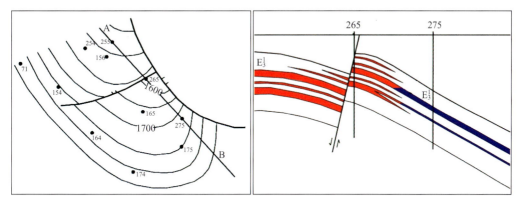

图 5.34　跃东油田构造和油藏类型

这种断块油藏往往成组出现，油气较富集，在断层屋脊高部位顺断层倾向可以发现各不同层位的屋脊状油藏单体。

当然断层对油气也有一定的破坏性和复杂化作用。后期断层可使先期油藏破坏或重新运移。如油砂山和干柴沟出露的油砂，就是后期断层和后期构造运动对先期形成的油藏的破坏所致。

英雄岭地区经过喜马拉雅运动的多个阶段，还发育了几组构造裂缝，勘探已证明它们也是有利的勘探目标，在基底凸起埋藏较深的情况下，将构造裂缝发育区作为近期的突破点具有很现实的意义。在有效地震资料很难得到、钻井又很少的英雄岭腹部，利用遥感技术提取裂缝信息已证明是一种可取的方法。

第二节　柴西昆北地区古构造格局

昆北断阶带紧邻切克里克-扎哈泉生烃凹陷（图 5.35），具有较有利的石油聚集地质条件。但由于在晚喜马拉雅构造运动中，昆北断阶带经历了较强的构造变形，隆升显著，构造反转作用也较强，由此导致构造虽然很发育，但关键成藏期发育的构造在新近纪也受到了一定程度的改造和破坏。落实该区古构造特征是评价有利勘探目标的前提条件。为此对昆北地区进行了较详细的构造解释和地质分析，所编制的残余厚度图中，除了考虑现今残余地层的厚度分布情况，同时也对层序的剥蚀关系进行了分析。

一、昆北地区构造特征

昆北断裂为柴西南区主要的边界控制断裂之一。在平面上呈 NWW 向，断裂南侧

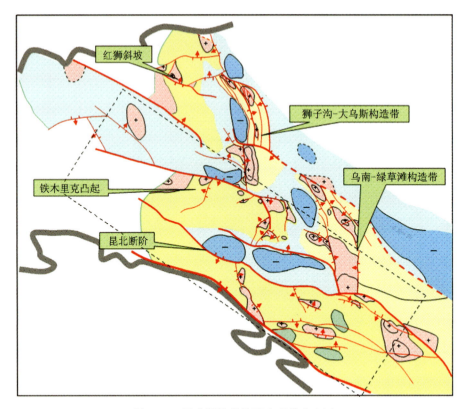

图 5.35　昆北断阶带为图中虚线分布区

为昆北斜坡，北面为切克里克凹陷。从两侧的构造单元展布分析，昆北断裂应主要分布于与切克里克凹陷对应的区段。在剖面特征上，昆北断裂表现为西陡东缓、垂直断距西大东小的特征，表明断裂的活动强度在空间上是不对称的，与一般的正断层和逆断层均有所不同，推测可能为走滑断层的成分偏大一些。

昆北断阶带位于祁漫塔格山前，是柴达木盆地南部的一个四级构造单元，其上构造线的大体走向为 NW 向。它与昆北断层东段下降盘的构造线呈垂向交接几何形态，与昆北断层西段下降盘的构造线呈平行交接几何形态。在其上发育了 NNW 向压性断裂构造体系及 EW 向压性断裂构造体系。这两个构造体系相互呈独立状态，估计是受昆前断裂（控盆断裂）和昆北断裂共同控制，是控盆断裂的派生断裂构造体系。NNW 向断裂体系内发育了 NNW 向的断鼻断块构造，基底高点埋深 1200～1900m。NW 向断裂体系内发育了近 NW 向的断鼻断块构造，基底高点埋深 100～600m。这两个断裂体系所夹中间地块构造变形较小。

从构造发育史剖面上看：昆北断阶带是一个沉积、隆升、剥蚀又沉积的构造单元。首先它接受了 E_{1+2}（斜坡西段未接受沉积）、E_3^1、E_3^2、N_1、N_2^1、N_2^2、N_2^3 沉积，在喜马拉雅晚期，斜坡抬升加剧，部分或全部剥蚀了 N_1、N_2^1、N_2^2、N_2^3。从 870988 水平迭加剖面上可以看出，剥蚀最厉害的在斜坡东段（图 5.36）。到了 Q_{1+2} 时期，构造活动趋于稳定，又接受了 Q_{1+2} 沉积。所以说昆北断阶带是一个构造斜坡，在古近纪阶段部分段落还是盆地的中心地带。

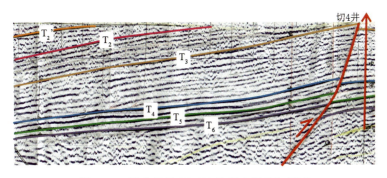

图 5.36　昆北地区 870988 地震水平迭加剖面

鉴于昆北断阶带在古近纪和新近纪以来的快速变形特征，有必要对其上的原始沉积厚度进行恢复，以揭示其古近纪演化阶段的构造面貌，这样可落实有利的古构造分布。

二、昆北地区新生界原始厚度分布特征

（一）昆北地区新生界地层剥蚀厚度恢复

在进行剥蚀厚度恢复过程中，主要运用了地震地层对比法、声波时差测井法，研究区中部分井有镜质体反射率数据，但是在层段上较为集中，因此无法使用镜质体反射率数据进行地层剥蚀厚度恢复。

研究区的钻井相对较多，但是分布极为不均匀，主体位于研究区西段，而在东段较少。利用声波时差测井资料进行恢复主要挑选了阿 3 井、东 5 井、绿参 1 井、切 4 井、跃 73 井、扎 1 井等 6 口井。受钻井所钻进层位所显示，部分井的测井数据未包括整个新生界（表 5.2，图 5.37）。

表 5.2　柴西南地区部分钻井剥蚀厚度恢复表

钻井	剥蚀层位						
	N_2^3	N_2^2	N_2^1	N_1	E_3^2	E_3^1	E_{1+2}
阿 3 井	265.2	705					
东 5 井			310	733	1650		
绿参 1 井		367.5	391.5				
切 4 井					220	430	380
跃 73 井	600			260			
扎 1 井	520		925				

注：数据为相应层剥蚀厚度（m）。

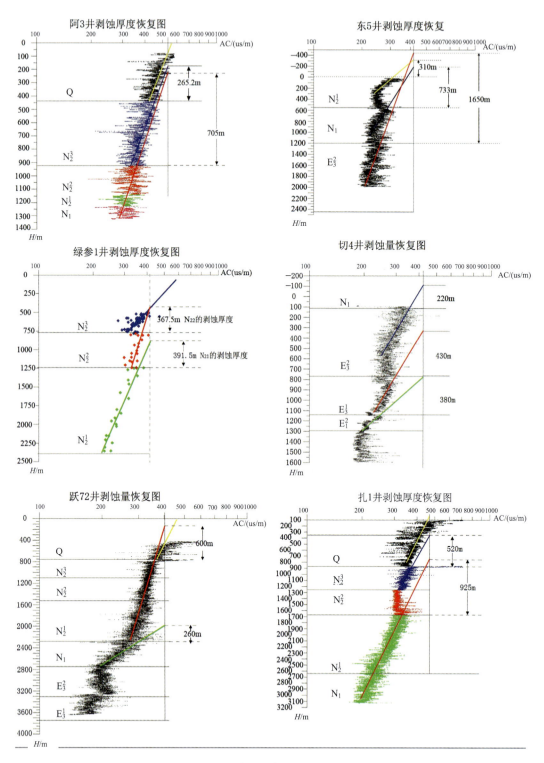

图 5.37　柴西南地区部分钻井厚度恢复图

（二）中构造层（$E_{1+2} \sim N_2^1$）原始厚度分布特征

1. 路乐河组（E_{1+2}）原始厚度分析

路乐河组整体上沿 NW-SE 向展布，具三个沉积中心。东侧沉积中心位于甘森一带，原始湖盆呈近圆形，岩层沉积最大厚度达 1000m。另两个沉积中心位于阿尔金山山前七个泉南北两侧，其中以北侧湖盆最大，最大厚度超过 1000m，南侧湖盆面积相对较小，最大厚度约 800m。

从阿拉尔到切克里克一带西南侧，路乐河组原始厚度较薄，厚度多为数十米，反映该时期湖盆面积相对较小。在狮子沟-茫崖一带，岩石原始厚度从厚到薄为一个逐渐变化的过程，反映此时狮子沟-茫崖一带湖盆性质为拗陷。在红柳泉处，从最大厚度处向南，厚度逐渐变薄，而向北，则迅速变薄，反映该时期红柳泉处的湖盆可能为断陷性质，而此时红柳泉则为一个前新生代的水下隆起。狮子沟-茫崖和红柳泉两处厚度展布还显示，与其西侧现今阿尔金山盆山接触处，岩层厚度为一种突变关系，推测路乐河组沉积时期盆地的西侧狮子沟和红柳泉处两个沉积中心的物源主要来自于阿尔金山。

2. 下干柴沟组下段（E_3^1）原始厚度分析

阿拉尔西南侧下干柴沟组下段未接受沉积，其他地区均有分布，原始湖盆整体上依然沿 NW-SE 向展布，但是该时期湖盆进一步发展扩大，向东可以达到黄石地区，向北至尖顶山地区。主体湖盆位于茫崖-黄石一带，有三个深度具一定差异但是相连的沉积中心构成，其中最深处为西侧乌斯一带，岩层最大厚度超过 1100m。同时在阿尔金山前还存在两个次级沉积中心，分别位于红柳泉和狮子沟，该两个沉积中心对路乐河组时期的沉积中心具一定的继承性，但是相对水体变浅，原始岩层变薄，最大厚度约 800m。主体湖盆与阿尔金山前的两个次级沉积中心以七个泉处的一个低幅水下继承性隆起相隔（图 5.38）。

由于阿尔金抬升，沉积物供给充分，才使沉积物不断向拗陷中心推进，且湖盆不断向东迁移，浅湖相-深湖相较路乐河组沉积时范围变小，且主要集中在近北西-南东向的中部凹陷。

盆山向阿尔金山和东昆仑山山前岩层厚度的变形均为一种突变，反映造山带晚期对盆地的逆冲推覆作用，其中东昆仑山前以切克里克一带推覆距离最远。

3. 下干柴沟组上段（E_3^2）原始厚度分析

下干柴沟组上段厚度分布显示该时期为一个整体拗陷期，相对于下干柴沟组下段，湖盆面积变大，但是受周缘造山带的隆起作用，在七个泉-跃进西南一带沉积较薄，甚至部分地区未接受沉积（图 5.39）。

湖盆整体呈 NW-SE 向展布，具两个沉积中心，分别位于茫崖和狮子沟处，其中茫崖处湖盆最深，岩层最大厚度达 2000m。茫崖处岩层厚度的变化规律以北侧变化较缓，

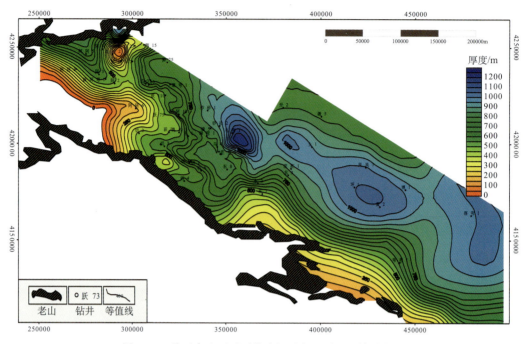

图 5.38 柴西南地区下干柴沟组下段（E_3^1）原始厚度图

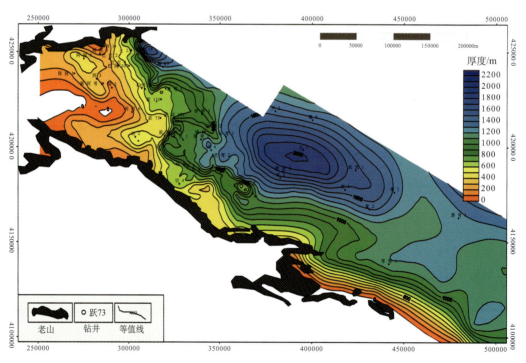

图 5.39 柴西南地区下干柴沟组上段（E_3^2）原始厚度图

而南侧变化较快，这与前陆盆地前缘沉积厚度的不对称分布一致。在相邻造山带作用下，盆地变形为不对称的沉积特征，山前厚度变化较快，而靠近前缘隆起一侧的湖盆厚度则变化较慢。

在切克里克-东柴山一带，东昆仑山山前岩层厚度发生突变，反映该处晚期的逆冲推覆作用较强，而其盆山结合处，从盆地到山前，岩层厚度逐渐变薄直至为零。

4. 上干柴沟组（N_1）原始厚度分析

上干柴沟组时期的湖盆对下干柴沟组时期具有一定的继承性，但是该阶段湖盆更大。受阿尔金山的隆升作用，此阶段湖盆向南东发生迁移，整体湖盆呈 NW-SE 向展布。可能受盆地基底结构的差异性影响，此阶段开始出现差异性盆地基底沉降，出现多个沉积中心，而不再是下干柴沟组沉积时期的统一湖盆（图 5.40）。

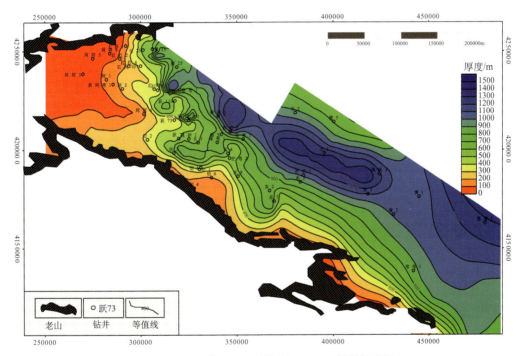

图 5.40　柴西南地区上干柴沟组（N_1）原始厚度图

主体湖盆沉积中心位于茫崖一带，岩层最大厚度超过 1200m，沉积中心南北两侧岩层厚度变化规律较类似，反映该时期的逆冲推覆作用不甚强烈。扎哈泉处还存在一个较薄的沉积中心，最大厚度约 500m。七个泉-花土沟-阿拉尔一带南西侧，受造山隆升影响，水体较浅，地层沉积较薄，厚度在 100m 以下。

该套地层厚度从盆地到周缘造山带均逐渐变薄，到山前近乎为零，反映上干柴沟组沉积后，东昆仑山的逆冲推覆作用对该套地层改造不多，这可能与主干逆冲断层为高角度断层有关。

5. 下油砂山组（N$_2^1$）原始厚度分析

相对于上干柴沟组时期，下油砂山组时期湖盆开始萎缩，且开始出现分隔性特征。总体沉积中心向南东方向迁移，但具多个分隔性沉积中性。主体沉积中心位于凤凰台处，最厚处厚度超过2000m，其次位于斧头山处，最厚达2000m，该两沉积中心近于相邻，构成了该时期湖盆主体，SE-NW向展布。另在乌斯、切克里克西段、尕斯库勒湖、狮子沟处还存在多个小型沉降中心，除了狮子沟处湖盆呈NE-SW向展布外，其他各处均为NW-SE向展布（图5.41）。

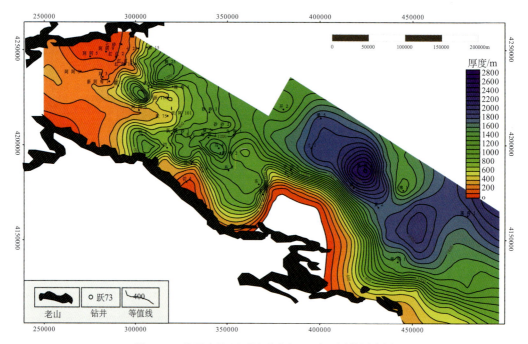

图5.41　柴西南地区下油砂山组（N$_2^1$）原始厚度图

七个泉-红柳泉-阿拉尔一带南西侧，水体浅，原始沉积厚度多小于50m。东昆仑山山前茫崖湖处未接受下油砂山组沉积，而山前其他地区均有该套地层沉积。除了切克里克西段切2-切3井一带以外，其他各处从盆地到山前地层厚度均逐渐减薄至山前为零，而该处则显示了晚期的逆冲推覆作用。

在主体沉积中心凤凰台-斧头山一带，沉积中心北东侧地层厚度变化较南西侧慢，反映了原始湖盆的不对称性，即湖盆基底南西侧较陡，北东侧较缓（图5.42）。

（三）上构造层 N$_2^2$、N$_2^3$ 原始厚度分布特征

1. 上油砂山组（N$_2^2$）原始厚度分析

上油砂山组时期继续萎缩，具多个沉积中心，主体沉积中心位于茫崖一带，呈NW-SE向展布，沉积最大厚度超过2000m。同时还存在鄂博山、甘森、绿草滩等三个

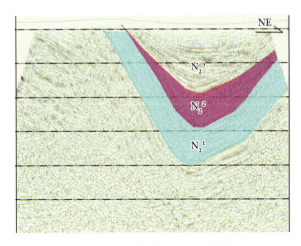

图 5.42　柴西南茫南地区地震剖面

次级沉积中心，最大沉积厚度分别对应为 2000m、1800m、1000m，其中甘森沉积中心原始湖盆主体为 NE-SW 向展布，鄂博山和绿草滩处为 NW-SE 展布（图 5.43）。

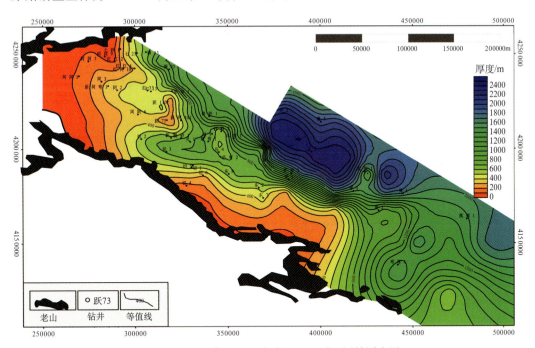

图 5.43　柴西南地区上油砂山组（N_2^2）原始厚度图

此阶段，在阿尔金山与东昆仑山交界处，盆地发生抬升，西南角处为接受沉积，而且在狮子沟-花土沟-切克里克南西侧，地层整体较薄，厚度多薄于 200m，反映了该时期湖盆的萎缩。东昆仑山山前，甘森以西，除切克里克处外，从盆地到山前沉积厚度逐渐变薄至零，而切克里克处则反映了晚期较周边较强的逆冲推覆作用。甘森一带，原始恢复的沉积区，存在现今的造山带，反映了晚期，尤其是第四纪以来的强烈造山作用。

在主体沉积中心茫崖一带，沉积中心北东侧地层厚度变化较南西侧慢，反映了湖盆沉积过程中，受到南西侧不断的挤压作用，从而造成了原始湖盆的不对称性，即南西侧较陡，北东侧较缓。

2. 狮子沟组（N_2^3）原始厚度分析

狮子沟组具有多个沉积中心，反映原始沉积时期强烈的差异拗陷作用，但是各沉积中心总体呈现三排，均为 NW-SE 向展布（图 5.44）。

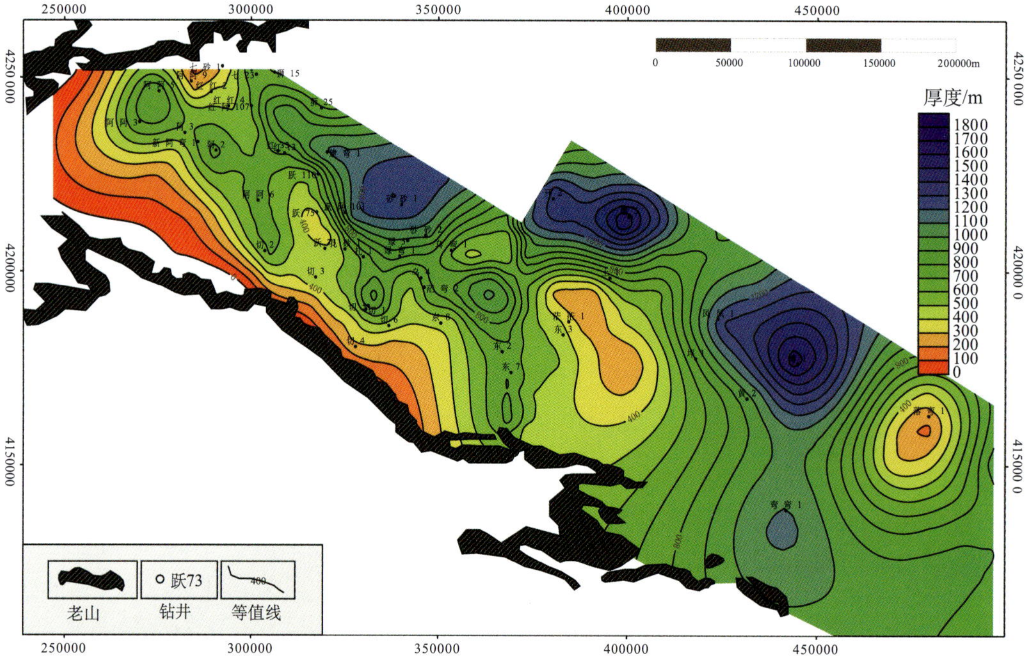

图 5.44　柴西南地区狮子沟组（N_2^3）原始厚度图

山前第一排沉积中心位于阿拉尔一带，沉积最厚达 700m。第二排位于油砂山-北乌斯-东柴山一带，最厚达 1200m。第三排为油墩子-鄂博山一带，为该时期沉积湖盆主体，存在东西两侧两个沉积中心，最大沉积厚度超过 1200m。各分隔性凹陷为一些水下隆起所分隔，该时期存在七个泉、跃进、茫崖和落雁山等四处隆起，除落雁山处隆起呈穹隆状外，另三个隆起均沿 NW-SE 向展布。

阿拉尔南西侧，古地貌较高，水体浅，狮子沟组原始沉积厚度薄，沉积厚度多在 100m 以下，其中部分地区为接受沉积。切克里克山前，地层厚度为 100～0m，反映早期造山带边界在现今南边。甘森一带，原始恢复的沉积区，存在现今的造山带，反映了晚期，尤其是第四纪以来的强烈造山作用。

三、新生代古构造格局

（一）古构造图编制

为了解地质历史时期的构造特征，需要编制构造演化剖面图来反映不同地质时期的剖面构造特征，并根据现今不同构造层面的平面构造图编制出的"宝塔图"和地层残余厚度图来反应不同地质时期的平面构造特征。同时，为了描述盆地三维构造的演化过程，通常也需要编制不同地质时期的古构造等构造线图。

编制"宝塔图"实际上是通过地层回剥方法揭示三维构造几何形态的演化过程。"宝塔图"中的每一横列子图（也可以排成直列）表示一个地层界面（或构造界面）不同地质时期的构造形态。

古构造图的制作的理论基础是沉积补偿原理。即认为在沉降速度和沉积速度相对稳定的情况下，盆地的古地理环境是保持不变的，盆地内沉积物的堆积厚度与地壳沉降幅度大体是相当的。正是基于这种沉积补偿假设，才可能重塑地层的构造发育史。

目前最常用的古构造图"厚度相减"的制作方法有较大的局限性，只适用于构造起伏平缓，褶皱、断裂不发育的部分地区；而在地层褶皱变形强烈、断层发育地区，由于断层断距、地层倾角、不均匀压实、不均匀剥蚀的影响，用"厚度法"计算出的"古构造图"往往会产生巨大的误差。

"宝塔图"中复原古构造等高线图的传统方法，其基本原理是将构造演化视为"垂直简单剪切变形"过程。该方法编制出的古构造图存在的主要问题包括三个方面。

编制古构造图时既没有考虑断层造成的水平位移，也没有考虑上覆岩层倾斜造成的岩层铅直厚度与真厚度的差异，因此所有古构造图中的断层线并不能精确地表示出地质时期的古构造形态。

通过地层回剥编制古构造图时没有考虑区域不整合面及局部地区的地层剥蚀，因此可能会导致古构造形态的失真，特别是在断层两盘剥蚀厚度不同的情况下，"宝塔图"不能合理地表示断层的形成和演化过程。

进行地层回剥时没有考虑下伏地层的去压实，低估了地层面在地质时期的埋深，因此古构造图中的等高线数值及其反应的古构造幅度可能是不合理的。

针对传统方式的"宝塔图"的问题，采取了下列方式进行校对。

我们所完成的"宝塔图"首先是在真厚度图的基础上进行的，也就是已经在厚度图的制作过程中对于复杂的构造带进行了视厚度的校正，所完成的残余厚度图是真残余厚度图。因此，在此基础上完成的恢复厚度图也就是真厚度的恢复厚度图。这样就消除了传统古构造图（宝塔图）中的岩层铅直厚度的差异。为真实的古构造恢复提供了资料的保证。

针对编制古构造图时局部地区的地层剥蚀问题，采取了对恢复过的厚度图进行古构造图的叠加和"回剥分析"的措施，以此消除了剥蚀的问题。在考虑不同构造带的构造活动时间的情况下，现今的"宝塔图"能够完整的反映古构造的形成时间和幅度。

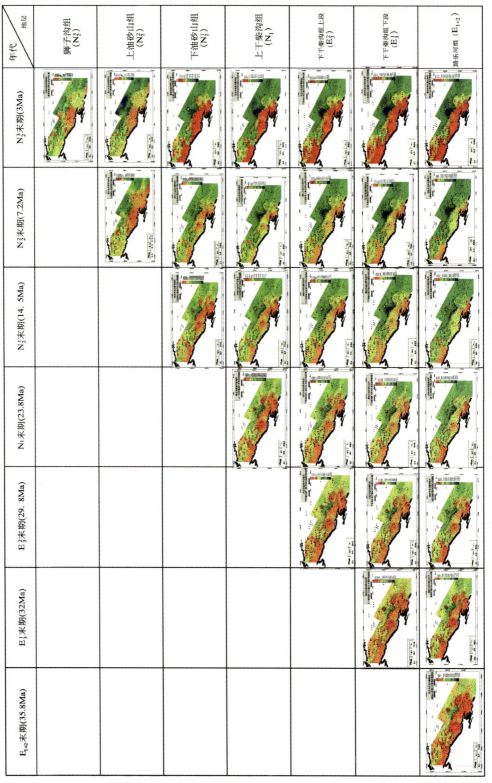

图 5.45 柴西南地区新生界各层古构造演化宝塔图

通过柴西南地区钻井的系统分析，进行了系统的去压实恢复，这样就解决了不同埋藏深度的情况下压实量的恢复，用"真实"的厚度反演"古构造"。

在前述的基础上最后得到了各构造层在不同时刻的古构造图（图5.45）。从各层不同时刻的古构造图上可以清楚地看到柴西南地区不同构造面在不同时期的构造形态和古构造面貌，褶皱的变迁过程，从而从时间和空间上更好地揭示出研究区新生代以来的构造演化特征。

（二）古构造格局分析

1. 路乐河组（E_{1+2}）底面（T_R面）古构造演变

路乐河组作为研究区新生界最老一套地层，其底面经历过早、中、晚喜马拉雅期的构造演化。受基底结构的差异和造山带的差异构造活动，不同时期不同构造的古构造格局既有一定的继承性，同时存在一定的差异性（图5.46）。

（1）昆北断阶 T_R 面古构造演变

路乐河组沉积末期，T_R 面具多个构造高部位，且各构造高部位的走向不尽相同。跃75井-切2井一线为NNE-SSW向构造脊，南北两侧为构造高点，整体上构成马鞍状。东柴山为穹窿构造，但长轴呈NW-SE向。东柴山-存迹之间，为NW-SE向构造脊。甘森-砂滩边一带，表现为多个隆拗相间格局，其中隆拗既有呈NNE-SSW向，还有呈NW-SE向。其他各地区古地貌上多表现为向北东倾斜的单斜，仅东柴山-存迹南侧单斜向南西方向倾斜，其中在切克里克南侧单斜中存在局部小型隆起。

E_3^1 沉积末期，T_R 面构造形态对 E_{1+2} 末期整体上具很好的继承性，但是局部地区构造形态开始发生改变。切6井至东昆仑山山前一线，有早期向NE倾斜的单斜演变为一NE-SW向的拗陷，其东侧为东柴山为穹窿构造，西侧为一局部小隆起。东柴山-存迹NW-SE向构造脊在此时期构造中段开始发育一NE-SW构造低部位带。

E_3^2 沉积末期，T_R 面构造形态在 E_3^1 末期形态上继续发生局部演变，其中主要变化为东柴山-存迹之间由早期的NW-SE向构造脊演变为一NE-SW向拗陷。甘森-砂滩边一带由先期多个隆拗相间的格局演变为现在两隆两拗格局，但是构造走向上还是存在NW-SE和NE-SW向较为复杂的格局。

N_1 沉积末期，T_R 面对 E_3^2 沉积末期的构造形态均有很好的继承性，仅东柴山-存迹之间早期的NE-SW向拗陷演变为NE倾向的单斜。

N_2^1 沉积末期，T_R 面的构造形态发生较大的变化。整体表现为向北东倾斜的单斜，但是切克里克处地势较低。阿拉尔整体为一个北东倾向的斜坡，前期跃75井-切2井间NE-SW向凸起消失。早期东柴山的穹窿构造现逐渐消失演化为整体NW向单斜下的局部NE向凸起。在切克里克凹陷中，以切4井为中心，形成局部小型穹窿构造。甘森-沙滩边一带由早期的多隆拗格局转变为主体向NE向倾斜的斜坡和两个小型的凹陷。

N_2^2 和 N_2^3 沉积末期 T_R 面构造形态对 N_2^1 沉积末期具很好的继承性，总体表现为走向NW，向NE倾斜的单斜构造。但是在 N_2^2 末期，切克里克处相对东西两侧地势要低，而在 N_2^3 末期，昆北断阶整体上沿NW向地势较一致。从 $N_2^1 \rightarrow N_2^2 \rightarrow N_2^3$ 阶段的沉积末

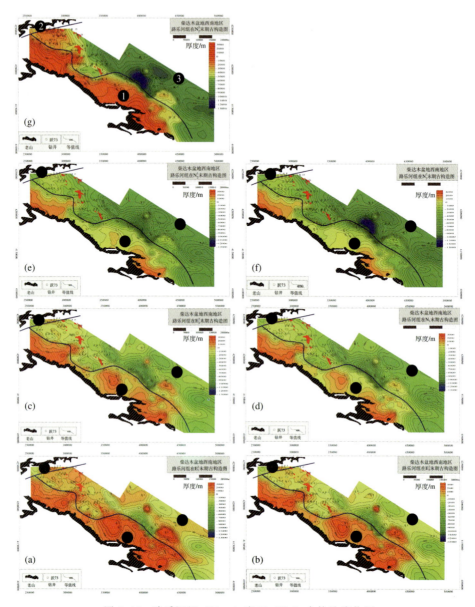

图 5.46　路乐河组（E_{1+2}）底面（T_R）古构造演化图

（a）路乐河组沉积末期；（b）下干柴沟组下段沉积末期；（c）下干柴沟组上段沉积末期；（d）上干柴沟组沉积末期；
（e）下油砂山组沉积末期；（f）上油砂山组沉积末期；（g）狮子沟组沉积末期。
❶：昆北断阶；❷：阿尔金断阶；❸：茫崖拗陷

期，昆北断阶地层等高线逐渐变密，反映昆北断阶向北倾斜的角度越来越大，也反映了晚期构造的强烈性。

（2）阿尔金断阶 T_R 面古构造演变

整个新生代，阿尔金断阶 T_R 面的构造形态未发生大改变，整体为 NW-SE 向两拗一隆地貌。两拗分别位于红柳泉、狮子沟-干柴沟一带，而夹于该两拗之间为七个泉处的隆起。红柳泉南西为昆山山前向 NE 倾斜的斜坡。

（3）茫崖坳陷 T_R 面古构造演变

路乐河组沉积末期，受构造正反转作用，T_R 面构造开始发育，存在多排 NW-SE 向构造。从 SW→NE，第一排构造位于阿拉尔-扎哈泉一带，为负向构造单元，其中为 NE-SW 向跃 75 井-切 2 井间构造脊所分隔。第二排位于阿 3-阿 2-跃地 101-乌 4 井，为正向构造单元，即构造脊，其中在阿地 6-扎西 1 井之间为 75 井-切 2 井间构造脊所分隔。第三排为红柳泉-油砂山-茫崖一带，整体呈"S"型，为负向构造单元，在该排构造中，具有 4 个局部凹陷中心。第四排构造为正向构造单元，沿七个泉-花土沟-开特米里克-凤凰台-黄石一线展布，其间具 4 个局部凸起区，其中又以黄石处凸起规模最大。

E_3^1 沉积末期的构造格局于路乐河组末期具较大的相似性，也为 4 排构造，两排正向构造和两排负向构造。只是该阶段，茫崖坳陷西段的局部构造较路乐河组末期少，整体为向 SE 倾斜的单斜。

E_3^2 沉积末期的构造形态在 E_3^1 末期基础上仅发生局部变化，整体构造形态依然为 NW-SE 向，仍然为两排正向和两排负向构造的构造格局。但是构造幅度较 E_3^1 末期有一定的增强。茫崖坳陷西段由 E_3^2 末期的整体单斜，开始发育了 NW-SE 向的构造，如阿 2-阿 3 井一带、七个泉处轴向为 NW-SE 向背斜。

N_1～N_2^3 阶段过程中，茫崖坳陷 T_R 面构造形态较为相似，整体依然为 4 排构造，其中两排为背斜。但是 N_1→N_2^3 过程中，背斜的幅度逐渐增大，两翼翼间角也在逐渐变大。

2. 下干柴沟组下段（E_3^1）底面（T_5 面）古构造演变

T_5 面的演变与 T_R 面具较大的相似性，但也具一定的差异性（图 5.47）。

（1）昆北断阶 T_5 面古构造演变

E_3^1 沉积末期，T_5 面具多个构造高部位，且各构造高部位的走向不尽相同。阿拉尔-切克里克西侧，为一向 NE 倾斜的单斜构造，但在跃 75 井-切 2 井一线存在一个 NNE-SSW 向构造脊，构造脊南北两侧为构造高点，整体上构成马鞍状。切克里克处为 NW-SE 向背斜，最高点位于切 4 井西侧。东柴山为穹窿构造，但长轴呈 NW-SE 向。东柴山-存迹之间，为 NW-SE 向构造脊。存迹南侧，为一 NE-SW 向向斜。甘森-砂滩边一带，表现为多个隆坳相间格局，其中隆坳既有呈 NNE-SSW 向的，还有呈 NW-SE 向的。

E_3^2 沉积末期，T_5 面构造形态在 E_3^1 末期形态上仅只发生局部演变，而整体上具较强相似性。其中主要变化为东柴山-存迹之间由早期的 NW-SE 向构造脊演变为一 NE-SW 向凹陷，而且在该时期，切克里克 NW-SE 背斜东侧开始叠加 NE-SW 向向斜。

N_1 沉积末期，T_5 面对 E_3^2 沉积末期的构造形态均有很好的继承性，仅跃 75 井-切 2 井一线 NNE-SSW 向背斜逐渐向倾斜北东的单斜演变，而东柴山穹窿构造幅度逐渐降低，但甘森-砂滩边一带背斜和向斜的两翼夹角逐渐增大。

N_2^1 沉积末期，T_5 面的构造形态较 N_1 末期发生较大的变化。除了甘森-砂滩边一带外，整体开始具向北东倾斜的趋势。阿拉尔整体为一个向北东倾向的斜坡，前期跃 75 井-切 2 井间 NE-SW 向背斜消失，演变为单斜的一构造台地。切克里克相对东西两侧，

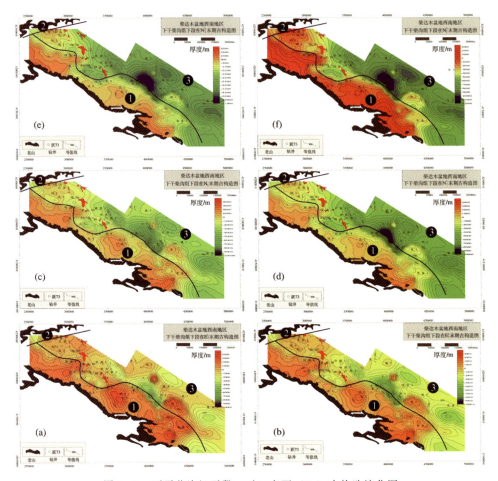

图 5.47　下干柴沟组下段（E_3^1）底面（T_5）古构造演化图

(a) 下干柴沟组下段沉积末期；(b) 下干柴沟组上段沉积末期；(c) 上干柴沟组沉积末期；(d) 下油砂山组沉积末期；
(e) 上油砂山组沉积末期；(f) 狮子沟组沉积末期。❶：昆北断阶；❷：阿尔金断阶；❸：茫崖拗陷

地势较低，但是也表现为单斜特征。东柴山-存迹一带整体为单斜，且单斜倾角较小，但是其间存在局部小凸起和凹陷。甘森-砂滩边一带由早期的多隆拗格局转变为主体向 NE 倾斜的斜坡，且在斜坡北侧发育两个小型凹陷。

N_2^2 和 N_2^3 沉积末期 T_5 面构造形态与 N_2^1 沉积末期具很好的继承性，总体表现为走向 NW，向 NE 倾斜的单斜构造。但是在 N_2^2 末期，切克里克处相对东西两侧地势要低，而在 N_2^3 末期，昆北断阶整体上沿 NW 向地势较一致。只是相对 N_2^1 末期，N_2^2 和 N_2^3 沉积末期在东柴山-存迹一带和甘森-砂滩边一带单斜南侧的局部凸凹格局逐渐消亡，而逐渐演变为一个统一的单斜。从 $N_2^2 \rightarrow N_2^3$ 阶段，昆北断阶地层等高线逐渐变密，单斜的倾角变大。

（2）阿尔金断阶 T_5 面古构造演变

阿尔金断阶 T_5 面构造形态在新生代未发生大改变，从南向北，构造格局为红柳泉

南西侧斜坡、红柳泉凹陷、七个泉凸起。从 $E_3^2 \rightarrow N_2^3$ 末期，七个泉凸起幅度不断增大。且对整个阿尔金断阶而言，在 N_2^3 末期发生过大规律隆升，T_5 面向 SE 倾角最大。

（3）茫崖拗陷 T_5 面古构造演变

E_3^1 沉积末期，茫崖拗陷已开始具 NW-SE 向构造格局，存在多排隆拗相间格局。从 SW→NE，第一排构造位于阿拉尔-扎哈泉一带，为负向构造单元，其中为 NE-SW 向跃 75 井-切 2 井间构造脊所分隔，由西向东，分别为铁木里克浅凹、切克里克凹陷、乌南-绿草滩断坡。第二排位于阿 3-阿 2-跃地 101-乌 4 井，为正向构造单元，即构造脊，主体为尕斯-大乌斯背斜，其中在阿地 6-扎西 1 井之间为 75 井-切 2 井间构造脊所分隔。第三排为红柳泉-油砂山-茫崖一带，整体呈"S"型，为负向构造单元，主体由英雄岭浅凹、茫崖凹陷构成，在该排构造中，具有 3 个局部凹陷中心。第四排构造为正向构造单元，沿七个泉-花土沟-开特米里克-凤凰台-黄石一线展布，其间具 4 个局部凸起区，其中又以黄石处凸起规模最大。

E_3^2 沉积末期的构造形态在 E_3^1 末期基础上仅发生局部变化，整体构造形态依然为 NW-SE 向，仍然为两排正向和两排负向构造的构造格局。但是构造幅度较 E_3^1 末期由一定的增强。茫崖拗陷西段由 E_3^1 末期的整体单斜，开始发育了 NW-SE 向的构造，如阿 2-阿 3 井一带、七个泉处轴向为 NW-SE 向背斜。

N_1 沉积末期整体构造形态未发生大的改变，但是构造幅度增加。局部构造的改变以乌斯背斜的构造幅度增加最为明显，而尕斯库勒处的背斜幅度相对减小。

$N_2^1 \sim N_2^3$ 阶段过程中，茫崖拗陷 T_5 面构造形态较为相似，整体依然为 4 排构造，其中两排为背斜，但是油砂山处和乌斯处背斜进一步发育。$N_2^1 \rightarrow N_2^3$ 过程中，背斜的幅度逐渐增大，也逐渐紧闭。

3. 下干柴沟组上段（E_3^2）底面（T_4 面）古构造演变

（1）昆北断阶 T_4 面古构造演变

E_3^2 沉积末期，T_4 面具多个构造高部位，且各构造高部位的走向不尽相同。阿拉尔-切克里克西侧，为一向 NE 倾斜的单斜构造，但在跃 75 井-切 2 井一线存在一个 NNE-SSW 向构造脊，构造脊南北两侧为构造高点，整体上构成马鞍状。切克里克处为一倾向 NE 的单斜，而在切克里克东段切 4 井处，存在一 NE-SW 向向斜。东柴山为穹窿构造，但长轴呈 NW-SE 向。东柴山-存迹之间，为 NE-SW 向向斜。甘森-砂滩边一带，表现为多个隆拗相间格局，呈 NNE-SSW 向和 NW-SE 向（图 5.48）。

N_1 沉积末期，T_4 面构造形态与 E_3^2 沉积末期类似，但是构造幅度变缓，其中跃 75 井-切 2 井一线 NNE-SSW 背斜逐渐演变为单斜中的构造台地。

N_2^1 沉积末期的构造形态继承了 N_1 末期的格局，且构造更低缓。东柴山为穹窿构造逐渐演变为 NE 向倾斜单斜中的局部台地，且切克里克东侧 NE-SW 向向斜开始消亡。甘森-砂滩边一带逐渐演变为单斜构造。

N_2^2 沉积末期切克里克完全演变为一个单斜构造。

N_2^3 沉积末期整体为 NE 向倾斜的单斜构造，其中切克里克东侧，单斜更为低缓，但是在阿拉尔一带，则单斜的倾角变大。

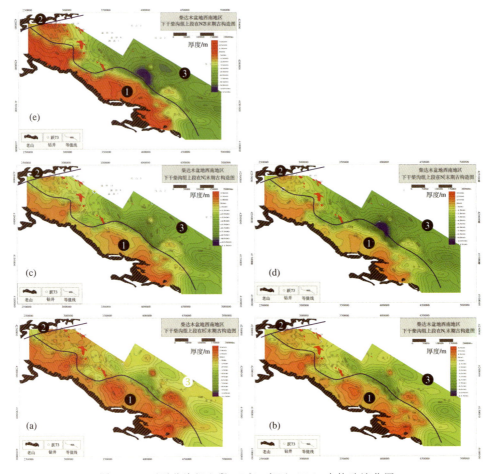

图 5.48　下干柴沟组上段（E_3^2）底面（T_4）古构造演化图

（a）下干柴沟组上段沉积末期；（b）上干柴沟组沉积末期；（c）下油砂山组沉积末期；
（d）上油砂山组沉积末期；（e）狮子沟组沉积末期。❶：昆北断阶；❷：阿尔金断阶；❸：茫崖拗陷

（2）阿尔金断阶 T_4 面古构造演变

新生代，阿尔金断阶 T_4 面构造形态未发生大改变，从南向北，构造格局为红柳泉南西侧斜坡、红柳泉凹陷、七个泉凸起，但是整体向 SE 方向倾斜。从 $E_3^2 \rightarrow N_2^3$ 末期，七个泉凸起幅度不断增大。且对整个阿尔金断阶而言，在 N_2^3 末期发生过大规律隆升，T_4 面向 SE 向倾角最大。

（3）茫崖拗陷 T_4 面古构造演变

E_3^2 沉积末期，茫崖拗陷具 NW-SE 向构造格局，存在多排隆拗相间格局。从 SW→NE，第一排构造位于阿拉尔-扎哈泉一带，为负向构造单元，其中为 NE-SW 向跃 75 井-切 2 井间构造脊所分隔，由西向东，分别为铁木里克浅凹、切克里克凹陷、乌南-绿草滩断坡。第二排位于阿 3-阿 2-跃地 101-乌 4 井，为正向构造单元，即构造脊，主体为尕斯-大乌斯背斜，其中在阿地 6-扎西 1 井之间为 75 井-切 2 井间构造脊所分隔。第

三排为红柳泉-油砂山-茫崖一带，整体呈"S"型，为负向构造单元，主体由英雄岭浅凹、茫崖凹陷构成，在该排构造中，具有 3 个局部凹陷中心。第四排构造为正向构造单元，沿七个泉-花土沟-开特米里克-凤凰台-黄石一线展布，其间具 4 个局部凸起区，其中又以黄石处凸起幅度最大，而七个泉-花土沟一带面积最大，但是幅度较低。

N_1 沉积末期整体构造形态未发生大的改变，但是构造幅度增加。局部构造的改变以乌斯背斜的构造幅度增加最为明显，而孕斯库勒处的背斜幅度相对减小。

$N_1 \sim N_2^3$ 阶段过程中，茫崖拗陷 T_4 面构造形态较为相似，整体依然为 4 排构造，其中两排为背斜，但是油砂山处和乌斯处背斜进一步发育，褶皱幅度不断增大。受南缘昆仑山的挤压作用，新近纪时期，茫崖拗陷中背斜的幅度逐渐增大并紧闭。

4. 上干柴沟组（N_1）底面（T_3 面）古构造演变

（1）昆北断阶 T_3 面古构造演变

N_1 沉积末期，T_3 面具多个局部构造，且各构造高部位的走向不尽相同。阿拉尔-切克里克西侧，为一向 NE 倾斜的单斜构造，但在跃 75 井-切 2 井一线存在一个 NNE-SSW 向构造脊，构造脊南北两侧为构造高点，整体上构成马鞍状。切克里克处为一倾向 NE 的单斜，但其间具局部小型凸起。东柴山为穹窿构造，幅度较大，长轴呈 NW-SE 向。东柴山-存迹之间，为 NE-SW 向向斜，而东柴山则为 NW-SE 向背斜。甘森-砂滩边一带为多个隆拗相间格局，呈 NNE-SSW 向和 NW-SE 向，但构造形态较为低缓（图 5.49）。

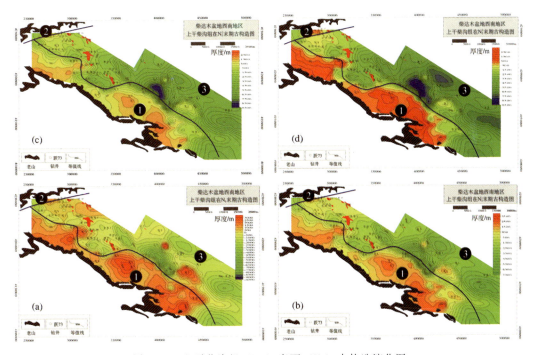

图 5.49　上干柴沟组（N_1）底面（T_3）古构造演化图

（a）上干柴沟组沉积末期；（b）下油砂山组沉积末期；（c）上油砂山组沉积末期；
（d）狮子沟组沉积末期。❶：昆北断阶；❷：阿尔金断阶；❸：茫崖拗陷

N_2^1 沉积末期，T_3 面构造形态与 E_3^2 沉积末期类似，但是构造幅度变缓，其中跃 75 井-切 2 井一线 NNE-SSW 背斜逐渐演变为单斜中的构造台地。

N_2^2 沉积末期的构造形态在 N_2^1 末期的基础上更为平缓，且切克里克完全演变为一个单斜构造。东柴山为穹窿构造，逐渐演变为向 NE 倾斜单斜中的局部台地。甘森-砂滩边一带逐渐演变为单斜构造。

N_2^3 沉积末期整体为 NE 向倾斜的单斜构造，其中切克里克东侧，单斜更为低缓，但是在阿拉尔一带，则单斜的倾角变大，而且在该时期，跃 75 井处，穹窿构造发育。

（2）阿尔金断阶 T_3 面古构造演变

阿尔金断阶 T_3 面构造形态未发生大改变，从南向北，构造格局为红柳泉南西侧斜坡、红柳泉凹陷、七个泉凸起，但是整体向 SE 方向倾斜。对整个阿尔金断阶而言，在 N_2^3 末期发生过大规律隆升，T_3 面向 SE 向倾角最大。

（3）茫崖拗陷 T_3 面古构造演变

N_1 沉积末期，茫崖拗陷构造格局为 NW-SE 向，存在 4 排隆拗相间格局。从 SW→NE，第一排构造位于阿拉尔-扎哈泉一带，为负向构造单元，其中为 NE-SW 向跃 75 井-切 2 井间构造脊所分隔，由西向东，分别为铁木里克浅凹、切克里克凹陷、乌南-绿草滩断坡。第二排位于阿 3-阿 2-跃地 101-乌 4 井，为正向构造单元，即构造脊，主体为尕斯-大乌斯背斜，其中在阿地 6-扎西 1 井之间为 75 井-切 2 井间构造脊所分隔。第三排为红柳泉-油砂山-茫崖一带，整体呈"S"型，为负向构造单元，主体由英雄岭浅凹、茫崖凹陷构成，在该排构造中，具有 3 个局部凹陷中心。第四排构造为正向构造单元，沿七个泉-花土沟-开特米里克-凤凰台-黄石一线展布，其间具 4 个局部凸起区，其中又以黄石处凸起幅度最大，而七个泉-花土沟一带面积最大，但是幅度较低。

$N_2^1 \sim N_2^3$ 阶段过程中，茫崖拗陷 T_3 面构造形态较为相似，整体依然为 4 排构造，其中两排为背斜，但是油砂山处和乌斯处背斜进一步发育，褶皱幅度不断增大，其中以 N_2^3 时期增强幅度最大。受南缘昆仑山的挤压作用，茫崖拗陷中背斜的幅度逐渐增大并紧闭。

5. 下油砂山组（N_2^1）底面（T_2 面）古构造演变

（1）昆北断阶 T_2 面古构造演变

N_2^1 沉积末期，T_2 面构造走向整体为 NW-SE 向，但其间存在多个局部构造。阿拉尔-切克里克西侧，为一向 NE 倾斜的单斜构造，但跃 75 井处存在一局部构造高地。切克里克处为一倾向 NE 的单斜，但期间具局部小型凸起。东柴山为穹窿构造，幅度较缓，长轴呈 NW-SE 向。东柴山-存迹之间，为 NE-SW 向向斜，而东柴山则为 NW-SE 向背斜。甘森-砂滩边一带存在多个局部小型凸凹构造（图 5.50）。

N_2^2 沉积末期的构造形态与 N_2^1 末期类似，而且在前期基础上变得平缓。在 N_2^3 沉积末期，构造格局未发生改变，但是在切克里克西侧，单斜构造倾角更大，而在其东侧，则更为平缓。

由图 5.50 可以看出，切 12、切 6 均有明显的隆起特征，尤其是切 6 构造向东古隆起范围有所增大。由这一系列演化图也可以看出，切四构造为 N_2^3 后期才形成。

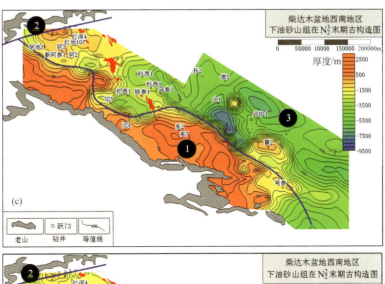

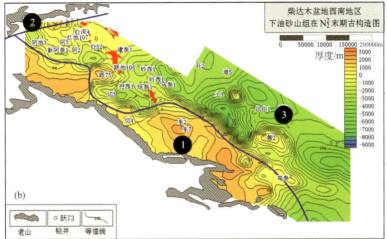

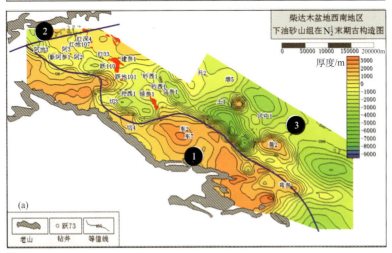

图 5.50　下油砂山组（N_2^1）底面（T_2）古构造演化图

（a）下油砂山组沉积末期；（b）上油砂山组沉积末期；（c）狮子沟组沉积末期。

❶：昆北断阶；❷：阿尔金断阶；❸：茫崖拗陷

（2）阿尔金断阶 T_2 面古构造演变

从南向北，阿尔金断阶 T_2 面构造格局为红柳泉南西侧斜坡、红柳泉凹陷、七个泉凸起，但是整体向 SE 方向倾斜。对整个阿尔金断阶而言，在 N_2^3 末期发生过大规律隆升，但七个泉凸起的幅度较缓。

（3）茫崖拗陷 T_2 面古构造演变

N_2^1 沉积末期，T_2 面构造格局为 NW-SE 向，存在 4 排隆拗相间格局。从 SW→NE，第一排构造位于阿拉尔-扎哈泉一带，为负向构造单元，其中为 NE-SW 向跃 75 井-切 2 井间构造脊所分隔，由西向东，分别为铁木里克浅凹、切克里克凹陷、乌南-绿草滩断坡。第二排位于阿 3-阿 2-跃地 101-乌 4 井，为正向构造单元，即构造脊，主体为尕斯-大乌斯背斜，其中在跃 110 井处和砂西 1-扎 1 处为小型向斜。第三排为红柳泉-油砂山-茫崖一带，整体呈"S"型，为负向构造单元，主体由英雄岭浅凹、茫崖凹陷构成，在该排构造中，具有 3 个局部凹陷中心。第四排构造为正向构造单元，沿七个泉-花土沟-开特米里克-凤凰台-黄石一线展布，其间具 4 个局部凸起区，其中七个泉-花土沟一带面积最大，但是幅度较低，而东端黄石处穹窿构造幅度较大。

$N_2^2 \sim N_2^3$ 阶段过程中，茫崖凹陷 T_2 面构造形态较为一致，整体依然为 4 排构造，其中两排为背斜，但是油砂山处和乌斯处背斜进一步发育，褶皱幅度不断增大。但 N_2^3 时期，第四排构造西段七个泉-花土沟一带，构造在 N_2^2 基础上相对变缓。

6. 上油砂山组（N_2^2）底面（T_2' 面）古构造演变

（1）昆北断阶 T_2' 面古构造演变

N_2^2 沉积末期，T_2' 面构造走向整体为 NW-SE 向，但切克里克东西两侧构造形态不尽相同。在西侧，整体为一近东西向背斜，该背斜东西两侧具两高点，构成鞍状构造。切 2-切 3 井之间，为一构造盆地，长轴近于东西向。切克里克东侧，整体为 NW-SE 轴向的背斜，但是背斜中存在两个高点，分别位于切 4 井处和东柴山以南，其中又以东柴山以南高点为主体。在甘森-砂滩边一带为向北东倾斜的单斜构造，局部发育构造台地（图 5.51）。

N_2^3 沉积末期的构造形态有较大的变化，整体演变为一向 NE 倾斜的单斜构造，但在阿拉尔东侧、东柴沟南侧存在局部两个构造高点，而甘森处在存在一小型负向构造单元。

（2）阿尔金断阶 T_2' 面古构造演变

阿尔金断阶 T_2' 面构造格局为红柳泉向斜、七个泉背斜，但是整体向 SE 方向倾斜。对整个阿尔金断阶而言，在 N_2^3 末期发生过大规模隆升，但七个泉背斜的幅度较缓。

（3）茫崖拗陷 T_2' 面古构造演变

N_2^2 沉积末期，T_2' 面构造格局较 T_2' 以下反射面有较大的改变，整体构造走向依然为 NW-SE 向，但是共存有 6 排隆拗相间格局。从 SW→NE，第一排构造位于扎哈泉一带，为负向构造单元。第二排构造位于跃 75 井-乌 4 井一带，为背斜构造。第三排构造为红 33-跃地 101 井一带，为向斜。第四排为狮子构造背斜，延伸长度小于 100km，背斜较紧闭，幅度较大。第五排为向斜，由扎西 1 井延伸至茫南 1 井，东西两侧具两个

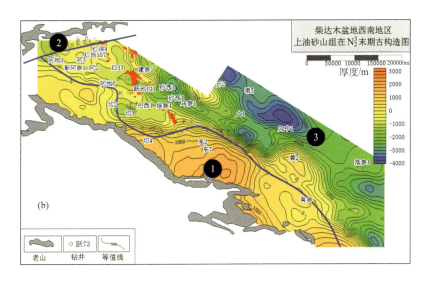

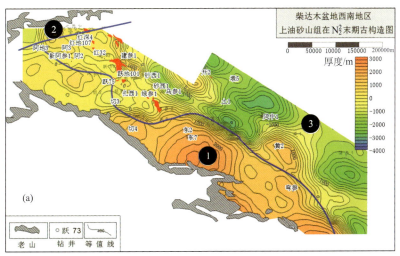

图 5.51　上油砂山组（N_2^2）底面（T_2'）古构造演化图

（a）上油砂山组沉积末期；（b）狮子沟组沉积末期。

❶：昆北断阶；❷：阿尔金断阶；❸：茫崖拗陷

局部凹陷。第六排构造为背斜，沿花土沟-开特米里克-凤凰台-黄石一线展布，其间具东西两侧两个局部凸起区，该背斜幅度较高，两翼较为紧闭。

N_2^3 末期，茫崖拗陷 T_2' 面与 N_2^2 末期构造形态较为相似，整体依然为 6 排构造，但构造总体更为紧闭。

7. 狮子沟组（N_2^3）底面（T_1 面）古构造演变

（1）昆北断阶 T_1 面古构造演变

N_2^3 沉积末期，昆北断阶 T_1 面古构造形态复杂。阿拉尔整体为单斜构造，但是在切 2 井西发育局部隆起。切克里克处为斜坡，最高处为切 4 井周缘。东柴山-存迹之间为一低幅度穹窿构造，长轴轴向为近东西向。在甘森-砂滩边一带为向北东倾斜的单斜构造，局部发育构造洼地（图 5.52）。

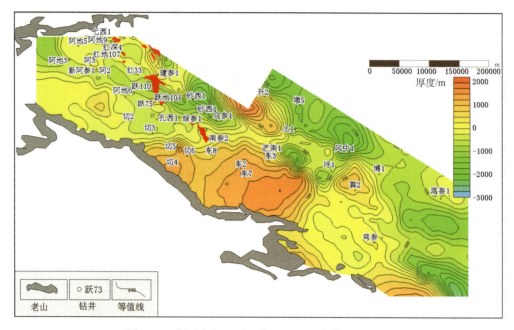

图 5.52　狮子沟组（N_2^3）底面（T_1）古构造演化图

（2）阿尔金断阶 T_1 面古构造演变

阿尔金断阶 T_1 面构造格局为阿拉尔斜坡、红柳泉向斜、七个泉背斜，但是整体向 SE 方向倾斜。其中七个泉背斜幅度较低，背斜向南东倾伏端还局部发育几个低幅小凸凹构造。

（3）茫崖拗陷 T_1 面古构造演变

N_2^3 沉积末期，T_1 面构造格局较 T_2' 面亦发生一定的改变。整体构造走向依然为 NW-SE 向，但是共存在 6 排隆拗相间格局。从 SW→NE，第一排为阿 2-跃地 101 井一带，为向斜，较为紧闭。第二排为狮子构造背斜，呈 "S" 型展布，背斜较紧闭，幅度较大。第三排为向斜，在狮子构造北-扎西 1 井-茫南 1 井-坪 1 井一线发育，具四个局部凹陷，也较紧闭。第四排构造为背斜，沿花土沟-开特米里克-凤凰台-黄石一线展布，其间具东西两侧两个局部凸起区，该背斜幅度较高，两翼较为紧闭，其中以花土沟背斜规模最大。

T_2' 面在茫崖拗陷中存在 6 排构造，其中第一排的扎哈泉负向构造和跃 75 井-乌 4 井正向构造在 T_1 面中转为向北东倾斜的斜坡。

四、有利构造圈闭地质条件分析

古近纪-中新世，该区整体表现为断陷盆地的沉积充填特征，边缘相带较窄，湖泊沉积体系十分发育，在盆地中央拗陷带缺乏有效碎屑岩储层。切克里克凹陷主体的下干柴沟组下段 E_3^1 为半深湖—深湖相的相带线，呈 SN 向展布，指示了近 SN 向的古构造背景。

从 E_{1+2}、E_3^1 厚度等值线图可以看出，盆地凹陷一开始就是南北向显示，物源可能由东（东北）、西（西北）两个方向提供。盆地受周缘环境的影响，E_{1+2} 时期沉积了不厚的红层，无冲（洪）积扇相发育。自 $E_3 \sim N_1^1$ 这一时期，盆地在前基础上呈近 SN 向展布，盆地边缘带为近 SN 向展布（图 5.53），N_2^2 之后在构造影响下盆地发生逆转（图 5.54），盆地轴向成为 EW 向，边缘相带与昆仑山构造相带一致，接受了来自昆仑山的大量物源。

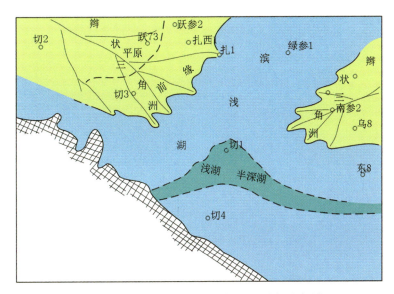

图 5.53　柴西南昆北切克里克地区 N_2^1 沉积相图

因此，昆仑山开始强烈抬升可能在喜马拉雅第Ⅲ幕早期（N_2^2）构造运动阶段即已发生。

可以看出昆北断裂在新近纪有强烈的构造抬升和明显的控盆作用，也说明了东昆仑构造在晚喜马拉雅期强烈的造山作用和边界断裂活动。昆北断裂剖面的变化表明其构造活动具有由西向东渐次发育的特点，这与阿尔金山构造带的阻挡作用有很大关系。由昆北断阶上的局部构造的分布及其后期的演化可以看出，区域性 NW 向挤压构造应力对断阶带的挤压作用并不明显，一方面昆北断裂没有表现出明显的逆冲断裂的剖面特点，断裂带上盘不发育走向与断裂平行的背斜带和断背斜带；另一方面，早期近 SN 向古构造的形态还较好保存（图 5.55），并且在后期昆北掀斜挠曲过程中继承发育，说明了该区域受到了东西方向的挤压应力作用（图 5.56）。

根据昆北断阶带的纵剖面（与昆北断裂带平行）特征，在东西方向上或平行于东昆仑山走向上，昆北断阶带发生了基底挠曲反转作用，中构造层近 SN 向古构造高点或斜坡具有形成原生油藏的条件，在新近纪反转成为构造位置相对较低的凹陷部位（切 12 井、切 11 井），而中构造层为盆地中心的拗陷区，在新近纪则褶皱成为高点，如切 4 井。这也说明了为什么切 12 井构造为油藏，而切 4 井只见油气显示的原因。

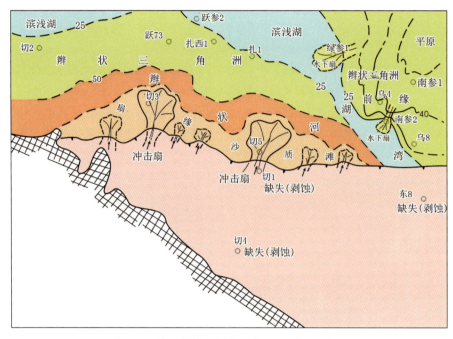

图 5.54　柴西南昆北切克里克地区 N_2^{2-2} 沉积相图

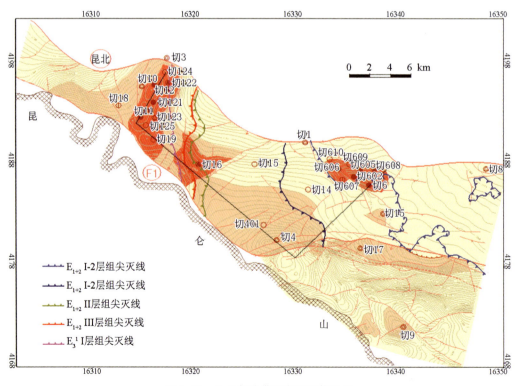

图 5.55　昆北断阶带基底顶面构造图

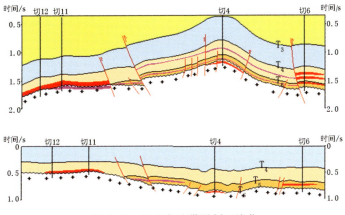

图 5.56　昆北断阶带纵剖面演化

由于在中构造层发育期间，切 4 井是柴西地区沉积盆地向南延伸经过的拗陷部位，为古构造位置相对较低的部位，因此现今的构造仅仅是后期反转构造，可以晚期成藏，但这要取决于有没有源供给。上构造层发育阶段，昆北断裂具有压性特征，能否成为连接切克里克生烃凹陷的源岩与上盘圈闭，为上盘提供油气源，关于这一点还有待进一步的证据和分析。

结合昆北地区构造沉积演化规律，主要是根据井资料和构造演化研究成果，可以在切 12 井与切 6 井之间勾绘出一主体为 NNE 向的主沉积中心区（图 5.57），中心区向南

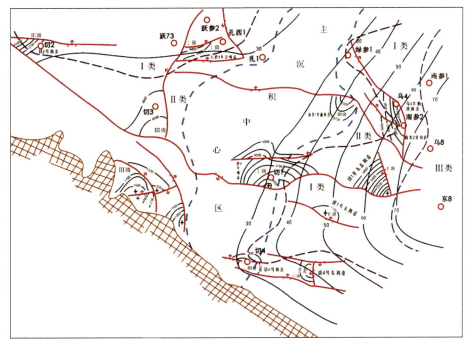

图 5.57　昆北切克里克地区综合评价

可能有一定的延伸，但后期祁曼塔格山隆起已将其抬升剥蚀，目前的祁曼塔格山山前断裂属于沉积后盆地边界。在沉积中心区的两侧属于中构造层斜坡发育区或古构造带分布区，是有利的原生油藏富集区带。

建议重点对两侧斜坡区进行勘探。同时昆北断裂带下盘的古构造圈闭也是有利的目标，这在前面已有论述。

第三节　柴北缘地区油气关键成藏期构造特征

柴北缘地区具有丰富的油气资源，以侏罗系烃源岩为主，部分地区还发育古近系和新近系、石炭系烃源岩，地表油气显示活跃，已发现的以次生型油气田为主，这些油气田基本位于现今构造高部位。由于柴北缘地区经历了复杂的构造逆冲、旋转、走滑及升降等复杂过程，现今的构造高部位并不是油气成藏阶段的构造高点，现今的构造带与烃源岩成熟排烃时期的生烃凹陷的空间关系已发生了变化。

目前已逐步认识到了晚喜马拉雅运动阶段形成的构造晚于成藏期，多作为次生油气藏的圈闭，并通过总结发现，凡是失利的井基本钻在了晚喜马拉雅运动阶段形成的构造上，而成功的井基本位于早喜马拉雅运动阶段就已发育的构造上。但对于哪些构造发育于早喜马拉雅运动阶段，哪些构造发育于晚喜马拉雅运动阶段，它们的分布规律与控制因素目前并没有清楚，影响这方面认识的深化。因此，有必要重点研究影响油气富集的关键要素，如柴北缘地区侏罗系源岩成熟排烃阶段该区的构造格局，特别是主要成藏期之前发育的前期构造圈闭的分布，以及连接烃源岩与圈闭的油气输导系统特征，这对于及时转变勘探思路，寻找那些未受重视的勘探领域具有一定的作用。

三大构造层的认识对揭示柴北缘油气关键成藏期的构造格局提供了理论指导。中构造层盆地形成机制决定了柴北缘为中构造层沉降中心分布区，而中构造层的发育加速了其下方侏罗系源岩的成熟，也就是说柴北缘烃源岩大规模生排烃期与盆地的拗陷沉降期一致。走滑伸展、沿断沉降为柴北缘中构造层形成机制，这一机制表明，生排烃高峰期走滑断裂带为重要的沉降带，剖面形态为负花状，而在断裂带的一侧或两侧有可能发育一些古圈闭。

一、柴北缘盆山关系分析

在重大科技专项的推动下，目前对控制柴北缘地区盆地性质与构造演化的主要构造背景已经有了新的认识。尤其对盆山关系、断裂系统的性质及其演化有了较为明确的认识，从宏观上把握了柴北缘地区的主要构造格局。确实，前陆冲断带的观点对一些现象却难以解释，如菱形的构造格局、沉积凹陷在盆地走向上的变迁等。而对走滑作用的认识已得到一定程度的认可。柴北缘断裂系统复杂，性质、形态在空间上变化大，通过重点解剖，对断裂系统的规律性有了进一步认识，同时对局部构造发育规律开展了研究，对构造样式和构造形态根据新的思路进行了地震资料解释。

在区域上，大小赛什腾山、绿梁山、锡铁山等与南祁连山具有明显不同的岩性地层组合。前者又被称为柴北缘断褶带或大型韧性剪切带。柴北缘构造总体呈一向南西方向突出的弧形构造特征，即以大柴旦处为顶点，其东侧构造线主要为近 EW 向，即宗务隆山构造带；西侧构造线为 NW 向，但无论在地层组合、还是具体构造变形特征上，大柴旦的东西两侧均不具有相似性，说明了该弧形构造带不同于挤压构造背景下单纯的应变效果，而是不同构造动力学条件下的产物。但出露于盆地内侧的柴北缘残山构造带又具有近于一致的 NW 向构造线（图 5.58），似乎又说明了以大柴旦为弧顶的南祁连南缘构造带与柴北缘残山构造带具有差异的构造活动过程。下面主要论述大小赛什腾山与柴达木盆地赛什腾凹陷之间的构造演化关系，主要根据一系列地震剖面来揭示该断裂带的特征，以及对沉积凹陷形成与演化的控制作用（图 5.59）。

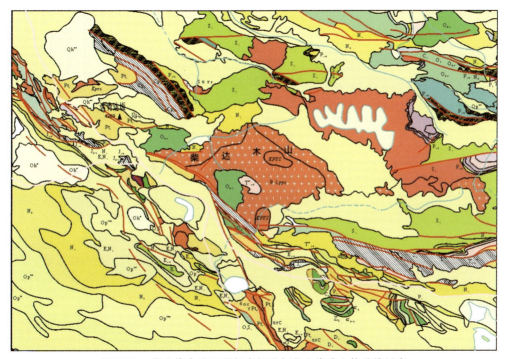

图 5.58　柴北缘大柴旦两侧南祁连与柴北缘残山构造线展布

　　比较普遍的认识是，祁连山向南北两侧逆冲，分别在北侧的酒泉盆地与柴达木盆地形成冲断构造，而对柴北缘地区构造的认识上，则认为具有双层构造，即深部的由北向南逆冲和浅部的由南向北逆冲，并认为是燕山和喜马拉雅两期构造运动的结果。通过对地震剖面进行了大量的解释分析后，提出柴北缘冷湖构造带为走滑构造的新认识，并发现浅层构造相对深部构造在构造带的走向上、而不是逆冲构造那样在构造横向上发生偏移。

　　通过对柴北缘西段盆山地段地震剖面的解释，发现大小赛什腾山向盆地的逆冲作用并不占优势，主要段落内以走滑作用为主。

　　1. 赛什腾山构造带与盆地接触关系

　　赛什腾南缘断裂是控制柴达木盆地西北部的边界断裂，由赛南 1 号断层和赛南 2 号

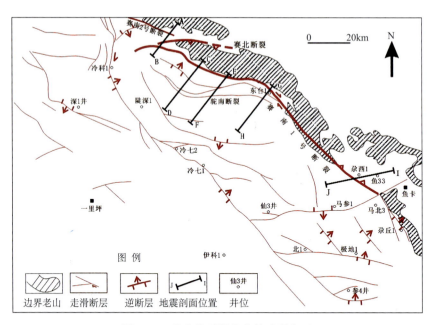

图 5.59　柴北缘西段盆山关系研究区

断层组成（图 5.60，图 5.61）。赛南 1 号断层与赛北断层之间所夹的部分为赛什腾山在盆地内的西延隐伏段，可以看出赛什腾山在盆地内的隐伏段表现为向北、向上的逆冲作用，靠近赛北断层上盘的地层明显向上逆冲，形成断背斜特征，而赛南 1 号断层在西端的逆冲并不明显，断距较小。在地层厚度上，古近系厚度在赛南断层与赛北断层之间基本一致，反映出古近纪阶段，赛什腾山为相对稳定的构造沉降单元。进入新近纪，沉积地层在往盆地方向出现加厚，向北变薄，说明赛什腾山在该阶段已开始隆升。该特征表明赛什腾山的隆升是构造反转的结果，并可能导致断层面产状发生了变化。

　　82184 剖面可以说明盆山及山与山的接触关系（图 5.61），该断层在盆地内断至 N_2^2 以下，断层以北为赛什腾山隐伏段，基岩向北抬升加剧，倾角增大，约 55°。赛什腾山北部被断面南倾的赛什腾山北侧断层错断，断层倾角较陡，约 70°左右。赛北断层以北，大小赛什腾山侧接带内，是一个地层北倾的构造单元，宽约 2km，地层倾角较缓，约 3°左右。而小赛什腾山南翼，地层倾角较陡，再向北是小赛什腾山南缘断层。可以看出，该段赛什腾山向北的逆冲作用更大，中新世后，基岩与沉积地层沿断裂向上逆冲明显，而赛什腾山南侧断裂的向上逆冲作用并不强。同时由该段剖面也可以看出，赛什腾山西端在水平方向的逆冲规模较为有限，主要表现为向两侧、向上的逆冲，断裂倾角比较大，深部很可能合为一条高角度断裂，赛什腾山由北侧向上的逆冲作用较大，反映了断裂走滑作用导致地壳块体垂向抬升的构造变形特征。

　　在 04194 测线（CD 剖面）上（图 5.62），几条断层呈阶梯状，倾角陡，剖面上 4 条断层逐步向北抬升，没有形成叠瓦状的冲断形态。山前发育了赛南 1 号断层，断层倾角有 70°～80°，其下盘基底反射清楚，上盘就是中晚古生代的侵入花岗岩，说明断层形成于中晚古生代后，活动期为喜马拉雅中期，晚期停止活动。该段剖面显示不出明显的

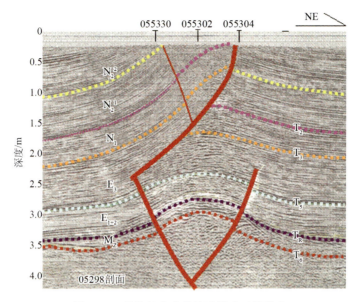

图 5.60 传统的柴北缘构造样式双层模式

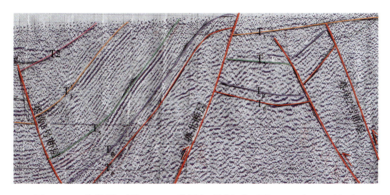

图 5.61 柴北缘西端 82184 地震解释剖面（图 5.59 中 AB 剖面）

断裂向盆地内冲断作用，剖面并没有揭示断块向南、向上的冲断形态，即同一断块内靠近盆地一侧的块体并没有明显的向上抬升，也没有形成逆冲断裂所伴有的前缘背斜结构。

到 04208 测线（EF 剖面）（图 5.63），即赛什腾山中段，赛南 1 号断层下盘的盆地一侧，地层倾角较为平缓，仅在靠近山前断裂带附近向上抬升，说明断裂带两侧的地块均发生了隆起。断层上盘与花岗岩接触。向东到 242 测线（图 5.59 中 GH 的剖面），赛南 1 号断层在位于东台地面构造北部，走向北西，倾向北东。在 00244 测线上，在赛什腾山南侧的隐伏区，基岩为一南倾的斜坡，埋深较浅为 $100\sim1000\mathrm{m}$，其上发育了几条呈阶梯状的向南逆冲的断层，最北端的一条就是赛南 1 号断层。断层倾角陡，北盘为赛什腾山的老地层，南盘为第四系、古近系超覆到基岩之上。

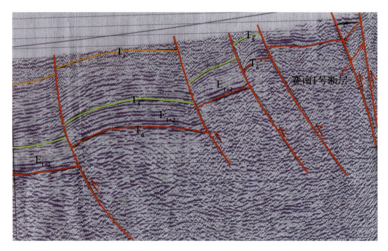

图 5.62　柴北缘 04194 地震剖面断层呈阶梯状（图 5.59 中 CD 剖面）

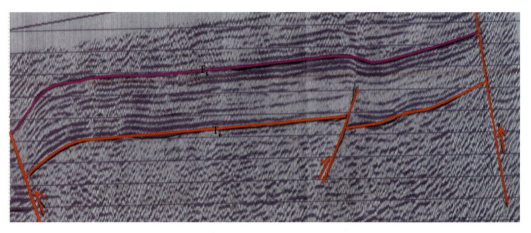

图 5.63　柴北缘 04208 地震剖面赛南 1 号断层下盘地层倾角较缓（图 5.59 中 EF 剖面）

　　总的来看，大小赛什腾山南侧与盆地接触的边界呈北西向雁行排列，倾角较陡，为 $60°\sim70°$。剖面上，赛南 1 号断层下降盘一侧有数条小断层，这些断层越靠近赛南 1 号断层，断层倾角就越陡，组成半花状断层样式。同时，下降盘一侧分布的地层较新，有第四系及古近系和新近系，而上升盘一侧则为出露的海西期花岗岩、奥陶系等老地层，基底抬升较高。

　　大小赛什腾山在平面上构成右行侧接，交汇处对应的盆地部位基底相对较高，说明新近纪以来该区地壳有一定程度的加厚。赛什腾山主断层为右行走滑断层，主要活动期应在新近纪以来，赛什腾凹陷的形成、走滑断裂活动与赛什腾山的隆升紧密联系、耦合共生。由于盆地深部地壳的旋转，在赛什腾走滑断裂带，也就是赛南 1 号断层的东端，走滑断层转换为逆冲断层，释放走滑分量，并且使鱼卡凹陷叠置于赛什腾凹陷之上（图 5.64）。但该剖面与断裂带的走向呈小角度相交，因而剖面所反映的是断层视倾角，比真倾角要小。

因此，由 1001 剖面揭示的鱼卡凹陷一带的盆山接触关系并不具有代表性，不能根据该剖面说明柴北缘具有较大的逆冲推覆距离，实际该逆冲推覆仅是走滑断裂次生的产物。

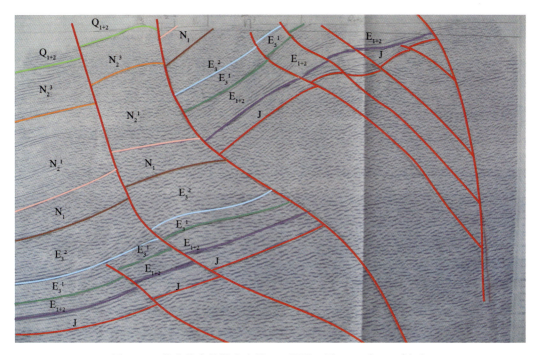

图 5.64　柴北缘赛什腾山南缘 242 测线（图 5.59 中 GH 剖面）

赛南 1 号断层作为赛什腾凹陷与北侧界山的主要分界断层，其构造特征及演化过程揭示了赛什腾凹陷的形成机制。从图 5.65 可知，赛什腾凹陷在古近系沉积期间，赛什腾山并没有隆升，说明控制古近纪沉积凹陷的边界并不是赛什腾山。再从该断层的其他段落可以看出（图 5.65），赛南 1 号断层可能为一反转断层，赛什腾山的局部地段在古近纪可能为比盆地还低的沉降带。

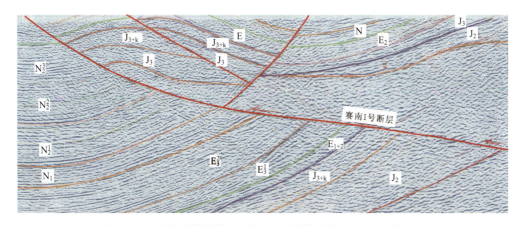

图 5.65　柴北缘赛什腾山南缘 1001 测线（图 5.59 中 IJ 剖面）

从穿过赛什腾山南缘的一系列剖面可以看出，赛什腾山的主断裂面的倾向自西向东发生了反转，在山体的西侧以走滑为主，主断裂面向南倾，向东至鱼卡凹陷附近，走滑断裂转换为逆冲推覆断裂样式，主断裂面向北倾。说明了赛什腾山的形成并不是因为祁连山向盆地的逆冲挤压作用导致其抬升的，而可能是岩石圈断裂的走滑作用导致其向上抬升、向东滑移。深部地幔与区域走滑大断裂有紧密联系。柴北缘构造带的达肯大坂岩群中有太古宙麻粒岩组合的信息，说明了该岩群来自下地壳，推测为走滑断裂活动导致其垂直上升了 30 多千米到达地面。该岩群在整个柴北缘构造带都有分布，在柴北缘的西段收敛，至东段呈帚状散开。

2. 盆山演化与油气勘探

柴达木盆地地处青藏高原北部，周边深大断裂构造发育，盆地深部地壳厚度大，平均达 55km，中地壳低速塑性层发育。这些特征说明柴达木盆地的形成与演化相对于中国其他盆地具有其特殊性。盆地深部低速塑性层的流动导致韧性断裂带较为发育，在盆地形成的不同阶段，韧性断裂带的力学性质也在张性与压性之间发生转化。柴达木盆地发育走滑反转构造，如赛什腾山构造带、冷湖构造带等。因此，在烃源岩大规模生排烃的古近纪后期及中新世阶段，位于走滑带之间的块体可能处于相对较高的地势，是油气运移聚集的指向区，有利于形成原生油气藏。

柴达木盆地柴北缘地区圈闭形成期与烃源岩生排烃期是否匹配是决定圈闭是否有效的关键。柴北缘地区侏罗系烃源岩生排烃时间主要在古近纪末，该区的主要构造带在该阶段并没有形成，相反有的构造带在盆地演化过程中曾是负向的凹陷带，并不是古近纪末油气运聚的指向区。在这些构造活动性较强的构造带之间发育较稳定的构造块体，在两侧构造发生较强的沉降作用阶段，这些块体的构造位置相对较高，是较有利的油气运聚地带。柴北缘地区地表的主要构造带主要是晚喜马拉雅运动的结果，这些构造带上可形成有利的次生油气藏。

在典型油气藏解剖的基础上，本次研究重新梳理了柴北缘各构造带的成藏条件及各成藏要素之间的匹配关系，研究表明，柴北缘各构造带发育较好的生储盖条件，进一步综合分析显示柴北缘油气成藏明显受晚期构造活动的影响，主要表现为晚期挤压走滑环境下形成的构造对油气成藏及其分布具有重要控制作用，而相对而言，早期古构造是晚期成藏的基础，对油气聚集成藏非常重要。

在对构造样式解剖上，要在地层层位可靠追踪的基础上，结合构造应力分析，综合解释构造形态。正确认识逆冲推覆构造与走滑构造的空间转换关系。通过研究发现，赛什腾山南侧地区内逆冲推覆构造较为发育的部位有黑石丘地区、三台地区和鱼卡之南，逆冲方向在三个部位有明显不同。黑石丘构造具有由 NE 向 SW 逆冲的特点，三台地区表现为由 NW 向 SE 逆冲，鱼卡南侧表现为向盆地内逆冲，它们具有不同的逆冲推覆方向。这种多方向性正好说明可能不存在统一、有相当规模的向盆地方向的逆冲推覆作用，逆冲推覆构造可能是走滑断裂构造带端部的构造变形的转换形式。

井下资料也说明柴北缘的边界造山带并没有向盆地方向的大规模逆冲。无论是赛什腾山前的东台 1 井，还是绿梁山山前的尕丘 1 井，并没有钻遇到被山体掩覆的新地层，而是钻遇到了高角度断裂带，说明山体向南侧的逆冲规模十分有限。因此新生代以来的柴北缘地区的构造变形主要以走滑变形为主，上述逆冲推覆是其伴生产物。勘探目标的选择应在走滑带上寻找构造发育相对较早的古构造高点，同时对断裂带之间块体上的目标要加以重视，因为这些块体在断裂带处于伸展阶段时在地形上相对要高，然而构造反转后它们现在又处于相对低的凹陷中。如后期构造破坏不大，这些地区的圈闭可能形成了原生油气藏，赛什腾凹陷内分布有多个这类构造圈闭，建议作进一步深入探讨。

冷湖构造带、鄂博梁构造带主要为晚喜马拉雅运动阶段定型，主要受阿尔金断裂带伴生帚状构造向盆地的推进、深部地壳的拆离与北缘边界对盆地的挤压作用等。这些构造一侧的高角度走滑断裂可以形成断层封堵油气藏，同时走滑带两侧的弱变形区也可能是原生油气藏的有利分布区。

柴北缘地区的红山向斜与红山构造带为斜向挤压的产物，现今在向斜上分布的活跃油苗应是来自于滑脱层下方原生油气藏，油气逸散的通道主要是高角度张性构造缝。构造解释红山地区分布有多个古构造圈闭，是勘探原生油气藏的有利目标。

由于盆地深部地壳的旋转，在赛什腾走滑断裂带的东端，走滑断层转换为逆冲断层，释放走滑分量，并且使鱼卡凹陷叠置于赛什腾凹陷之上。因此鱼卡凹陷一带的盆山接触关系并不具有代表性，不能根据该剖面说明柴北缘具有较大的逆冲推覆距离，实际该逆冲推覆仅是走滑断裂次生的产物。

赛南 1 号断层作为赛什腾凹陷与北侧界山的主要分界断层，其构造特征及演化过程揭示了赛什腾凹陷的形成机制。赛什腾凹陷在古近系沉积期间，赛什腾山并没有隆升，说明控制古近纪沉积凹陷的边界并不是赛什腾山。再从该断层的其他段落可以看出，该边界断层可能为一反转断层，赛什腾山的局部地段在古近纪可能为比盆地还低的沉降带。

由上述分析可以看出柴达木盆地北缘的赛什腾山具有走滑反转特征，在古近系沉积阶段，该山体还是盆地的基底，晚喜马拉雅运动阶段反转成山，下地壳岩石抬升至地表，抬升高度达 35km。盆山耦合关系为走滑与逆冲断层，其中逆冲断层为走滑断层在端部的转换形式。总之，造成柴北缘构造变形的动力主要来自深部地壳的旋转与走滑作用。

二、柴北缘构造样式

目前对柴北缘地区构造样式的认识基本存在两种，一是逆冲推覆双层楼构造模式，一是走滑近花状构造模式。造成这种认识差异的主要原因也有两个，一是区域上构造类比引起，如祁连山北麓发育逆冲推覆构造，有人提出了祁连山向两侧冲断造山的模式，这势必影响对局部构造的认识；二是穿过柴北缘几大构造带的地震剖面信噪比较差，不能很好地反映地层的展布，这样造成的构造解释推断性成分较多，以致众说纷纭。

首先就区域构造类比这一因素作简单分析，即祁连山南北梁两麓是否可以类比，是否有相似但相反方向的构造变形？从区域构造分布看，祁连山南北两侧具有不同的构造控制作用。该区在新生代的构造变形主要受控于阿尔金走滑断裂带，祁连山北麓为阿尔金走滑带由走滑转换为逆冲带的前端部位，也就是岩体运动位移的转折受限位置，这样酒泉盆地的南侧易形成大规模的逆冲推覆构造（图 5.66）。

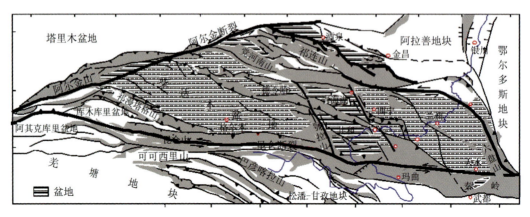

图 5.66　青藏高原东北部造山带与盆地分布（方小敏等，2007）

　　但祁连山南侧的情况则完全不同，就是说祁连山造山与天山造山的机理是有差异的。受阿尔金走滑带的控制，祁连山属于走滑端的帚状变形造山，而天山造山则与两侧块体（塔里木盆地与准噶尔盆地的基底）向天山下方的俯冲变形有关。可以看出，祁连山南侧的部分边界（主要是柴北缘西段边界）具有与北侧酒泉盆地南界相似、构造变形方向相同、相对较弱的构造变形，即在柴北缘的西段，非但没有祁连山向盆地的逆冲，而是该段的构造带具有向北的逆冲或向北的旋转变形。

　　因此，在区域构造格局上，祁连山南北两侧并不具有类比性，南祁连山向南西方向突出的弧形构造带不是祁连山向柴达木盆地挤压作用的结果，而是柴北缘或南祁连山南麓因阿尔金走滑带的走滑牵引和柴达木山花岗岩体阻滞所引起的不均一变形的效果。也就是说，柴北缘，尤其是柴北缘西段的构造变形主要为走滑构造样式，实际是古近纪走滑伸展和新近纪的走滑挤压先后作用的结果，即走滑反转构造样式。

　　地震资料品质影响对构造样式的正确认识。由穿过冷湖构造带的地震剖面可以看出（图 5.67），穿过局部构造的地震剖面看起来较为连贯，但不同时代地层在剖面上看不出明显的差异，即频谱、振幅、连续性等在纵向上基本相似，究竟这是由相似的岩性决定的，还是地震资料处理的结果，难以确定。因地震层序在剖面上没有明显差异，给层位的追踪造成错觉，即经过这些构造带地层是连续分布的。但仔细观察和追踪可以发现高角度断层的存在（图 5.68）。

　　正确的层位追踪应在区域范围内进行，在确定标志层的基础上，根据区域性大剖面进行全区的解释，这样才能把握地层的展布。专题在对全盆地大剖面解释的基础上，对柴北缘地区进行较详细的构造解释工作，合理追踪了该区中新生界的展布，对构造样式有了较为清楚的认识（图 5.69，图 5.70）。图 5.70 表明柴北缘冷湖断裂带的走滑量具有较大的规模，断裂带两侧的地层厚度具有较大的差异，这是两侧地层沿走滑断层发生较大距离位移后而拼接在一起的。

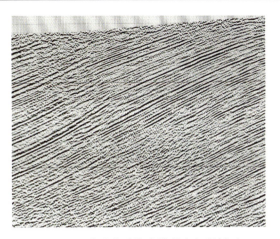

图 5.67　柴北缘冷湖走滑带未解释剖面

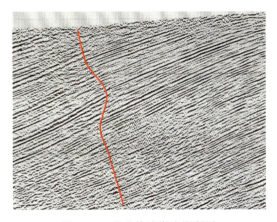

图 5.68　柴北缘冷湖走滑断层

图 5.69　冷湖构造地震剖面

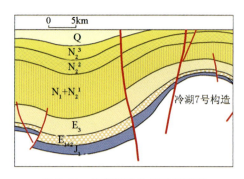

图 5.70　冷湖构造地质解释剖面

部分剖面上走滑带两侧的基底埋深差异较大，显然是高角度断层所致（图 5.71）。走滑带南侧（图 5.71 的左侧）为深拗陷，基底埋深大，地层厚度大，断裂北侧（图 5.71 的右侧），基底浅、中新生界薄。它们之间为高角度走滑断层。

据理想的走滑变形构造模式（图 5.72），从柴北缘冷湖五号的地面构造样式、断裂组合等特征可以帮助推断形成该构造的动力学性质（图 5.73.）。形成冷湖五号的主要应力为 NE 向，该构造为右行走滑作用所致。剖面解释如图 5.74。

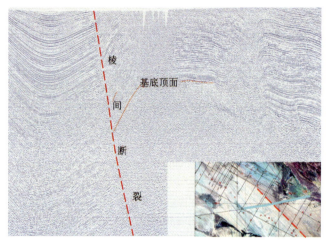

图 5.71　冷湖断裂带两侧地层展布与基底埋深差异

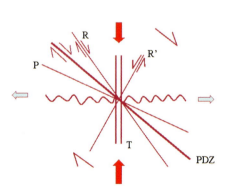

图 5.72　典型右行走滑简单剪切与
构造之间的角度关系（Biddle et al.，1985）

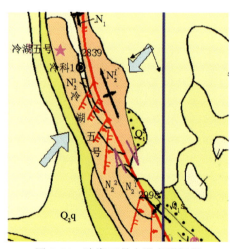

图 5.73　冷湖五号走滑变形解释

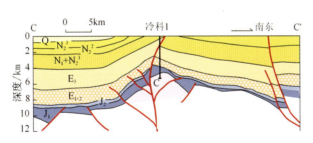

图 5.74　冷湖五号走滑构造样式地震解释

根据编制的柴北缘地区西段路乐河组厚度图，可以对走滑断层两侧地层的走滑量进行大概估算（图 5.75），在冷湖五号、六号附近的走滑断裂带两侧有两组相似的厚度分布区，即厚薄分布的特征具有相似性，据此判断冷湖断裂带在该段的走滑距离约 20km。

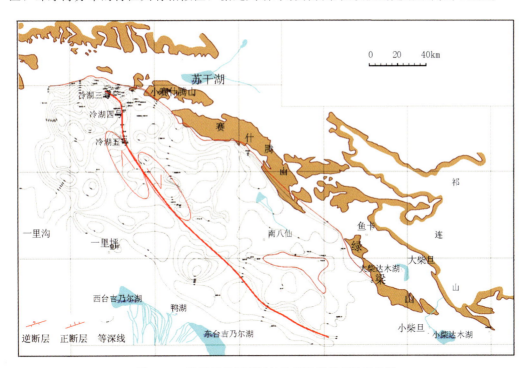

图 5.75　路乐河组厚度图与冷湖断裂带走滑量推测

通过建立新的地震解释构造样式，对柴北缘断裂系统进行了重新认识，揭示了柴北缘地区走滑断裂体系及其分布，并根据地震资料对断层的活动时间有了进一步认识。柴北缘地区断裂发育（图 5.76），一级断裂规模巨大，长期活动，通常是盆地的边界断层或盆地内部一级构造单元的分界断层。对盆地的形成演化和构造格局有控制作用，对油气生成、运移、聚集、保存和改造各要素的配置具有控制作用。较可靠的大型断裂有昆特依凹陷西缘的盐土墩断裂（F_1）、赛什腾南缘断裂带（F_2）、冷湖-陵间断裂带（F_3）、马仙断裂带（F_4）、柴中断裂带（F_5）（图 5.77）、葫芦山北断裂（F_6）（图 5.77）、伊北断裂（F_7）、绿南断裂（F_8）、黄泥滩断裂（F_9）、锡铁山南缘断裂（F_{10}）等。柴北缘西段平面上断裂带构成菱形网络，反映了断裂最新活动以走滑作用为主（图5.78）。

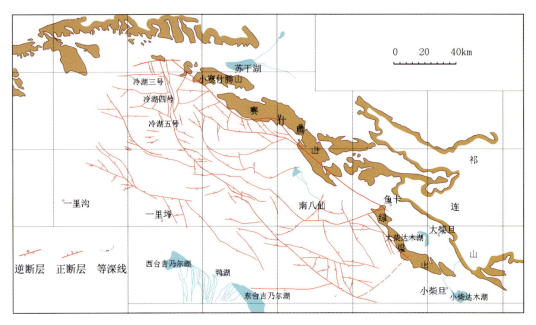

图5.76　柴北缘西段基底断裂分布

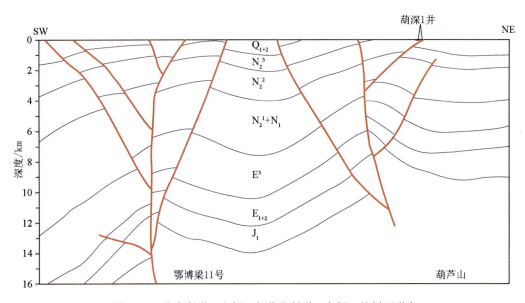

图5.77　柴中断裂（左侧）与葫北断裂（右侧）的剖面形态

　　赛什腾南缘山前断裂带是赛什腾凹陷，也是柴达木盆地在该处的主要边界，赛南断裂（F_8）属一级断裂，长约200km，西端起于柴达木盆地西北部，经过赛西、赛什腾山南侧，

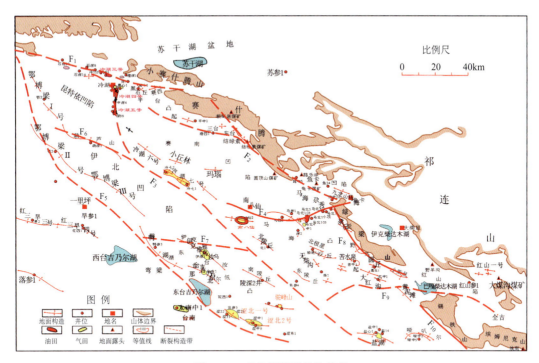

图 5.78　柴北缘断裂构造格架

终止于东部鱼卡凹陷以南。走向由近东西向转北西西向，断层面北倾，倾角由西到中部为
$50°\sim60°$，到了东部鱼卡凹陷以南为 $7°$ 左右。断层落差由西向东逐渐增大，由大于 600m
到 2000m 左右，断开的层位由西向东逐渐由老到新，即由 $T_R\sim T_6$ 到 $T_3\sim T_6$。

　　从该断层的活动期看，由西向东逐渐由老到新，即在 00150 测线，断层形成于前中生
代，活动期在中生代，即燕山末期，部分 E_{1+2} 地层及古近系和新近系地层被剥蚀，控制
了冷湖三号构造的形成与发展。到 82168.5 测线，部分 E_3 及古近系和新近系地层被剥蚀，
形成时间为前中生代，活动时间为燕山早期；到断裂的中部 97230 测线，部分 E_{1+2} 及古近
系和新近系地层被剥蚀，形成时间为前中生代。

　　赛南断层在早喜马拉雅期可能为正断层；到了东部，即到 CDM1001 测线，部分 E_3
及古近系和新近系地层被剥蚀，形成期为前中生代，活动期有两个，一个是在侏罗纪沉
积时期，控制了 J_3+K 的沉积；另一个是在燕山晚期，这个位置的断层以推覆的形式
表现清楚，断层倾角只有 $7°$ 左右，水平推覆距离达 15km。

　　赛南断层具有右旋走滑特征。其证据由以下几点可以说明：一是小赛什腾山、大赛
什腾山呈雁列左行排列，则主断裂可视为右旋走滑；二是从地震剖面上看，具有半花状
断层样式（图 5.79），另一半支可能位于赛什腾山以北。三是有基底卷入，这是走滑断
层剖面的基本构造特征。四是断层倾角较陡，都在 $60°\sim70°$ 左右。五是断层北部出露的
地层与其南部分布的地层截然不同，北侧有出露的海西期的花岗岩，接触的地层为 C_2
及志留系褶皱山系，而南部盆地内地层分布为 Q_{3+4} 及古近系和新近系。

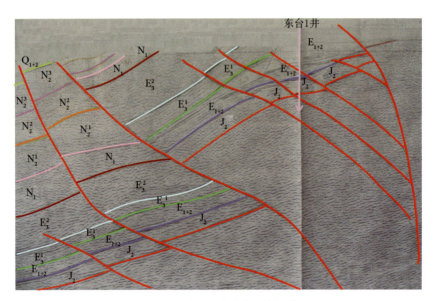

图 5.79　赛什腾山南缘断裂剖面特征

显示走滑断裂特有的花状构造特点，并具有屋脊式断块叠置方式，该剖面揭示了赛什腾山早喜马拉雅降晚喜马拉雅期隆的反转特征。

驼南断层：为Ⅱ级断层，分布于驼南、三台、平台构造以南，长度 20km，近东西走向，断面北倾，逆断层，断层面倾角由西部的 $50°\sim60°$ 到东部的 $40°\sim50°$。断层落差由西部的 2000m 左右逐渐过渡到东部的 3000m 左右；断层的活动时间由西部的 E_3 沉积时期到东部的长期活动，断层的生长指数由 1.8 到 4.4。该断层和赛北断层一起控制了北缘断阶带的形成以及平台凸起的形成与发展。由其派生的断层组成了北缘断阶带。

鹊南断裂：为Ⅲ级逆断层，长约 90km，西部分布于平台凸起南部，东部延伸到赛南凹陷沉积中心，剖面上，断层北倾，倾角 $45°\sim60°$，断开的层位 $T_{2'}\sim T_6$，形成时间为前中生代，活动时期由西部的侏罗系、E_{1+2} 到东部的 E_3，断层走向由西部的近南北向转北北西向，又转近东西向和北东东向，呈弧形展布，弧顶向南西方向。在该断层的北侧派生了两条北东向的次级断层。该断层控制了潜伏构造的形成与发展。

冷湖断层：属Ⅱ级断层，分布于冷湖构造带，长约 110km，走向近南北向转北西向，在冷湖三号、四号构造断层为断面南西倾，走向北北西，倾角 $60°\sim80°$，落差 $300\sim900m$，断开层位 $T_5\sim T_6$ 及 $T_{2'}\sim T_6$，剖面上以冷湖断层为主构成 Y 字型与花状构造样式（图 5.80）。在 CDM160 测线上，断层以弧形构造形式展现。形成于喜马拉雅中期，即 E_3 沉积末期，活动期也在 E_3 沉积后，断层生长指数为 1.45，它主要控制了冷湖三、四、五、六、七号构造的形成与发展。

晚喜马拉雅运动阶段的走滑作用将在很大程度上破坏断裂带附近古构造油藏的完整性。

冷湖断层在东段即冷七号构造南侧，断面南西倾，倾角 $70°$ 左右，断开层位 $T_1\sim T_6$，最大落差 800m，一般 200m 左右，断层在剖面上的表现形式为下正、上逆，为反转断层，形成时期为前中生代，活动期主要在侏罗纪沉积时期。

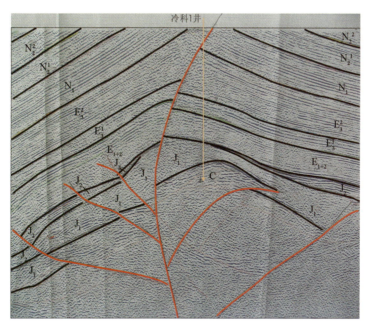

图 5.80　冷湖五号花状构造特征

冷湖断层具有右旋走滑特征,其理由如下:一是基底卷入。二是剖面上断层面呈弧形。三是断层倾角较陡,与派生的断层组成正花状构造。四是平面上断层呈线型分布,基本上构成反"S"型;在断层的西北端,几条断层的排列方式呈马尾状右行散开。五是在冷湖七号构造上正断层呈右行雁行排列。六是在冷湖六号构造上,几个构造高点呈左行排列,由剪切力形成的逆断层呈小角度左行斜交于主断层上。七是在 E_3 等厚图上,可以看到厚与薄有规律地出现,大致可以看出断层右旋扭动的结果。八是表面出露构造呈左行雁行排列,正断层呈右行雁列排列,可视为主断层右旋走滑。以上理由足以说明整个冷湖断层为右旋走滑特征。至于走滑的时期应在喜马拉雅运动中期,即上下油砂山组沉积时期。

马仙断层:属Ⅱ级断层,分布于南八仙、马海、平顶山构造以北,长约 30km,走向北东东,断面向北北东倾,倾角 $50°$ 左右,断层落差最大 3400m,一般 2000m 左右,断开层位 $T_1 \sim T_6$,断层长期活动,在侏罗纪沉积时,活动加快,控制了侏罗系沉积,经过 E_{1+2} 沉积的相对稳定期,后又继续活动,使 E_3 沉积加厚。根据上、下盘沉积厚度推测,断层有反转现象。断层具有左旋走滑,在 T_6 构造图上,断层错断赛南断层和绿南断层左行,错断距离 5km(图 5.81),另外,该断层还错断北北东走向的断层系,错断水平距离有 4km 左右。

晚喜马拉雅运动断裂走滑破坏了马海构造的完整性,不仅使完整的构造分割,同时又再次各自变形褶皱,古油藏遭受劫难。

马仙断裂过去解释为逆冲断层,但从断层上盘的小构造形态看出应该走滑断层形成的花状构造,主要是主断裂并没有控制断层上盘的构造变形,如是逆冲断层,上盘背斜翼部应偏

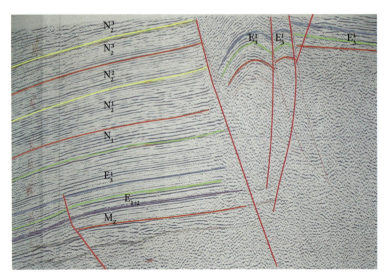

图 5.81　马仙断裂地震剖面特征

向主断裂一侧。但走滑活动较晚，应在晚喜马拉雅运动阶段，早期断裂的性质是张性正断层还是逆断层还有待分析，但总之控制马海古隆起的形成。晚喜马拉雅运动走滑活动破坏了马海构造的完整性，这种破坏不仅使完整的构造分割，同时又再次变形褶皱（图 5.82）。

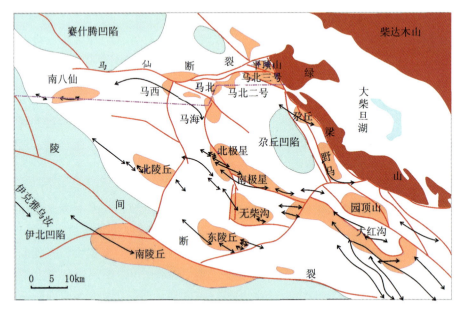

图 5.82　马海凸起深浅构造分布差异性格局（黑色双箭头代表地面构造，褐红色块为基底构造）

马海浅层构造气藏和深层地层超覆气藏具有不同的成藏过程和动力机制，不同的天然气运移路径和聚集特征，从而形成了不同成因类型和基本特征的气藏。断层、不整合面在油气运聚成藏中起着非常重要的作用，油气沿断层、不整合面和砂层三者构成的网络运移；当遇有不整合面和砂层输导层时，油气做横向运移（图5.83）。

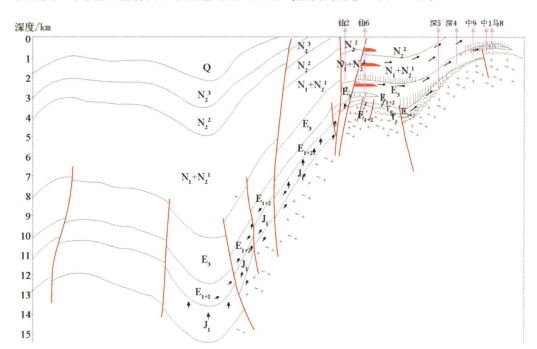

图5.83　伊北凹陷-南八仙油气藏-马海气藏剖面

南八仙构造是一个在区域压扭应力场作用下形成的同沉积断背斜构造。深部地层受燕山期古隆起的影响较大，构造虽受仙南断裂的控制，但同时也有一定的披覆构造特性，圈闭主要分布在仙南断层的上升盘，定型时期早，后期破坏作用小，基本保持了较为完整的背斜圈闭形态。由于深部的走滑扭动，南八仙构造浅部地层派生出多条近SN向的正断层，将浅部分隔成多个断块，虽总体上显示为一个背斜构造，但构造较为破碎。因此，其圈闭类型主要是断块和断鼻型构造圈闭。

通过马海凸起的1199地震剖面，显示出马海凸起在中生代晚期为一个古隆起带，导致部分地区缺失中生界。古近系尽管在隆起部位较薄，但是仍然是连续的，这说明新生代早期该"隆起"已经不存在，它与西部的赛南凹陷处于同样的夷平面高度（图5.84）。马仙断裂的形成导致马海地区与西部的构造变形发生分异，但这是新生代晚期的变形结果，与中生代晚期的隆起之间没有直接的联系。目前在马海凸起上发现、落实了马北一号、马北二号、马北三号等一系列含油圈闭构造。

马海地区为一古构造，中生代末期，马海凸起的形态已较明显，而E_3沉积后，马海基本处于伊北凹陷的上倾方向上，成为该阶段伊北凹陷侏罗系源岩成熟排烃运移的有利指向区。马仙地区目前能确定的圈闭类型主要是两种，一是从巴龙马海湖凹陷向东J_3、K地层遭剥蚀尖灭和E_{1+2}地层超覆尖灭带所形成的地层圈闭，二是受断层破坏的挤压背斜。显然，前者与剥蚀和沉积作用有关，形成较早，在E_{1+2}时即已存在，这类构造是较有利的。而后者则与晚喜马拉雅运动阶段强烈的构造运动有关。

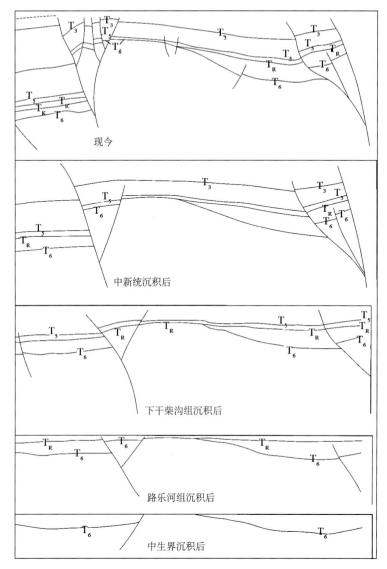

图 5.84　马海隆起构造演化剖面（1199）

柴北缘总体上属于块断型构造格局。西北部通过阿尔金断裂带与阿尔金山相连，北部通过赛什腾山南缘断裂带、南祁连山南缘断裂带与祁连山脉南缘的赛什腾山、柴达木山、库尔雷克山相邻。西南部以鄂Ⅱ南断裂为界与一里坪拗陷相邻。南部以柴中断裂带为界与三湖拗陷相邻。中新生界分布均受断裂控制。侏罗系沿断裂带厚度加大，反映其沉积受断裂活动控制，断层可能具有同沉积性质。

褶皱是柴北缘地区较明显的构造特征，背斜成带分布，多数组成反"S"形，大部分背斜的核部发育多条小规模平行排列的横向断层，反映了基底断裂走滑活动对上覆地层变形的控制作用。

三、柴北缘下步油气勘探重点

（一）油气资源潜力

柴北缘地区油气资源丰富。柴北缘地区中下侏罗统存在大小八个烃源灶（图 5.85），其中：下侏罗统烃源灶有冷湖三号烃源灶（J_1A）、冷湖五号西侧烃源灶（J_1B）、葫芦山南侧烃源灶（J_1C）和伊北凹陷东段烃源灶（J_1D）；中侏罗统烃源灶有赛什腾凹陷的西段的潜西烃源灶（J_2A）、中部烃源灶（J_2B）、鱼卡凹陷烃源灶（J_2C）及红山断陷烃源灶（J_2D）。这些烃源灶的空间分布是决定柴北缘地区油气系统特征的关键因素。油气源对比表明，J_1A 烃源灶所生的油气主要运移至冷湖三号，冷湖五号的油主要来自 J_2B 烃源灶。在生烃量上，J_1B 烃源灶远大于 J_1A，J_1A 灶在古近纪和新近纪以来基本为连续生烃，J_2A 烃源灶在古近纪和新近纪阶段大量生烃。

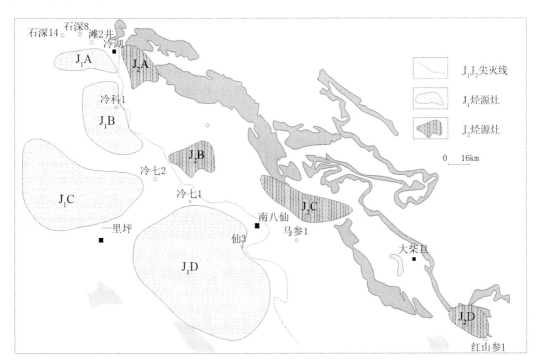

图 5.85　柴北缘烃源灶分布

J_1C 烃源灶位于葫芦山构造与鄂博梁 II 号构造之间的伊北凹陷西段，其规模较大，盆地模拟表明，该烃源灶在古近纪阶段大量生排烃，新近纪后，生烃量大为减少，现在以生气为主。因此研究古近纪阶段，该烃源灶周围的圈闭分布状况是决定勘探成功的关键。前面章节已指出，柴北缘地区的大部分构造为晚喜马拉雅运动阶段最后定型，同时该构造运动所造成的构造变形幅度是历次构造运动中最大的，甚至在一些地带导致正反转构造（由凹陷沉降区、向斜变形为凸起和背斜等）的发育，在这个过程中还有较大规模的走滑量，因此对分析油气圈闭的有效性产生很大的难度。

J_1D 烃源灶位于一里坪东、南八仙南侧的区域，分布范围较大，烃源岩厚度比 J_1C 烃源灶薄。盆地模拟结果显示，该烃源灶是柴北缘地区 J_1 烃源灶中生烃量最大的一个，古近纪和新近纪以来的不同阶段均有油气排出，但以古近纪阶段为主，新近纪以来生成的量相对要小得多，产部分天然气。由于目前还在生成一定量的油气，因此分布于其周围的圈闭应该有聚集油气的可能。如冷湖七号构造、南八仙构造、伊克雅乌汝构造、南陵丘构造等。

中侏罗统烃源灶主要分布在赛什腾凹陷。从生油气的规模上，两侧灶的规模较小，中间两个烃源灶的规模较大。

目前已在潜西烃源灶（J_2A）内及周边进行了多口井钻探工作，没有发现有规模的油气藏，但本项目研究表明，冷湖四号的油气部分有可能来自该地区。从生烃母质上，该区烃源岩为煤系地层，以生成天然气为主。同时该区构造变形强烈、断层发育，对油气藏的保存较不利，这可能是这些探井落空的主要原因。

赛什腾凹陷中部的烃源灶（J_2B）规模较大，盆地模拟表明其生排烃量是中侏罗统烃源灶中最大的，以生油为主，也有部分天然气生成。根据烃源岩热演化研究结果，下干柴沟组沉积后，该烃源灶开始大量生油。下油砂山组沉积后，烃源岩已进入高成熟阶段，开始生成天然气。因此，该烃源灶内及周边于下干柴沟组沉积后已有的圈闭是较有利的。

鱼卡凹陷烃源灶（J_2C）现已为赛什腾南源断裂所分割，断层下盘有一定规模的烃源岩俯冲到鱼卡凹陷之下。根据对中侏罗世原形盆地的分析，中侏罗世早期为断陷，后期为拗陷，控制中侏罗统沉积的主要构造线为近 EW 向和 NW 向，鱼卡与红山—大煤沟地区分别处于两个赛什腾凹陷和孖丘-大煤沟凹陷的东侧由两断裂锐角所夹持的断陷内。现在的鱼卡凹陷与赛什腾凹陷为喜马拉雅运动阶段由中侏罗世的大盆地分割而成。

鱼卡断陷埋藏史与热演化史研究表明，中侏罗统沉积时盆地断陷特征明显，晚侏罗世后，进入拗陷发育阶段，沉降幅度较小，烃源岩在白垩纪中期曾埋深达 3000m 左右，白垩纪晚期该区构造以较快速度抬升，此时已进入生烃门限生成的大量的油的烃源岩被抬升，从而转变为油页岩，白垩系及部分上侏罗统遭受剥蚀。喜马拉雅运动开始后，该区又发生沉降，但沉降幅度不大，晚喜马拉雅运动，该区再次抬升。因此，鱼卡地区烃源岩的热演化程度较低，所发现的油属于低熟油。

断裂带上盘的鱼卡凹陷的中侏罗统曾埋深到 3000m 以下的深度，鱼卡凹陷中上侏罗统厚度大约在 2000m 左右。晚喜马拉雅运动阶段抬升遭受剥蚀严重，邻区残留的古近系厚度相对大的孖西 1 井，为 1500m，其中 E_{1+2} 为 880m。如这个厚度加上残留的中上侏罗统厚度，也在 3500m 左右，因而在喜马拉雅运动期间再次埋深阶段，烃源岩成熟演化程度还是较低，随着后期的整体抬升，一套富含有机质的泥岩转变成了油页岩。

构造研究表明，位于鱼卡凹陷南侧的赛什腾凹陷内上侏罗统与白垩系的残余厚度还较大，表明中生代末期的构造抬升强度要小于鱼卡凹陷，而在喜马拉雅运动阶段，该区沉降幅度和沉积厚度均较大，因此赛什腾凹陷内俯冲到断裂带之下的这套泥岩优质烃源岩则可能经历了正常的热演化，能够生成一定规模的油气。

红山断陷规模较小，侏罗系分布也比较局限。最近的地震勘探表明，凹陷内残留的中侏罗统最大厚度可能达 1000m，就红山构造带而言，有研究指出该区侏罗系厚度最高达 4000m。根据红山参 1 井所钻侏罗系样品分析研究，推测红山构造带之下的侏罗系烃源岩厚度达 200m 以上，现在埋深约 3000m 左右。如果在这之前未有深埋，那还处于低熟—成熟阶段，但红山地区的地质构造演化与鱼卡不同。可以看出，红山构造带为一反转隆起，古近纪和新近纪阶段为断陷盆地，晚喜马拉雅运动后，构造反转成向斜山。因此如将古近纪和新近系的厚度加上，那新近纪末中侏罗统烃源岩的埋深要大得多，而红山参 1 井处于不同的构造单元，构造演化与红山构造带正好相反，该井中侏罗统烃源岩的成熟度较低，这个数据不能代表山体下部的中侏罗统烃源岩成熟度。如红山构造带北部断陷带内的侏罗系煤层，其成熟度 Ro 达 1.47，断裂带两盘为较开阔的向斜构造，说明断裂带的挤压作用不是很强烈，如此高的成熟度可能是原先埋深的结果。大煤沟煤矿也有类似特点，邻区大煤沟剖面侏罗系出露较全，意味着为后期抬升，而该剖面烃源岩的 Ro 高达 1.3 左右。

因此，红山构造带山下的侏罗系烃源灶的热演化程度可能较高，而处于外围如红山参 1 井以南地区的烃源岩成熟度演化程度则相对较低。

柴北缘地区侏罗纪早中期为断陷构造背景，导致烃源岩分布本身具有分割性，后期经构造演化成多个烃源灶，进而形成多个油气系统。但由于该区构造演化的复杂性，这些系统之间并不是相互独立的。构造反转、断裂活动等使以烃源灶为中心的系统发生了较大程度的紊乱和调整，从而使油气富集的控制因素更为复杂。因此在油气大量生排烃之前或同期形成的古构造为有利的勘探目标，而处于走滑带之间的块体由于具有相对的稳定性，并且在喜马拉雅运动早期活跃的盆地沉降沉积阶段为相对高的块体构造单元，因而可能是彼时侏罗系烃源岩成熟阶段的油气运聚指向区，由于周边走滑构造带强烈反转抬升，这些地块在晚喜马拉雅运动期间大多相对沉降，其勘探目标大多较为隐蔽。

（二）有利古构造地质条件分析

古构造和走滑构造带之间的相对稳定区是柴北缘下步油气勘探重点。

柴北缘油气成藏时期，明显与中新生代以来发生的三次较强的构造运动时期有关，通过油气藏充注历史分析，从微观上验证了构造运动对油气成藏的控制作用。渐新世由于基底卷入断层沟通了侏罗系烃源岩，断层起到了重要的油气运移通道的作用；上新世以来形成的逆断层对古近系油气藏的调整、新近系次生油气藏的形成起到重要作用。据柴北缘油气藏形成特点，最有利的目标应该是那些有深达侏罗系烃源岩断层存在，同时其上覆的新近系又有很好的封闭条件的古近系圈闭。

柴北缘地区局部构造发育，地面构造众多。褶皱构造具有受基底断裂活动控制的特点，浅层则为派生的小断层分割。由于基底断裂的走滑作用，上下构造高有偏移，主要构造上往往具有多个高点，并呈雁行排列。同时，沿断裂带的构造反转作用，还使构造高点出现偏移，如南丘陵构造地表构造与干柴沟顶构造高点偏移近 10km，南八仙、北丘陵等均有 5～10km 的偏移，为顺构造走向的偏移。相对地表，深部构造偏右侧。这些因素均影响对目标的评价和勘探。

1. 昆特依古隆起构造

该古隆起位于鄂博梁Ⅰ号北侧，在现今昆特依凹陷偏中南部。它具有典型的四周为走滑断裂围限的菱形格局，晚喜马拉雅运动后，四周的走滑断裂带强烈隆升，发育多个大型构造，如冷湖零号至五号、葫芦山、鄂博梁Ⅰ号等。

昆特依凹陷与赛什腾凹陷相同，都属于相对稳定的构造块体，晚喜马拉雅运动后由于构造强烈反转，发生了较大的沉降作用，在古近纪阶段相对高的构造位置已为晚喜马拉雅运动阶段的沉降沉积作用所掩盖，古构造格局已难显现。昆特依古隆起或古构造是否具有油气勘探潜力需要从周边构造已有的勘探成果进行分析。

与冷湖三、四、五号构造和马海-南八仙构造相比，该鄂博梁Ⅰ号构造勘探程度很低。目前对深部构造的形态、断层展布特征还较模糊，因而对构造的演化特征也没有信服的认识。

据油田资料，鄂博梁Ⅰ号地面构造轴部断层带附近有油苗出露，构造高点双气泉附近两个水潭中冒天然气，气可以点燃，气由裂缝产出与轴部大断层有关。高点部位因轴心大逆断层的影响，在两处有天然气冒出，溢出过程中带出水形成水泉。在此大断层带中砂质泥岩被油浸，局部地区油味甚浓。西部高点轴心大逆断层中砂质泥岩、砂岩有油浸，局部地区油味浓。卫星图像上，这两处油气苗均有显示，核部断裂偏北侧，有一不规则条块状褐色斑，可能是地表砂质泥岩被油侵的特征。而西段的黄褐色斑块可能是砂岩油侵的显示。油苗主要出露于构造的偏北段，与地表构造的高点基本一致。据图像特征，该构造北翼可能另有局部油苗出露点。

这些迹象表明，鄂博梁Ⅰ号构造附近的深部可能有油气藏存在。同时由卫星图像还可看出该构造发育近 SN、NW 两个方向的断裂系统，SN 切错 NW，表明 SN 向断裂为右行走滑断层。这些断裂规模较大，切割的深度可能也较大。该区邻近的柴北缘下侏罗统烃源灶现今已进入高成熟阶段，因而通过断裂与地面油苗连通的可能是深部油藏。

鄂博梁Ⅰ号构造上探井达 10 口以上，但绝大部分未能钻至设计深度，主要原因是断裂、泥浆漏失、卡钻严重，过3000m 的井有两口，鄂Ⅰ2 井位于两处油苗出露中间，井深4500m，鄂Ⅰ3 井位于构造南偏东的轴部，位于两组断裂交汇处附近，井深 3550m。

鄂Ⅰ2 井钻进下侏罗统 700 多米，未见到好的油气显示。鄂Ⅰ3 钻进路乐河组264m，全井未见油气显示，该井同时揭示 E_3 期为沉积中心，N_2 期上升遭受剥蚀，断层是一开启的，对构造及油气聚集破坏极大，不利于油气保存。

由于依据地面构造及油苗进行的钻探，发现鄂博梁Ⅰ号构造在下干柴沟组的局部沉积中心。邻区主要烃源灶的生排烃高峰在 E_3，显然生烃史与该构造圈闭不匹配，因而未能有突破。在本项目研究中，进行了构造发育史初步分析，得出鄂博梁Ⅰ号在 E_3 沉积后同样是一凹陷特征（图 5.86）。

鄂博梁Ⅰ号在 E_3 沉积后为一凹陷形态，表明后期构造为构造反转形成。

因此，鄂博梁Ⅰ号构造圈闭不具备形成原生油气藏的条件。古近纪时鄂东、鄂西等主要断层已经形成，鄂博梁Ⅰ号构造不存在圈闭。进入新近纪以来，盆地内大规模的褶皱和断裂活动，尤其是在新近纪中晚期，鄂博梁Ⅰ号构造幅度进一步加大，发生沉积间

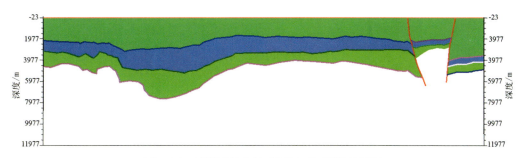

图 5.86　过鄂博梁Ⅰ号–葫芦山 E₃ 沉积后剖面

断，并遭受强烈剥蚀，剥蚀厚度达 3000m 以上，呈现出现今的构造面貌。

鄂博梁Ⅰ号构造及局部圈闭的主要形成期较晚，上油砂山组沉积期间，该构造开始形成，晚喜马拉雅运动后至今，构造一直处于隆升剥蚀状态。该构造后期隆起幅度大，断层发育，地表又见油气苗，表明其有形成次生油气藏的可能。目前对深部构造圈闭的形态还不清楚。前面所述，基底走滑断裂控制下形成的构造，深浅构造的偏移较大。据本项目编制的中新统上干柴沟组底构造图，在鄂Ⅰ3 井的南侧可能存在构造圈闭（图 5.87）。

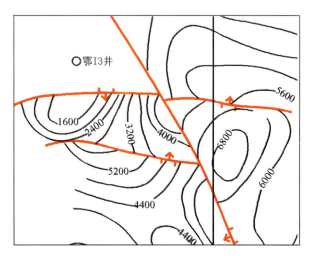

图 5.87　鄂博梁Ⅰ号构造 T₃ 构造图

由于地震测线较少，深部圈闭还需要进一步确认。据受基底断裂约束的局部构造特征，深部构造与浅层构造高点有较大偏移，在右行走滑断层作用下，该断裂的下盘深部构造相对上盘构造应偏南侧。因此地面鄂博梁Ⅰ号构造对应的深部构造偏南南东方向。

即使构造落实也未必有油气成藏，这取决于深部周围是否有原生油气藏。前面分析已指出，鄂博梁Ⅰ号构造没有形成原生油气藏的条件，那么到哪里去找原生油气藏就很关键。古近纪相对隆起的高部位是有利的油气运聚指向，而柴北缘地区的构造反转作用说明，古构造高部位可能会在后期构造变动中成为低部位，但其古凸起的形迹还是能加以识别的（图 5.88）。

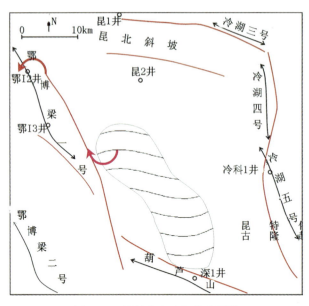

图 5.88　昆特依古隆起分布预测

　　通过多条构造剖面的反演发现，与鄂博梁Ⅰ号构造紧邻的昆特依凹陷内可能存在一古的低凸起（图 5.88），在 00150、1177 剖面上均具有凸起的形态，西南端通过鄂东断裂与鄂博梁Ⅰ号构造相接，东端通过葫北断裂与葫芦山紧邻。构造研究认为，早侏罗世昆特依凹陷具有发育古凸起的背景，因为其周边为几大断裂构造带，在盆地发育发展的阶段，断裂活动以引起地壳伸展、构造沉降为主，在盆地萎缩消亡阶段，断裂活动以导致地壳缩短、构造抬升为主。而昆特低凸起介于断裂带之间，可能是中新生代早期的低凸起，现今的凸起形态已较隐晦（图 5.89）。

　　该低凸起构造与烃源灶 J_1B 和 J_1C 相邻。E_3 沉积后，这两个烃源灶开始大量生排烃，为昆特依低凸起的油气富集提供了充足的油源。由于后期构造变形以整体沉降为主，低凸起未遭受强烈变形，原生油气藏可能得到较好的保存。

　　多方面信息支持紧邻鄂博梁Ⅰ号构造的昆特依凹陷内有古构造存在的可能性。构造核部偏北段出露的油苗，既不可能从该构造深部运移上来，因为构造形成较晚。也不太可能来自北部的昆北斜坡，已有的钻探证明这里没有油气显示。由南侧来的可能性也不大，东南方向为伊北烃源灶，现今已进入过成熟阶段，不会再生油。由葫芦山构造油气藏运移过来可能性较小。一方面鄂博梁Ⅰ号构造与葫芦山构造之间是构造位置较低的鞍部，另一方面，如果有油经断层由葫芦山构造运移经过鄂东走滑断层，那么鄂博梁Ⅰ号构造的东南段油气显示应更丰富，但无论是地表，还是井下，基本没有明显可见的油气显示，尽管存在较好的断层输导系统。因此最可能的方向是来自东侧昆特依凹陷低凸起内的原生油藏。

　　从该区构造发育的地质特征看，也有发育低凸起的可能性。昆特依凹陷并不是不是中新生代阶段一直稳定发育的，正如冷湖构造带、鄂博梁构造带并不是一直稳定抬升一样。

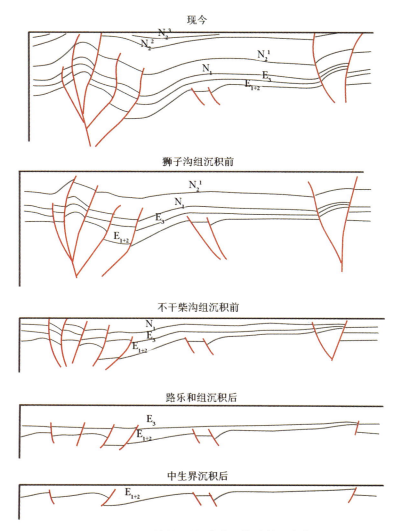

图 5.89　鄂博梁Ⅰ号-葫芦山构造剖面演化

作为较为活跃断裂带之间的构造单元，昆特依凹陷的构造活动性相对较低，在下侏罗统与古近系沉积期间，其两侧构造带沉降，使其具有相对低隆起的构造特征，具有优先捕获油气的条件。

　　综上所述，鄂博梁Ⅰ号构造形成期晚于邻区烃源灶生排烃高峰期，不具有形成原生油气藏的条件。后期构造变形强烈，断裂构造发育，核部出露下干柴沟组（E_3），构造圈闭的盖层保存条件较差，因而形成次生油气藏的条件也较差。通过分析，邻近鄂博梁Ⅰ号构造的昆特依凹陷深部有可能存在原生油气藏，值得引起重视，应开展确认和落实昆特依古低凸起的工作，为评价目标提供参考。

　　2. 葫芦山构造

　　据本项目的研究葫芦山构造为早期就发育的构造，葫芦山构造的底面与上干柴沟组

底在构造横向上有一定的偏移，说明构造的形成是受冲断层作用导致，而不像柴北缘地
区大部分构造受走滑断层控制，因此该构造可能是具有同沉积的构造背景，具有早期发
育的特征。

在遥感图像上，该构造核部也有油苗出露的特征显示。目前该构造的勘探程度很
低，唯一探井深 1 井是 1960 年实施的，钻至 2244.10m，由于泥浆严重漏失导致工程事
故而提前完钻，未能钻达设计层位。深 1 井位于现今构造核部附近，井底地层为 N_1，
在钻井中见有多层气层，未见好的油层。

该构造位于柴北缘下侏罗统冷西烃源灶（J_1B）与一里坪烃源灶（J_1C）之间，构造
位置优越，又具有古构造背景，地表及中浅层有油气显示，该构造应该是有利的。深 1
井在钻进过程中曾发生井喷，表明构造部位的盖层条件较好，相比较而言，鄂Ⅰ2 井以
出水和泥浆漏失，没有水气喷出现象，说明鄂博梁一号构造的盖层条件较差。

构造史研究表明（图 5.90），葫芦山构造 E_3 沉积末 J_1 底构造形态明显，古构造呈
短轴椭圆形体，南翼较陡，北翼较为宽缓，与现今格局正相反。而 J_1、E_{1+2} 沉积后的构
造并不完整，仅有一些鼻状构造特征，如 E_{1+2} 沉积末，显示向西倾伏的鼻状构造。E_3
沉积后，构造已具基本轮廓，处于向西倾伏的鼻状隆起中段偏南侧，南侧为深度梯度
带，可能与断层活动有关。

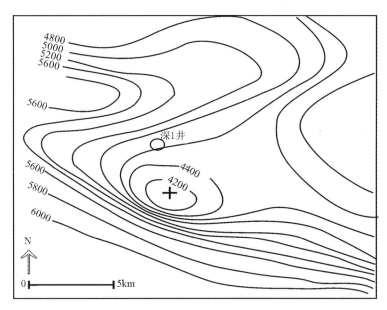

图 5.90　葫芦山构造 E_3 末 J_1 底构造图

E_3 沉积后，葫芦山古近系底的构造幅度也相对较大。说明早喜马拉雅运动对盆地
构造的影响比较明显。下油砂山组沉积后，葫芦山古近系底构造的幅度得到进一步加
强，这相当于中喜马拉雅运动的影响。而上油砂山组沉积后，古近系底的构造圈闭面积
与幅度均有减小，说明该阶段柴北缘以稳定沉降为特征。晚喜马拉雅运动阶段，断裂活
动加强，构造抬升，并遭受剥蚀，现今为上下油砂山组出露地表。因此，构造的形成与

发展可能与早中喜马拉雅运动有关。

该构造主要是在喜马拉雅运动的三期构造运动中发展定形的，构造在演化过程中，构造轴向发生了反转。古构造高点位于现今核部的南侧，深 1 井偏于古构造高点的北侧约 3km，构造可能受南侧断裂的控制，符合早侏罗世的断陷构造背景，构造位于伊北烃源岩灶（J_1C）北侧的陡坡之上，为有利的油气运移指向区。

经初步分析，葫芦山构造在多个标准层上有构造显示，表明构造发育具有一定的继承性。后期构造活动中，尽管构造高点有一定的漂移，但构造相对完整，经深 1 井钻探证实，由上往下储层条件逐渐变好。盆地模拟表明，E_3 沉积后，来自烃源灶的油气沿断裂带向构造高部位运聚（图 5.91）。从多方面看，该构造应作为近期勘探首选目标。

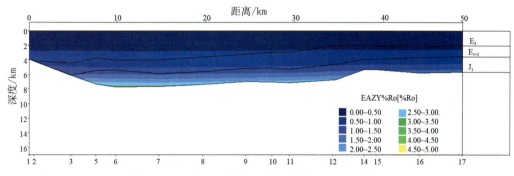

图 5.91 E_3 沉积后葫芦山构造南侧的烃源灶演化图

3. 冷湖七号构造

由昆特依凹陷的北端延伸至冷湖六号、七号南侧，可能与陵间断裂相接的应是一条长期演化的构造带。目前对该断裂带的空间分布特征还没有较清楚的刻画，原因是断裂构造带很复杂。首先是因为断裂构造多期活动，性质多变，变形特征较为复杂。更主要的是，这是一条基底断裂构造带，其活动的动力源自深部地壳。深部地壳沿该断裂的扭动走滑，导致断裂带附近的上覆地层发生扭曲，加上基底的不均匀升降，因而形成雁行排列的构造带。

中生代阶段，柴北缘地区基本以此构造带为枢纽，两侧发生了前后的沉降，分别在构造带的南北两侧先后沉积了下侏罗统与中侏罗统。特别是早侏罗世阶段，沿该断裂带发生了较大规模的沉降，下侏罗统靠近断裂带厚度明显加大，而沉积后的构造抬升强度也在断裂带附近偏大。新生代部分地段的演化也有类似特点。因此，该构造带对柴北缘地区中新生代盆地发育、发展具有相当程度的影响。

目前已在该断裂带上发现了多个油气田，油气藏有原生、次生两个类型，圈闭的空间类型有构造圈闭，也有地层岩性圈闭。

地表上，冷湖五号、六号与七号构成一帚状形态，由西向东，构造面积增大，而幅度有减小趋势。冷湖七号构造长 133km，宽 5～16km，构造面积 1280km^2，出露地层为新近系。冷七 1 井位于地面构造的中部，油气显示良好，并发现多次外溢、井涌和井喷，电测解释出油气层 38 层，累计厚度 87.6m，尽管固井质量与井下工艺还不尽完善，在 N_2^1 地层试气获工业气流。冷七 1 井位于地面构造的中部，冷七 2 井位于构造的西端，现今构造的高点。然而钻探揭示，冷七 2 井的下干柴沟组厚度比冷七 1 井厚，冷七 2 井未有明显油气显示。该构造具有典型的受基底断裂控制的特点，地面构造高点位于西端，由地表到深部，构造高点逐渐向东侧偏移。局部构造的发育可能与深部基底块体沿断裂向右走滑扭动抬升有关。在构造中浅层发育的扭断层控制的窄条形块体与横切构造的正断层，均可能属于基底走滑断层伴生构造。

由地层分布特征看，该构造后期变形幅度较大。在古近系和新近系沉积阶段，为小幅度同沉积构造。构造变形主要发生于晚喜马拉雅运动阶段，构造形成与地壳深部断裂活动有关。重力资料也显示，对应冷湖七号构造深部有基底隆起特征。构造分析认为，冷湖七号在早侏罗世没有基底隆起构造（图 5.92），在冷七 1 井的两侧发育两个分别向南和向西南方向凸出的鼻状构造，现今的基底抬升应该是新生代以后构造演化的结果。

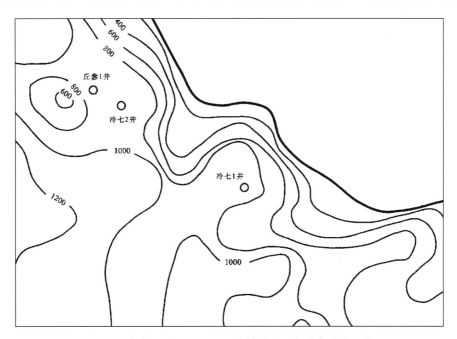

图 5.92　冷湖七号 J_1 沉积后基底构造图（粗线条为尖灭线）

冷湖七号的深部构造圈闭与南侧伊北凹陷烃源灶的生排烃比较匹配。E_3 沉积末南侧烃源灶已进入大规模油气生成运移期，此时处于北侧的冷湖七号构造已有构造圈闭（图 5.93），圈闭位于冷七 1 井的东南侧。

因此，对该构造的勘探要认识到深浅构造高点的偏移特点。根据地震解释和构造分析，冷湖七号具有较好的构造圈闭条件。本井自上而下从 $N_2^2 \sim E_{1+2}$ 为一套砂泥岩的陆源碎屑岩沉积，纵向上 $N_2^2 \sim E_3^2$ 上部岩性较细，E_3^2 中下部至 E_3^1 为一套粗—细—粗的沉积旋回；横向上，本井 $N_2^2 \sim N_1$ 地层，砂质岩层不如冷七 1 井发育，E_3^2 地层段本井比冷七 1 井加厚 472m，但在岩性上两口井是基本一致的。

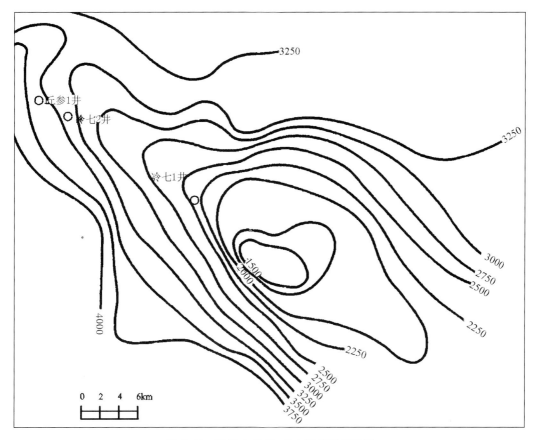

图 5.93　冷湖七号 E_3 末古近系底构造图

4. 赛什腾凹陷古构造油气地质条件分析

中侏罗统在赛什腾凹陷内有三个厚度中心，分别在潜西地区、冷湖七号以北和鱼卡地区。鱼卡地区由于断层作用，将中侏罗统分割成断层上下两盘，下盘俯冲到现今鱼卡凹陷的下面。赛什腾凹陷内分布有多个潜伏构造，呈有规律的分布，也称潜伏构造带，位于驼南断层以南、潜南断层以北地区，处于与赛什腾凹陷相对的拗陷区或断拗区（图5.94），分布面积约 $360km^2$。在这个构造带内，其最大特点是构造埋藏深，幅度不大，勘探风险大。在这个区带之上，发育了潜伏 1、2、3、4、5、6 号构造及古潜山构造 1个。下面主要论述潜伏 1、3、4 号的构造特征。其中潜西地区分布有潜伏 1 号、潜伏 2号等，赛南地区分布有潜伏 3、4、5、6 号等构造。

（1）潜西地区

潜西地区构造位置相对较高，并紧邻下侏罗统生烃凹陷，其西侧为油气较为富集的冷湖三、四、五号构造，潜西地区也钻有多口探井，并有油流溢出。

中侏罗统潜西凹陷可能为一断陷。根据编制的 J_2 厚度图（图 5.95，图 5.96），在与 J_2 大厚度区的空间距离上，潜深 6 井较其他井，更接近些，但都基本处于凹陷的边

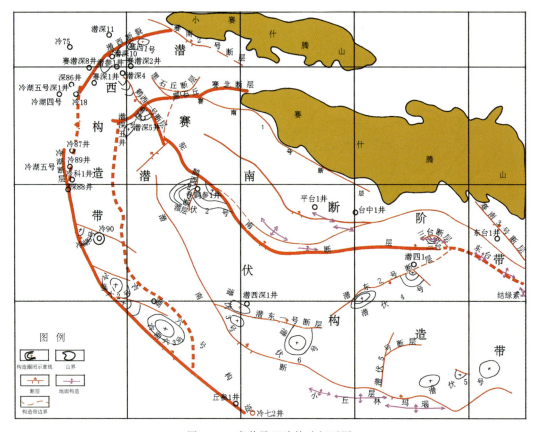

图 5.94　赛什腾凹陷构造纲要图

部。钻井揭示，潜深 6 井的地层与潜深 1、潜深 4 基本可对，但本井中、下部有所增厚。这与编制的下干柴沟组、路乐河组等厚图基本一致。说明古近纪盆地与中侏罗世盆地在潜西地区有一定的叠合。钻井显示，该区 E_{1+2} 与 J_2 不整合面上有较好的油气显示。从生油指标和石油转化条件来看，古风化壳的油可能来自下部，由深部运移到古风化壳的裂缝中而储存起来，E_{1+2} 是其盖层。因此潜西地区的古构造具有较好的勘探潜力，尤其是晚燕山运动阶段形成的古构造，在早喜马拉雅运动阶段为油气运移的指向区，建议加大钻探与评价力度。

潜伏一号地区（以下简称潜一区）沉积总厚度 2858m，赛什腾凹陷深一井（以下简称赛一区）沉积总厚度 2850.10m 虽沉积厚度相差不大，但沉积-构造发展史等则有较大差别。

中生代时：潜一区下降接受沉积，其沉积厚度可达 1400m 以上，但侏罗纪后期，因受构造运动之影响，使本区上升，遭剥蚀，故缺侏罗系上部地层（本区 J 地层较三号地区老），而赛一区则处于基岩凸起，长期剥蚀，故无侏罗系地层沉积。

新生代古—始新统时：由于燕山运动之影响，初期潜一区又下沉，接受沉积，而赛一区仍处于凸起，中后期二区均下降，接受沉积。但潜一区较赛一区下降幅度大，使两

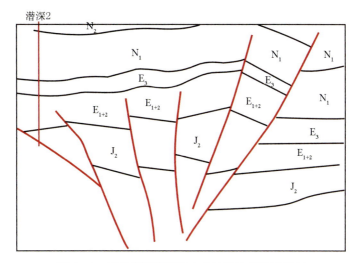

图 5.95　赛什腾凹陷潜伏 1 号地区地震解释剖面

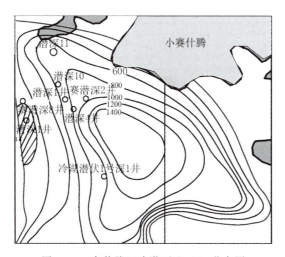

图 5.96　赛什腾凹陷潜西地区 J₂ 分布图

区沉积厚度发生差异。

　　渐新统时：两区同为一体，处于统一的湖盆之中，接受沉积，唯下降幅度不一，潜一区仍较赛一区大。故沉积厚度仍有差异。

　　中新世时：两区虽居于一沉积湖盆之中，同样接受沉积，但下降幅度与上相反，潜一区较赛一区小，故沉积厚度前区较后区小（物质来源相同的情况下）。

　　中新世以后：两区均处于长期下沉，接受沉积，喜马拉雅运动，对两区影响不大，褶皱断裂亦不强烈，此时潜伏一号构造可能亦形成。

　　在赛西凹陷内发现发育多个古隆起构造。如在中侏罗统、路乐河组厚度图上，位于赛深 2 井、潜深 4 井、潜深 6 井和潜深 5 井之间分布一古隆起构造，说明燕山运动后与早喜马拉雅运动期间，为古隆起发育阶段，进入中喜马拉雅运动阶段，北侧开始抬升，古隆起发生了掀斜和翻转。前面曾分析得出，潜西断块在渐新世沉积阶段为相对沉降的构造单元，该古隆起位于此沉降单元中。根据地层纵向上的分布，渐新统沉积后，中侏罗统埋深可达 2500m 左右。由前人研究得出的古地表温度和古地温梯度推算，如没有特殊的基底和构造活动性，得出 E_3 沉积末中侏罗统由于埋藏而到达的温度可达 75～80℃，在这样的温度条件下，中侏罗统烃源岩也可以生排烃。因此，应加强对该古隆起构造的勘探。

在油气运聚模式上，中侏罗统早期生成排出的油可能向古隆起的高部位运聚，形成受岩性和构造两个因素控制的油气藏。一般来说在古隆起构造发育阶段，在古隆起构造的上方小断层和构造裂缝应比较发育，形成较好的油气输导系统，有利于油气从烃源岩运移至古隆起周缘及顶部的圈闭中。而在后期构造掀斜阶段，由于是基底整体变形，古隆起处于相对稳定状态。位于古隆起下倾部位和顶部透镜体岩性圈闭中油气藏可以得到较好的保存，而位于上倾方向（北侧）圈闭中的油气则可能发生进一步调整（图5.97），进入到更高部位的圈闭中。

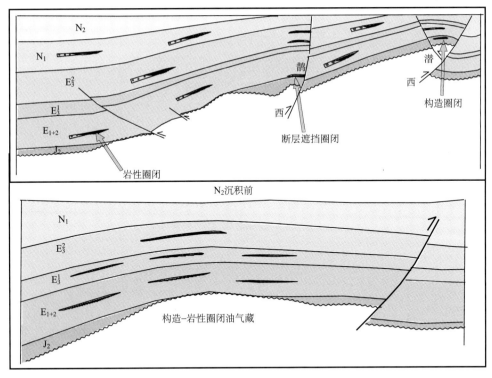

图 5.97　赛西地区古隆起油气成藏模式图

据古构造特征，该中侏罗统烃源灶生成的油气有可能运移至冷湖四号西侧的赛心 1 井古凸起及其北侧的冷湖三号构造部位。研究发现，潜西断裂主要活动于渐新世，并呈正断层性质，潜西断裂西侧凹陷内的 E_3 相对东侧要薄得多，在 E_3 沉积时，赛西地区相对冷湖三号地区位置偏低。因而，赛西地区中侏罗统烃源岩生成的油可能运移到冷湖三号构造。在赛西地区的东侧和北侧，根据新编制的下干柴沟组 E_3 沉积后 E_{1+2} 顶面构造图可以看出，当时地形梯度带主要分布于赛西凹陷的北侧和东侧，而断层基本有近 EW 向断层与近 SN 向两组，EW 向断层通过赛西凹陷，连接赛心 1 井古凸起与赛什腾山南缘断裂带。下干柴沟组的沉积厚度为西厚东薄，东北侧为厚度梯度带分布。

因此，潜西地区具有良好的石油地质条件，该区中侏罗统凹陷虽然范围不广，但属于还原型的沉积凹陷，油源条件较好，并且在井中的裂缝中见到了油气显示，如有合适的圈闭，成藏的可能性较大。

原先的潜伏 1 号构造为一轴向 NW 的大型背斜构造，通过地震解释后发现在多层构造图上，并不具有大型背斜构造显示，而是由多个鼻状构造组成，比较落实的是位于潜深 5 井北侧的鼻状构造，在 T_6、T_R 构造图上，构造尤为落实，其中 T_R 构造的高点埋深 4100m，构造幅度 300m，圈闭面积 6.0km^2。本成果将其称之为潜伏 1 号构造。实际上，潜伏 1 号构造在其向西抬升部位并没有形成构造圈闭，只是在剖面上看到隆起，控制隆起的因素主要是由挤压应力造成，当应力超过一定限度才形成隆起并导致北侧的断层，在应力没有达到一定限度内，它只有引起地层弯曲，并没有引起断裂。研究认为：鹊西 1 号断层西端并没有向西延伸，因此构不成圈闭。引起构造圈闭的，是北东向的赛南断层与鹊西 1 号断层交接处才构成断鼻构造。

该构造位于潜深 5 井北 2.5km 处。在 T_6 构造图上，高点埋深 4550m，幅度小于 250m，圈闭面积 2.7km^2；在 T_R 构造图上，高点埋深 4100m，幅度 300m，圈闭面积 6.0km^2，高点位于 94173 与 931195 测线交点北 1km 处。T_6 高点位置相对 T_R 向南偏离 0.5km，也就是说高点位置接近一致。从剖面上看，94173 剖面东西倾清楚、幅度不大，两个交接的断层解释清楚，因此构造解释是可靠的。从构造发育史剖面分析，构造形成于 E_{1+2}，是一个古构造圈闭。另外，北侧的南倾逆断层并没有穿过 T_5 反射层，T_5、T_3 反射层未形成现今的圈闭，所以该圈闭是一个有利圈闭。构造的南端钻有潜深 5 井，但该井处于构造低部位，而且井较浅，所以钻探失利。

（2）赛南地区

赛南地区为赛什腾凹陷的主体，也是新近纪的沉积凹陷，基底深度远大于潜西地区。该区分布有潜伏 3 号、潜伏 4 号、潜伏 5 号、潜伏 6 号等构造（图 5.98）。

潜伏三号的深 1 井钻穿及钻遇地层自上而下为：0～403m，N_2^2 层，403～2126m，N_2^1 层，2126～2668.49m，N_1 层。在钻井过程中一直未见到好的油气层显示，仅在井深 1870～1872m，1963～1967.75m，2024～2026m，2292.75～2294.50m 四段出现气的显示，其中井深 1870～1872m 取样试验可以点燃有微弱的火光，其他井段试验均无反应，同时以电测资料来看，该井也无油层存在。

1）潜伏 3 号南高点

潜伏 3 号北高点附近的潜西深 1 井与邻井在地层分层情况如下，该井 N_2^2 层为 403m，相当于陡 1 井井下 98m；N_2^1 与 N_1 分界，潜伏 3 号潜西深 1 井为 2126m，相当于冷湖六号构造陡 1 井 2010m，相当于陡 2 井 1725m，相当于冷湖五号深 26 井 1350m，深 33 井 600m，深 22 井 380m。根据对比看出，潜伏 3 号北高点地层埋藏较深，不利于次生油气藏的形成。

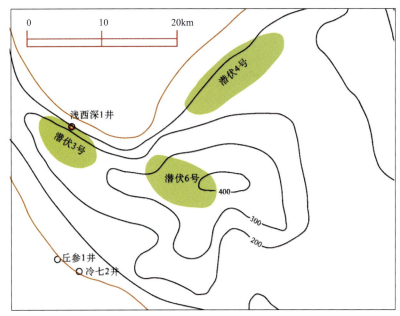

图 5.98　赛南凹陷潜伏构造与 J_2 烃源岩分布图

(等值线为暗色泥岩厚度，椭圆形色斑为潜伏构造)

但潜伏 3 号的南高点为一古构造圈闭（图 5.99），该断块型构造形成于 E_3 末，在该区烃源岩大规模生排烃之前或同期形成，圈闭形成与生排烃匹配较好。而北高点圈闭形成于 N_2^1 之后，如果按照断层褶皱相关理论来解释分析，则该构造则应是喜马拉雅晚期挤压构造活动的产物，断层的上端点并不是一直向上切割层位，而是顺层变为层间滑动。要是这样，则构造形成更晚，因此与该区大规模生排烃期不匹配。

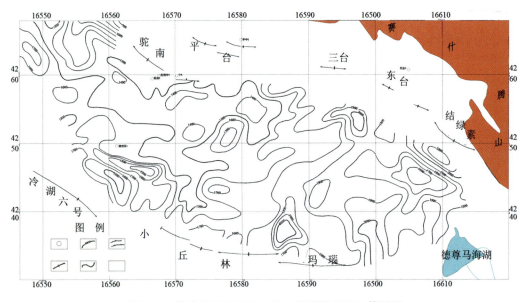

图 5.99　赛南地区地震 T_5—T_3（下干柴沟组）等厚图

综上所述，柴北缘地区由于晚喜马拉雅运动强烈走滑反转作用，古今构造具有明显的非继承性，一些大型构造带大多在晚喜马拉雅运动阶段形成，与该区的油气生成期明显不匹配，最多作为形成次生油气藏的构造圈闭。要寻找大型的原生油气藏，与油气生成期相匹配的古构造是以后的勘探重点，这些古构造大多处于构造活动相对稳定的块体内，后期因基底快速沉降，大多埋藏较深，评价相对困难，亦具有较大的勘探难度。

2）潜伏 4 号构造

可分为北块和南块。南块由 T_2 至 T_6 都有圈闭，圈闭类型为断鼻和断背斜，轴向北东；北块由 T_2' 至 T_6 都有圈闭，圈闭类型为断鼻，轴向北东。从圈闭幅度及面积看，南块基本上都大于北块；纵向上分析，不论是南块或北块，由深（T_6）到浅（T_2），幅度面积有逐渐减小的趋势，这说明具有古构造特征。在 T_5 构造图上，南块为断背斜，高点埋深 5630m，幅度 200m，圈闭面积 30km²；北块为断鼻，高点埋深 5760m，幅度小于 150m，圈闭面积 7.5km²；T_3 构造图上，南块为背斜，高点埋深 4140m，幅度小于 150m，圈闭面积 7.5km²；北块为断鼻，高点埋深 4100m，幅度小于 50m，圈闭面积 5.5km²。T_6、T_R 构造图上，南块埋藏浅，北块埋藏深；而到了浅层（T_2），反而北块埋藏浅，南块埋藏深，这也说明，北块受喜马拉雅中期运动影响大。

对南块进行构造发育史分析，下干柴沟组沉积前，构造具有雏形，隆起幅度有 100m，上干柴沟组沉积前，构造幅度增大，构造定形于 N_2^1 沉积末，所以为古构造圈闭。

北块因构造复杂，没有进一步研究。初步认为，北块一直到三台构造（位于断层上盘），这一地区都是非常有利的。从 00230 剖面上可以看到，驼南断层下降盘在 E_3 末已形成构造，属古构造；从等厚图分析，路乐河组沉积前，这个带（三台至潜伏 4 号）侏罗系沉积较厚，厚度为 400~1000m。到下干柴沟组沉积前，即路乐河组沉积末，三台底面构造南西方向约 8km 处，即北块处于古构造鼻隆起，轴向呈北东走向，北东方向浅，南西方向深。到下干柴沟组沉积末，T_5 反射层在南块为北北西向的鼻状隆起，在北块为北东向的鼻状隆起，这时的古构造位于潜伏 4 号构造北部，南块和北块只是古构造的侧翼。到上干柴沟组沉积末，T_3 的构造又有所变化，高点向东偏移，北东方向的构造鼻子表现清楚。从上述分析可知，潜伏 4 号的南块和北块都是古构造，到了中新世，北块被喜马拉雅中期构造运动所改造。

3）潜深 5 井南古构造

可以称之为古潜山。在近东西向 941190 剖面上（图 5.100），在 174~176 桩号之间，基岩隆起清楚，174 桩号以西，J_2 地层超覆到基岩之上，176 桩号以东，J_2 地层超覆到基岩之上。

在 941191 剖面上（图 5.101），此现象表现得更为清楚，174.5 桩号为潜山的高点，在此桩号以西，J_2 超覆到潜山之上。在此桩号以东，T_6 倾角陡，可以明显看到 J_2 超覆到基岩之上。

在 931192 剖面上，175 桩号为潜山高点，在此桩号以西 J_2 的顶基本上和潜山顶持平；在此桩号以东，J_2 超覆到基岩之上。

在南北向 82174 剖面上（图 5.102），潜山在 187.5 和 190.5 之间也显示得很清楚。

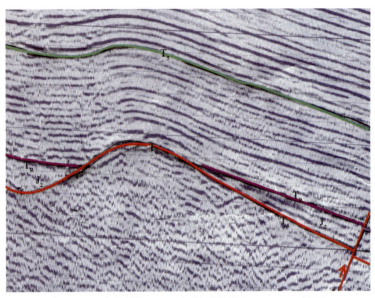

图 5.100　中侏罗统（J_2）超覆到基岩上（941190 剖面）

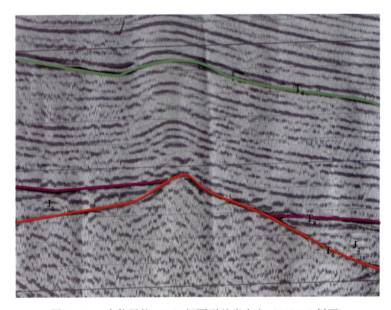

图 5.101　中侏罗统（J_2）超覆到基岩之上（941191 剖面）

在潜山地区的上覆地层受潜山影响，发生披覆变形。到了北部的 821193 剖面，潜山依然存在，不过 J_2 地层完全覆盖到潜山之上，这就是前面所说的潜伏 1 号构造。

该潜山构造为长轴背斜，东倾陡，西倾缓，高点埋深 4500m，幅度 250m，圈闭面积 8.25km²，形成于路乐河组沉积前，定形于路乐河组沉积后。在其上披覆的岩层未形成圈闭，只在潜深 5 井北西方向形成断鼻构造。

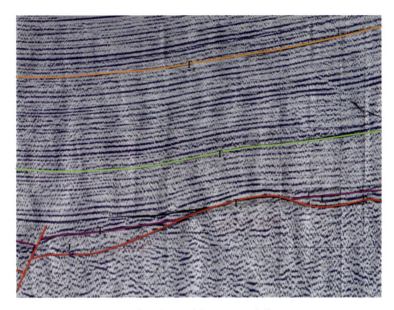

图 5.102　潜山在地震剖面上显示清楚（82174）

四、红山走滑反转构造有利圈闭发育

红山地区最明显的构造特征是向斜成山。红山构造带主体是由向斜与背斜构成的褶皱带，其中背斜带位于红山的南翼或南缘，规模相对较小，由近 EW 走向、相互衔接的多个背斜组成，背斜核部主要为上侏罗统红水沟组和部分白垩系，背斜带南翼地层局部有向北倾的倒转现象，背斜带与南侧第四系盆地之间的逆冲断层接触；向斜带是红山构造带的主体，主要由白垩系与古近系组成，地层产状较陡，地层为近 EW 走向，向斜两翼的倾角整体为高角度，北翼靠近红山煤矿大断裂处，部分地段甚至出现高角度的倒转，中侏罗统的煤系地层被大断裂牵引至地表，沿该断裂带出现多个煤矿点。

从上述现象可以看出，红山南北两侧的断裂带活动性质有很大不同，南侧出露的断裂带主要为逆冲推覆断裂，红山向斜山体位于该推覆断裂带之上；向斜山体与北侧老山接触的断裂主要是红山煤矿断裂，是一条高角度走滑断裂，具高强度压扭性质，红山山体靠近断裂带处地层被牵引至近于直立，近地表出露的煤层具有较强的热动力变质现象，表明挤脱作用较强。

红山构造带的西端为一老山断块山体，与红山山体呈嵌入式断层接触，也反映了西侧老山与红山山体的走滑挤压作用特征。

红山地区总的构造特征可以概括为向斜成山、走滑推覆、双层格局。由于红山向斜带构造变形强烈，主体地层的产状近于直立，并直接暴露于地表，因此在这些层位中不太可能有较好的油气保存。尽管在向斜带内的近地表附近发现了油苗，并有低产油流，但通过油气地球化学分析得出，这些油的赋存态很可能是通道中的运移油，而非油藏。

推覆带之上的向斜带内的油气勘探潜力较为局限，而走滑反转推覆带之下则可能是该区油气勘探的主战场。

(一) 红山地区断裂构造

断裂发育是研究区的重要特征，以 T_6 构造图为例，在近 $1500km^2$ 范围内断裂 50 条，主干断裂 9 条（表 5.3）。断裂的活动性控制着凹陷的沉积发育过程和构造变形，导致隆凹镶嵌展布，控制了油气生成、运移、聚集、保存和改造的各要素的配置，因此断裂研究是地质综合评价的重要组成部分。

表 5.3　红山凹陷断层要素统计表

代号	性质	走向	倾向	倾角 /(°)	断开层位	最大断距/m	长度	形成期	落实程度	级别	典型剖面
1	逆	EW	N	50～70	T_R～T_6	>1400	19	燕山早期	可靠	I	H06426
2	逆	EW	N	30～50	T_R～T_6	6600	19	燕山中期	可靠	II	H06422
3	逆	NE	NW		T_R～T_6	2300	13	燕山期	可靠	II	851245
4	逆	NNE-NE	W	50～70	T_0～T_6	2450	23	燕山期	可靠	II	851245
5	逆	NW	SW	50～70	T_0～T_6	2700	20	燕山期	较可靠	II	85443
6	逆	NWW	S	50～70	T_0～T_6	1900	16	燕山早期	较可靠	II	85422
7	逆	NEE	SE	40～50	T_R～T_6	2450	29	燕山早期	可靠	III	85422
8	逆	NEE	SE	40～50	T_k～T_6	600	26	燕山晚期	可靠	III	85414-85416
9	逆	NNW	SW	40～50	T_R～T_6	1250	22	燕山晚期	可靠	IV	85416

注：1. 红山煤矿断裂；2. 绿草山煤矿断裂；3. 小柴旦电厂断裂；4. 大煤沟南断裂；5. 全吉山北断裂；6. 锡铁山北断裂；7. 红山参 1 井北断裂；8. 石坝沟断裂；9. 绿草山西断裂

在 50 条断裂中，I 级断裂 1 条，II 级断裂 5 条，III 级断裂 3 条，其他为 IV 级断裂。I 级断裂是控制盆地边界的大断裂，II 级断裂是控制凹陷边界的断裂，III 级断裂是控制二级构造带的断裂，IV 级断裂是控制局部构造的断裂，下面主要对几个重要断裂的展布特征及要素具体描述（图 5.103）。

断层活动主要有两期，一期为燕山期，另外一期为喜马拉雅晚期。燕山早期断裂呈张性，下侏罗统为断陷盆地沉积特征，断层具有同沉积性质；燕山晚期，早期同沉积断层发生逆转，转变为逆断层，反转方式表现为断层倾向不变，下盘抬升并遭受剥蚀，以绿草山南断层为代表。

红山构造带为红山煤矿断裂与绿草山断裂所夹持。红山煤矿断裂属 I 级断裂，是控制柴达木盆地北部边界断层，在工区内长度 19km，断距大于 1400m，断层上盘是石炭系露头，露头有断层显露，性质为逆冲断层，走向近 EW 向，倾向北，倾角较陡约 $50°～70°$，断开层位 T_R～T_6，形成于早燕山运动，以正断层形式出现，在上侏罗统沉积末发生反转，成为逆断层。

在时间剖面上，断层上盘无反射，下盘有倾角较陡的同相轴出现，而且 T_6 的反射

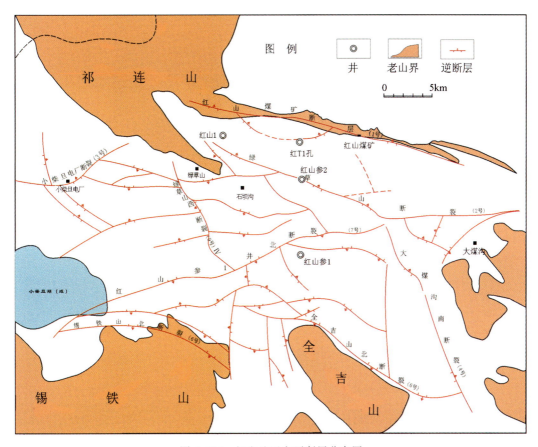

图 5.103　红山地区主要断层分布图

较其他反射增强（图 5.104）。到工区东段，断层上盘出现 Q_{1+2} 反射及推断的三叠系内部反射，下盘仍为陡倾角反射，有时还出现挠曲。

绿草山断裂是推覆断裂，是控制红山向斜构造带的逆冲断裂，属Ⅱ级断裂（图 5.104），在工区内以 T_6 为例，下降盘断层呈弯曲型，长度约 50km，垂直断距最大 6600m。水平推覆断距至少 5km（H06420），最大 16km（H06432）。

断层上盘由三十九道班，经绿草山、石坝沟到红山二号出露地表，长度 50km，有测线证实的长度从 H06420 到 H06437 测线，长约 19km，靠近断层上盘揭露的地层有 Pt、J_{1+2}、J_3、K、E_{1+2}，从西到东逐渐变新。

在时间剖面上表现形式，上盘前锋是红山一号构造，靠近断裂的陡翼，记录品质不好，同相轴倾角在有的剖面上可以辨认，如 H06420、H06424、H06426、H06428、H06430 共 5 条测线，地层倾角南倾代表红山一号构造的南倾一翼。断点的确定基本上和露头断点位置顺势延到地下。至于断层面在时间剖面上的位置解释依据有：①大断层下盘地层的产状明显不同于上盘的产状。②下盘的地层结构与上盘的地层结构不同。③由露头推测下面的地层。④根据红山参 2 井作控制。

该断层面形如铲状，上陡下缓，倾角北倾，倾角平缓处 30°，向北与红山煤矿断裂

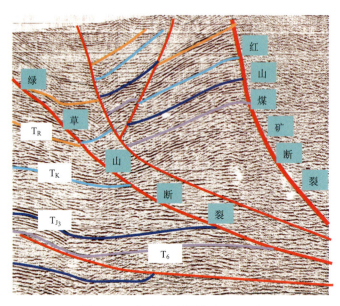

图 5.104　红山煤矿断裂（H05428）

收敛相交，断裂形成于 J_3 沉积后即中燕山运动，比红山煤矿断裂形成晚。

1. 断裂类型与基本特征

从断层性质看，红山凹陷所发现的断层大多数为逆冲断层，个别为走滑断层，从断层的延伸方向看，以 NEE 和 NWW 方向为主，NNE 断层较少，NEE 与 NWW 向断层反映出南祁连山向南挤压与锡铁山隆升向北挤压的结果，NNE 断层反映出欧龙布鲁克隆升向西挤压的结果。断层的级别与走向有密切关系，一般一级断层是控盆断裂，与祁连山边界平行，二级断裂是控制凹陷边界断裂，与锡铁山、全吉山出露地表界线平行。

从断层的倾向看，凹陷的西部多为断面北倾断层，反映南祁连山向南的挤压作用，中部及南部断层向南倾，或南东倾，反映了锡铁山、全吉山向北的挤压作用，北部断层即大断层上升盘的断层倾向多为向北倾，反映出祁连山向南推覆，凹陷东部断层倾向为东，反映出欧龙布鲁克山向西推覆，从强度看，南部锡铁山及全吉山向北挤压及祁连山向南挤压是最强的，也是红山凹陷最主要的构造格局。总之，红山地区晚喜马拉雅运动期间主要表现为明显的构造挤压收缩特征，为多方向构造应力的集中区，这也是该区构造强烈反转的动力学条件。

从断层平面组合形态上看，有平行状、斜交状、正交状。水平状断层反映了水平挤压应力的作用，常发生在南部及北部褶皱带上，斜交状可以是高级别断层与旁侧低级别断层的组合，也可以是同级别断层的相交组合，前者常说明高级断层兼有剪切性质。如红山参 1 井北断层右侧的断层与之斜交构成斜交状。正交状常是断层限制终止关系的组合形式，被限制终止者规模较小，常为控制局部构造的 Ⅳ 级断层，如绿草山断层两侧的断层，控制了绿草山南 3 个断块构造。

从切割层位看，主要是基底卷入型，凹陷中、下部地层中断层发育程度高，向上发育程度低，从断距看，一般下部断距要大于上部断距，直到古近系和新近系或第四系断距减小，说明基底卷入的程度下大上小，也反映了凹陷发育过程中挤压作用的长期性。

2. 断层活动时期分析

断层的活动时期分析是一个十分复杂的工作，需要采用综合的方法，针对红山凹陷的特点应该把区域构造分析、构造层分析、构造组合分析、地层厚度分析、构造发展史分析等方法结合起来。初步分析，红山凹陷断裂发育分为三个阶段。

（1）燕山早期断裂发育阶段

侏罗系在红山凹陷厚度较大，一般 $600\sim800m$，厚度分布受断层控制，在发育史剖面中，J_{1+2}沉积时期，伸展断层控制了侏罗系中、下统的沉积，但断层规模不大。

（2）燕山末期逆冲断层发育阶段

在燕山中期，也就是上侏罗统沉积时期，祁连山开始向凹陷挤压，规模不是很大，凹陷基本上处于伸展状态，到了燕山末期，即白垩系沉积时期，挤压作用加强，南部山地隆起，这时沉积环境处于压性环境，原来的正断层反转为逆断层。

（3）喜马拉雅晚期逆冲断层强烈活动阶段

新近纪末期，柴达木盆地经受了强烈的挤压，逆冲断层的活动强烈，红山凹陷也不例外，这次断层活动造成了锡铁山、全吉山、欧龙布鲁克山强烈隆升，其上面沉积的中新界地层全部剥蚀出露地表，也造成红山一号、二号构造其上原来沉积的古近系和新近系、中生界部分被剥蚀，最后才形成现今的构造格局。

（二）二级构造带划分

红山凹陷地处各山系汇聚带，受挤压严重，呈北东向狭长带分布，区内构造复杂，断裂极为发育，构造变形强烈，圈闭的形成在平面上受多种应力联合作用，纵向上为多期构造叠加，其构造样式和圈闭类型及形成条件具有复杂多样之特点。通过本项目地震资料解释，对复杂的构造特征、构造样式有了进一步认识，在此基础上，对工区大的构造格局划分为四个构造单元：北部褶皱带、西部斜坡带、红山凹陷带和南部隆起带（图 5.105）。

1. 北部褶皱带

北部褶皱带指绿草山断裂的上盘，分布了近 EW 走向的断层近 5 条，NW 走向的断层4 条，构造格局是：南高北高中间低，从东西剖面看，是西高东高中间低，也就是表现出中间凹，南北高的局面，所部署的红山参 2 井相对处在中间低洼区，在褶皱带周边发育了红 T1 孔北断块构造、红山煤矿东断鼻构造、红山煤矿南断块构造、红山参 1 井南东构造。H06432 测线 258 桩号表现出滑脱构造样式，H06422、H05424 测线上表现为上凹下凸，呈 X 结构的反转构造，该褶皱带定型于喜马拉雅晚期，挤压应力来自北部的祁连山系。

2. 西部斜坡带

该带西至小柴旦电厂断层，北至绿草山、石坝沟一带，南至小柴旦湖以北，面积约

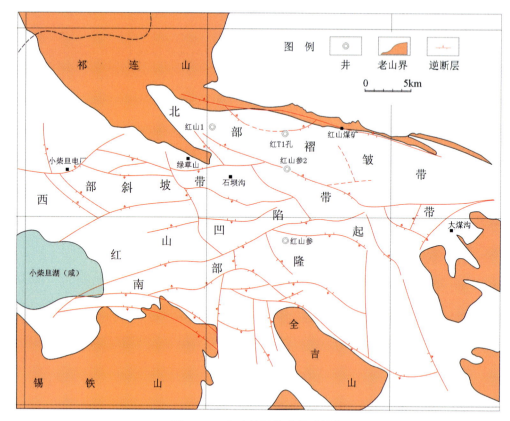

图 5.105　红山地区构造单元划分

260km²，斜坡带上有 10 条近 NEE 向断层展布，斜坡中部被一条 NW 向断层（绿草山西）截开，断层两侧地层倾向相反，从几条联络剖面看，该带斜坡反射清楚，倾角较陡，在断层的上盘，地层倾角变缓，在绿草山层与 NEE 断层相交处，分布 3 个断鼻构造，在小柴电厂东部有一个断鼻构造，因测线稀少有待落实。从 H061252 构造发育史剖面分析，斜坡带形成于燕山中期，从 H06420 构造发育史剖面分析，南倾斜坡形成于燕山中期，从等厚图上也可以看出该斜坡为一 SE 倾向古斜坡。

3. 红山凹陷带

该带分布于红山参 1 井北断层以北，西部斜坡带以南以东，北部褶皱带大断层的下盘及小柴旦湖一带，呈北东向长条状分布，面积约 300km²。其结构是有两个次凹，东北部叫石坝沟次凹，南西部叫小柴旦湖次凹，联络剖面上次凹的结构非常清楚，其上分布的断层多数到次凹内终止，断层一般来自西部。从等厚图上凹陷带具有继承性，中下侏罗系等厚图上，次凹一般厚 600～800m，目前发现证实最厚的位于大煤沟，最厚1115m；上侏罗统等厚图上，有相同的主次凹，主凹最厚 1400m，一般厚 400～1000m；白垩系残余等厚图上，也有相同的主凹、次凹，主凹最厚 1800m，次凹最厚 1600m，其他一般厚 400～1000m；古近系和新近系残余等厚图上，仍有相同的主、次凹，另有新的次凹，主凹最厚 1600m，次凹一般厚 1400m，需要指出的是，中生界厚度分布特征除受红山参 1 井北断层控制外，还受西部山系不均匀隆起及控盆断裂控制。

4. 南部隆起带

该带分布于红山参 1 井北断裂南部，包括锡铁山、全吉山、大煤沟南断裂以西，面积约 500km²。其上主要发育的断层与老山边界平行，与红山参 1 井断层斜交，控制着构造形态。隆起带上发育的主要构造是红山参 1 井背斜及红山参 1 井南西断背斜，它们的形成均受祁连山向南的挤压而引起的反冲作用而形成，从构造发育史及等厚图分析，隆起形成较早，在燕山早期就已形成，中下侏罗统等厚图上，隆起带上有 3 个小高点，除红山参 1 井、红山参 1 井南西高点外，还有一个大煤沟西高点。根据厚度线趋势分析，J_{1+2} 沉积边界在南部全吉山附近通过，全吉山当时未接受 J_{1+2} 沉积。上侏罗统等厚图上，J_3 的厚度在全吉山、锡铁山没有减薄的趋势，所以推断当时 J_3 在全吉山、锡铁山上有沉积，在白垩系、古近系和新近系等厚图上，同样有类似的情况。根据区域研究成果，在山系的南部也有类似的地层沉积，只不过是沉积厚度有所差别，所以认为锡铁山、全吉山是古近系和新近纪逐渐隆起而形成的，而最主要的隆起时间为晚喜马拉雅运动期间，并导致沉积其上的中新生代地层全部被剥蚀。

（三）构造圈闭有效性分析

红山构造带滑脱层下方断块构造发育，在向斜山体的南侧发育多个古构造圈闭。在红山构造带下盘共发现或落实局部构造 12 个（图 5.106）。

红山构造带在地表为一构造形态相对简单的轴向近东西向褶皱带，其主要为两翼产状陡倾的大向斜带与南侧分布的两翼略为宽缓的小背斜带组成，绿草山断裂与红山煤矿断裂分别是该带的南北两侧控制边界断裂，绿草山断裂为一低角度逆冲推覆断裂，红山褶皱带位于该断裂带之上。在该断裂的下盘，经地震资料解释发现，构造线、构造格局与上层滑脱层完全不同，其主要构造特征表现为断块状，断裂构造发育，控制了断背斜的发育。

为评价红山地区构造圈闭的有效性，下面分别选取一燕山期末古构造和晚喜马拉雅期新构造进行地质分析。

1. 绿草山南圈闭

该圈闭位于绿草山南 2～5km 处，有 3 个断鼻组成（S1、S2、S3），轴向 NW，其中 S1 圈闭位于 85414 与 851248 交点处西 1km，S2 圈闭位于 H061252 与 85416 测线交点处，S3 圈闭位于 85414 与 851245 测线交点处，这 3 个断鼻有 5 条测线控制，显示鼻状构造形态的是 85414 与 85416 测线，构造是落实的。S1、S2、S3 圈闭 T_k 埋深分别为 1000m、1400m、1400m（2772 为 0 线）。幅度分别为 800m、600m、600m，圈闭面积分别为 9.0km²、6.0km²、8.5km²。S2 圈闭形成于燕山末期，在剖面上明显看到白垩系上部被剥蚀，整体圈闭地质评价为 I 级，典型剖面 85416 及 H061252（图 5.107，图 5.108）。

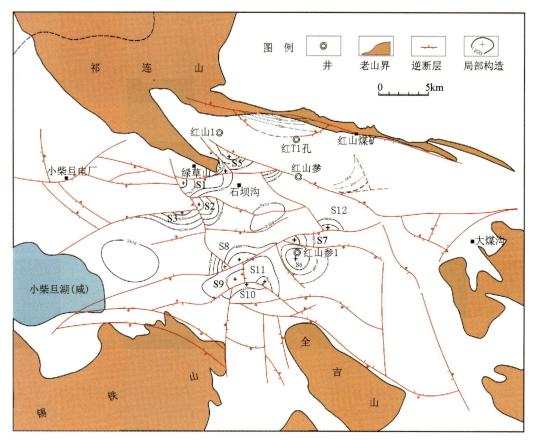

图 5.106　红山地区推覆带下盘 T_K 层构造纲要图

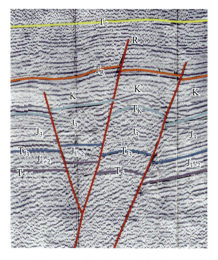

图 5.107　绿草山南圈闭（S2）
横剖面 85416

图 5.108　绿草山南圈闭（S2）
纵剖面 H061252

　　绿草山南圈闭为侏罗系凹陷上倾方向的古构造圈闭，在喜马拉雅期构造基本继承发育，断裂并没有断至地表，同时构造幅度下大上小，显示该区晚喜马拉雅期的构造变形较弱，这为原生油藏的保存创造了条件。关键条件是储层是否发育。侏罗白垩系均可作为目的层，断裂破碎带、裂缝与孔隙可构成复合储集体，岩性尖灭体、基岩风化壳也是可能的良好储集体。

　　2. 红山参 1 井圈闭（S6、S7）

　　该圈闭位于红山参 1 井上，有 2 个圈闭，图 5.128 中的 S6 圈闭为断背斜，S7 圈闭为断块。S6 号圈闭 T_6～T_0 都有圈闭，面积 7.5～11.5km^2，幅度 200～700m，轴向近 EW，高点位于 85428 与 851248 测线交点处，高点埋深 T_6：1500m，T_{J_3}：1350m，T_k：500m，T_R：50m，有 4 条测线控制，为可靠Ⅰ级圈闭，典型剖面为 85428、851248（图 5.109）。该圈闭可能形成于晚喜马拉雅运动，主要表现为古近系和新近系与中生界为同期褶皱变形特征，表层第四系松散砾石层不整合覆盖于古近系和新近系风化剥蚀面上，红山参 1 井 S6 圈闭应在这套砾石层堆积之前形成并长期遭受剥蚀。从变形特征与后期沉积演化可以看出，红山参 1 井圈闭 S6 形成较晚，根据喜马拉雅运动在盆地内构造变形特征与强度分析，推测是晚喜马拉雅运动造成了 S6 圈闭发生大规模褶皱与断裂。因此红山参 1 井所在的 S6 圈闭与该区侏罗系烃源岩的大规模生油期并不匹配，构造圈闭形成期晚于石油生成、排出、运聚期，而从晚喜马拉雅运动后造成的地势看，S6 圈闭又处于红山凹陷的下倾部位，凹陷及周边油气藏中逸出的油气应该向上倾方向，即向北向上运移。这可能是红山参 1 井未见油气显示的主要原因。

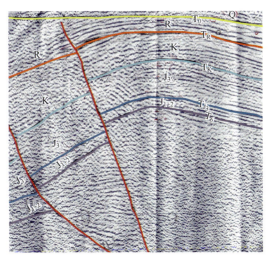

图 5.109　红山参 1 井圈闭呈断背斜特征

　　受红山参 1 井北断层控制。S7 号圈闭位于该背斜的北侧，T_6～T_k 有圈闭，面积 3.0～3.5km^2，幅度 500～1100m，轴向近 EW，有两条测线控制，落实程度较可靠。

(四) 构造演化分析

1. 红山向斜构造带为祁连山南缘走滑断裂带斜向挤压的产物

通过地震资料解释，结合卫星遥感图像，分析认为红山向斜构造带是右行走滑断裂活动的结果。露头与地震资料揭示，红山向斜带实际为两大断层夹持的长条状片体，南侧断层为逆冲断层，北侧断层为高角度走滑断层，两组断层构成一剖面上呈斜歪状的 Y结构，红山片体实际具有由下部冲上来的位移成分。SN 向构造演化剖面 (图 5.110)表明片体由北向南，而 H061252 剖面 (图 5.111) 构造演化表明向斜片体有来自东侧的成分，综合分析，片体应来自北东侧。如果做简单的归位，那么红山片体主要红山煤矿的北侧偏东附近，至于东西方向的走滑位移量目前还难以确定。构造演化剖面揭示，该区在晚喜马拉雅运动期间经受了一次大的构造变革，产生了强烈的走滑剪切构造变形。

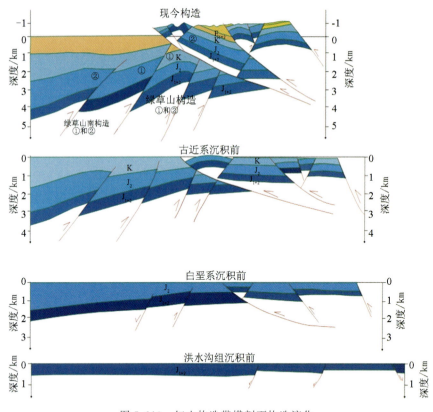

图 5.110　红山构造带横剖面构造演化

地震资料揭示，红山及邻区基本为断裂控制的多个构造单元。断裂构造发育，各构造单元地层分布具有较大差异，构造特征与演化亦具有较大的区别。如红山构造带与南侧的凹陷带在中新生代以来具有不同的发展过程。南侧红山凹陷的红山参 1 井揭示侏罗系 851m、白垩系 1017m、古近系 E 为 429m、第四系 Q 厚 221m，没有新近系分布。而

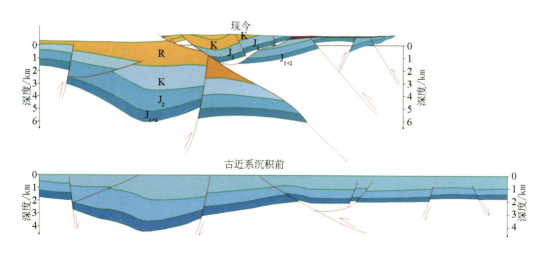

图 5.111 红山构造带纵剖面构造演化

061252 剖面构造演化说明红山向斜构造带具有垂向上位移上来的成分

红山构造带内古近系和新近系分布完整，并且新近系厚度较大，接近 2000m。说明新近纪以来，红山南侧的凹陷与红山向斜构造带具有不同的发育特征。在侏罗系与白垩系分布上，紧邻红山向斜构造带的露头解释侏罗系有较好的煤层，而红山参 1 井侏罗系的煤质较差，并且泥岩含碳质成分较大。说明它们具有不同的沉积环境。

2. 红山构造带发育双层构造，深层断裂构造发育

红山向斜为滑脱断层控制的浅部构造层，构造形态主体为一向斜，南侧分布有较窄的背斜构造带，与典型的逆冲构造带上背向斜的分布空间位置较为一致，不同的是，红山构造带的背斜宽缓、向斜紧闭（地层近于直立），与通常的逆冲推覆构造带的背斜紧闭、倒转，向斜宽缓截然不同。说明红山构造带不同于一般的因近水平逆冲形成的推覆构造带，推测可能为斜向走滑挤压形成。

地震剖面上，滑脱层下方的地质结构较为清楚，为多条高角度走滑断层组成（图5.112）。如果这些断块能够构成圈闭，那可能会出现多个勘探目标。

通过构造解释，发现该区主要分布有 EW—NEE、NE—NNE、NW—NNW 向几组，其中以 EW—NEE、NW—NNW 为主。分析发育 I 级断裂 1 条，即红山煤矿断裂。该断裂为近 EW 向，基本与宗务隆山构造带平行，其北侧即为宗务隆山。该断裂属于控盆断裂，即可作为柴达木盆地的北界。在 CEMP 资料上，该断裂带的两侧具有明显不同的电性界面，并且揭示的深度也较大，断层倾角近于直立。红山煤矿的煤层位于断裂带活动局部被牵引上来部分侏罗系中，推测由于走滑扭动与挤压导致煤层刺穿使其置于上侏罗统致密泥岩的下方。

NEE 向断裂带为控制沉积凹陷的主要断裂带。如 NEE 向红山参 1 井北断裂控制了中生界的分布，向西南可能延伸至绿梁山南侧的大红沟一带。红山参 1 井北断裂两侧的中新生界具有较大的差异，侏罗系沉积断裂带南侧可能属于浅水和陆上沉积环境，断裂

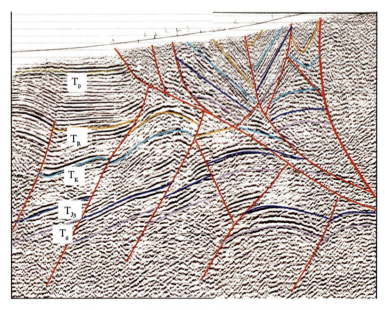

图 5.112　红山地区 SN 向剖面地质构造特征

带北侧则属于滨浅湖与半深湖沉积环境。红山 NEE 向凹陷带可能保持了初始的构造形态，位于中部的 NNW 向断裂构造带将其分为两个构造次凹。该 NNW 向断裂带为燕山晚期形成，控制断裂带上断背斜的形成。

红山地区的构造具有特殊性。目前在构造地貌上为一山体，红山构造带的南北两侧分别为大型断裂所围限，山体的中带为新近系出露，而两侧则分别出露古近系、白垩系及侏罗系，在构造格局上，中带为近于对称的长轴向斜，两侧为规模相对较小的宽缓背斜。构造的西端表现出强烈的收缩特征，挤压特征明显。由于深部地质不明，目前对该构造带的形成的主导认识是逆冲推覆作用。

但通过对构造带南侧红山参 1 井的分析，可以看出，红山构造带与其邻区南侧存在巨大的沉积和构造变形差异，表现在红山构造带主体中新生界沉积厚度远远大于其南侧的红山参 1 井地区，红山参 1 井地区中新生界厚度仅 2230m，其中侏罗系与白垩系残留厚度分别为 1000m 和 450m，古近系仅残留 429m，而红山构造带的新近系就厚达 2000m，分析认为形成这种差异的原因是构造反转作用所致。构造带在平面上近直线延伸、构造的近对称分布、近于直立的主断裂特征等均表明红山构造带的反转具有走滑性质，是祁连山与柴达木地块斜向挤压的结果。红山构造带在中喜马拉雅运动开始后以快速沉降为特征，到晚喜马拉雅运动构造阶段，构造变形强烈，反转隆起成山。而红山参 1 井地区，情形正相反，在新近纪主要以隆升剥蚀为主，只是在全新世才又重新沉降，接受了全新统的沉积。从中生界的分布厚度看，在中生代阶段也有类似的构造演化特征。

第六章　柴北缘地区油气运聚主控因素

第一节　柴北缘地区油气成藏特征及主控因素分析

一、柴北缘油气成藏条件及对比

在典型油气藏解剖的基础上，本次重新梳理了柴北缘各构造带的成藏条件及各成藏之间的匹配关系，研究表明，柴北缘各构造带发育较好的生储盖条件，进一步综合分析显示柴北缘油气成藏明显受晚期构造活动的影响，主要表现为晚期挤压走滑环境下形成的构造对油气成藏及其分布具有重要控制作用，而相对而言，早期古构造是晚期成藏的基础，对油气成藏的影响非常重要。综合分析显示，柴北缘的早期古构造及晚期走滑构造对油气成藏具有重要控制作用。

本次重点分析了柴北缘马海-鱼卡构造、冷湖-南八仙构造带和鄂博梁构造（图6.1，图6.2，图6.3），三者分别代表三种构造类型，马海-鱼卡地区是早期古构造及稳定抬升区域的典型代表，冷湖-南八仙构造代表有一定古构造背景、经历晚期强烈构造形成或改造的构造带，鄂博梁构造带则代表仅发育晚期构造、晚期成藏的典型构造。

马海-鱼卡地区是早期古构造的典型代表，构造形成早于油气成藏时间，喜马拉雅中晚期构造剥蚀较强，油气以原生油气藏为主，具有较早成藏的特征，主要含油气层位为 E_3 和中侏罗统，早期的剥蚀面/古隆起是油气成藏的基础条件，喜马拉雅中晚期构造活动以块体隆升为主，大大减小了对油气藏的改造作用（图6.1）。

冷湖-南八仙构造带代表了具有早期古构造、晚期构造形成及改造较强的一类构造带，构造主要形成于喜马拉雅中晚期，油气成藏具有典型的两期特征，即喜马拉雅较早期油气成藏、喜马拉雅晚期的成藏和改造同时存在，由于阿尔金的左旋走滑作用，该构造带受喜马拉雅晚期构造改造的强度自西向东逐渐减弱，油气成藏的有效性逐渐增加，导致该构造带油气分布的层位由西向东逐渐向上部层位聚集（图6.2）。主要含油气层位为 N、E 和 J，早期的剥蚀面/古隆起是油气成藏的基础条件，喜马拉雅中晚期构造活动使得较早期形成的油气向上部层位调整，同时下部层位再次接受晚期高成熟气的充注过程（图6.2）。因而，对于冷湖-南八仙构造带来说，早期的古构造背景及喜马拉雅晚期的走滑构造或挤压走滑控制下的晚期构造形成是其油气成藏的关键因素。

鄂博梁-葫芦山构造带是喜马拉雅晚期构造的典型代表，晚期构造形成及改造强烈，构造主要形成于喜马拉雅晚期，油气成藏仅表现为喜马拉雅晚期成藏特征，即以喜马拉雅晚期的成藏和改造为主，由于阿尔金的左旋走滑作用，该构造带受喜马拉雅晚期构造改造的强度自西向东逐渐减弱。主要发现的油气显示主要位于上部地层，由于埋藏深，深部成藏组合还有待于进一步勘探。喜马拉雅晚期的走滑构造或挤压走滑控制下的晚期构造形成是其油气成藏的关键因素（图6.3）。

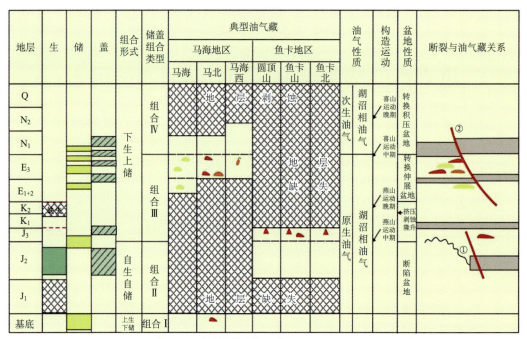

图 6.1　马海-鱼卡地区油气成藏条件综合分析图

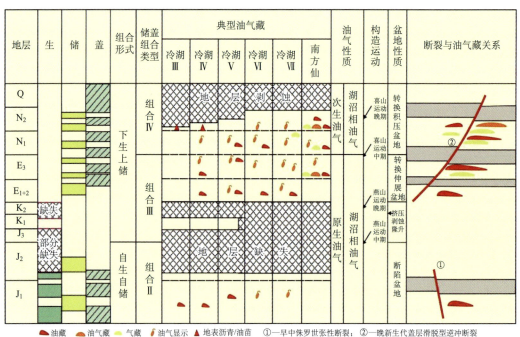

图 6.2　冷湖-南八仙构造带油气成藏条件综合分析图

因此，通过对柴北缘典型构造带（油气藏）成藏条件的综合分析，认为柴北缘的早期古构造是晚期成藏的基础，对油气成藏的影响非常重要，而喜马拉雅晚期挤压走滑环境控制下的晚期构造运动则是油气成藏定型、改造和保存的关键因素。因而柴北缘的早期古构造及晚期走滑构造对油气成藏具有重要控制作用，也是柴北缘油气成藏的两大主控因素。

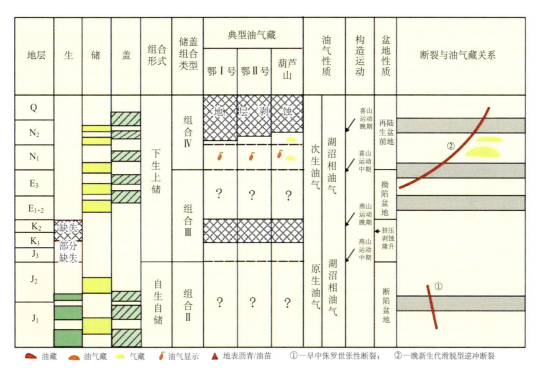

图 6.3　鄂博梁-葫芦山构造带油气成藏条件综合分析图

二、柴北缘典型油气藏成藏特征

柴北缘油气藏主要发育于北缘走滑冲断系中，主要有冷湖三号、冷湖四号、冷湖五号、鱼卡油田和南八仙、马北油气田。本次研究主要选择马海-南八仙构造、冷湖构造带作为解剖对象。

（一）马海-南八仙构造带

马海、南八仙气田构造上属于北缘断块带大红沟隆起区马海-南八仙构造带的两个三级背斜构造，都是受断层控制的背斜油气田（图 6.4），北以马仙断裂为界与赛什腾凹陷南部相隔，东临尕南凹陷，西、西南为伊北次凹。南八仙气田的油气产层主要有深部 E_3、中部 N_1 和浅部 N_2 等三个，马海气田的产层主要为 E_3。

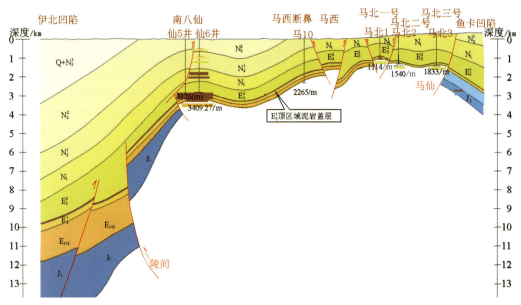

图 6.4　伊北凹陷-马北地区油气运移示意图

1. 油气来源及成藏分析

根据油气地球化学特征、烃源岩地球化学特征研究认为南八仙、马海油气田的油气源自伊北次凹的下侏罗统烃源岩。原油 C_{29} 甾烷 $20R\alpha\beta/\alpha$ 与孕甾烷＋升孕甾烷/规则甾烷比值均较高，表明它们均经过了一定距离的侧向运移。

马海、南八仙天然气碳同位素均较重，甲烷碳同位素重于-32‰，乙烷碳同位素重于-25‰,应属同源的产物，为典型的煤成气（图 6.5）。据戴金星等（1992）提出的煤成气 $\delta^{13}C_1$-Ro 回归方程，计算出其气源岩 Ro 值，马海天然气 Ro 值为 1.67％～1.86％，南八仙为 1.91％～2.26％，这与天然气组分的干燥系数不一致，反映了从南八仙到马海的天然气运移效应。马海天然气组分中富含 N_2 及 $\delta^{13}C_1$ 值偏轻是运移因素造成的。

以仙 6 井储层沥青研究为例详细探讨该地区油气注入的期次。仙 6 井 E_3^1 气层和含水气层以下有油层，油层的生物标志物分布明显不同于气层和含水气层。油层以 C_{24} 四环萜烷含量较高，Ts、C_{29} Ts、C_{29} 藿烷、C_{30} 重排藿烷含量高为特征。油层的重排甾烷含量也很高，DS/S（C_{27-29} 重排甾烷 $20R＋20S/C_{27-29}$ 规则甾烷 $20R＋20S$）比值高达1.74。油层的姥鲛烷含量和高碳数正烷烃含量较高。与气层和含水气层相比，油层的三环萜烷含量和 C_{21}、C_{22} 甾烷含量很低，T/H（C_{19-24} 三环萜烷/C_{27-35} 五环三萜烷）比值和（$C_{21}＋C_{22}$）甾烷/（$C_{27}＋C_{28}＋C_{29}$）甾烷比值分别为 0.15 和 0.14。油层的 C_{29} 甾烷 $\beta/(\alpha＋\beta)$ 和 $C_{15}D/C_{16}D$（补身烷/升补身烷）比值比气层和含水气层低。由此可见，油层的成熟度比气层和含水气层要低。生物标志物分布表明，仙 6 井 E_3^1 油层与上方的气层和含水气层可能为两期油气注入，早期成熟度较低的油气进入仙 6 井 E_3^1 形成油层，后期成熟度较高的油气进入仙 6 井 E_3^1 形成气层。

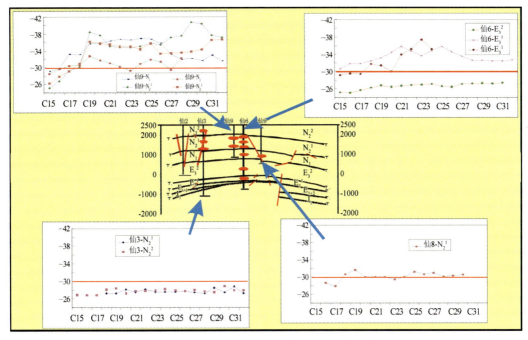

图 6.5　南八仙原油正构烷烃单烃化合物剖面分布图

另外，仙 6 井 E_3^1 含水气层曾被油充注。生物标志物分布表明，仙 6 井 E_3^1 气层和含水气层之间存在自下而上的垂向运移。从含水气层至气层，T/H 比值从 1.45 减小到 0.97，C_{29} 甾烷的 $β/(α+β)$、20S/20（R＋S）比值和倍半萜烷 $C_{15}D/C_{16}D$（补身烷/升补身烷）比值相应增加，Ts/（Ts＋Tm）、$C_{29}H/C_{30}H$ 比值增加，Gam/$C_{30}H$ 比值降低。垂向运移使降姥鲛烷（iC_{18}）、姥鲛烷含量增加，正构烷烃主峰碳数前移，低碳数正构烷烃含量大大增加。仙 6 井 E_3^1 气层的氯仿沥青 A 含量为 24PPM，含水气层氯仿沥青 A 含量为 1929PPM。含水气层中高含量的氯仿沥青 A 表明，含水气层曾被油充注过，后来又被气充注，形成含水气层，在砂层中仍保存了大量的液态油，气态烃往上运移，在上方形成气层。

2. 流体包裹体均一温度

南八仙构造区早期包裹体赋存于较晚期的石英加大边（II）中（早期石英加大边中的包裹体形态较小，主要为液相盐水溶液包裹体），包裹体的类型主要为气液两相盐水溶液包裹体，气液比较大，有机包裹体不很发育，仅见少量的液态烃包裹体（图 6.6a）。晚期包裹体赋存于石英裂隙及次生石英中，有机包裹体很发育，包裹体呈深褐色，气液比也较大（多数 10%～35%），并见有一些气态烃包裹体和沥青包裹体，反映该期包裹体中有机质成熟度较高。盐水溶液包裹体均一温度较低，平均温度 74～81℃（图 6.6b），盐度 9.6～10.2 wt%，也较为接近，应为处于同一演化阶段的产物，为第

Ⅰ期包裹体。仙7井次生裂隙、仙5井石英加大边（较晚期）及仙6井硅质胶结物中的包裹体，颜色均较暗，主要为灰、黑灰色、深褐色，以气液两相烃类包裹体为主，含有一定的沥青和气态烃包裹体，占10％～15％，与其同期的气液相盐水溶液包裹体的均一温度和盐度较为接近，平均温度90～115℃（图6.6a）、盐度10.8～11.5 wt％，是同一成岩阶段的产物，为第Ⅱ期包裹体。根据有机包裹体的特征及本区的沉积埋藏史和热演化史，仙5、仙6、仙7井样品中两期充注的油气分别形成于 E_3 和 N_2 末期（图6.7）。

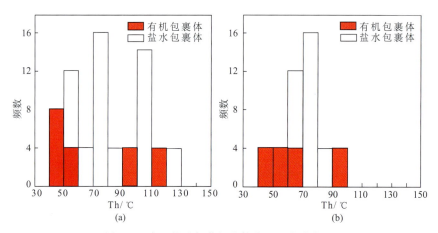

图6.6　南八仙油气藏包裹体均一温度分布图

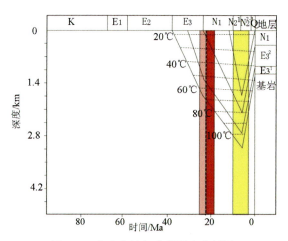

图6.7　南八仙油气成藏期次分析图

3. 圈闭形成期及成藏期

马仙地区的构造发育经历了中生代隆升、古近纪和新近纪相对沉降和末期抬升-剥蚀三个阶段。南八仙构造顶部侏罗系厚度只有103.5m，而北、西、南翼厚度均超过

1000m，东翼近 400m，说明南八仙是中生代时存在的古隆起。$E_1^3 \sim N_3^2$ 时期该区整体下降，喜马拉雅运动三幕使本区形成了大量的褶皱和断裂，南八仙-马海构造抬升而受到不同程度的剥蚀，南八仙-马海统一的古构造解体成两个独立的构造圈闭。根据构造发展剖面，E_3^2 晚期南八仙构造已初具雏形，而且出现了仙南断裂。N_1 开始已有小幅度圈闭存在。定型期是喜马拉雅末期运动并出现了仙北断裂（图 6.8，图 6.9）。马海-南八仙气田成藏过程如图 6.8 所示。

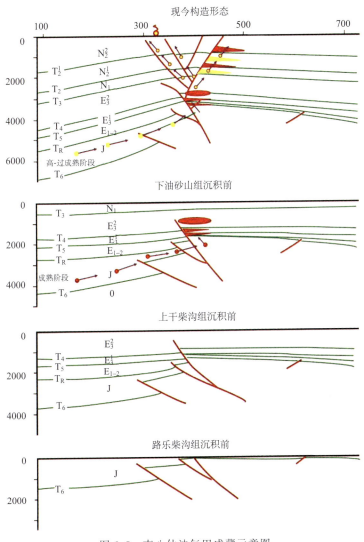

图 6.8　南八仙油气田成藏示意图

中生代末期燕山运动在南八仙形成了侏罗系圈闭，后接受剥蚀，在高点出现侏罗系缺失，但周围侏罗系地层已出现圈闭的构造形式，此时烃源岩尚未成熟。在新近系沉积的时候，伊北次凹的下侏罗统烃源岩处于低—成熟阶段，此时在 $E_{1+2} \sim E_3$ 的圈闭进一步加强，形成早期的油气聚集，并向马海地区长距离运移；由于上覆盖层成岩作用较弱，原油部分遭受降解，但早期聚集的天然气散失严重。随着新近系沉积地层的增加，在南八仙圈闭聚集的天然气是由高成熟度到过成熟度的混合气，断裂作用使天然气向上调整，并在底部聚集的天然气的成熟度明显高于上部地层的天然气（图6.8）。由于凝析油气的大量充注，从而使南八仙地区的反凝析出的可动油主要表现为典型的煤成油，但在储层沥青中尚可以看到早期混源油的特征；而晚期向马海地区主要侧向运移天然气为主，天然气的分馏效应明显，但是原油则主要表现为早期混源油的特征。

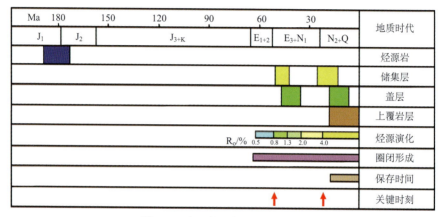

图 6.9　南八仙油气成藏事件图

　　马海构造带的油气成藏具有相似的过程，主要油气储层为古近系，构造在喜马拉雅早期及以前已经具有一定的雏形，在喜马拉雅中晚期挤压反转时期，主要变形为块体的稳定抬升和剥蚀作用，油气成藏主要形成于喜马拉雅中晚期，N_2～Q以来是油气保存时期（图6.10）。

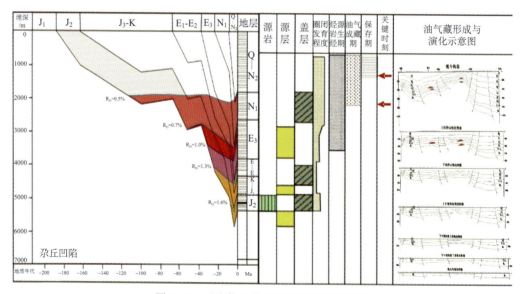

图 6.10　马海构造带油气成藏过程分析图

（二）冷湖构造带

主要发育有冷湖三、四、五号油藏，产层主要有 J_1、E_{1+2}、E_3、N_1 和 N_2 等 5 套。从平面上看，油藏都紧邻冷西次凹生烃中心，中上部的主力烃源岩在喜马拉雅早期进入生烃门限，但由于冷西次凹上覆的古近系和新近系从北向南厚度增大，使得其北部和南部的热演化程度有一定的差别，南部相对较高，因此，使得从北到南沿三号到五号气的显示越来越多。冷湖构造带的油气也具有明显的两期成藏，但主要以早期聚集的并保存下来的油藏为主。

1. 早期成藏的证据

1）冷湖地区的原油主要源自下侏罗统烃源岩，原油中 C_{29} 甾烷 20Rαβ/α 与孕甾烷＋升孕甾烷/规则甾烷比值均较高，表明它们均经过了一定距离的侧向运移，是早期凹陷深处长距离运移的结果（余辉龙等，2000）。

2）储层沥青具有明显的奇数碳优势，与冷湖地区的原油具有相似的甾萜分布特征，以及储层沥青的碳同位素值都表明，储层沥青与原油同源，都来自下侏罗统湖相泥岩。

3）储层沥青具有一定的生物降解的特征。

4）冷科 1 井包裹体均一温度表明油气充注时期主要在 E_3 早期至末期。

5）自生伊利石 K/Ar 测年表明侏罗系的油气充注主要在 E_3^2 时期。

2. 冷湖构造带成藏过程

中侏罗世末期，早期燕山运动使盆地周边的抬升隆起，冷湖三号处于隆起的高部位，呈单斜，烃源岩还未成熟生油，没有油气充注，由于挤压发育断裂形成侧向封堵圈闭（图 6.11）。

在古近纪喜马拉雅运动强烈的侧压力作用下，盆地整体下沉，冷湖三号沉积了路乐河组区域盖层。冷西次凹开始成熟生油并逐渐进入生油高峰，油气由拗陷往冷湖三号运移，挤压作用使断裂再次活动，油气沿断裂纵向运移（图 6.11b）。喜马拉雅晚期，在中新世的晚期正是圈闭的发育和定型期，此时侏罗系烃源岩进入了高、过成熟阶段，大量断层发育，使得侧向运移的油气沿断层垂向运移到有效的储层中；喜马拉雅末期的强烈构造运动使得油气沿断层垂向运移到新近系中，形成次生油气藏（图 6.11c，图 6.12）。由于新近纪末的构造抬升使得冷湖构造带由西向东抬升的幅度逐渐降低，因此对于晚期以天然气为主的聚集来说，由西向东保存条件越来越好，晚期天然气的聚集程度的趋势变高。如冷湖三号抬升幅度大，不仅没有形成晚期天然气的聚集，而且造成早期形成油气藏的破坏，从而形成石深 1 井的稠油封闭的油气藏；向东的冷湖四、冷湖五号由于晚期天然气聚集程度增加造成天然气组分的有规律的变化（图 6.12）。

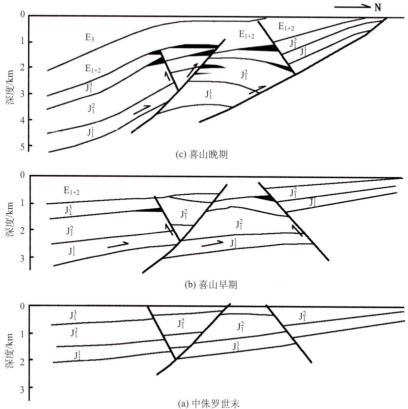

图 6.11　冷湖油气聚集带油气成藏过程

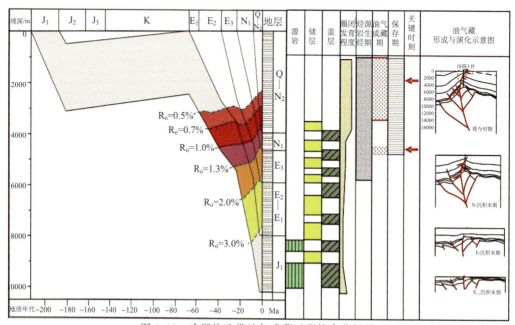

图 6.12　冷湖构造带油气成藏过程综合分析图

第二节 柴北缘地区油气成藏主控因素

一、油气成藏控制因素分析

柴北缘油气勘探经历了漫长的逐渐认知过程，在油气成藏的控制因素研究方面，前人研究主要确立了烃源岩、古构造、储层及保存条件等。但是对于柴北缘油气成藏的主控因素各方观点不一，有的学者认为古构造最为重要，有的学者则认为储层发育或者保存条件最为重要。

分析表明，柴北缘的烃源岩主要是中下侏罗统，油气的分布受烃源岩发育及分布控制较为明显，主要油气田均位于几个主要生烃中心的周缘（图6.13），显示典型的"小凹控油、近源成藏"特征，几口重要探井的失利（如尕丘1等）与油源不够充足有关。柴北缘油气藏主要表现为喜马拉雅期成藏，但可以细分为两期（即E_3和N_2），柴北缘油气早期充注发生于E_3末，热演化进入低成熟阶段，可以聚集部分油气，主要以油聚集为主（图6.14，图6.15，图6.16），第二期充注发生于N_2末，烃源岩高-过成熟，以聚集天然气为主（如马仙区），伴随原生油气藏调整形成次生油气藏（图6.14，图6.15，图6.17）。

柴北缘油气分布主要受构造带的控制，同时沉积相带控制下的储层发育对含油气性有一定的控制作用（图6.17），如昆2井的失利在一定程度上与储层相带不利、储层不够发育有关。古隆起（古构造）的发育及其分布与油气分布关系密切，冷湖构造带、南八仙-马北构造带能够富集油气在一定程度上与古构造的发育密切相关（图6.16，图6.18，图6.19）。虽然烃源岩、古构造、储层发育特征是柴北缘油气运聚成藏的重要因素，但是，在同一构造带往往不能构成油气成藏的唯一控制因素。

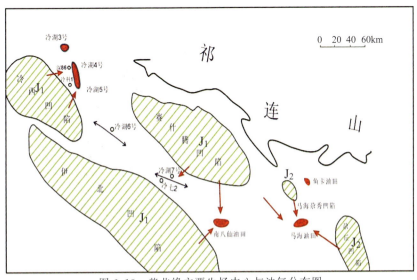

图6.13 柴北缘主要生烃中心与油气分布图

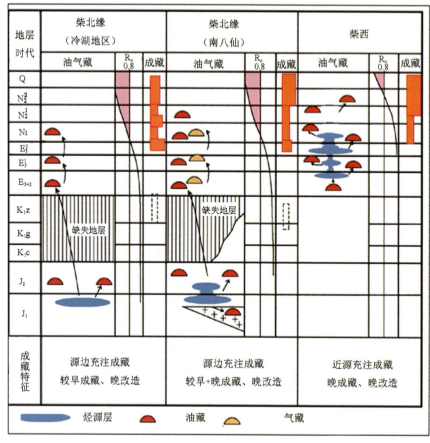

图 6.14 柴达木盆地油气近源成藏示意图

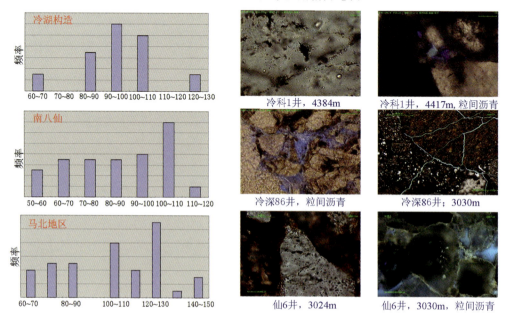

图 6.15 柴北缘油气包裹体分析图

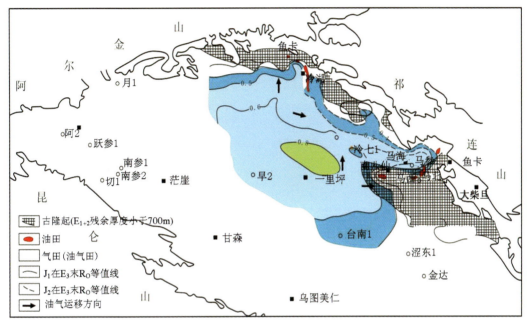

图 6.16　柴北缘古近纪末（E₃）油气藏面貌图

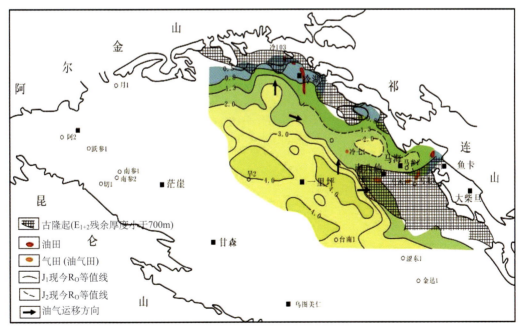

图 6.17　柴北缘新近纪末（N₂）油气藏面貌图

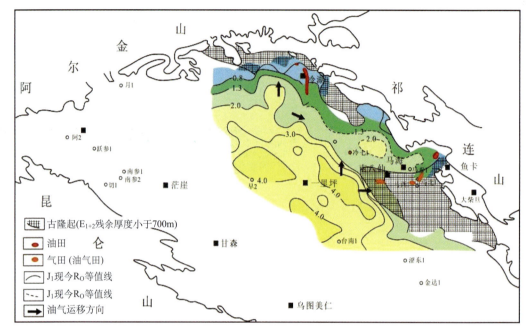

图 6.18　柴北缘古隆起与油气平面分布图

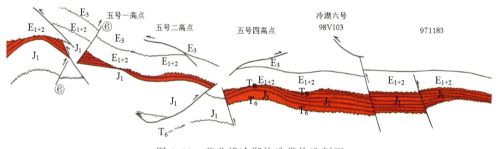

图 6.19　柴北缘冷湖构造带构造剖面

　　通过前述柴北缘典型油气藏的解剖、成藏条件的综合分析及油气成藏特征的总结，可以看出，柴北缘的早期古构造是晚期成藏的基础，对油气成藏的影响非常重要，烃源岩发育、沉积储层的发育特征及沉积相展布在一定程度上也影响了油气的分布，而喜马拉雅晚期挤压走滑环境控制下的晚期构造则是油气成藏定型、改造和保存的关键因素（图 6.14）。因而柴北缘的早期古构造及晚期走滑构造对油气成藏具有重要控制作用，其中晚期构造改造控制了柴北缘晚期成藏和晚期油气保存，晚期断裂活动引起的相关保存条件的改变应该是柴北缘油气成藏的主控因素，应该格外受到关注。

二、柴北缘断裂控藏特征研究

根据断层封闭类型及影响因素分析，建立了以 Allen 图及 SGR 为核心的断层封闭性定量评价方法，具体流程如图 6.20 所示。

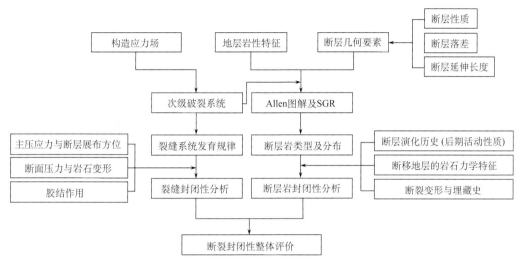

图 6.20　中西部前陆盆地断层封闭性评价流程

（一）马北地区

1. 断裂发育特征及与油气的关系

马北地区构造形成演化的历史与马仙断裂密切相关，马仙断裂延伸长度超过 60km，走向近东西向，断面南倾，断开层位 $T_6 \sim T_0$，最大断距 3500m，具有压扭成因，左行走滑的特征。伴生 10 条主要的断裂（图 6.21 中①～⑩号），形成机制如图 6.21 所示。

油气源对比表明，马海构造的天然气与南八仙构造相似，来自伊北凹陷下侏罗统煤系烃源岩，油气侧向运移富集成藏，主要的成藏时期为上干柴沟组沉积时期。马北 1 和马北 3 号油气藏油气主要来自尕西凹陷、马海尕秀凹陷和赛什腾凹陷，油气主要成藏时期为下干柴沟组沉积时期和路乐河组沉积时期。从断裂与油气的分布关系来看，马北 1 号构造为⑤、⑥、⑦号断裂控制的断块圈闭，马海构造为③号断裂控制的断背斜圈闭，马北 3 号圈闭与⑦号断裂有关。目前在这三个圈闭中均发现了油气藏，但油气聚集的层位大不相同（图 6.22），断层的封闭程度可能是主要的因素。

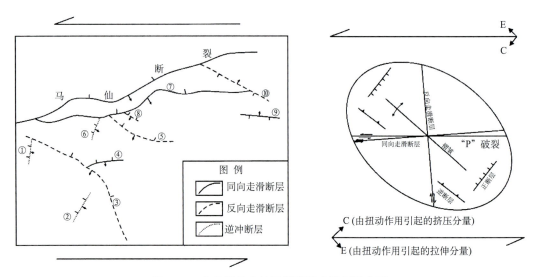

图 6.21　柴北缘马北地区断裂形成机制模式图

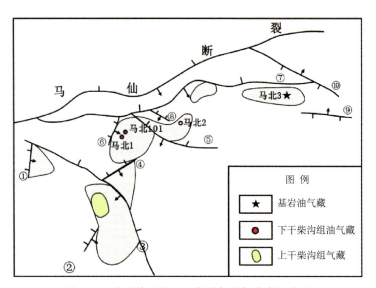

图 6.22　柴北缘马北地区断裂与油气分布的关系

2. 主要断层封闭性评价

马北地区③号断裂在下干柴沟组下段和路乐河组主要为砂泥或泥泥对接的窗口（图 6.23），SGR 值普遍大于 40%，多数为 70%～90%，断层岩为泥岩涂抹。下干柴沟组上段多数为砂砂对接的窗口，SGR 大于 40%的为泥岩涂抹，14%＜SGR＜40%的区域为层状硅酸盐/框架断层岩（图 6.23）。

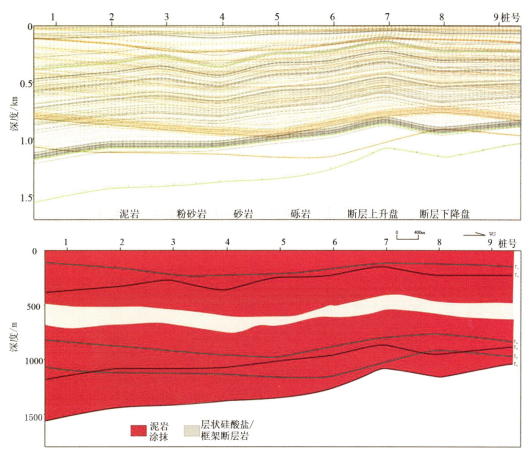

图 6.23 柴北缘马北地区③号断层 Allen 图及断层岩分布

⑤ 号断裂同③号断裂相比，砂砂对接的窗口更多，SGR 的值相对偏小，层状硅酸盐/框架断层岩分布的面积更大，同时出现了碎裂岩系列（图 6.24）。碎裂岩出现的深度范围为 0~500m，柴北缘地区普遍的地温梯度为 2.96℃/100m，500m 深度的地层温度为 24.8℃，碎裂岩很难发生石英压溶胶结作用，因此碎裂岩窗口是开启的。

⑥ 号断裂 Allen 图解、SGR 分布及断层岩类型的分布同③号断裂具有相似的特征，主要发育泥岩涂抹和层状硅酸盐/框架断层岩两种类型。

⑦ 号断裂同上述几条断裂相比，砂砂对接的窗口相对较少，SGR 值普遍大于 0.6，主要为泥岩涂抹封闭。

⑧ 号断裂主要发育泥岩涂抹和层状硅酸盐/框架断层岩两种类型。

通过上述 6 条断裂的解剖，认为马北地区主要的断层岩为泥岩涂抹和层状硅酸盐/框架断层岩，砂砂对接的窗口多为层状硅酸盐/框架断层岩分布区域，主要分布在下干柴沟组地层中（图 6.25）。根据断层泥含量与渗透率之间的关系，计算马北地区层状硅酸盐/框架断层岩的渗透率小于（0.000106~0.000656）×10^{-3} μm^2，泥岩涂抹的渗透率为（0.000019~ 0.000106）×10^{-3} μm^2。实际测试基岩储层渗透率为<（0.1~53）

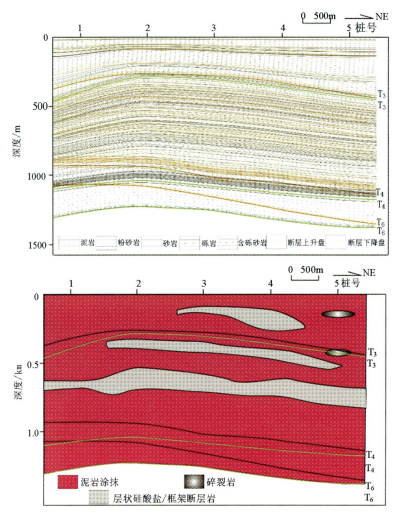

图 6.24　柴北缘马北地区⑤号断层 Allen 图及断层岩分布

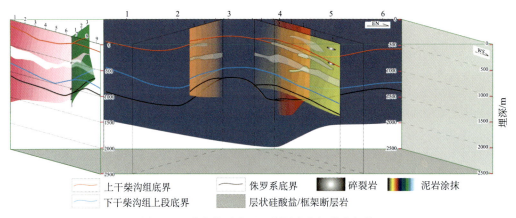

图 6.25　柴北缘马北地区断层岩空间分布规律

$\times 10^{-3} \mu m^2$，下干柴沟组储层渗透率最大为 $4262.9 \times 10^{-3} \mu m^2$，最小为 699.8×10^{-3} μm^2，平均 $1891.3 \times 10^{-3} \mu m^2$（图 6.26）。对比表明，泥岩涂抹和层状硅酸盐/框架断层岩均具有较强的封闭能力。

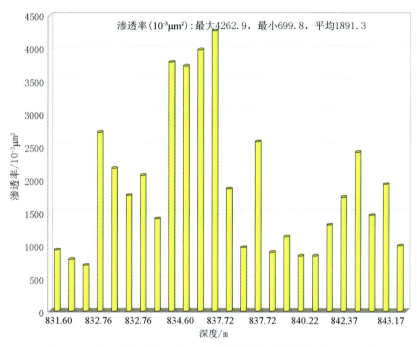

图 6.26　柴北缘马北地区马北 1 井下干柴沟组储层渗透率分布图

3. 影响断层岩封闭性的因素分析

从断层岩物性特征来看，柴北缘马北地区断层封闭性很好，但断层岩的物性特征还受到其他因素的影响。

（1）断层演化的历史及对断层封闭性的影响

构造演化史分析表明，马北地区断裂多为基底断裂，在下油砂山组沉积后构造挤压使断裂向上断穿下干柴沟组和上干柴沟组，在上油砂山组沉积后构造抬升，断裂变形并向上断至地表。因此下油砂山组沉积后断裂变形发生于深埋之后，断裂变形时下干柴沟组和上干柴沟组地层埋藏较深，断裂在该段易于塑性变形形成泥岩涂抹和层状硅酸盐/框架断层岩，而下油砂山组埋藏较浅，处于未成岩状态，断层消失于下油砂山组。上油砂山组沉积后构造抬升同时伴随断裂变形，一直持续到狮子沟组和第四系沉积后，该时期断裂变形的主要特征为：①断裂在上下干柴沟组形成的断层岩被改造，厚度减薄同时产生部分裂缝，对早期聚集在圈闭中的油气有很大的破坏作用；②构造抬升伴随着断裂变形，地层埋藏深度逐渐变浅，主要表现为脆性变形的过程，破碎带内裂缝发育。从断层的演化历史分析来看，马北地区断层的封闭性关键的因素是晚期断裂活动产生的裂缝的封闭程度。

（2）裂缝封闭性评价

1）应力状态与断裂带内裂缝的开启程度

通过主压应力方向与断裂之间的夹角判断喜马拉雅晚期–现今断裂带内裂缝的开启程度，认为①、②、⑥和⑦号断裂中段断裂带中早期形成的断层岩易于形成裂缝，断裂的封闭性存在潜在的风险，其余断裂带内由于主压应力方向与断层走向正交，不易产生裂缝，封闭性较好（图 6.27）。

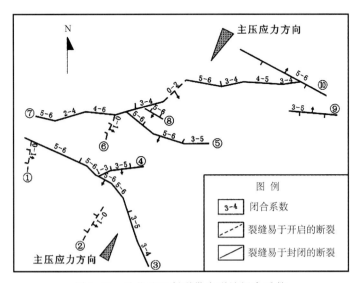

图 6.27　马北地区断裂带内裂缝闭合系数

2）断面压力与裂缝的压实封闭

通过岩石力学测定，统计认为泥岩在无围压的条件下的屈服强度为 5～10MPa，马北地区⑦号断裂的断面压力普遍大于 5MPa（图 6.28），断裂带中的断层泥易于塑性流变，裂缝被填塞封闭。其他断裂在 T_3 反射层断面压力普遍较小，均小于 5MPa

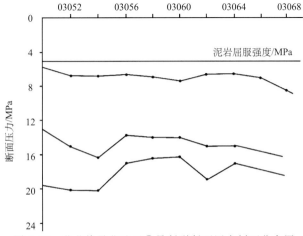

图 6.28　柴北缘马北地区⑦号断裂断面压力剖面分布图

（图 6.29），断层封闭性较差，④、⑥和⑧号断裂在 T_4 反射层断面压力较小，均小于 5MPa，断层封闭性较差，其余断裂在 T_4 反射层断面压力均大于 5MPa，断层封闭性好，T_6 反射层断面压力普遍较大（图 6.29），断层封闭性较好。

　　3）胶结作用对断层封闭性的影响

　　柴北缘地区普遍的地温梯度为 2.96℃/100m，500m 深度的地层温度为 24.8℃，碎裂岩很难发生石英压溶胶结作用，因此⑤号断裂中碎裂岩窗口是开启的。

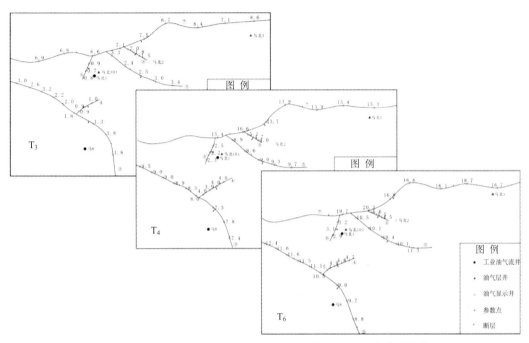

图 6.29　柴北缘马北地区 T_3、T_4、T_6 反射层断面压力分布规律

4. 断层封闭性综合评价

　　马北 1 号背斜受控于⑤、⑥和⑦号三条断裂，试油成果表明，马北 1 号构造发育四套油气层（表 6.1），计算四套油气层的 SGR 值，认为马北地区封闭油气的最小的 SGR 值为 0.4，即断裂带中发育的泥岩涂抹才能有效地封闭油气。从⑤号断层断裂带内 SGR、断层岩分布及与油气的关系来看，油气主要分布在 SGR 大于 0.4 的泥岩涂抹的区域。SGR 小于 0.4 的层状硅酸盐/框架断层岩发育的区域没有油气发现。从而证明，马北地区有效封闭油气的断层岩类型为泥岩涂抹，所需 SGR 的最小值为 0.4（图 6.30）。

　　根据上述分析认为，马北地区断层封闭存在差异性，每条断裂在油砂山组 SGR 值普遍较大，预测的断层岩除⑤号发育层状硅酸盐/框架断层岩和碎裂岩外，其余断裂基本都为泥岩涂抹。按照 SGR、断层岩类型与油气分布的关系，断层封闭性应该很好（图 6.30）。但油砂山组断裂变形与构造抬升同步，断裂主要表现为脆性变形，裂缝可能很发育，由于埋藏较浅，断面压力除⑦号断层外均小于 4MPa，裂缝不容易被填塞封闭，总体评价为：在油砂山组⑦号断层封闭，其余断层开启的可能性很大（图 6.30）。

表 6.1　马北 1 号构造油气分布与 SGR 的关系

深度/m	油气层	⑤号断裂 SGR	⑥号断裂 SGR
520.9～527.5	气层	0.39～0.56	0.45～0.51
885.7～899.9	油气层	0.45～0.62	0.42～0.51
936.0～950.9	含气水层	0.52～0.64	0.50～0.63
1063.5～1070.6	气层	0.91～0.96	0.92～0.96

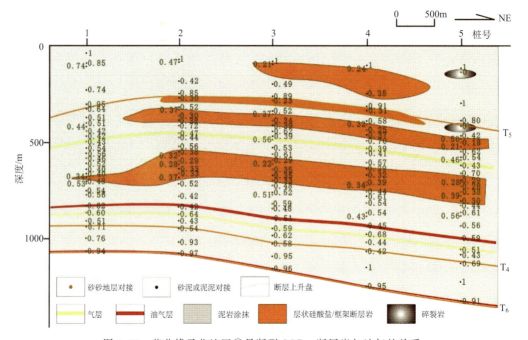

图 6.30　柴北缘马北地区⑤号断裂 SGR、断层岩与油气的关系

在下干柴沟组上段和上干柴沟组，⑦号断层发育泥岩涂抹，其余断裂泥岩涂抹和层状硅酸盐/框架断层岩并存，⑤号断裂发育少量的碎裂岩，按照 SGR、断层岩类型与油气分布的关系分析，认为⑦号断层是封闭的，其余断裂层状硅酸盐/框架断层岩发育的区域封闭性较差，碎裂岩发育的区域是开启的。同时由于喜马拉雅晚期断裂活动，与主压应力方向近于一致的①、②、⑥和⑦号断裂中段发育的断层岩可能产生部分裂缝，使其封闭性变差。总体评价为：断裂横向上和纵向上封闭性差异较大，泥岩涂抹的区域对油气的封闭是有效的，层状硅酸盐/框架断层岩封闭性较差（图 6.31），①、②、⑥和⑦号断裂中段由于后期构造运动可能有裂缝产生，开启的可能性较大。

在下干柴沟组下段的断裂带内普遍发育泥岩涂抹，封闭性好（图 6.31），①、②、⑥和⑦号断裂中段由于后期构造运动可能有裂缝产生，开启的可能性较大。

抹，14%＜SGR＜40%的层状硅酸岩/框架断层岩分布的区域较小（图6.35）。

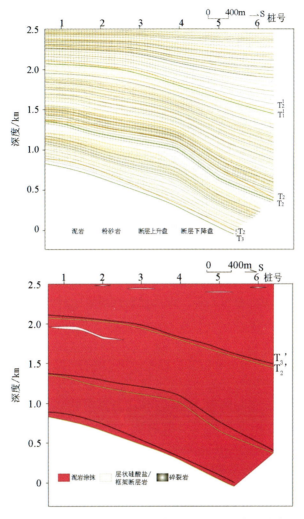

图 6.35　柴北缘南八仙地区⑪断层 Allen 图及断层岩类型

　　通过上述 6 条断裂的解剖，认为南八仙地区主要的断层岩为泥岩涂抹、层状硅酸盐/框架断层岩和碎裂岩，层状硅酸盐/框架断层岩和碎裂主要分布在上油砂山组和下干柴沟组上段地层中（图6.36）。

　　3. 影响断层岩封闭性的因素分析

　　尽管从断层岩物性特征来看，柴北缘南八仙地区断层封闭性很好，但断层岩的物性特征还受到其他因素的影响。

　　（1）演化的历史及对断层封闭性的影响

　　燕山运动后期，仙南断裂的活动对中生界的沉积起到一定的控制作用，路乐河组沉积时期持续活动，至古近纪晚期停止活动。

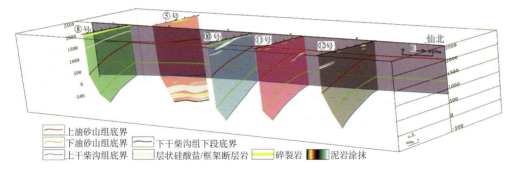

图 6.36　柴北缘南八仙地区断层岩空间分布规律

新近纪的喜马拉雅运动，构造运动十分强烈，表现为强烈剪压褶皱，致使该区构造定型。仙北断裂由南向北推，后期活动加剧，伴随着以右旋性质的平移走滑。该时期在仙北断层上盘发育了一系列与仙北断层相对的逆断层，而在仙北断层尾部由于应力释放，同时也出现了一系列正断层。

仙北断裂后期冲起幅度较大，浅层断裂主要表现为脆性变形的过程，破碎带内裂缝较发育。从断层的演化历史分析来看，南八仙地区断层的封闭性关键的因素是晚期断裂活动产生的裂缝的封闭程度。

（2）裂缝封闭性评价

1）应力状态与断裂带内裂缝的开启程度

通过主压应力方向与断裂之间的夹角判断喜马拉雅晚期-现今断裂带内裂缝的开启程度，认为南八仙地区大部分断裂走向与主压应力方向正交，不易产生裂缝，封闭性较好。㉒、⑲和㉝裂中的断层岩易于形成裂缝，断裂的封闭性存在潜在的风险（图6.37）。

2）断面压力与裂缝的压实封闭

通过岩石力学测定，统计认为泥岩在无围压的条件下的屈服强度为 5～10MPa，南八仙地区⑤、⑧、⑩、⑪、⑫号断裂的断面压力普遍大于 5MPa，断裂带中的断层泥易于塑性流变，裂缝被填塞封闭。仙北断裂在 T_2' 反射层断面压力普遍较小，均小于 5MPa，断层封闭性较差，在 T_2 和 T_3 反射层断面压力均大于 5MPa，断层封闭性好。

3）胶结作用对断层封闭性的影响

柴北缘地区普遍的地温梯度为 2.96℃/100m，700m 深度的地层温度为 30.7℃，碎裂岩很难发生石英压溶胶结作用，因此⑤、⑧、⑩、⑪、⑫号断裂上油砂山组中碎裂岩窗口是开启的。3000m 深度的地层温度为 98.8℃，碎裂岩已发生石英压溶胶结作用，因此⑤号断裂下干柴沟组上段碎裂岩窗口是封闭的。

4. 断层封闭性综合评价

南八仙浅层构造含油气面积受控于仙北断裂和⑦号断裂，根据上述分析认为，南八仙地区仙北断裂 SGR 值普遍较大，断层岩都为泥岩涂抹。按照 SGR、断层岩类型与油气分布的关系，断层封闭性很好。但油砂山组断裂变形与构造抬升同步，断裂主要表现为脆性变形，裂缝可能很发育，由于埋藏较浅，上油砂山组断面压力小于 4MPa，裂缝不容易被填塞封闭。总体评价为：仙北断裂在下干柴沟组上段、上干柴沟组和下油砂山组是封闭的，在上油砂山组大面积开启。由于与仙北断裂展布方位相同的断裂没有资料，无法开展断层封闭性评价，从与仙北断裂相交的次生断裂封闭性评价结果来看，多数断裂出现开启碎裂岩和层状硅酸盐/框架断层岩窗口，空间上这些窗口如果相互连通，次级断层就会形成垂向导通网络，对油气的保存十分不利。

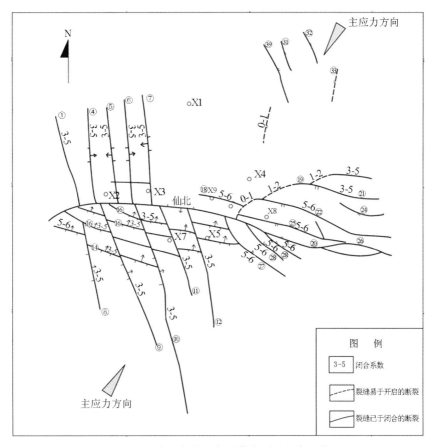

图 6.37　南八仙构造断裂带内裂缝闭合系数

　　通过以上对柴北缘马北地区、南八仙地区的断裂控藏特征研究，柴北缘的断裂封闭性总体相对较好，但深层及古近系的断层封闭性明显好于浅层，这一结论显示柴北缘的浅层勘探潜力明显降低。

　　柴北缘不同构造带的不同断层对油气的作用存在差异（图 6.38），对于断裂至地表附近的断层，由于浅层的断层封闭性相对较差，导致浅层的油气成藏保存条件不好或不利成藏，断层作为散失断层或破坏断层对浅层油气成藏不利，但南八仙构造除了 N_2^3 以上地层由于封闭压力不够使得油气保存相对不利外，其他层位的断裂封闭性均较好，对油气成藏较为有利。究其原因，走滑调整构造受晚期构造的破坏作用相对较弱，油气调整强度明显弱于走滑破碎构造，对油气的晚期保存相对有利（图 6.38）。

走滑构造类型	构造活动期次	油源断层			调整断层		散失断层	破坏断层	典型实例
		构造层	源岩	储层	原生油气藏	次生油气藏			
走滑破碎型	K末 N_2^3-Q	中上构造层	J_{1+2}	N_1和N_2			✓		冷湖三号油气田 马海气田 马北系列油气田
	E_3末期	中下构造层	J_{1+2}	J_{1+2}、J_3、E_{1+2}和E_3				✓	
走滑调整型	K末 E_3末期	中下构造层	J_{1+2}	J_{1+2}、J_3、E_{1+2}和E_3					潜伏构造
	N_2-Q	中上构造层				断裂下盘	✓		南八仙油气田 冷湖四、五号油气田

图 6.38　柴北缘地区断裂发育与油气成藏关系图

第三节　柴北缘地区油气成藏主控因素讨论

一、柴北缘走滑-挤压构造体系及其控藏作用

(一) 上构造层新构造运动与柴北缘走滑-挤压构造体系

根据前人的研究成果，晚新生代以来发生的区域性构造活动主要指大约 25Ma 以来的喜马拉雅中晚期，可细分为三个阶段：①对应于大约 30～24Ma 左右的喜马拉雅中期构造活动；②对应于大约 15～8Ma 的晚喜马拉雅运动；③大约 4Ma 以来的强烈构造隆升和改造。新构造运动的这三个阶段在青藏高原内部、塔里木盆地、准噶尔盆地南缘、柴达木盆地周缘及酒西盆地山前具有明显的年代学或地层学响应特征（Hendrix et al.，1994；Métivier et al.，1998；Vincent and Allen，1999；Yin et al.，2002；贾承造等，2003；方小敏等，2004；方世虎等，2007；方小敏等，2007；吴珍汉等，2007）。研究表明，随着印-藏碰撞以来的青藏高原向北扩展方式、阿尔金左行走滑体系等研究的不断深入，柴达木盆地及柴北缘走滑构造特征的认识逐渐被诸多学者所接受（戴俊生和曹代勇，2000；许志琴等，2004；Yin et al.，2002；Yin and Harrison，2000；魏国齐等，2005；王桂宏等，2006a，2006b；王桂宏等，2008），青藏高原相对于塔里木盆地的斜向运动导致在阿尔金走滑断裂的东南形成走滑-挤压构造域，形成一系列的走滑和推覆构造，在地形上表现为包括柴达木盆地在内的有序的盆-山相间的构造体系（许志琴等，2004）。近年来逐渐认识到走滑构造在柴北缘的主导地位（王桂宏等，2006b；王桂宏等，2008）。

在前期工作的基础上，通过大量地震剖面的重新解释，基本厘定了柴北缘的走滑-挤压构造体系的特征及分布（王桂宏等，2008；图 6.39，图 6.40）。根据走滑构造改造的强度及其与挤压构造作用的组合关系，可将柴北缘走滑-挤压构造体系划分为三种构

造类型：以驼南构造为代表的山前走滑-挤压破碎型构造主要分布于山前带，走滑、挤压构造变形均较强，构造较破碎（图 6.39，图 6.40）；以冷湖 3 号、马北地区为代表的走滑破碎型构造主要位于区域性的走滑断裂之间（图 6.39，图 6.40），分布范围最广，显示柴北缘强烈的走滑改造作用；以冷湖 5 号、南八仙构造为代表的走滑调整构造主要位于凹陷中、走滑构造的倾末端或古构造向凹陷延伸的侧翼部位（图 6.39，图 6.40），由于强烈的走滑调整、改造，柴北缘发育的走滑调整构造分布较有限，对油气运聚和晚期保存相对不利。

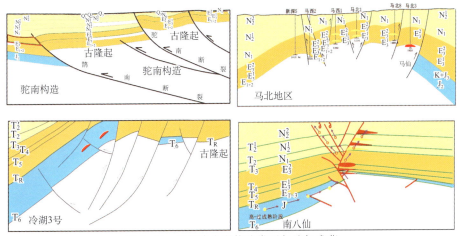

图 6.39　柴北缘走滑构造类型与油气成藏

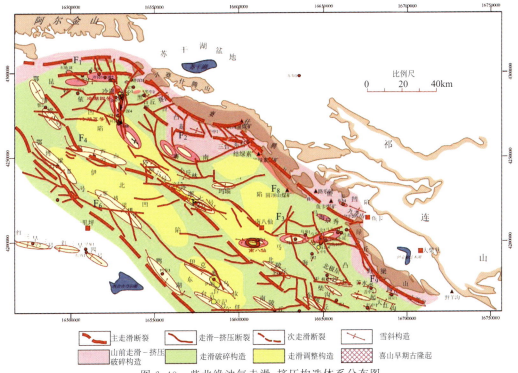

图 6.40　柴北缘油气走滑-挤压构造体系分布图

(二) 上构造层走滑–挤压构造体系控藏作用

走滑–挤压构造体系的控藏作用可以从两个方面来认识：一是走滑构造（断裂）本身对于油气的封堵作用研究；二是走滑构造体系中的有利勘探区域分析。为了研究走滑构造控藏作用，本次重点马北地区与南八仙构造作为解剖对象，对走滑断裂的封堵性、改造程度及其控藏作用进行了较为系统的研究。

柴北缘不同构造带的不同断层对油气的封闭作用存在差异，对于断裂至地表附近的断层，由于浅层的断层封闭性相对较差，导致浅层的油气成藏保存条件不好或不利成藏，断层作为散失断层或破坏断层对浅层油气成藏不利，但南八仙构造除了 N_2^3 以上地层由于封闭压力不够使得油气保存相对不利外，其他层位的断裂封闭性均较好，对油气成藏较为有利。其中，走滑调整构造（如南八仙构造）对油气的封闭作用及晚期保存明显优于走滑破碎构造（如马北构造）（图 6.39）。

总体来说，柴北缘深层及古近系的断层封闭性明显好于浅层，这一结论显示柴北缘浅层的勘探潜力明显降低。且由于走滑的调整、改造，使得位于主构造部位的勘探潜力降低，而位于主构造侧翼的调整、改造作用较弱，发育保存较好的走滑调整构造，对晚期油气保存相对有利，是柴北缘油气勘探的有利地区。从走滑调整构造（如南八仙构造）与走滑破碎构造（如马北地区等）的对比来看，烃源岩演化、构造形成、油气成藏均具有相似性，其油气勘探潜力主要取决于晚期走滑的改造程度，走滑破碎构造由于调整、改造较强，晚期保存条件变差，以发育小型油气藏为主，油气勘探潜力明显降低（图 6.41）。柴北缘走滑构造调整、改造的主导作用的确定对于重新认识柴北缘油气勘探潜力及有利勘探区域具有重要的指导意义，将直接指导油气成藏特征的深入认识及油气勘探目标优选。

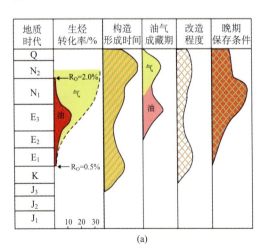 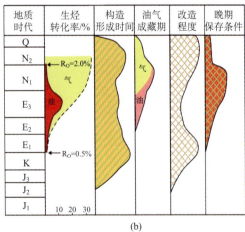

图 6.41　柴北缘走滑调整构造（a）与走滑破碎构造（b）成藏特征对比

二、柴北缘成藏条件匹配与中构造层构造控藏作用

(一) 柴北缘油气成藏条件匹配及成藏特征

柴北缘的主力烃源岩、储层发育、盖层条件、油气成藏特征等已有较清楚的认识（汤良杰等，2000；洪峰等，2001；马立协等，2006；李宏义等，2006；张正刚等，2006；万传志等，2006；孙德强等，2007），基本明确了柴北缘以侏罗系煤系烃源岩为主力烃源岩、发育多套生储盖组合和两期成藏特征（图6.42）。以冷湖-南八仙构造带为例，具有早期古构造背景、经历晚期走滑调整改造，其主体构造主要形成于喜马拉雅中晚期，烃源岩演化及包裹体分析显示油气成藏具有典型的两期特征，即喜马拉雅较早期油气成藏、喜马拉雅晚期的成藏和改造同时存在（图6.42）。由于阿尔金的左旋走滑作用，该构造带受喜马拉雅晚期构造改造的强度自西向东逐渐减弱，油气成藏的有效性逐渐增加，导致该构造带油气分布的层位由西向东逐渐向上部层位聚集（图6.42），主要含油气层位为N、E和J，早期的剥蚀面/古隆起是油气成藏的基础条件，喜马拉雅中晚期构造活动使得较早期形成的油气向上部层位调整，同时下部层位再次接受晚期高成熟气的充注过程（图6.42）。因而，对于冷湖-南八仙构造带来说，早期的古构造背景及喜马拉雅晚期的走滑构造或挤压-走滑控制下的晚期构造形成是其油气成藏的关键因素，而烃源岩演化、油气成藏条件与古构造发育的匹配关系决定柴北缘地区古构造是具备两期成藏的有利油气富集区。

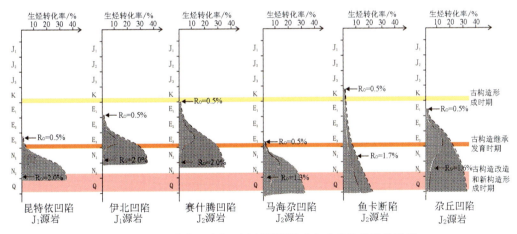

图6.42　柴北缘主要生烃凹陷烃源岩演化与古构造发育关系图

(二) 中构造层古构造控藏作用

柴北缘普遍遭受较强的剥蚀（黄捍东等，2006），燕山末期-早喜马拉雅期不整合面几乎遍布整个区域，形成了柴北缘复杂的地层接触关系（E/K₁、E/J₁、E/J₂、E/基岩），但是，从现今的油气分布与古构造分布关系来看，油气分布主要与喜马拉雅早期

继承性古隆起具有良好的对应关系（图 6.43）。根据柴北缘构造形成的时间序列，喜马拉雅早期继承性古构造及其侧翼是聚集油、气的有利构造，而具有早期古构造背景、经历晚期走滑破碎的构造对晚期气成藏不利，仅发育晚期构造的部位只能聚集晚期气（图 6.43）。这一认识表明，并不是所有的古构造都是柴北缘的有利油气富集区，只有那些在喜马拉雅早期形成雏形并一直延续至今的古构造才是聚集油气的有利构造。

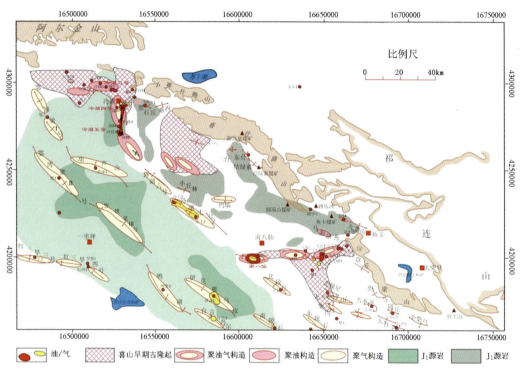

图 6.43　柴北缘主要含油气构造与烃源岩、古构造分布叠合图

第七章　柴西地区油气运聚成藏主控因素

第一节　柴西油气成藏条件及特征

一、柴西油气成藏条件

柴西南区一直是柴达木盆地勘探的黄金地区，七个泉-东柴山构造带是柴达木盆地勘探程度最高的地区，累计完成 12 块三维区、满覆盖面积 1495.78km²。七个泉-东柴山构造岩相带具有十分优越的石油地质条件，北邻古近系和新近系主力生油凹陷，即茫崖凹陷，并发育良好的碎屑岩储盖组合，且埋深较浅，构造形成较早。现已发现七个泉、红柳泉、狮子沟、花土沟、孕斯库勒、跃进、油砂山、乌南等油田，被称为"油气富集黄金带"，剩余资源量丰富。

柴西南区烃源岩层系多、分布广、厚度大，主要分布在茫崖凹陷内，包括 E_{1+2}、E_3^1、E_3^2、N_1、N_2^1、N_2^2 等，其中以 E_3^2 和 N_1 下部为主，并以含盐度和碳酸盐含量较高、有机质丰度偏低、类型中—差、烃转化率较高为特征。根据钻井资料统计结果，结合厚度、沉积相分析，基本明确了柴西南 E_3^2、N_1 烃源岩的展布。

柴西南区储集层可划分为两大类：一类是碎屑岩储层，另一类是非常规储层（以碳酸盐岩为主）。以碎屑岩储层为主，分布广泛。碎屑岩储层主要发育于下干柴沟组下段（E_3^1）和上干柴沟组下段（N_1^1）-油砂山组（N_2^1）。钻探证实这两套储层是西部南区最主要的砂岩储集体和油气富集层段，其发育程度主要受阿尔金、昆仑山物源区水系控制。平面上，跃进地区至东柴山一带三角洲及滨浅湖亚相砂体较为发育；阿尔金山前带以冲积扇、扇三角洲和湖底扇相砂体为主。跃进地区非常规储层以藻灰（云）岩溶孔性储层和构造裂缝性储层为主，储层横向分布不稳定，平面上变化较大。两类储层均以薄、多、散、杂为特征，碎屑岩储层单层一般厚度<10m，非常规储层一般为 1～2m，物性受沉积相带及压实作用控制。

柴西南区经过多年来的勘探，从已发现的油气藏来看，在纵向上存在四套储盖组合：①第一套生、储、盖组合：断层下盘 E_3^2、N_1 作为生油层，断层上盘基岩风化壳作为储集层，上覆地层（E_{1+2}、E_3^1）作为盖层，形成下生上储式的生、储、盖组合。下盘 E_3^2、N_1 中生成的油气通过断裂在基岩风化壳聚集，E_3^1 或 E_{1+2} 中的泥质岩类可作为良好的盖层，形成基岩风化壳油藏，如跃西 8 井基岩油藏。②第二套生、储、盖组合：E_3^2 既作为生油层又作为盖层，E_3^1、E_{1+2} 作为储层，在纵向上构成了上生下储式的一套生、储、盖组合。本区 E_3^2 是本区主要的生油层之一，在生成油气的过程中会产生异常高压，油气必然向低压区运移，而 E_3^1、E_{1+2} 储层发育，为油气提供了良好的储集空间，形成油气藏。③第三套生、储、盖组合：E_3^2、N_1 等既作为生油层又作为储层和盖层，形成自生自储式生、储、盖组合。从生油层、沉积相、储集层等分析，E_3^2、N_1^1 地层中以含高钙的泥质岩类沉积为主（不但可作为好的生油岩，而且还能作为良好的盖层），但也发育部分薄层砂质岩类，这些砂质岩类储层为油气聚集提供了良好的储集空间，形成岩性和构造-岩性油气藏；另外多期构造运动造成 E_3^2、N_1 地层裂缝、溶洞、溶孔发育，这些裂缝、溶洞、溶孔也为油气聚集提供了良好的储集空间，形成裂缝、溶洞等油气藏。④第四套生、储、盖组合：E_3^2、N_1 作为生油层，N_2^1、N_2^2 中的砂质岩类、裂缝等作为储集层，N_2^1、N_2^2 中的泥岩、膏岩、泥灰岩等作为盖层，形成下生上储式的生、储、盖组合。在 E_3^2、N_1 中生成的油气，通过断裂或垂向运移的方式在浅层（N_2^1、N_2^2）储集层中聚集起来，N_2^1、N_2^2 中的厚层泥质岩类和膏岩类可作为良好的盖层。

典型油气藏解剖及区域油气藏的综合分析表明，柴西地区发育良好的生储盖匹配，新近三系、古近系就发育有效的储盖组合，其中英雄岭南、北部构造的生储盖匹配存在一定的差异（图7.1，图7.2）：①英雄岭以南地区以发育较深层-深层组合和较浅层为主，构造形成时间相对较早，油气往往接受了喜马拉雅中晚期的两期成藏（N_2^1、N_2^3～Q 两期成藏为主），油气聚集层位较多，生储盖匹配良好（图7.1）。总的来看，英雄岭以南地区油气成藏的时间相对早于英雄岭以北地区，以原生油气藏为主，也有部分次生或调整的油气聚集，这与柴西地区晚期构造形成规律是分不开的。②而英雄岭以北的构造及油气藏以发育较浅层储盖组合为主，从目前的勘探发现来看，深层潜力还有待于进一步深入勘探。英雄岭以北地区油气成藏的时间相对较晚，主要接受喜马拉雅晚期 N_2^3 以来的油气成藏，以原生油气藏为主，由于晚期强烈的构造活动和油气成藏，次生油气藏也不容忽视，但油气成藏时间总体较晚，油气的次生特征并不显著（图7.2）。

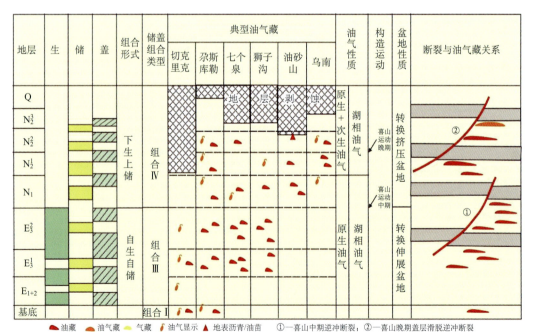

图 7.1　柴西地区英雄岭以南构造（油气藏）成藏条件综合分析图

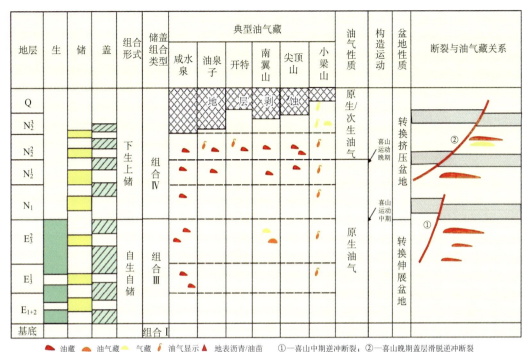

图 7.2　柴西地区英雄岭以北构造（油气藏）成藏条件综合分析图

二、柴西油气成藏特征

（一）典型油气藏解剖

1. 昆北断阶带

（1）切 6 井构造油气成藏特征

切 6 井在古近系和基岩（图 7.3）获得工业油气流，油源对比表明两个出油层的原油具有同源特征（图 7.4），显示二者可能具有相似的成藏背景。

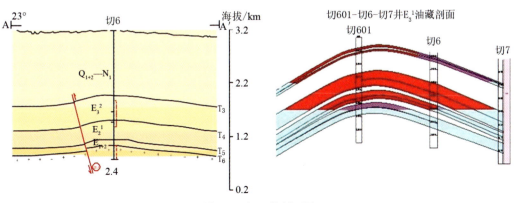

图 7.3　切 6 井剖面图

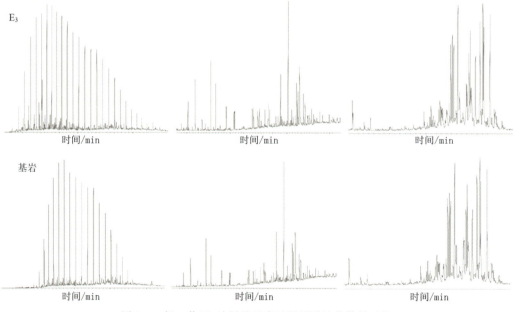

图 7.4　切 6 井 E₃ 油层及基岩油层原油地化特征对比

　　包裹体分析及荧光分析表明，切 6 井下基岩段的油气主要对应于 N_2^1 时期，这一成藏时间在柴西来说属于相对较早期的成藏，时间对应于 10Ma 左右，相对于大规模成藏期（4Ma 左右及其以来）相对较早。而切 6 井的 E₃ 含油层段的包裹体分析表明基底与 E₃ 储层砂岩烃包裹体相似，从油气成熟度、油气源相似等特征来看，基底与 E₃ 储层的油具有相似的成藏过程（图 7.5，图 7.6）。

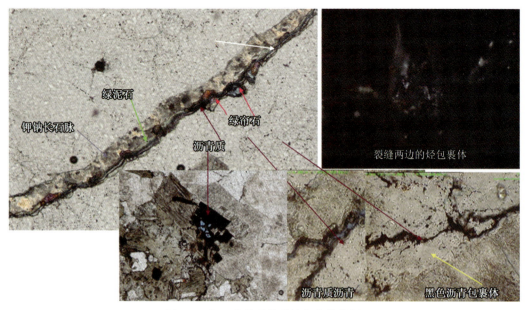

图 7.5　切 6 井基岩段裂缝包裹体特征

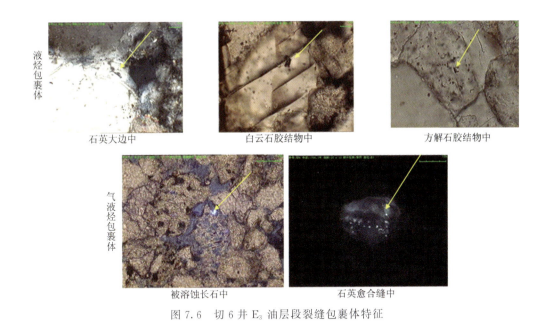

图 7.6　切 6 井 E_3 油层段裂缝包裹体特征

从包裹体的均一温度的分布来看，切 6 井的伴生盐水包裹体温度介于 80℃ 与 120℃ 之间，但大部分样品的平均温度集中在大约 100℃ 左右，烃类包裹体的温度也是接近 100℃，显示切 6 井油气成藏的温度主要是位于 100℃ 附近（图 7.7），按照温度及埋藏史演化确定切 6 井油气主要是在 N_2^1 末期成藏（图 7.8），此后进入油气保存期，油气的良好保存是现今油气发现的重要条件。

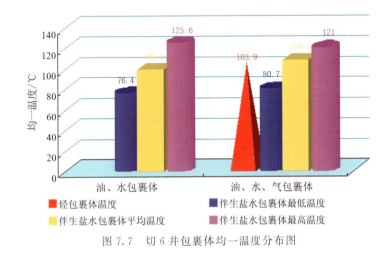

图 7.7　切 6 井包裹体均一温度分布图

由于特殊的构造背景，切克里克构造的切 6 构造油气成藏具有特殊的成藏过程：切克里克凹陷的古近系烃源岩在 N_2 沉积时期成熟并进入生烃高峰，N_2^1 沉积末期，早期形成的油气运聚在切 6 构造的古近系及基岩中聚集，此时由于受柴西地区区域上的挤压

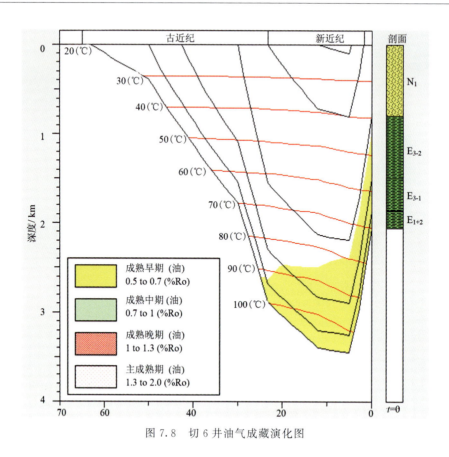

图 7.8　切 6 井油气成藏演化图

走滑作用的影响，昆北断阶带以整体抬升为主，油气藏保存相对完好，但同时，可能不再接受喜马拉雅晚期的油气聚集和成藏（图 7.9），这种构造形成及油气成藏模式一方面显示昆北断阶带具有较好的油气勘探前景，主要接受相对较早期（N_2^1 沉积时期）的成藏，另一方面，由于缺乏晚期成藏的再充注，对昆北断阶带的油气勘探潜力具有一定的制约作用。

综合分析显示，切 6 井油气成藏主要经历了三个阶段：①$E_3^2 \sim N_1$：喜马拉雅中期构造开始活动；构造开始形成；②N_2^1 末期：昆北断阶带油藏形成；③$N_2^2 \sim Q$：昆北断阶带以稳定抬升为主，油藏得以良好保存（图 7.9）。

分析发现，切 6 构造的烃源岩主要是切克里克凹陷的 $E \sim N_1$ 盐湖相烃源岩，由于成藏时间的限制，有效储层主要局限于 E_3 和基岩，但是其上部地层 N_1 可以发育很好的非有效烃源岩。切 6 构造的圈闭主要形成于喜马拉雅中期的 $E_3 \sim N_1$ 时期和 N_2^1 时期，N_2^1 时期的构造活动与烃源岩的成熟、生排烃匹配良好，造就了昆北断阶带的相对较早期成藏的有效性，而 N_2^2 以来挤压走滑导致的整体抬升、剥蚀作用是切 6 构造油气得以保存的关键。切 6 构造的油气成藏关键时刻主要是与 N_2^1 末期对应，显示 N_2^1 以后油气保存对油气成藏的重要作用（图 7.10）。

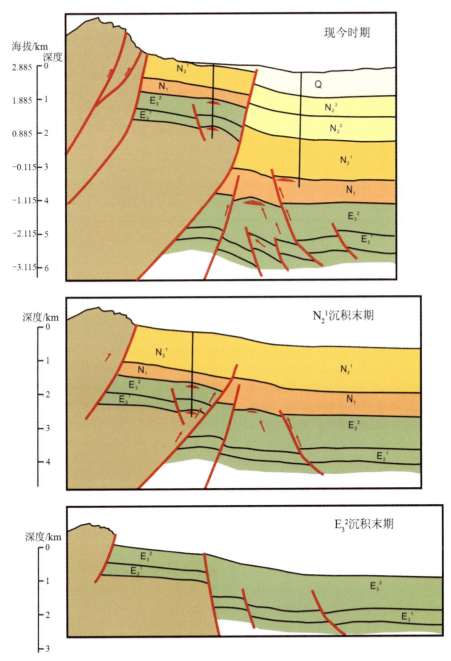

图 7.9 切 6 构造油气成藏模式图

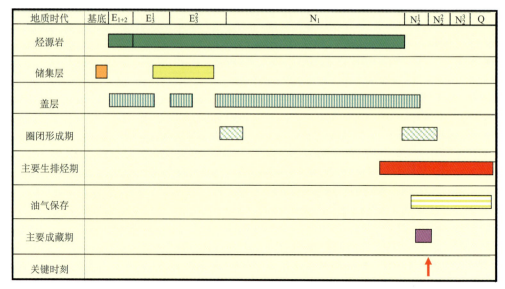

图 7.10　切 6 构造油气成藏事件图

（2）昆北断阶带油气成藏对比

继切六构造获得成功后，在切十二号构造针对基岩隆起部署切 11、切 12 井。切 12 井 E_3^1 解释油层 31.4m/1 层；基岩解释油层 16.1m/1 层，两层合产 34.5t/d；切 11 井 E_3^1 测井解释油层 26.3m/1 层，试油日产 22.1t，基岩解释油层 31.3m/1 层，试油日产 21.9t，。切 11、切 12 井获得高产工业油流后，相继部署的 4 口井都发现油层，平均油层厚度 31m，试油获得 20～37t/d 的工业油流。E_3^2 新增控制石油地质储量 5050 万吨，基岩风化壳新增预测地质储量 598 万吨，累计新增石油地质储量 5648 万吨。在切六和切十二之间甩开部署的切 16 井，E_{1+2} 取心获得含油岩心 1.9m，其中油浸 1.08m，测井解释油层 15.7m/4 层，预测含油面积 16.6km^2，新增预测石油地质储量 1423 万吨。切六号构造原控制含油面积之外部署的切 603 等 8 口井见到良好油气显示，已试油的切 603、切 604、切 605、切 606 井获得工业油流。研究认为，E_{1+2} 油层具有连片分布特征，仍具有进一步扩展的潜力。因此，昆北断阶带上的切 6、切 12、切 16 井区相继实现突破，控制、预测石油地质储量 10313 万吨（图 7.11），有望实现整体复合连片，探明亿吨级整装优质储量。

昆北断阶带在古生代变质岩和海西期花岗岩基底之上沉积了 E_{1+2}～Q 七套地层，发育 E_3^1、E_{1+2}、基岩三套含油层系，存在构造、地层、岩性三种油藏类型（图 7.12）。

1）以切 6、切 12 为代表的构造油藏

切 6 号 E_3^1 油藏是受边水控制的构造油藏，油层具有厚度较大，隔夹层较少，分布稳定，储层物性好，单层产量高的特点（图 7.12，图 7.13）；切 12 号 E_3^1 油藏为古隆起背景上的构造油藏，局部受岩性影响，油层具有厚度大、分布稳定，单井产量高的特点（图 7.14）。

2）基岩油藏

昆北断阶带除构造和岩性油藏以外还发育基岩油藏（图 7.14，图 7.15），在切 12

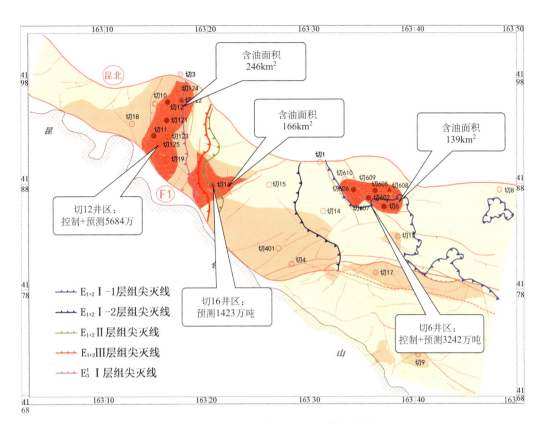

图 7.11　昆北断阶带勘探成果及储量分布图

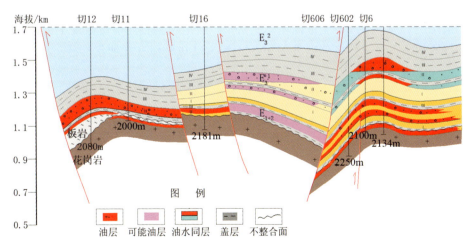

图 7.12　昆北断阶带切 12-切 11-切 16-切 606-切 602-切 6 井油藏剖面图

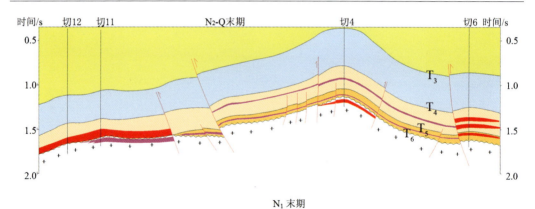

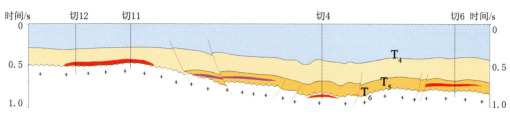

图 7.13　柴达木盆地切克里克地区切 12-切 11-切 4-切 6 井发育剖面

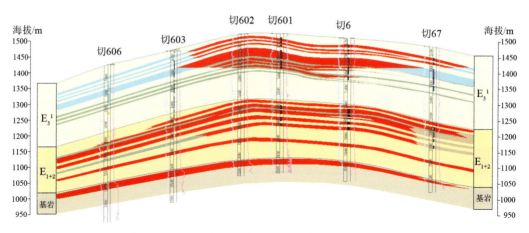

图 7.14　切 603-切 602-切 601-切 6 井-切 7 井油藏剖面

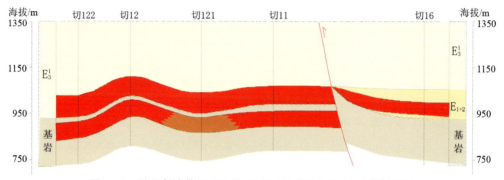

图 7.15　昆北断阶带切 122-切 12-切 121-切 11-切 16 油藏剖面图

井区、切603井区基岩油藏新增含油面积21km²，预测石油地质储量1164×10⁴t，基岩油藏受古隆起和基岩裂缝发育程度双重因素控制，靠近油源区的古隆起和裂缝发育区将是下步基岩油藏勘探的有利目标。

澳大利亚流体历史分析技术中心（CSIRO）建立的QGF（颗粒荧光强度定量）、QGF-E（颗粒抽提物荧光定量）和TSF（三维扫描荧光）测定技术与有机地球化学分析资料相结合，在研究油藏的历史变迁等方面有很好的应用。QGF（颗粒荧光强度定量）是颗粒荧光光谱中最大波长的强度与300nm的强度比，一般来说，QGF指数与油气层有良好的对应关系（刘德汉等，2007；Liu et al.，2003），但是昆北断阶带切12、切11和切606（图7.16，图7.17）QGF指数明显偏低，并不能建成与油气层的关系，究其原因主要是因为这三个构造上的含油气层以砂砾岩为主，砂砾岩中的油气包裹体很不发育，在很大程度上限制了QGF指数。但是三个构造上的岩心颗粒抽提物荧光定量（QGF-E）除了个别样品外，强度均较大，显示油藏形成时间较早，这与切6井的包裹体分析结果是相吻合的。

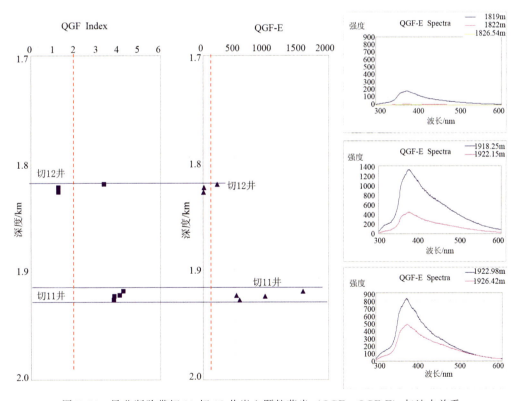

图7.16　昆北断阶带切11-切12井岩心颗粒荧光（QGF、QGF-E）与油水关系

从岩心样品的赋存油的三维扫描荧光（TSF）分析来看，无论是切6、切12还是切11构造，其油源近乎相同，原油的成熟度相近，成熟度中等（图7.18）。从三个构造上的岩心赋存油色质谱对比来看（图7.19），也表明其油源相似，成熟度相似（图7.17），其C₂₉20S/(20S+20R)介于0.45～0.49，Ro相当于0.65%～0.75，成熟度相

近，成熟度普遍较低，是较早期的产物（图 7.20），切 11 的红外光谱分析也显示了其油源单一，成熟度较低（图 7.21）。

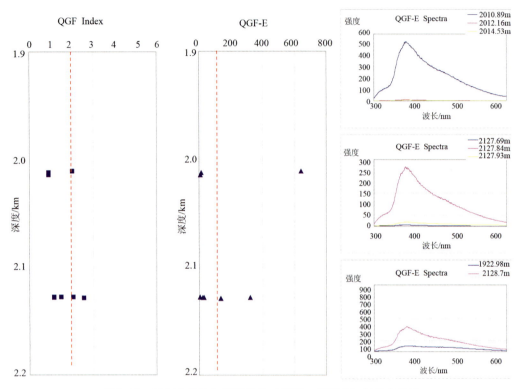

图 7.17　切 606 井岩心颗粒荧光（QGF、QGF-E）与油水关系

因此，昆北断阶带的油藏（以切 6 油藏为例）形成时间相对较早，晚期的整体抬升是油气得以保存的关键，昆北断阶带在柴西代表了一种特征的油气成藏类型，是构造形成时间较早、相对较早成藏、晚期整体稳定抬升、油气得以较好保存的典型代表。这种构造由于晚期的稳定抬升，油气保存相对完好，具有一定的勘探潜力。因而切克里克凹陷周边及昆北断阶带具有良好的勘探前景，以寻找断裂上盘稳定抬升区的构造油气藏和断裂下盘的油气藏为主。

2. 乌南构造带

乌南地区的生油岩包括 $E_3^2 \sim N_2^3$ 地层，以发育浅湖相灰色泥质岩为主，岩性比较细，总厚度可达 1000～2000m，单层最大厚度 18.5m，一般厚度 2～4m。其中 N_1、E_3^2 层为 II_2 类生油岩，其余层段生油岩均较差；N_1、E_3^2 生油岩已达成熟。乌南地区发育碎屑岩储层和裂缝型储层两类储层，储集岩主要以泥质粉砂岩、粉砂岩为主，其中 N_2^3、N_2^2、N_2^1 以碎屑岩储层为主，$N_1 \sim E_3^2$ 以发育裂缝型储层为主。由于各层段的生油岩及其他泥岩均可作为储层的盖层，盖层条件好。生储盖层组合以下生上储式组合为主，储盖匹配相对较好。乌南地区晚期构造运动主要表现为整体抬升和浅层滑脱逆冲，一些

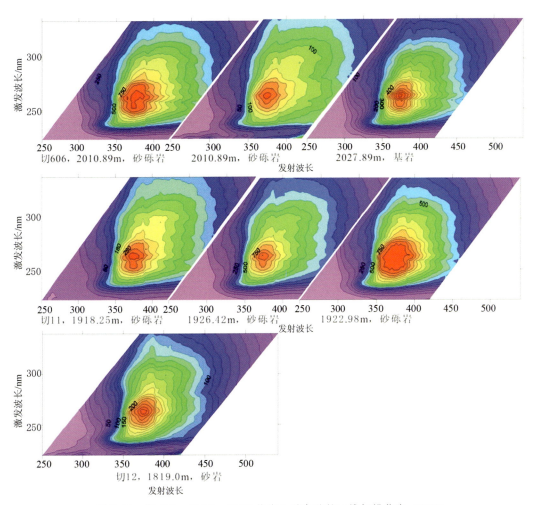

图 7.18　切 606、切 11、切 12 井岩心赋存油的三维扫描荧光（TSF）

次级断层沿浅层滑脱，对主要目的层圈闭有一定的破坏作用，但本区以挤压应力为主，泥岩发育，由于泥岩沿断层面的涂抹作用，使得逆断层具有较好的封闭能力，砂 34 井产油气即是例证。总之，乌南地区的油气成藏条件之间的匹配较好，具备形成油气藏的圈闭条件和良好的保存条件，构造形成与两期成藏匹配良好，具备形成较大油气聚集的条件，浅层、深层都是有利的勘探目标。

构造剖面上，乌南构造显示具有典型的双层结构，即浅层的挤压滑脱构造和中深层的高角度挤压走滑构造（图 7.22），表明乌南构造的形成过程经历了至少两期构造动力学的转变和两期构造形成过程。

对乌 105、乌 12 井的岩心包裹体分析表明，乌南构造带浅层主要发育一期包裹体，从埋藏曲线来看，乌南构造带的绿参 1 井埋藏史基本代表了切克里克凹陷的沉积演化，而乌南构造带及乌东地区在晚期存在较明显的隆升剥蚀过程（图 7.23）。通过油气成藏综合分析，认为乌南构造带的油气成藏过程主要经历以下三个阶段（图 7.23，图

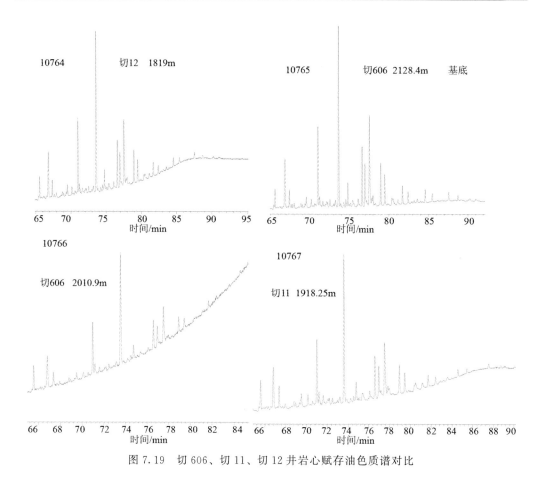

图 7.19　切 606、切 11、切 12 井岩心赋存油色质谱对比

7.24）：①N_2^1 沉积时期：圈闭雏形，较早期的油气开始运聚成藏，这一特征与昆北断阶带具有相似性；②N_2^2 沉积末期：圈闭基本形成，油气成藏主要集中在古近系地层；③N_2^3～现今时期：圈闭继续扩大、定型，进入油气成藏的主成藏期，主要聚集在 E、N 地层。因此，乌南构造带是柴西地区两期成藏（相对较早成藏、晚期成藏）、油气得以较好保存的典型代表，勘探潜力较大。

　　乌南构造带与昆北断阶带仅以切克里克凹陷相隔，构造演化具有一定的相似性，但也具有一定的特殊性，主要表现在以下几点：①较早期的构造动力学背景和构造形成与昆北断阶带一致，主要表现为较早期挤压和较早期的构造形成，构成乌南构造带的构造雏形；②在昆北断阶带经历晚期整体稳定抬升时期，乌南构造以构造的进一步形成演化为主，缺乏昆北断阶带的稳定抬升过程；③晚期成藏时期，昆北断阶带接受晚期成藏的贡献极少，而乌南构造带由于继承性的构造发育和油气聚集过程使得该构造接受了柴西地区两期重要的油气聚集，这一构造形成与油气成藏过程使得乌南构造带的油气勘探潜力大大增加。

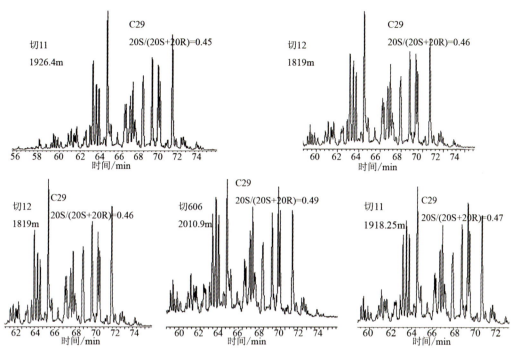

图 7.20　切 606、切 11、切 12 井 m/e191 质谱图 C29 异常

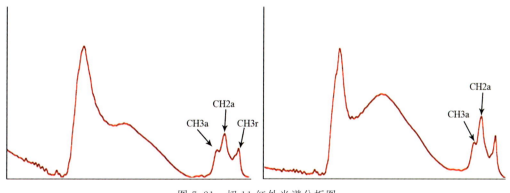

图 7.21　切 11 红外光谱分析图

3. 尕斯-狮子沟地区

跃进一号构造是一长期继承性发育的基岩隆起同沉积背斜，油源充足，储层发育，并具有良好的生储盖组合。圈闭构造在基岩隆起背景上从渐新世开始发育，N_2^2 未定型。$N_2^3 \sim Q_{1+2}$ 的晚期喜马拉雅运动对其产生明显的改造和破坏，浅部被油砂山断裂的上盘所叠合。从其沉积埋深曲线来看，沉积最快时期为 $E_3^2 \sim N_2^1$，以半深、深湖相沉积为主，其余各时期沉积均较慢，以河流-三角洲相沉积为主。跃进一号油田的油气来源于其北侧英雄岭生油凹陷和其构造范围内烃源岩。$E_3^2 + E_3^1$ 烃源岩在 N_2^1 末开始成熟，并开始

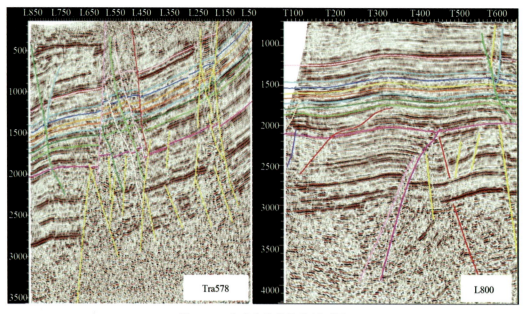

图 7.22　乌南构造带构造剖面图

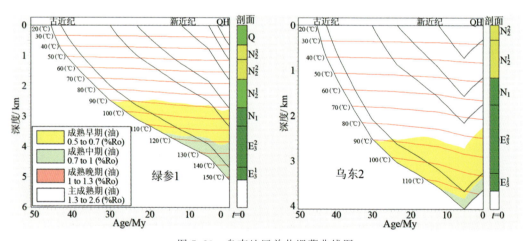

图 7.23　乌南地区单井埋藏曲线图

大量生烃（$R_o = 0.9\% \sim 1.0\%$）。晚期喜马拉雅运动时期，进入高成熟阶段。N_1 烃源岩从 $N_2^1 \sim N_2^2$ 早期开始成熟，现今进入生烃高峰期。现今，E_3 烃源岩处于高、过成熟期，生烃能力比 $N_2^2 \sim N_2^3$ 时有明显降低。N_1 烃源岩仍处于生烃高峰期。由于该构造是一长期继承性背斜构造，烃源岩在 N_1 进入生烃门限时构造已具备了捕获油气的能力，在油气大量生成的 $N_2^2 \sim N_2^3$ 时期，圈闭已基本定型，时间配置条件优越。又由于构造紧邻 XI 号深大断裂带，长期与油源区沟通，圈源空间匹配，沟通条件也好。油气包裹体分析显示，跃进地区的包裹体相对发育，主要以两期为主，对应温度分别为 $60 \sim 70\,\text{℃}$

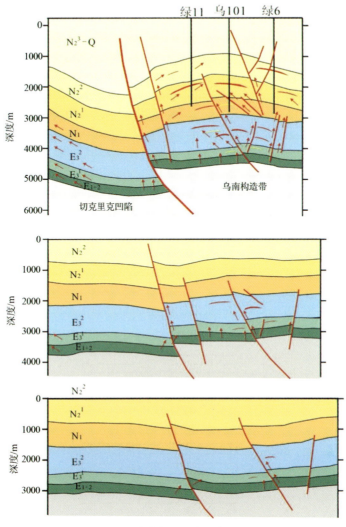

图 7.24　乌南构造油气成藏模式图

和 90~100℃，深层存在明显的两期成藏特征，对应地质时期应为 N_2^1 末期及 N_2^3 以来（图 7.25）。据油气大量生成期、油气运聚成藏期及跃进一号油田高压物性分析实测的饱和压力估算的成藏期也主要是在 N_2^1 末、N_2^3 以来。油气成藏后，经历了晚期喜马拉雅运动。但未受到明显破坏和改造，仅局部油气再分配形成次生油气藏。

受控于喜马拉雅中晚期构造活动，柴西的油气成藏主要表现为两期，以狮子沟构造为例。狮子沟地区古近系和新近系烃源岩层系多、分布广、厚度大，咸化湖泊泥岩、泥灰岩、钙质泥岩生油，含盐度和碳酸盐含量普遍较高，有机质丰度总体偏低，E_3~N_1 干酪根类型主要为混合型，含有一定的腐泥型，有机质热演化程度总体较低，目前大多正处于生油高峰期，纵向上以古近系最好。从储层岩性上看，狮子沟构造储层可划分为两大类，一类是碎屑岩储层，另一类是碳酸盐岩储层（又称为非常规储层），后者又可

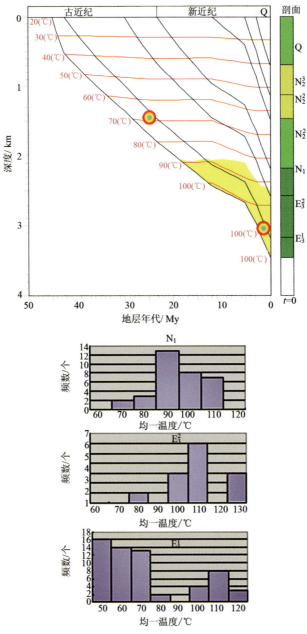

图 7.25　尕斯地区埋藏曲线图（据跃 110 井）及包裹体均一温度分布图

进一步细分为微缝-溶缝溶孔性储层、藻灰（云）岩溶孔性储层和构造裂缝性储层（寿建峰等，2003）。狮子沟地区古近系和新近系存在深浅层两套区域性盖层，岩性主要为灰泥岩、膏盐岩及泥灰岩。深层区域性盖层分布广泛，几乎遍布整个狮子沟地区，且厚度巨大，主要为 $E_3^2 \sim N_1^1$ 的灰泥岩、泥灰岩及与之互层的膏盐层，其中膏盐层是深部油气藏的理想盖层，如狮子沟 E_3^1 油藏。

狮子沟构造及其周缘储层流体包裹体均一温度分析表明，不同层位均一温度主峰分布存在差异，但这种差别与地层埋藏和地温史有关，结合狮子沟地区地温史，各层位各均一温度主峰分布分别对应于油气成藏地质时期（表 7.1），巧合的是从 E_{1+2}～E_3^1～E_3^2～N_1 储层具有的地质时期能非常好的相互对应，规律性明显。

表 7.1　狮子沟构造流体包裹体均一温度主峰分布统计表

序号	井号或地区	层位	主峰均一温度/℃	地质时期	主峰均一温度/℃	地质时期	主峰均一温度/℃	地质时期
1	狮中 10	N_1			$\frac{100-110}{105}$	N_2^1 末	$\frac{110-120}{115}$	N_2^3 末
2	XN3-21-3	N_1			$\frac{90-100}{95}$	N_2^1 末	$\frac{110-120}{113}$	N_2^3 末
3	柴 6	N_1			$\frac{90-105}{100}$	N_2^1 末	$\frac{110-120}{112}$	N_2^3 末
4	狮子沟构造	N_1			$\frac{90-100}{95}$	N_2^1 末	$\frac{110-120}{118}$	N_2^3 末
5	狮子沟构造	E_3^2			$\frac{100-115}{112}$	N_2^1 中末	$\frac{120-130}{125}$	N_2^3 末
6	狮子沟构造	E_3^1			$\frac{110-120}{118}$	N_2^1 末	$\frac{140-155}{145}$	N_2^3 末
7	狮子沟构造	E_{1+2}	$\frac{70-80}{72}$	E_3^2 中	$\frac{120-130}{125}$	N_2^1 末	$\frac{150-160}{155}$	N_2^3 末
8	砂西 60	E_3^1			$\frac{100-110}{105}$	N_2^1 末		

在 E_3^2 沉积中期，E_{1+2} 烃源岩开始生油，该期为 E_{1+2} 储层捕获自身生油早期烃类时期，储层古地温为 70～80℃，该期油气藏目前还没有发现，对应的关键时刻为 E_3^2 沉积期。N_2^1 沉积末期（喜马拉雅 III 幕）E_{1+2}～E_3^1 烃源岩进入生油高峰期，由于断裂活动，油及其伴生的天然气不仅储存于 E_3^1，而且向上运移到 E_3^2 和 N_1～N_2^1 储层中聚集成藏（图 7.26）。该期油气各地区保存条件不同，一些运移至浅层聚集成藏的原油，由于当时盖层厚度较薄，封闭性较差，轻烃及其伴生的天然气有一定程度的散失，如花 50 井（III 油组）。

N_2^1 沉积末期为该期油气成藏关键时刻，以生油为主，同时伴生一些天然气。N_2^3 沉积末期 E_3^2 烃源岩进入生油高峰期，所注入的油气与早期油气部分发生混合叠加，其主要储层为 E_3^2～E_3^1 和 N_1～N_2^1，故 N_2^3 沉积末期为后期油气成藏的关键时刻，同样也是以生油为主，伴生一些天然气（图 7.26）。

在狮子沟构造油气成藏过程中，主要成藏时期各套储层的古地温分别为：E_3^1 储层 110～120℃，E_3^2 储层 110～125℃，N_1 储层 95～115℃，N_2^1 储层 90～110℃。圈闭的形

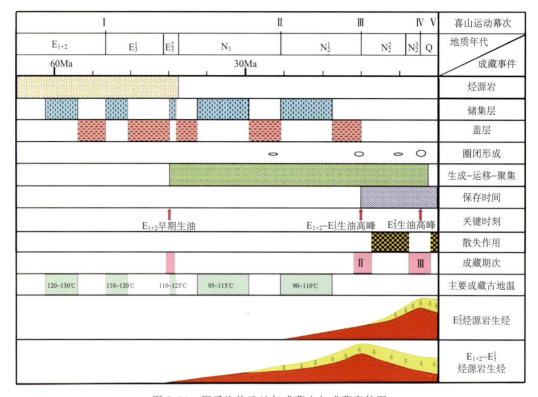

图 7.26　狮子沟构造油气成藏史与成藏事件图

成与构造演化密切相关，N_1 末期狮子沟构造出现构造圈闭雏形，并在喜马拉雅晚期构造运动作用下发生多次改造和定型，它们与油气运聚时间基本配套，特别是 N_2^1 和 N_2^3 末期定型的构造圈闭有利于油气的捕获。

4. 南翼山构造

南翼山构造位于青海省海西州花土沟镇境内。构造位置属于柴达木盆地西部北区茫崖凹陷的南翼山构造带，北面与小梁山、尖顶山相连，西面与咸水泉、红沟子相邻，为一三级背斜构造。南翼山构造纵向上自上而下依次钻遇了 N_2^2、N_2^1、N_1、E_2^3、E_1^3、E_{1+2} 等 6 套地层，地层层序正常，与区域地质相一致，主体部位七个泉组、狮子沟组、上油砂山组出露地表；以南 14 井为例，自上而下发育大段暗色泥岩沉积，颜色由浅变深，硬度由软变硬，灰质成分含量逐渐增加。横向上岩性与南 1 斜 1 井、南10 井基本一致。

南翼山油田的原油与南翼山构造本身的 N_2^1、N_1、E_3 生油岩和小梁山凹陷 N_1、E_3 生油岩具有很近的亲缘关系，而与茫崖凹陷没有表现出显著的亲缘关系。但考虑到生油环境变化的过渡性，茫崖凹陷临近南翼山的地区也一定具有与南翼山地区类似的沉积环境，特别是向该方向 E_3 生油岩的质量明显变好，因此该区的生油岩特别是 E_3 生油岩对于南翼山油田的油气来源具有潜在的重要意义。综合分析认为，南翼山油田的油源可能存在三种来源：①来自南翼山构造本身的 N_2^1、N_1、E_3 生油岩；②来自茫崖凹陷邻近南翼山构造的地区，E_3 生油岩尤具意义；③来自小梁山凹陷的 N_1、E_3 生油岩。考虑到该区不存在大型的渗透性疏导层，而且没有大型的断层将远离南翼山构造的生油凹陷与其相联系，认为该区的油源不存在远距离的横向运移，应以近距离的横向运移和垂向运移为主。

由于裂缝的发育受岩性的影响，也就是对岩性具有选择性，因此沉积环境的周期性变化造成了垂向上裂缝发育的韵律性变化，从而形成了空间上储集层与盖层的自然组合。区域性盖层形成于范围较大影响广泛的变化周期；局部盖层多与范围较小、周期较短的变化有关。本区储层以碳酸盐含量较高的岩类和砂岩为主，盖层主要为泥岩，两者具有显著的波阻抗差异，储层表现为相对较高的阻抗，盖层阻抗则相对较低，在阻抗反演剖面上具有清晰的显示。

南翼山构造浅油藏为整体受背斜构造控制的裂缝-孔隙型低产、低渗油藏。E_3^2 油气藏属于受背斜构造和裂缝发育程度双重因素控制的凝析油气藏。油气富集程度在受背斜构造控制的总体背景下，同时受裂缝发育程度的制约。在构造高部位、断层附近、构造曲率大的部位，裂缝发育，油气相对富集。

岩心包裹体分析表明，南翼山构造主要发育一期包裹体，以碳酸盐脉中的蓝白色荧光 OLG 包裹体为主，浅层、深层的油气成藏时间均较晚，主要是以 N_2^3 以来油气充注为主（图 7.27）。包裹体的烃类成分成熟度相对较高，结合烃源岩演化及生烃史，通过构造演化分析、成藏特征的综合分析，认为南翼山地区主要经历了如下的油气运聚成藏过程（图 7.28，图 7.29）：N_2^1 末期～N_2^2 末期，来自构造两侧生油凹陷 E_{1+2} 生油岩产生的高熟原油沿断裂向上运移并在条件适宜的圈闭中聚集成藏。由于这一时期南翼山构造已经具有雏形，且与其后的构造发育具有继承性，运移上来的油气将优先选择在南翼山背斜的顶部聚集；N_2^3 末期～Q，伴随着南翼山背斜构造的定型，第一期油气运聚形成的油藏遭受了一定程度的破坏，造成油气散失或进行重新聚集，南翼山背斜的顶部是其

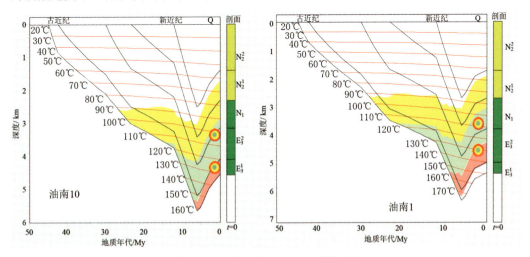

图 7.27　南翼山构造油气成藏模式图

聚集保存最理想的环境，南 2 井的原油应与此有关。这一期油气运移与构造形成同时或稍稍滞后，是南翼山地区经历的规模最大也是对南翼山油田形成最重要的一次油气运移、聚集。来自南翼山构造 E_3 生油岩生成的成熟和高熟油气沿裂缝系统运移到 N_1 底部至 E_3 的储集层中聚集成藏，邻近生油凹陷的高熟油气也可能沿断裂-裂缝系统运移至此，参与了凝析气藏的形成。来自南翼山构造 $N_2^1 \sim N_1$ 生油岩的低熟和成熟油气沿裂缝系统向上运移，聚集于南翼山构造浅层形成浅油藏，同时浅油藏的形成也可能包含了来自邻近生油凹陷特别是小梁山凹陷沿断裂-裂缝系统运移来的油气的贡献。同时少量的来自 E_3 生油岩生成的成熟油气也可能沿断裂运移上来与来自 $N_2^1 \sim N_1$ 生油岩成熟度较低的油气混合造成浅油藏油气来源的复杂性。

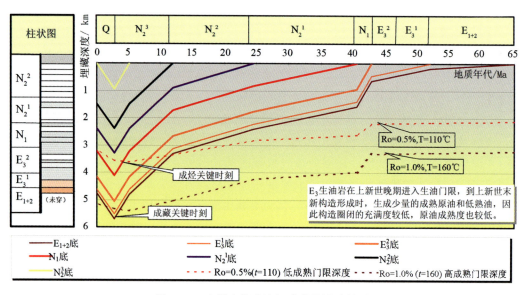

图 7.28　南翼山构造油气成藏关键时刻图

　　通过构造演化分析、成藏特征分析，认为南翼山地区主要经历了如下的油气运聚成藏过程（图 7.28，图 7.29）：N_2^1 末期~N_2^2 末期，来自构造两侧生油凹陷 E_{1+2} 生油岩产生的高熟原油沿断裂向上运移并在条件适宜的圈闭中聚集成藏。由于这一时期南翼山构造已经具有雏形，且与其后的构造发育具有继承性，运移上来的油气将优先选择南翼山背斜的顶部聚集；N_2^3 末期~Q，伴随着南翼山背斜构造的定型，第一期油气运聚形成的油藏遭受了一定程度的破坏，造成油气散失或进行重新聚集，南翼山背斜的顶部是其聚集保存最理想的环境，南 2 井的原油应与此有关。这一期油气运移与构造形成同时或稍稍滞后，是南翼山地区经历的规模最大也是对南翼山油田形成最重要的一次油气运移、聚集。来自南翼山构造 E_3 生油岩生成的成熟和高熟油气沿裂缝系统运移到 N_1 底部至 E_3 的储集层中聚集成藏，邻近生油凹陷的高熟油气也可能沿断裂-裂缝系统运移至此，参与了凝析气藏的形成。来自南翼山构造 $N_2^1 \sim N_1$ 生油岩的低熟和成熟油气沿裂缝系统向上运移，聚集于南翼山构造浅层形成浅油藏，同时浅油藏的形成也可能包含了来自邻近生油凹陷特别是小梁山凹陷沿断裂-裂缝系统运移来的油气的贡献。同时少量的

来自 E_3 生油岩生成的成熟油气也可能沿断裂运移上来与来自 $N_2^1 \sim N_1$ 生油岩成熟度较低的油气混合造成浅油藏油气来源的复杂性。

因此，南翼山构造代表了一类具备非继承性古构造背景、整体构造形成时间相对较晚、以接受大约 4Ma 以来的晚期成藏为主、油气相对保存较好的油气藏类型。这种构造由于构造形成晚、油气成藏晚，具有一定的勘探潜力，虽然具有高效的成藏效率，油气成藏的规模可能受到一定的限制。成藏过程分析表明，南翼山背斜中深层的构造顶部仍然是下一步工作的重点目标区，发育多个构造圈闭，而且形成时间相对较早，具备优先捕获油气的构造圈闭条件；浅湖-半深湖沉积的砂层发育；受喜马拉雅运动构造运动影响，形成了推覆和挤压作用下的走滑-逆冲构造，伴随产生了北东或北西向张性裂缝，为致密坚硬的砂岩层或钙质、泥质类砂岩赋予了较好的连通性和渗透性，使之可能富含油气；盖层发育良好，每个层位的内部都发育巨厚的泥岩层，它们既是生油层又是良好的盖层；由于断层发育，可以形成沟通深、浅层油源的连通条件，南翼山 N_1、E_3、E_{1+2} 各层均具有生油能力。因此，南翼山构造油源丰富，有形成大油气田的各种地质条件，有望获得进一步突破。

（二）柴西油气成藏特征及油气成藏模式

前人研究及前述分析表明，柴西油气成藏时间主要发生于喜马拉雅中晚期，且表现为明显的"多凹控油，源边成藏"特征（图 7.29）。柴西地区的油气成藏与喜马拉雅晚期的主要构造活动有重要的对应关系（表 7.2），显示受晚期构造的重要控制作用，根据前述的油气成藏特征及成藏时间，柴西的油气成藏与晚期构造形成关系紧密，油气成藏期次及时间与喜马拉雅中晚期的区域构造活动有良好的对应关系（表 7.2），主要表现为 N_2^1 末期（约 15～8Ma）油气成藏和 N_2^3 以来（大约 4Ma 以来）的晚期成藏。

表 7.2　柴达木盆地及周缘地区喜马拉雅期主要构造活动期次表

地质时期/Ma	青藏/Ma	塔里木/Ma	准南/Ma	柴达木/Ma	酒西/Ma
$E_3^2 \sim N_1$（约 30～24）	30±	25±	24±	30～25±	27±
N_2（约 15～8）	8～10±	15±	8～10±	8～15±	8±
$N_2^3 \sim Q$（约 3～4 以来）	4～0	3.6		3	4～3.6

总体来看，柴西地区发育两大类型的油气成藏模式，与喜马拉雅中晚期的两次成藏具有良好的对应关系，即发育两期成藏的油气成藏模式和仅发育晚期成藏的油气成藏模式，两类成藏模式又可进一步划分为两种，形成柴西地区特征的"两类四种"油气成藏模式（图 7.30）。

第一类成藏模式是仅发育早期充注或同时发育早期、晚期两期充注的油气成藏模式，其中发育两期成藏的构造（或油气藏）往往具有两期构造形成特征，构造雏形形成较早，晚期受喜马拉雅晚期构造运动的强烈影响逐渐形成并定型，如尕斯构造、狮子沟构造及乌南构造等，这类构造较早期油气成藏和晚期成藏对油气聚集均有重要贡献；但是也有特例，如昆北断阶带，构造形成相对较早、油气形成也相对较早，N_2^1 以后的整

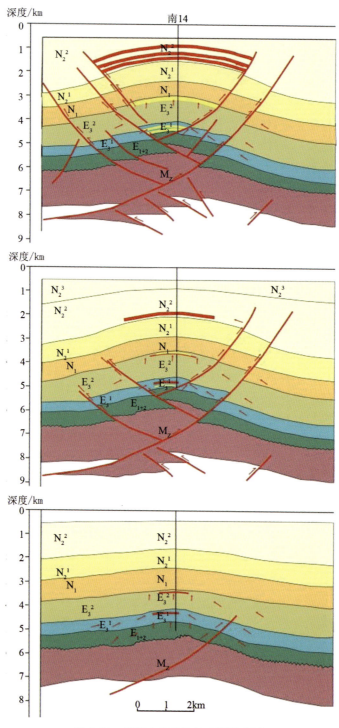

图 7.29　南翼山构造油气成藏模式图

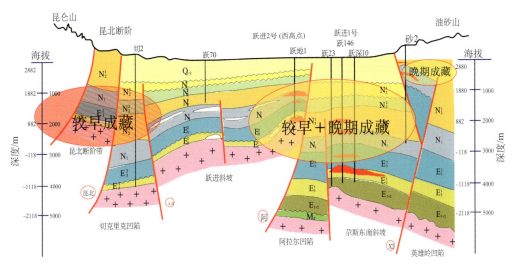

图 7.30　柴西地区两期成藏分布图

体抬升使得较早期形成的油气藏得以完好保存，但晚期成藏的贡献较少或没有。因此，这种发育早期构造背景的油气成藏模式又可进一步划分为两种，一种是以尕斯油田为代表的具有完整的"两期构造形成，两期油气成藏"、油气保存相对完好的成藏模式，这种成藏模式是对油气聚集最为有利的模式，其包裹体可分为两期，具备相似油气成藏模式的还应包括乌南构造带、狮子沟、红柳泉-七个泉（图 7.31）等；一种是以昆北断阶带切 6 为代表仅发育较早期成藏、构造形成时间较早、晚期整体抬升（相对稳定区）、油气保存相对完好的成藏模式（图 7.30），对于柴西来说，这种具有晚期整体抬升的相

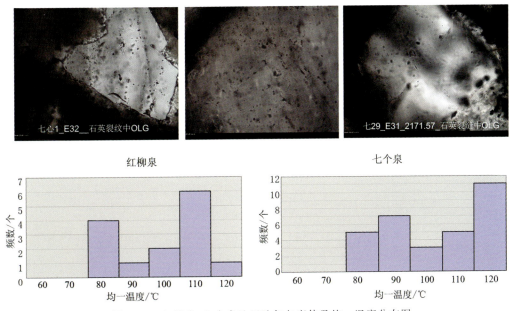

图 7.31　红柳泉-七个泉地区油气包裹体及均一温度分布图

对稳定区也是油气勘探的有利目标。

第二类油气成藏模式主要位于柴西北地区，仅发育晚期成藏的含油气构造的形成时期均较晚，构造形成、晚期成藏均发生在 N_2^2 末期以来（主要是大约 4Ma 以来），这类构造的晚期成藏效率相对较高，可以形成较好的油气聚集，但总体来说具有"大圈闭，小油藏"的特征，圈闭的油气充满度普遍较低，这类构造的油气成藏模式也可细分为两种，一种是以南翼山构造为代表的具有非继承性古构造背景、晚期成藏、晚期保存完好的油气成藏模式（图 7.30），另一种是以咸水泉-油泉子、尖顶山为代表的晚期成藏、晚期保存较差的油气成藏模式（图 7.30），包裹体分析显示这些构造仅发育晚期一期油气包裹体，这种构造主要是由于晚期的抬升较为剧烈，构造剥蚀明显，保存条件变差。因此，受控于两期构造形成和两期成藏特征，柴西地区具有典型"两类四种"油气成藏模式（图 7.30），晚期抬升剥蚀导致的保存条件的好坏对油气的富集也有一定的影响。

第二节　柴西油气成藏主控因素分析

一、中、下构造层古构造控藏分析

从柴西的构造形成时间和晚期成藏的匹配关系来看，晚期成藏的有效性与构造形成的时间有很大的关系，表 7.3 统计了部分柴西油气构造的储量及相关参数，可以看出，古构造或具有早期构造背景的构造，其油气成藏的效率明显增高，油气的充满度也较高，而晚期构造的储量及圈闭充满度明显降低（表 7.3，图 7.32）。从柱状图上也可以明显看出，具有早期构造构造背景的构造或古构造的圈闭充满度明显增加（图 7.32）。值得提出的，柴西的主要构造的形成时间普遍较晚，这里的古构造或具有古构造背景的构造主要是指中下构造层的形成于 N_2^3 之前的构造。

表 7.3　柴西主要油气藏（田）参数统计一览表

构造期次	构造位置	层位	含油面积/km^2	（含油气面积/圈闭面积）/%	储量/（$\times 10^4 t$）
晚期构造	尖顶山	N_2y^2，N_2y^1	3.1	8.16	349
	南翼山	N_2y^2，N_2y^1	19.5	12.42	2445.9
	开特米里克	N_2y^2	1.2	14.29	145
	咸水泉	N_2y^1，N_1g	8.69	—	801.68
	油泉子	N_2y	16.44	10.68	1514.49
	油砂山	N_2y，N_1g	8.6	7.68	2366

续表

构造期次	构造位置	层位	含油面积 /km²	（含油气面积/圈闭面积）/%	储量/（×10⁴t）
早期构造	花土沟	$N_2 N_2 y$，$N_1 g$	6.8	22.67	4171
	乌南	$N_2 y^1$	32.38	24.91	1992.74
	七个泉	$N_2 y^2$，$E_3 g^2$，$E_3 g$	9.9	27.99	2538
	砂西	$N_2 y$，$E_3 g$	7.6	37.36	1632
	跃进二号	$N_1 g$，$E_3 g^2$，$E_3 g$	10.6	—	2852.04
	尕斯库勒	$N_2 y$，$N_1 g$，$E_3 g$	52.3	95.09	12885.48

从晚期的净聚集速率（净聚集速率＝储量/（圈闭面积×聚集时间））、晚期聚集速率（聚集速率＝储量/（含油气面积×聚集时间））来看，古构造或具有古构造背景构造的净聚集速率明显较高（图 7.33），显示古构造或具有古构造背景的构造晚期成藏的有效性。其中，乌南构造的净聚集速率明显低于其他类似构造，显示该构造还具有较大的勘探潜力。同时我们也可以看到，柴西喜马拉雅晚期的油气聚集速率总体来说都是比较高，即使是仅发育晚期构造也可以具有较高的净聚集速率，但是从晚期聚集速率来看，晚期构造的聚集速率甚至可以超过古构造，显示柴西地区在喜马拉雅晚期油气聚集成藏的高效性。

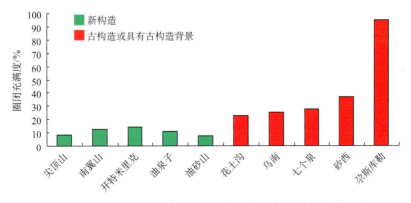

图 7.32　柴西主要油气藏（田）圈闭充满度与构造背景关系图

从构造图上可以看出，柴西地区主要发育两个走向的构造或构造带（图 7.34），发育 3 排 5 个正向构造带，其间被 NWW 或 NNW 向凹陷分隔；总体上具有 NW（NWW）向隆凹相间、斜列展布的构造格局，其间镶嵌有近 SN 的断裂、构造。研究表明，受阿尔金断裂左旋走滑作用的控制和影响，这些近 SN 的构造在 30～14.5Ma 已经具有构造雏形，而此时正值柴西地区较早期油气成藏高峰，油气随即向这些构造、构造带充注（图 7.36）。进入喜马拉雅晚期（N_2^3～Q），这些南北向构造、构造带持续形成，同时近 NWW 向构造也快速形成，两个走向的构造都接受喜马拉雅晚期的油气充注（图 7.36），因此，具有早期构造背景的这些构造对油气成藏更为有利，古构造及具有古构

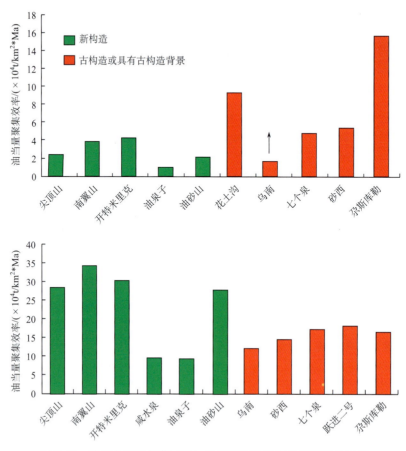

图 7.33　柴西主要油气藏（田）油气聚集效率与构造背景关系图

造背景的构造、构造带应是柴西地区油气成藏的关键控制因素之一，古构造、具有古构造背景的构造及其分布是形成柴西地区大中型油气田的基础，也是油气勘探的主攻目标。

二、储层发育特征及其控藏作用分析

研究表明，柴西地区的油气成藏受岩性、岩相的控制作用明显，储层发育的程度、类型对油气分布具有重要的控制作用，特别是古构造部位的储层发育控制了含油气区油气的分布特征。

（一）储层岩性控藏特征

研究表明，狮子沟油田，新近系的油气分布明显受沉积砂体分布的影响，主要受三角洲前缘砂体发育的控制（图 7.37）。新近发现并探明的乌南油田的油气分布与砂体分布关系密切，油气分布主要受滨浅湖滩坝砂体的控制（图 7.37）。同样，在花土沟油

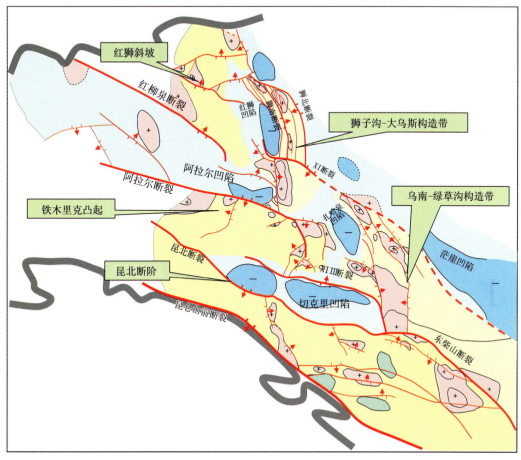

图 7.34　柴西构造纲要图

田，油气的分布受岩性的控制作用非常明显，砂体发育及分布、岩性发育特征在一定程度上控制了油气分布（图 7.38，图 7.39）。油泉子油田 $N_2^1 \sim N_2^2$ 油藏也是以受岩性控制为主的构造油藏。这些油气藏主要是受构造控制的构造-岩性油气藏，岩性及其物性差异控制了油气的平面分布特征（图 7.37～图 7.39）。在整个柴西地区，几乎所有的含油气构造中，储层发育特征、岩性发育特征对油气分布均有一定的控制作用。

（二）裂缝性储层控藏

对于柴西地区来说，裂缝性储层的发育与油气成藏、油气分布关系密切。除了发育碎屑岩裂缝改造外，以碳酸盐岩、藻灰岩和泥岩裂缝性储层发育为特征的诸多油气藏的发现带动了裂缝性储层发育特征及预测的研究与开发，目前已经实现工业化开发，且往往具有高产、高能特征，典型实例如狮子沟深层，储层岩性主要有泥质白云岩、泥灰质白云岩、云灰泥质岩、云灰泥质膏岩等（图 7.40），成像测井及岩心观察显示井下这些非常规储层裂缝非常发育，构成该构造深层油气成藏、油气层高产的关键控制因素。深

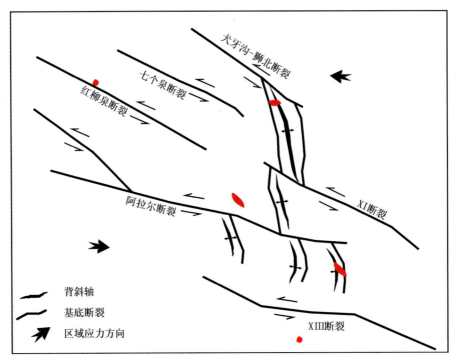

图 7.35 柴西地区 30～14.5Ma 构造纲要及油气分布示意图

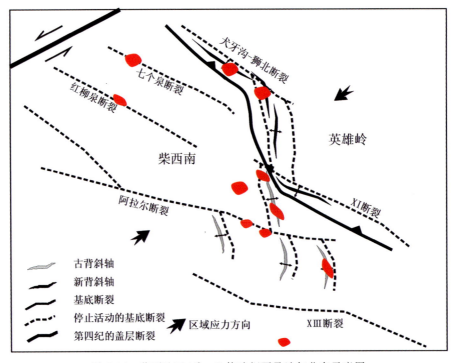

图 7.36 柴西地区 N_2^3～Q 构造纲要及油气分布示意图

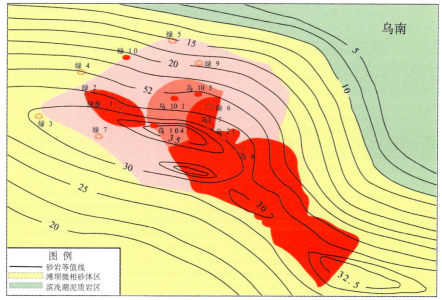

图 7.37　狮子沟油田油气分布与砂体分布关系

层构造裂缝性储层的产能变化较大，其大小取决于裂缝发育程度。

　　此外，在尕斯跃进Ⅰ号的钙质泥岩裂缝较为发育，油泉子含油层（薄藻灰岩＋层间缝＋构造缝）、南翼山等构造的裂缝性储层发育特征及其对油气成藏、油气分布的控制作用也充分证明了柴西地区裂缝性储层发育及其油气的控制作用。柴西地区油气分布层位的储量统计表明，柴西地区目前发现的油气储量主要位于新近系，古近系的储量发现还相当有限（表 7.4，表 7.5），而这些勘探成果的数据与资源评价的结果正好相反，资

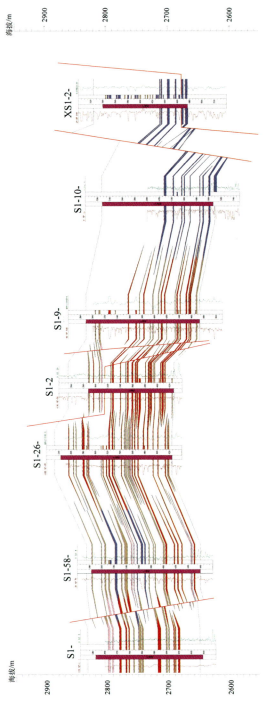

图 7.38　花土沟油田 I 油组油气藏剖面图

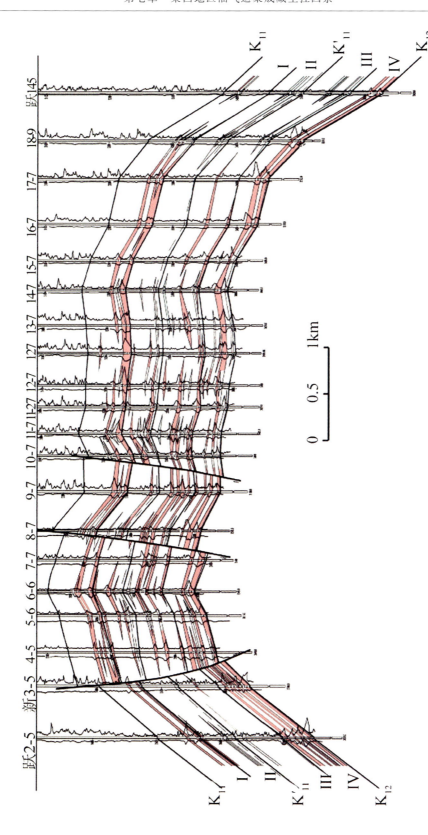

图 7.39　尕斯库勒油田 E_3^1 油气藏跃 2-5 井-跃 145 井油藏剖面图

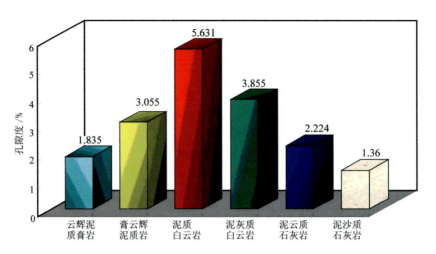

图 7.40　狮子沟构造狮 20 井区储层岩性特征

表 7.4　柴西主要油气藏（田）新近系储量统计一览表

含油气构造	层位	油/($\times 10^4$t)	气/($\times 10^8$m³)
开特米里克	N_2	145	0
尖顶山	N_2	349	0
南翼山	N_2	2445.9	14.53
咸水泉	N_2，N_1	801.68	0
油砂山	N_2，N_1	2366	0
游园沟	N_1	119	0
狮子沟	N_1	217	1.1
乌南	N_2	1992.74	19.87
油泉子	N_2	1514.49	0
花土沟	N_2，N_1	4171	13.9
砂西	N_2，N_1	732	0
尕斯库勒	N_2，N_1	6542.68	0
合计	—	21396.49	49.4

源评价的结果显示古近系的资源量占柴西地区的 2/3，新近系的资源量只占柴西地区的 1/3。因此，柴西地区的古近系具有更大勘探潜力，油气勘探程度低，应是下部勘探的主要目的层，而古近系常规的碎屑岩储层相对不够发育，这就要求勘探更多地考虑古近系非常规的裂缝性储层。因而对于柴西地区来说，有利储层的发育控制及其分布、裂缝性储层的发育及其分布是油气成藏的关键控制因素之一，在一定程度上控制了柴西地区大中型油气田的分布，已被勘探成果所证明，也是下步勘探工作中必须重视的油气成藏主控因素之一。

表 7.5　柴西主要油气藏（田）古近系储量统计一览表

含油气构造	层位	油/($\times 10^4$t)	气/($\times 10^8$m³)
南翼山	E_3	44.8	24.59
狮子沟	E_3	1298	8.3
红柳泉	E_3	321	1.77
砂西	E_3	927	0
跃西	E_3	342	—
尕斯库勒	E_3	6343.8	0
合计	—	8934.6	34.66

　　裂缝性储层的发育主要受控于易于形成裂缝的岩性发育特征，其中藻灰岩的发育及其分布（图 7.41）对柴西地区裂缝性储层发育及分布具有重要控制作用。综合整个柴西地区来看，裂缝发育受构造应力背景的控制，而裂缝发育程度则受岩性分布、应力状态控制：柴西地区的西边缘，由于受到阿尔金断裂带的左行走滑的控制，主要发育纵张裂缝、压扭裂缝；柴西地区的东南缘，由于受昆仑山断裂的走滑、挤压控制，以发育纵张裂缝、压扭裂缝为主；而这两个区带的中间部位则主要以发育受挤压控制为主的纵张裂缝（图 7.42）。

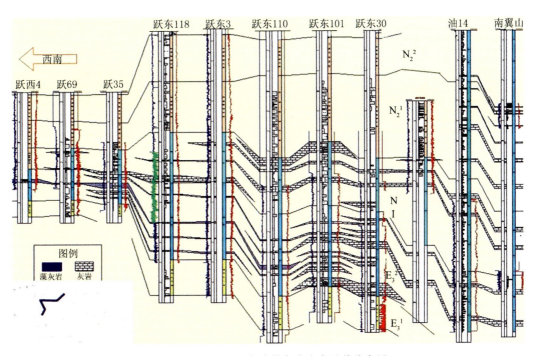

图 7.41　柴西地区灰岩藻灰岩发育及其分布图

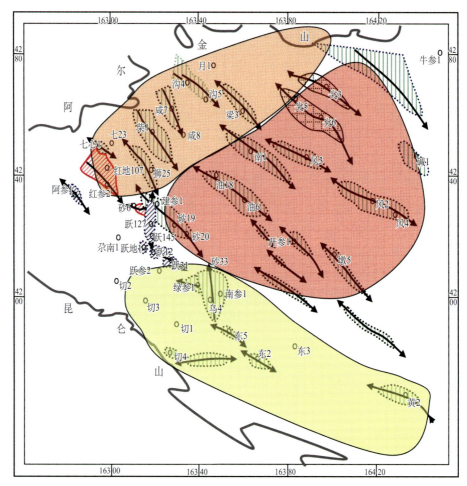

图 7.42　柴西地区裂缝发育分布图

　　发育挤压应力控制裂缝的构造以南翼山的裂缝发育最为特征，主要发育与挤压方向一致的纵张断裂以及与挤压构造走向近一致的挤压裂缝（图 7.43），这一裂缝的发育特征与位于酒西盆地窟窿山构造的青西油田的裂缝发育特征相似，以发育与挤压应力方向近一致的裂缝为主，与构造走向近一致的挤压裂缝次之。

　　受走滑控制为主的裂缝发育以阿尔金山前构造最为特征，以红沟子构造为例，该构造的地震剖面显示发育高角度的小断层，断裂密度大（图 7.44），显示裂缝发育主要受阿尔金断裂带走滑控制，主要发育纵张裂缝和高角度的压扭裂缝。钻井（沟 5 井）岩心观察也见高角度裂缝非常发育，高角度裂缝中含油，显示裂缝发育与含油气性关系密切。

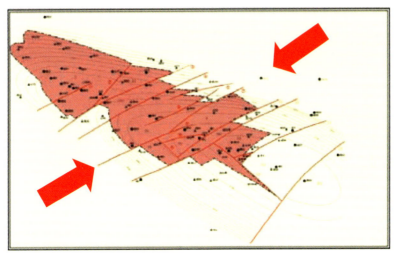

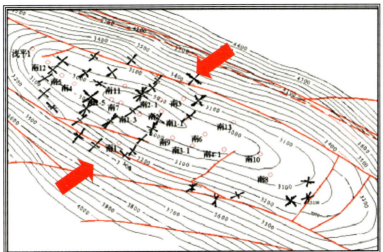

图 7.43　南翼山构造的裂缝发育及裂缝方位图

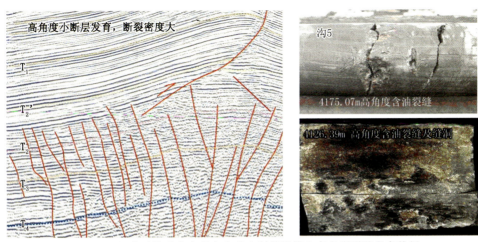

图 7.44　红沟子构造发育的高角度小断层及岩心高角度裂缝发育特征

三、柴西断裂系统及控藏机理

（一）断裂几何学特征

1. 断裂基本特征

从各反射层断裂要素统计情况来看（图 7.45），柴西地区断裂展布主要有三个方位，即北北东向、北西向和北北西向偏近南北向。其中，绝大多数的断裂为北西向断裂，北北东向断裂发育在 T_1 界面数量最多，北北西向偏近南北向断裂在各层均有少量发育，且多发育在两套北西向断裂之间的"岩桥区"（图 7.46）。

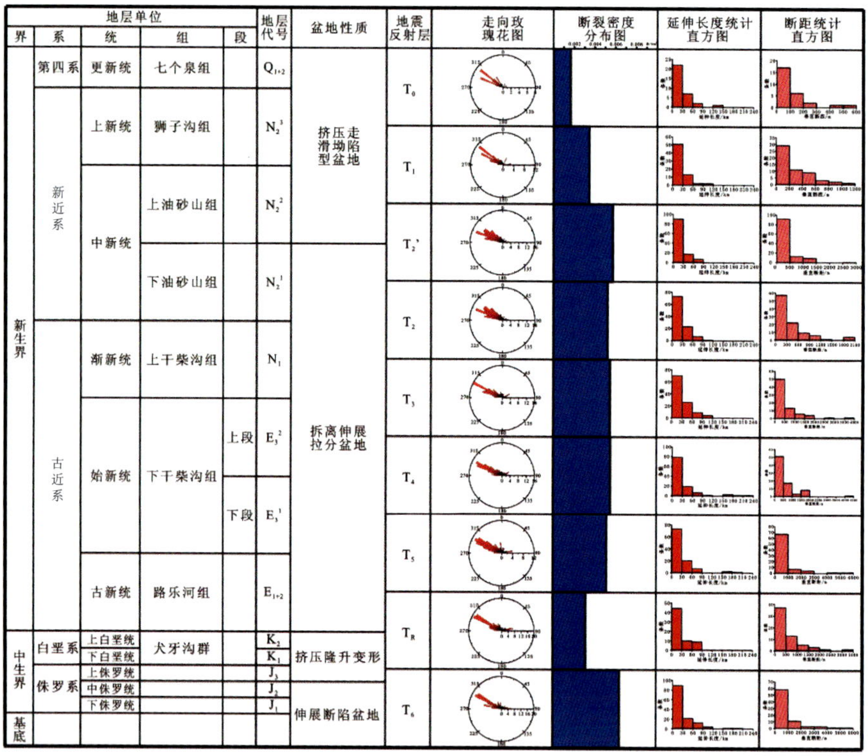

图 7.45　柴西地区各地震反射层断裂要素统计

柴西地区断层密度 T_6 反射层最大，T_0 反射层最小。总体来看，T_2' 界面以上断层密度逐渐减小，表明断裂晚期选择性活动（图 7.45）。平面上，柴西断裂附近、柴南断裂与昆北断裂之间断层发育，密度较高（图 7.46）。

断层规模可通过断层平面延伸长度和垂直断距来表征。通过统计得出，柴西地区平面延伸长度最大的断层位于 T_4 反射层，延伸长度为 216km；断层垂直断距最大 5700m，位于 T_5 反射层，一般深层断距较大、浅层较小。总体来看，断层规模在各反射层的差异并不大，表明多数断层具有继承性活动的特征。

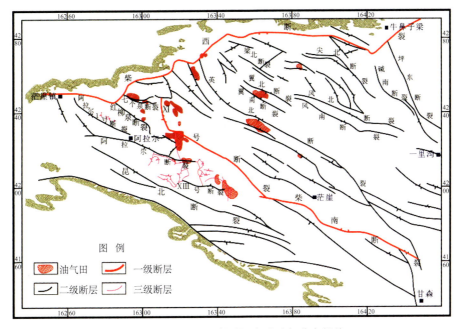

图 7.46 柴西地区断裂级次及油气分布规律

柴西地区断裂多为高陡断裂，无论在剖面上显示为正断层还是逆断层，断面倾角一般在 50°以上，且逆断层常具有上陡下缓的特征（图 7.47，图 7.48，表 7.6）。

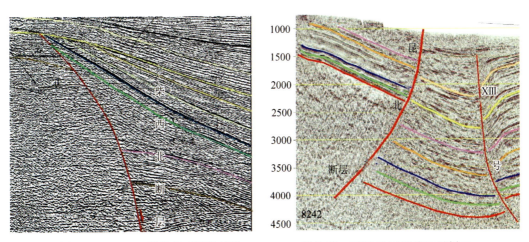

图 7.47 821086 测线柴西断裂特征　　图 7.48 柴西 8242 测线地震剖面

2. 断裂级次划分

柴西地区发育三级次断裂（图 7.46，表 7.7）：一级断裂包括北东向的柴西断裂和北西向的 XI 号断裂和柴南断裂，断裂两盘地层厚度差异大，控制盆地的形成和演化。二级断裂展布方位为 NW—NWW 向，包括昆北、阿拉尔、XIII 号、七个泉、红柳泉、东柴山、油砂山、狮子沟、开特、茫崖、坪东、尖北、碱南、翼南、翼北、风南、风北、梁北和英北等断裂，控制了构造带的形成和演化，同时也控制了圈闭的形成。三级断裂多为近南北向和北北西向，主要分布在北西向断裂斜列叠覆的岩桥部分，而这个区域往往是圈闭的发育区，是伴随着圈闭形成而发育起来的断裂，控制着局部构造形成或将局部构造切割破碎（图7.46）。如尕斯构造近南北向展布的断裂，另外还有大风山低隆起带上与二级断裂斜交、呈雁列式展布的一系列断裂。

表 7.6　柴西地区主要断裂基本特征参数

断裂名称	走向	倾向	倾角/(°)	断开层位	断距/m
柴西	NE	SE	50～85	T_1～T_6	500～4000
柴南	NW	NNE	50～80	T_1～T_6	2000～4000
昆北	NW	SW	40～80	T_0～T_6	0～2000
XIII 号	NWW	NE	60～85	T_1～T_6	500～3000
阿拉尔	NNW—NW	S—SE	65～85	T_0～T_6	3000～4000
XI 号	NNW—NW	SSW	40～80	T_2'～T_6	0～4500
红柳泉	NW	NE	50～70	T_2'～T_6	0～3000
翼北	NW	SW	60～85	T_1～T_6	0～1000
翼南	NW	NE	60～85	T_1～T_6	200～600
风北	NWW	SW	60～85	T_0～T_6	0～1500
风南	NWW	NE	60～85	T_0～T_6	100～600
七个泉	NWW	NNE	20～60	T_1～T_6	100～700
坪东	NNW	SW	50～85	T_2'～T_6	500～1500
英北	NW	SW	30～70	T_1～T_6	1000～3000
尖北	NW	NNE	30～75	T_2'～T_6	100～500
梁北	NW	SE	20～40	T_2'～T_6	200～500
碱南	NW	NE	50～85	T_1～T_6	0～4000
开特	NW	SW	50～70	T_0～T_6	400～500
东柴山	NWW	SSW	50～85	T_2～T_6	950
茫崖	NW	SW	50～75	T_0～T_6	1500
油墩子	NW	SW	50～75	T_0～T_6	500
盐山-土林沟	NW	SW	35～65	T_0～T_6	1300
狮子沟	NW—NNW	NE	15～50	T_2'～T_3	600～2000
油砂山	NWW	NE	15～50	T_2'～T_3	600～2300
凤凰台	NW	SW	50～75	T_0～T_6	650

表 7.7　柴西地区断裂级次划分表

断裂级别	主要控制作用	平面产状特征	代表断裂
一级断裂	控制盆地形成及演化、地层厚度及岩相	延伸距离长，呈曲折或斜列状，展布方向与盆缘山体近于平行	柴西断裂、柴南断裂、XI号断裂
二级断裂	控制构造带的形成和演化及圈闭的形成，柴西南区控制地层厚度及岩相	延伸距离较长，以北西向展布为主	昆北、阿拉尔、XIII号、七个泉、红柳泉、东柴山、坪东、尖北、翼南、翼北、风南、风北、梁北、碱南、狮子沟、油砂山、茫崖、油墩子、盐山-土林沟、英北、开特断裂等
三级断裂	控制局部构造或将局部构造切割破碎	延伸距离较短，呈直线或弧形，以近南北向展布为主	VII号断裂、VIII号断裂、III号断裂、乌南断裂等

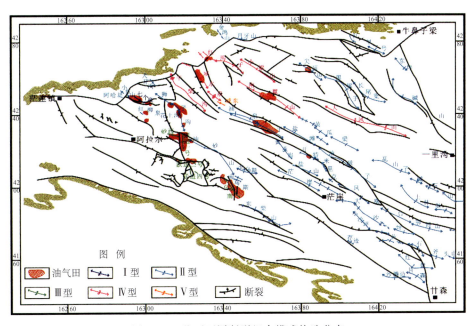

图 7.49　柴西不同断裂组合模式构造分布

3. 断裂组合模式及与局部构造关系

从单条二级断层弯曲形态、二级断层之间的组合关系及其与局部构造、三级断层关系考虑，断裂平面组合模式分为二型五类（图 7.49，图 7.50）：二型指单一断层组合和多条断层组合，单一断层组合根据断层弯曲形态分为两种基本类型：即单一平直断层左旋压扭变形，派生出典型的"四象限"对称型"拉张"和"挤压"应力场，形成与之斜交的局部构造和正逆断层，受逆冲影响，逆断层居多，张性正断层发育较少，典型的是七个泉构造和东柴山构造。剖面上为同沉积压扭逆断层和同沉积逆断层压扭逆冲形成的牵引褶

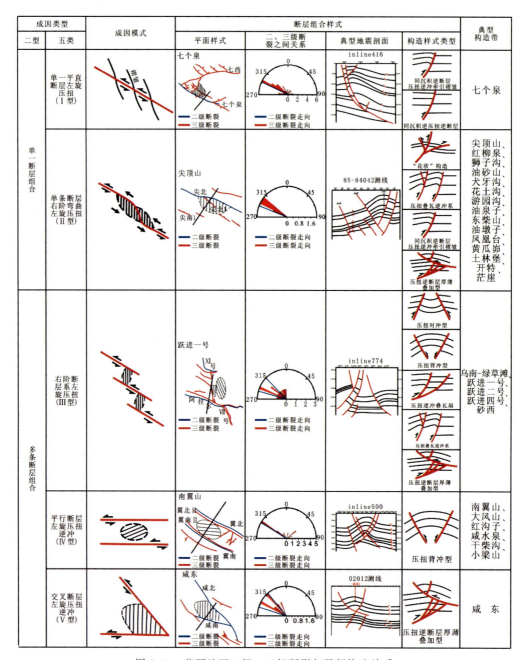

图 7.50 柴西地区二级、三级断裂与局部构造关系

皱。单条断层右阶弯曲左旋压扭变形，二级断裂与三级断裂平面总体呈现北北西向，三级断裂与二级断裂以低角度相交，剖面呈现"正花状"组合模式，构造破碎严重，表现为"大背斜小圈闭"的特征。典型的有尖顶山、红柳泉、狮子沟、油砂山、犬牙沟、花土沟、游园沟、油泉子、东柴山、油墩子、凤凰台、黄瓜峁、土林堡、开特和茫崖构造。两条断层组合模式细分为两种类型：一是右阶断层系左旋压扭变形，二级断裂平面上侧列叠覆，

在"岩桥区"形成褶皱和三级断裂。三级断裂与二级断裂正交组合,剖面上常呈"背倾"或"对倾"的组合样式,之间常形成背斜或鼻状构造带。三级断层本身呈现"正花状"组合模式,将背斜或鼻状构造切割成许多小的断块。油富集在正花状构造上倾高部位,往低部位"花边"含油性整体变差。典型的有乌南-绿草滩、跃进一号、跃进二号、跃进四号、砂西和跃东构造。二是平行断层左旋压扭逆冲变形,平行式二级断层之间形成背斜、与之正交的北北东向三级断裂和与之平行的北西向断裂;剖面组合样式总体上表现出挤压扭动的特征,形成对冲组合、背冲组合和逆冲叠瓦扇等组合模式。典型构造有南翼山、大风山、红沟子、咸水泉、干柴沟和小梁山。三是交叉断层左旋压扭逆冲变形,二级断层在平面上交叉形成断鼻构造,三级断裂与二级断裂低角度斜交;剖面组合样式总体为压扭背冲型及压扭逆断层厚薄叠加型,典型构造为咸东断鼻。

(二) 断裂活动规律及断裂系统划分

柴西北发育 4 个与褶皱有关的挤压层序界面,一是侏罗系与路乐河组之间的不整合面,二是渐新统和中新统之间的不整合面,三是上新统与中新统之间的不整合面,四是上新统与更新统之间的一级层序界面。四个界面相应代表了四期构造运动,但强烈的构造运动还是在狮子沟组沉积后,即喜马拉雅运动晚期(图 7.51,图 7.52)。

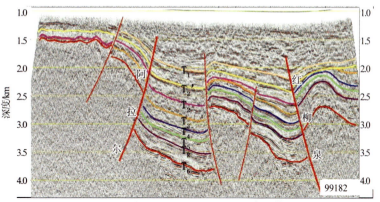

图 7.51 柴西地区 T_2 和 T_1 不整合面特征

图 7.52 上新统与更新统之间的角度不整合

生长指数统计规律表明，柴西南区多发育同沉积压扭断层，断裂具有多期、间歇性活动的特征，强烈的活动时期为下油砂山组和狮子沟组沉积时期（图7.53）；柴西中部普遍发育上下两套断层系（图7.54），下部断层系具有持续活动的特征，一般在上干柴沟组沉积前停止活动，强烈活动时期为路乐河组沉积时期、下干柴沟组上段沉积时期和狮子沟组沉积末期；柴西北部地区断裂晚期活动特征明显（图7.55），多数断层形成于狮子沟组沉积末期。

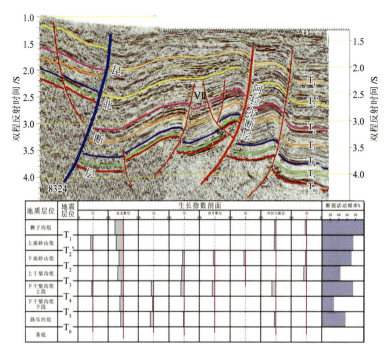

图 7.53　柴西南区 8324 剖面断裂特征及生长指数剖面

从盆地演化阶段看断裂变形主要有三期（图7.56）：一是早侏罗世伸展变形（早期 I）；二是古近纪—中新世早期伸展-压扭变形（中期 II）；三是中新世晚期—更新世走滑—逆冲变形（晚期 III）。依据变形期、变形机制及其叠加的关系将柴西地区断裂分为早期同沉积正断裂、中期同沉积正断裂和同沉积走滑-逆冲断裂、晚期基底卷入型和盖层滑脱型走滑-逆冲断裂、长期活动的正反转断裂（I～III 型和 II～III 型）和继承性走滑-逆冲断裂（II～III 型）。由此，可将柴西地区断裂划分成早中期同沉积正断裂、中期同沉积走滑-逆冲断裂、晚期基底卷入型和盖层滑脱型走滑-逆冲断裂、长期活动的正反转断裂和继承性走滑-逆冲断裂共 6 套断裂系统（图7.57，图7.58）。

（三）断裂在油气成藏中的作用

1. 断圈类型及含油性影响因素分析

断层相关圈闭指由断裂变形在其上盘或下盘形成的圈闭。依据断层在油气运聚成藏

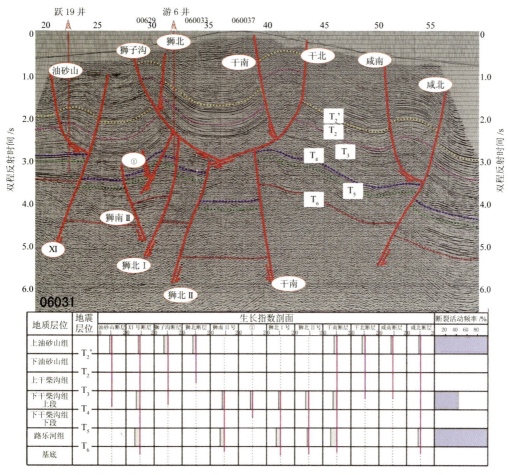

图 7.54　柴西 06031 剖面断裂特征及生长指数剖面

中所起的作用将柴西断层相关圈闭划分为三种类型（图 7.59）：即自圈、断圈和混合圈闭三种类型。自圈主要分布在柴西中部地区，背斜形态保存较完整，典型的是狮子沟浅层、游园沟和花土沟构造；断圈是指断层起遮挡作用，只有断层侧向封闭才能形成的圈闭，断层在这种圈闭类型中早期活动为油气运移的通道，晚期不活动侧向封闭，对油气的保存具重要意义，依据断层组合模式可将断圈细分为两个亚类：一是单一断层构成的断圈模式，如跃西跃地 1 区块；二是交叉断层构成复杂断圈模式，如跃西跃 75 区块和跃东 E_3^1 油藏。混合圈闭由两种或两种以上的圈闭复合而成，其不仅受控于断圈的顶封、断层侧向封闭性，还与断裂和砂体的配置关系有关，本区混合圈闭划分为三种类型：一是自圈和断圈的混合，如切 6 号构造、跃进二号构造东高点、狮子沟 E_3 油藏、油砂山构造和孕斯（即跃进一号）E_3^1 油藏；二是自圈和岩性的混合，如南翼山、咸水泉、红沟子、尖顶山、开特米里克和小梁山构造；三是断圈和岩性的混合，如孕斯 E_3^2 油藏、红柳泉 E_3^1 油藏、孕斯 $N_1 \sim N_2^1$ 油藏、七个泉、油墩子、油泉子、乌南、盐山-土林沟和砂西构造 $N_1 \sim N_2^1$ 油藏等。

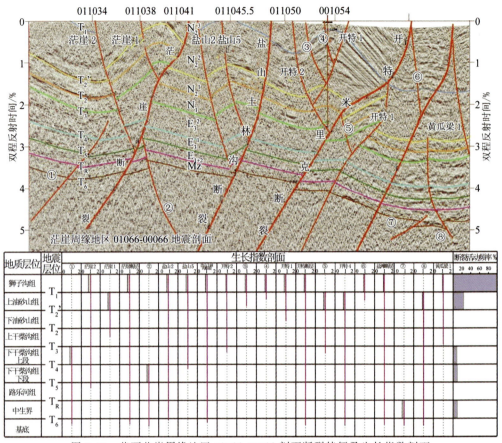

图 7.55　柴西芒崖周缘地区 01066-00066 剖面断裂特征及生长指数剖面

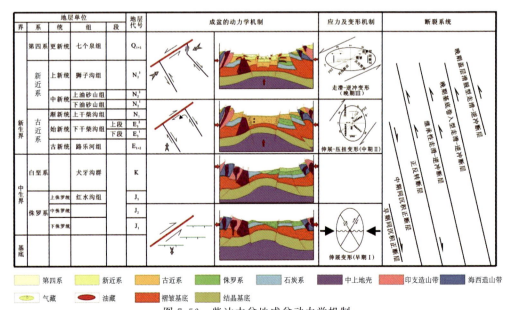

图 7.56　柴达木盆地成盆动力学机制

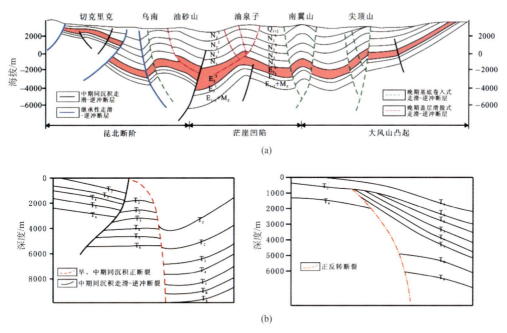

(a)

(b)

图 7.57 柴西断裂系统划分剖面

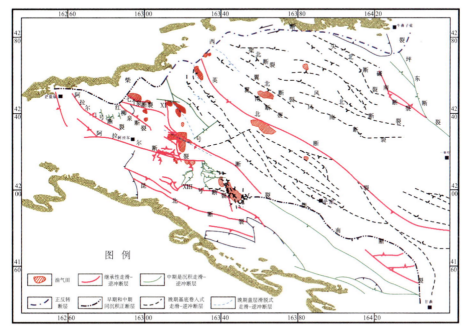

图 7.58 柴西地区断裂系统划分平面图

断层在三种类型圈闭中所起作用是不同的，含油性的控制因素也是不同的。针对不同类型圈闭，研究的内容是不同的，断圈必须评价断层的侧向封闭性，与岩性有关的复合圈闭需要研究砂体的展布规律，但研究油气来源及充注程度是所有圈闭评价的基础和前提。

2. 断层在成藏中的作用分析

(1) 断裂变形时期与油气成藏期耦合关系

柴西地区主要经历了两次成藏：第一期为下油砂山组（N_2^1）沉积末期，茫崖凹陷下干柴沟组上段（E_3^2）烃源岩处于低熟-成熟阶段、上干柴沟组（N_1）烃源岩处于低熟阶段。第二期为狮子沟组（N_2^3）沉积末期-第四纪（Q），此时成熟烃源岩范围更广，大部分构造圈闭定型，油气发生大规模运移、聚集，同时部分早期油气藏因构造变动而被调整破坏。

柴西地区断裂三期强烈活动，分别为早侏罗世（早期）、古近纪-中新世早期（中期）和中新世晚期-更新世（晚期）。其中早、中期活动和继承性活动的断裂主要发育在柴西南区，而柴西第一成藏期形成的深层油气藏也主要分布在柴西南区；晚期活动的断裂主要分布在柴西中区和北区，而在第二成藏期形成的油气藏也主要分布在柴西中区和北区（图7.60）。可见，柴西断裂活动变形期与油气成藏期有较好的耦合关系，断裂在油气成藏过程中起到重要的作用。

(2) 不同类型断裂在油气成藏中的作用

1）第一成藏期（下油砂山组沉积末期）断裂在成藏中的作用

第一成藏期（下油砂山组沉积末期）断裂分布在有效烃灶外和边缘（图7.61），活动断层在灶缘以外主要起到"变层"作用，不活动断层主要为聚集断层，典型的是XI号断裂，控制形成了尕斯和砂西油藏。

切6油藏受控于昆北断裂南部次级断裂，控藏断裂在下油砂山组沉积时期活动，但断裂消失于区域性盖层之中（图7.62，图7.63），断层两侧油水关系清晰，油跨层分布（图7.64），对侧向运移的油气具有"聚集"和"变层"双重作用。

尕斯深层油藏包括 E_3^1 及 E_3^2 油藏。尕斯 E_3^1 油藏北端以 XI 号断裂为界，西翼南端以 III 号断层为界，西翼北端通过 XII 号断裂与砂西油田连成一片，为典型的断圈和自圈的混合式圈闭（图7.65）。尕斯 E_3^2 油藏构造形态和深层 E_3^1 油藏构造基本一致，西边被 XII 号断层切割，北边与 XI 号断裂相交，油气分布在不对称背斜的顶部，为自圈与岩性复合的混合式圈闭（图7.66）。下油砂山组沉积末期，烃源岩开始大规模排烃，此时位于有效烃灶内的 III 号断层活动，断层消失于 T_2 界面之中，对油气运移起通道作用，为油源断层（图7.67），油气多层位分布。XI 号断层断穿层位为 $T_4 \sim T_6$，在成藏期不活动，为遮挡型断层（图7.68）。

七个泉深层油藏受控于七个泉断裂上盘与之正交的②号断裂，为典型的断圈和岩性混合圈闭（图7.69a），油气主要富集在下干柴沟组。七个泉地区本身具有一定的生油条件，但主要油源来自于区域上红狮生油凹陷的 $E_3^2 \sim N_1$ 烃源岩，深层油运聚成藏时期为下油砂山组沉积末期。②号断裂在下油砂山组沉积末期不活动（图7.70），断裂两侧

圈闭类型		平面模式图	剖面模式图	断层作用	典型构造
三类	六型				
自圈	层控的断背斜圈闭		游园沟N₁~N₂¹油藏	通道作用	狮子沟 、花土沟、游园沟
断圈	断圈模式	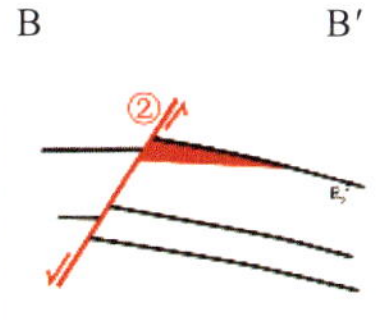 跃西区块跃地1井区		遮挡作用（主）通道作用	跃地1井区、黄石、犬牙沟、东柴山、小沙坪、大沙坪
	叉层断交构成复杂断圈模式	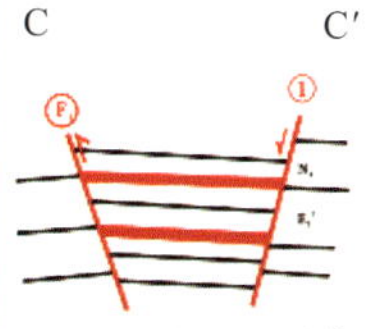 跃西区块跃75断块		遮挡作用（主）通道作用	跃75断块、跃东
混合圈	断背斜和断圈复合模式	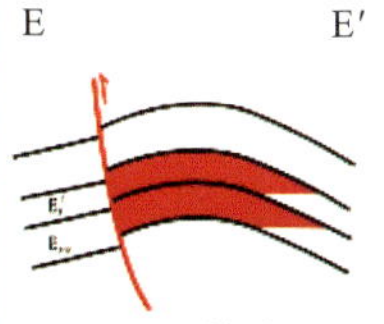 切6号构造		遮挡作用（主）通道作用	跃进二号、东高点、油砂山、狮子沟、切6、跃进一号
	圈岩自与性复合模式	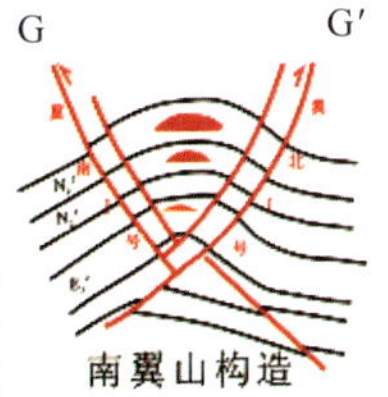 南翼山构造		通道作用	南翼山、咸水泉、红沟子、尖顶山、大风山、黑梁子、开特米里克、小梁山
	层岩断性圈闭模式	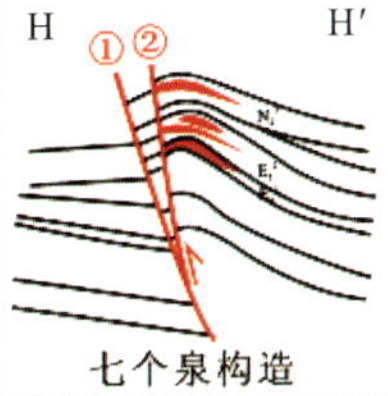 七个泉构造		遮挡作用通道作用	七个泉、红柳泉、跃进一号、砂西、油泉子、油墩子、盐山-土林沟、乌南、砂西

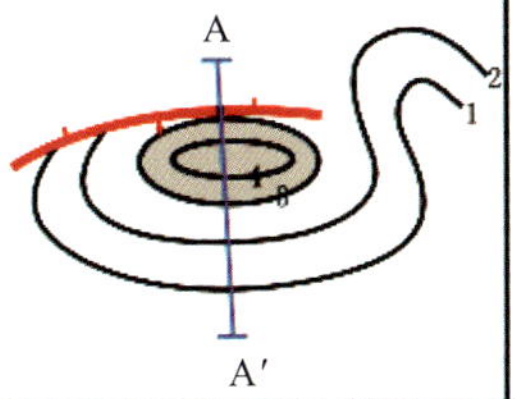

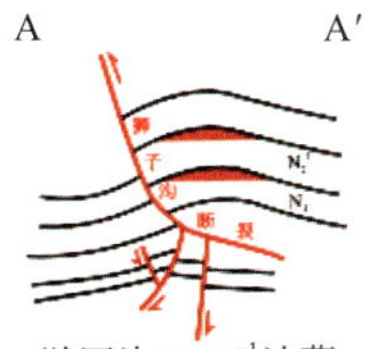

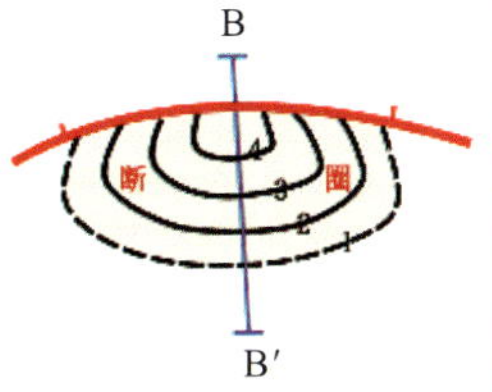

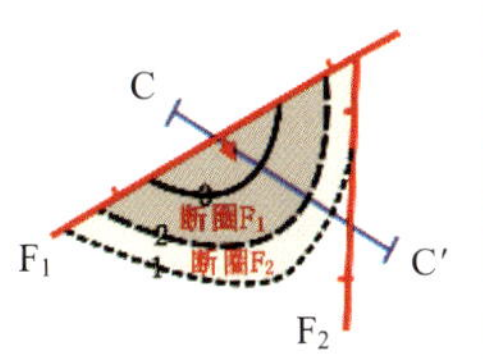

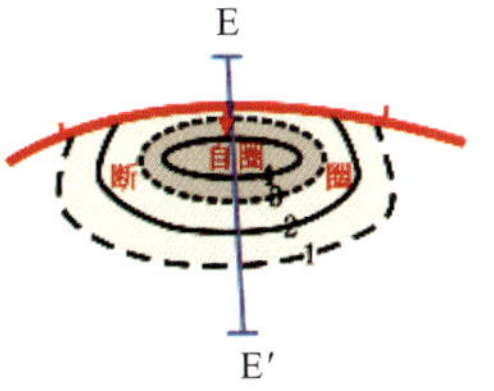

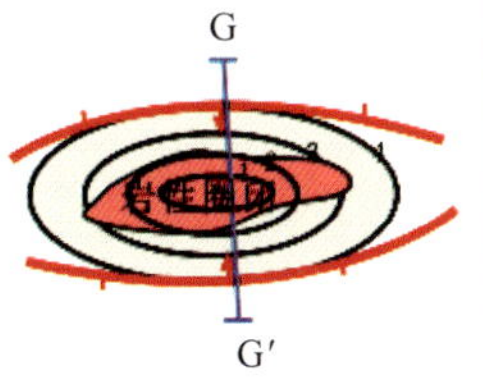

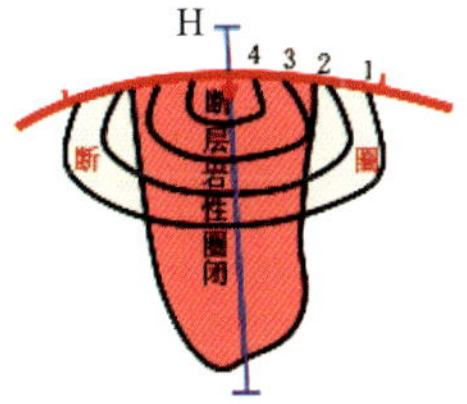

图 7.59　柴西断圈类型划分

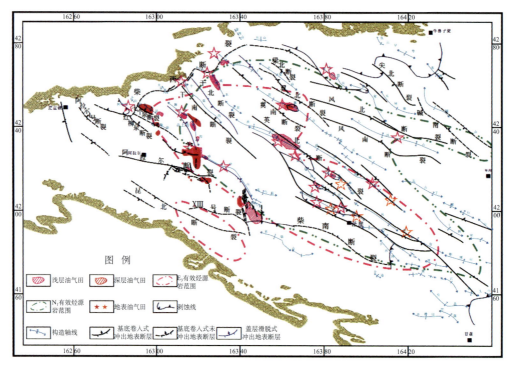

图 7.60　柴西地区晚期活动断裂与深浅层油气藏和地表油气苗分布图

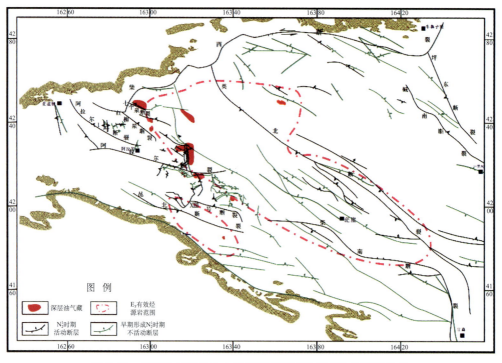

图 7.61　柴西地区下油砂山组沉积末期活动和不活动断层分布

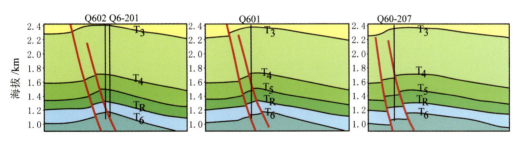

图 7.62　切 6 井油藏控藏断裂特征

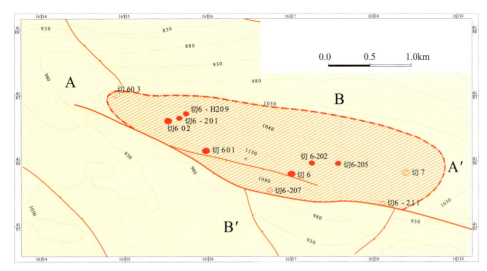

图 7.63　切 6 号构造基岩顶面构造图

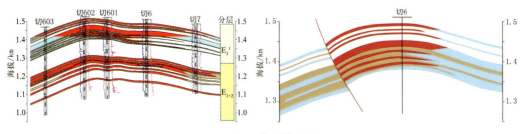

图 7.64　切 6 构造横纵剖面图

油水关系清楚（图 7.69b），对油气聚集起遮挡作用。七个泉断裂位于有效烃灶范围之外，在下油砂山组沉积末期强烈活动（图 7.71），可成为油气运移的通道，为油源断层。

2）第二成藏期（狮子沟组沉积末期-第四纪）断裂在成藏中的作用

狮子沟组沉积末期—第四纪为柴西断裂强烈活动时期，但早期和中期同沉积正断层以及中期同沉积走滑-逆冲断层停止活动，为典型的聚集断层，如柴西断裂南段、柴南断裂以及阿拉尔断裂与XIII号断裂之间的三级断裂，但在这些断层附近没有形成明显的油气聚集，油气沿断裂垂向运移的特征明显。

正反转断层为典型的破坏型断层，代表性断裂为柴西断裂，而继承性走滑-逆冲断层为调整、破坏型断层，在该期强烈活动但没有断穿区域性盖层的断裂为调整型断裂，如III号断裂和阿拉尔断裂（图7.67，图7.72）。

当断裂完全断穿狮子沟组区域性盖层且多数断至地表，成为破坏型断裂，代表性的是七个泉断裂（图7.71，图7.72，图7.73），该断裂将背斜西翼油藏完全破坏掉，只在次级断裂以东见到油藏。

晚期基底卷入型走滑-逆冲断层为油源或散失型断层，未断穿狮子沟组区域性盖层断裂为典型的油源断层，代表性断裂有翼北（图7.74）、乌南、绿东（图7.75）和尖北断裂，在狮子沟组沉积末期未断穿区域性盖层，成为油源断层，之后断裂再活动，演变为散失型断裂，造成部位油气散失，因此油气主要分布在背斜顶部（图7.76～图7.78），不受断层控制，且油藏与地表油苗相伴生。

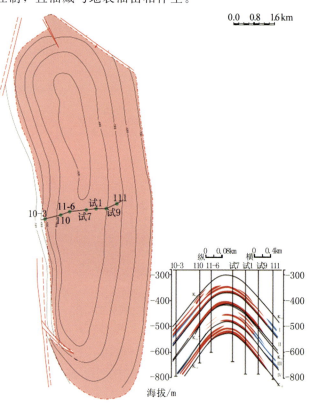

图 7.65　尕斯 E_3^1 油藏开发部署图及油藏剖面

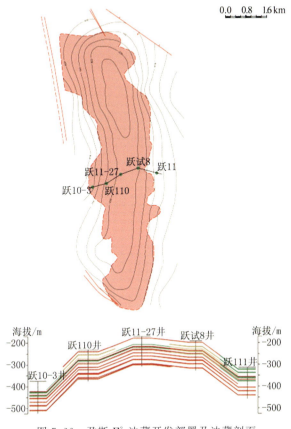

图 7.66　尕斯 $E_3^{2\cdot3}$ 油藏开发部署及油藏剖面

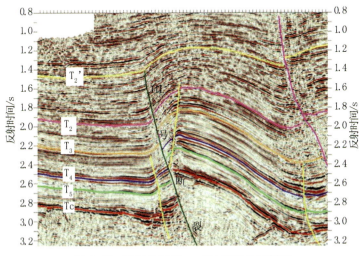

图 7.67　尕斯地区 Trace924 测线地震剖面

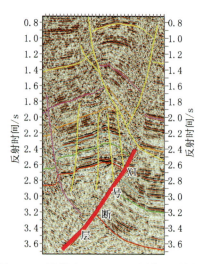

图 7.68　尕斯地区 Line546 测线地震剖面

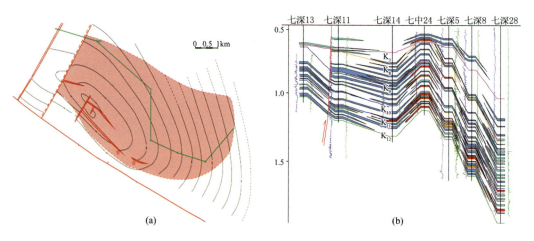

图 7.69　七个泉油田油气平面分布及油藏剖面

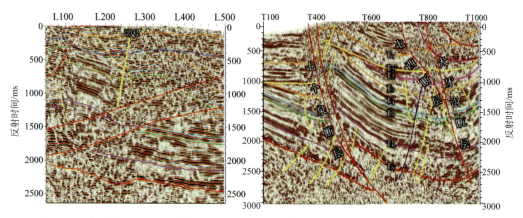

图 7.70　七个泉 Trace340 测线地震剖面　　　图 7.71　七个泉地区 Line368 地震剖面

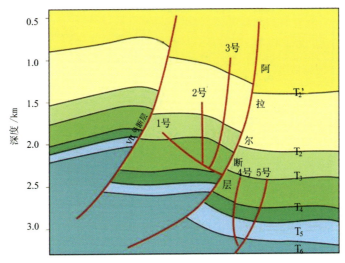

图 7.72　跃进二号东高点断裂发育及油藏模式

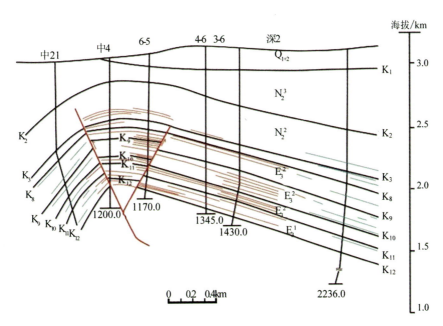

图 7.73　柴西七个泉油藏近东西向油藏剖面图

如果断裂断穿区域性盖层，就是典型的散失型断层，代表性断裂有风北、油墩子、凤凰台、茫崖、盐山-土林沟和开特断裂等。

晚期形成的盖层滑脱型断裂为油源、调整或散失型断裂：在成藏期未断穿狮子沟组区域性盖层的滑脱断裂为典型的油源断层，代表性断裂有Ⅱ号、狮子沟、油砂山、咸南、泉北和沟北断裂，散失型断裂主要有干北断裂（图 7.79）。

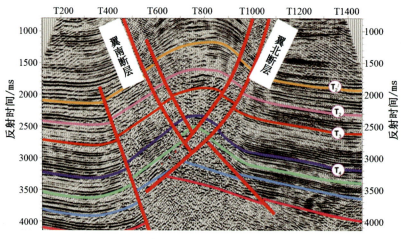

图 7.74 南翼山 inline500 剖面断裂特征

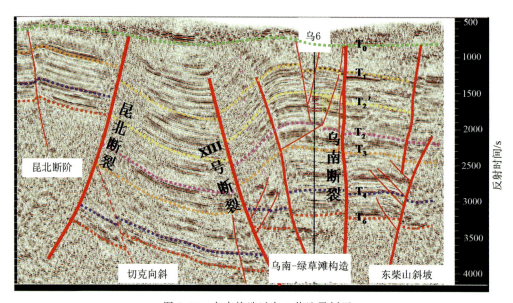

图 7.75 乌南构造过乌 6 井地震剖面

如果晚期盖层滑脱型断裂与早期形成的深层断裂相沟通，则深层油藏中的油气可沿断裂向上运移聚集形成次生油藏，这种断裂就是调整断层，典型的有 II 号断裂和狮子沟断裂（图 7.80，图 7.81）。

3）不同作用断层分布规律

由图 7.82 可以看出，柴西早期起变层和聚集作用的断层主要分布在有效烃灶边缘或灶外，对深层油气藏的形成起到重要的控制作用。晚期油源及调整断层多分布在大型油气藏附近，而散失型断层附近往往油藏规模较小，油气分布在构造高点不受断层控制，破坏型断层主要发育在阿尔金山前及茫崖地区，与地表油气苗相伴生（图 7.83）。

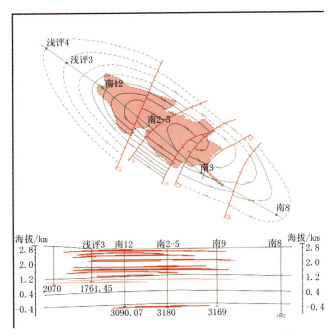

图 7.76 南翼山 N_2^1 油藏 V 油层组油气分布及油藏剖面

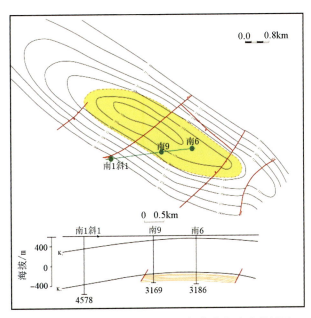

图 7.77 南翼山油藏 E_3^2 凝析油气藏分布及油藏剖面

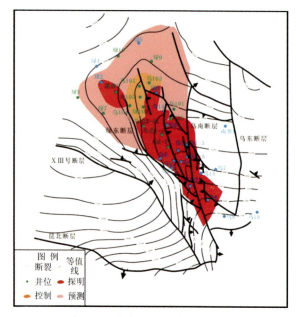

图 7.78　乌南 T_2' 反射层构造图

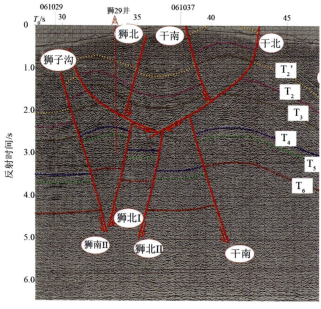

图 7.79　干柴沟 06025 测线地震剖面

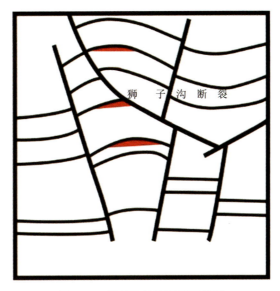

图 7.80　狮子沟油藏剖面示意图

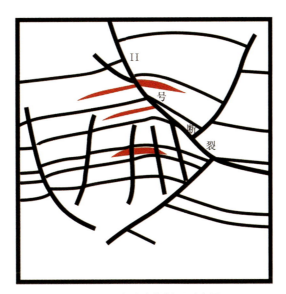

图 7.81　砂西油藏剖面示意图

3. 断层侧向封闭性及与油气保存

　　断裂带具有比围岩更高的渗透性，破碎带由于裂缝的发育渗透性更高。付晓飞等（2005）研究表明逆冲断层上盘破碎带比下盘发育，渗透性很强，断至地表的逆冲断层易于散失油气，下盘渗透性较差，尽管输导能力较弱，但能使部分油气充注到储层中，在断裂的下盘形成油气藏，如砂西和跃东油藏。断层侧向封闭的本质是断裂带与围岩之

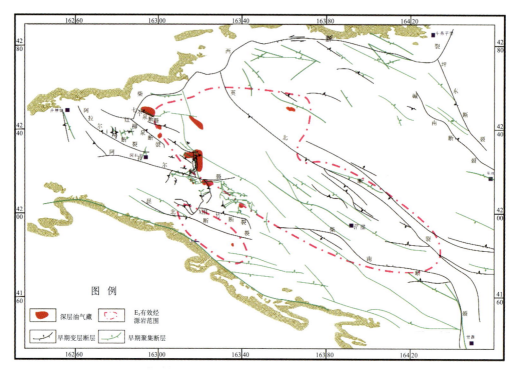

图 7.82　柴西早期不同作用断层分布规律

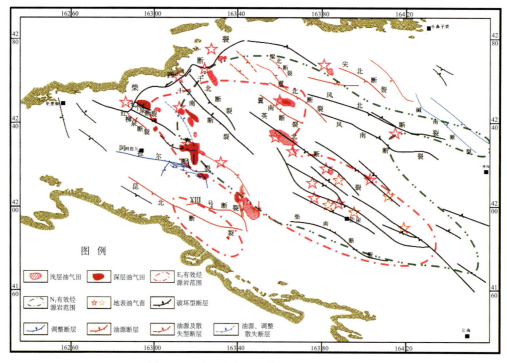

图 7.83　柴西晚期不同作用断层分布规律

间的差异渗透能力，从断裂带内部结构看，断层侧向封闭能力取决于断层核宽度和断层岩性质，断层岩性质和两盘对接情况是决定断层封闭能力的关键因素。断层封闭可以划分为三型五类（knipe et al.，1997）。其中包括对接封闭和断层岩封闭。断层岩封闭可进一步细分为碎裂岩封闭、层状硅酸盐/框架断层岩封闭、泥岩涂抹封闭、胶结或成岩封闭。断层封闭能力和封闭类型取决于断裂带中泥质含量（SGR）（Yielding et al.，1997），通过对马北地区断层封闭性解剖（图 7.84），认为有效封闭油气的断层岩类型为泥岩涂抹，所需 SGR 的最小值约为 0.4。

以 0.4 为柴西北地区断层封闭的临界 SGR，通过编制 Knipe 图解对柴西典型断圈封闭性进行快速预测（图 7.85），将 SGR 为 0.4 所对应的断距称之为风险封闭断距（付晓飞等，2009），小于这个断距，断层面 SGR 值普遍低于 0.4，断层侧向封闭性明显变差。从各区块典型井 SGR 与断距分布关系看（图 7.86），柴西地区风险断距一般为 10～250m，柴西地区典型断圈断层断距普遍大于 200m，断圈渗漏的风险性较小。

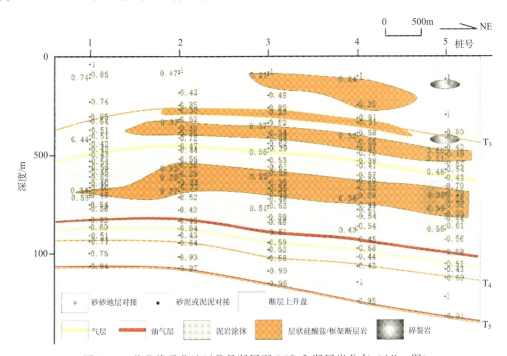

图 7.84 柴北缘马北地区⑥号断层面 SGR 和断层岩分布（Allan 图）

恢复下油砂山组沉积末期干柴沟组地层断层断距（图 7.87），依据风险断距分布对第一成藏期断层侧向封闭性进行评价，表明早期油气聚集明显受侧向封闭断层的控制（图 7.88）。

（四）断裂控藏模式

1. 油气成藏特征

（1）油气分布在两套储盖组合中

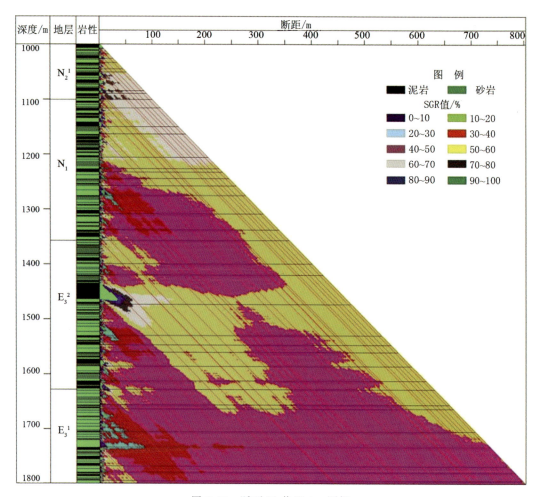

图 7.85　跃西 28 井 Knipe 图解

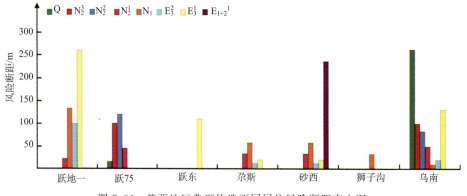

图 7.86　柴西地区典型构造不同层位风险断距直方图

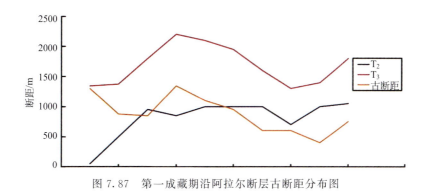

图 7.87　第一成藏期沿阿拉尔断层古断距分布图

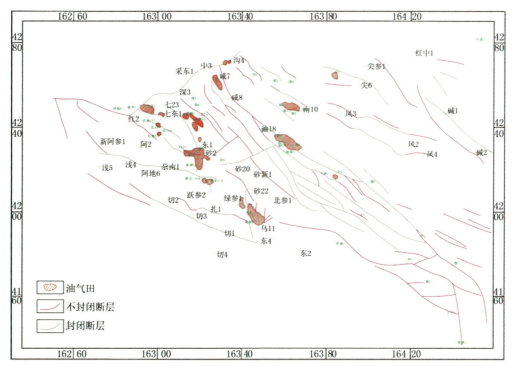

图 7.88　第一成藏期断层侧向封闭性评价结果图

柴西地区油气主要分布在深层路乐河组和干柴沟组储盖组合及油砂山组和狮子沟组储盖组合中。油纵向分布有三种模式（图 7.89）：一是深层发育浅层不发育模式，如切 6、红柳泉、跃进二号西区块和东区块；二是浅层发育深层不发育模式，如乌南、花土沟、游园沟、咸水泉、油泉子、油砂山、南翼山、尖顶山、红沟子和开特米里克油藏；三是深层和浅层均发育模式，如尕斯、跃进二号东高点、狮子沟、砂西和七个泉。从这三种模式平面分布看（图 7.90），深层油藏主要分布在柴西南部、有效烃灶的边缘且受古隆起控制，浅层油藏主要分布在柴西北部地区且受晚期活动断层的控制，深层和浅层均发育油层的油藏主要分布在中部且多为厚-薄叠加型构造样式。沿着柴西断裂自西而

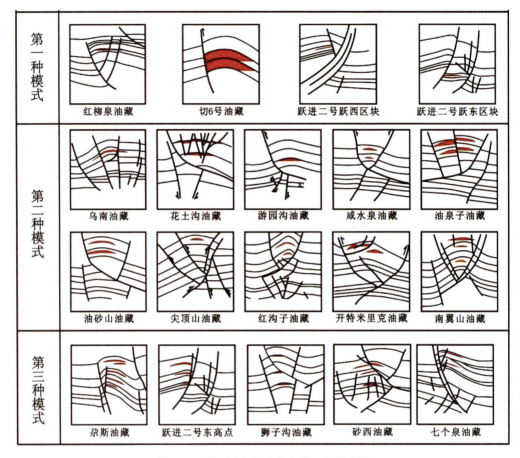

图 7.89　柴西油气纵向分布的三种模式图

东含油层位逐渐变浅（图 7.91），自南而北含油层位逐渐变浅（图 7.92）。

（2）两期成藏，早聚晚调

油气成藏时期研究表明，柴西地区两期成藏：一是下油砂山组沉积末期，二是狮子沟组沉积末期—第四纪。下油砂山组沉积末期形成深层油藏，为原生油藏；狮子沟组沉积末期-第四纪形成浅层油藏，既有原生又有次生油藏，原生油藏规模大，次生油藏规模小。

（3）油气早期侧向运移，晚期垂向运移

下油砂山组沉积末期油气侧向运移为主，依据：①油气主要分布在有效烃灶外，且主要分布在古隆起上。②深层油藏多数受断层遮挡作用控制，形成典型的断层遮挡型油藏，如切 6、砂西、孕斯、七个泉、跃东和跃进二号深层油藏。③局部构造含氮化合物分析结果证实，原油侧向运移特征明显，如孕斯油田深层油藏有两个方向的原油注入点（图 7.93），其一是茫崖凹陷的原油从东北方向注入油藏，然后由北向南运移。其二，红狮凹陷的原油从西侧注入，再向油藏内部沿有利的运移通道向周围运移。跃进二号地区原油由西北向东南方向运移（图 7.94），油源主要来自茫崖凹陷和扎哈泉凹陷。从图

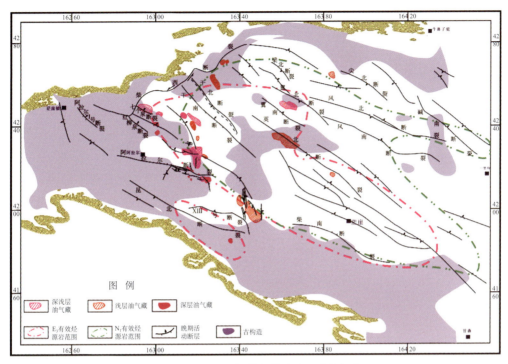

图 7.90 柴西油气纵向模式平面分布规律

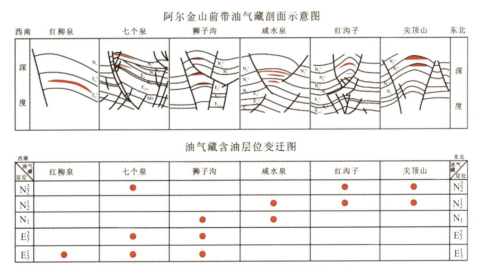

图 7.91 柴西地区自西而东含油层位变迁图

7.95 中可以看出，红狮凹陷周缘，狮子沟油田原油的中性氮化合物总含量最高，在 $50\mu g/g$ 以上，红柳泉、七东、七个泉、砂西油田原油中性氮化合物含量依次降低，表

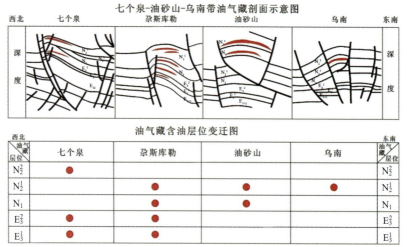

图 7.92　柴西地区阿尔金山前自南而北含油层位变迁图

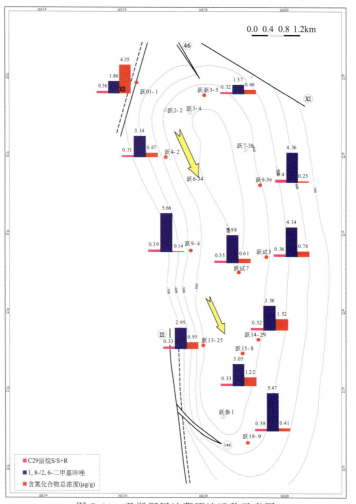

图 7.93　尕斯深层油藏原油运移示意图

明狮子沟油藏离油源较近，原油运移距离较短，原油由狮子沟、花土沟一带向其他油田运移。

晚期垂向运移为主，形成的油藏多为背斜型油藏，即油主要分布在背斜顶部，断层只起到通道作用，不构成油藏的边界，如南翼山、尖顶山、狮子沟、游园沟、花土沟和开特米里克油藏均属于此类，表明断层起到垂向输导通道作用。

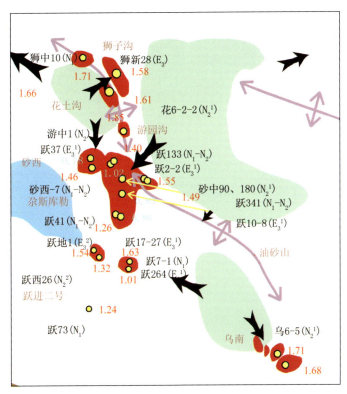

图 7.94　跃进二号地区原油运移方向图

（4）"断-势"控藏规律明显

第一期成藏油气侧向运移-势控，受断层遮挡聚集成藏-断控（图 7.96a，图 7.97a）；第二期成藏油气沿断裂垂向运移-断控，侧向分流向背斜高点充注（图 7.96b，图 7.97b）-势控。

2. 断裂控藏模式

（1）早期油气侧向运移断层遮挡聚集-晚期保存型

早中期形成的断裂在第一成藏期（下油砂山组沉积末期）大部分停止活动，断层侧向封闭，油气侧向运移受古隆起和断层遮挡富集成藏（图 7.98），侧向运移的距离为 5～15km，多为自生自储式油气藏，主要分布在古隆起附近，晚期断裂没有明显的活动，油气得以保存，成藏控制因素："源控"、"封闭断层"和"古隆起"。如红柳泉油藏、切 6 号油藏、跃进二号油田跃西和跃东油藏。

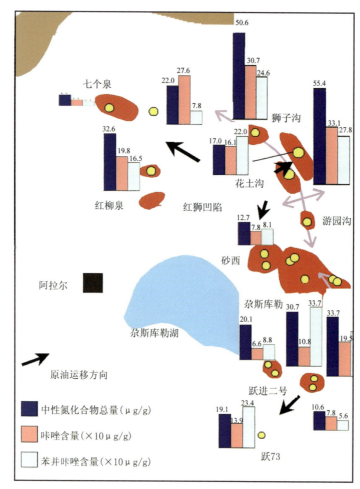

图 7.95　狮子沟地区原油中性氮化合物含量变化及油气运移方向图

　　(2) 早期油气侧向运移断层遮挡聚集-晚期再活动调整型

　　控制下油砂山组沉积末期油气藏形成的断裂在狮子沟组—更新统沉积末期再次强烈活动，但并未完全断穿狮子沟组-更新统盖层，断裂活动破坏了早期封闭条件，将深层油气调整到浅层形成浅层油藏。从断裂叠加变形方式看，主要有两种模式：一种模式是早期基底卷入型断裂晚期继续活动 (图 7.99)，如尕斯、跃进二号东高点、七个泉油藏等；另一种模式是厚-薄叠加型模式 (图 7.100)，早期断裂和构造叠加晚期断裂，晚期断裂调整早期聚集的油气，典型油藏为狮子沟和砂西油藏。成藏控制因素："早期藏控"和"未断至地表晚期活动断层"。

　　(3) 晚期油气垂向运移背斜聚集型

　　晚期活动的断裂沟通深层和浅层两套生储盖组合，若未断至地表，成为油源断层，基底卷入型断裂沟通的油藏有乌南、南翼山、尖顶山和开特米里克油藏 (图 7.101，图 7.102)；盖层滑脱型断裂沟通的油藏有花土沟、游园沟、油砂山、油泉子、咸水泉和红沟子油藏。

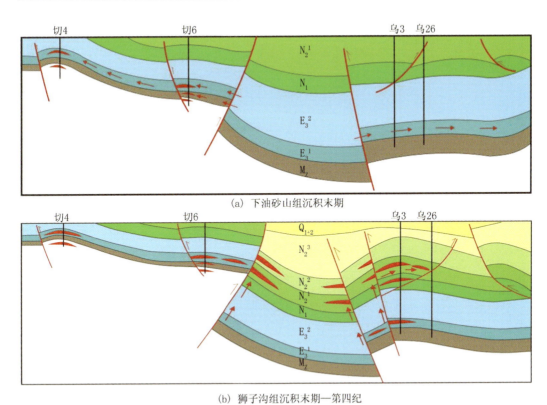

（a）下油砂山组沉积末期

（b）狮子沟组沉积末期—第四纪

图 7.96 柴西地区乌 26-切 4 方向油气运聚成藏过程

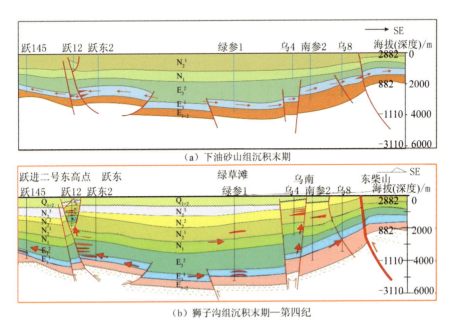

（a）下油砂山组沉积末期

（b）狮子沟组沉积末期—第四纪

图 7.97 柴西地区乌 8-跃 145 方向油气运聚成藏过程

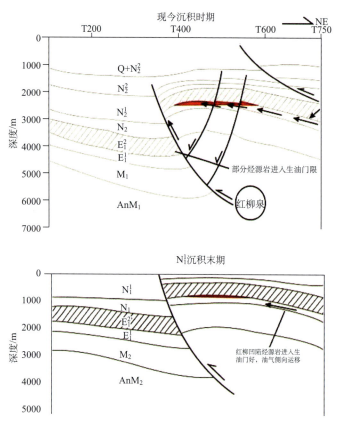

图 7.98　早期油气侧向运移断层遮挡聚集-晚期保存型断裂控藏模式（红柳泉）

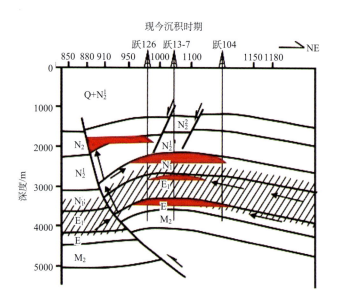

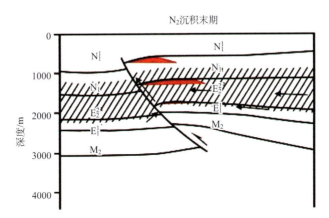

图 7.99　早聚晚调整型成藏模式-早期基底卷入型断裂晚期继续活动型（尕斯）

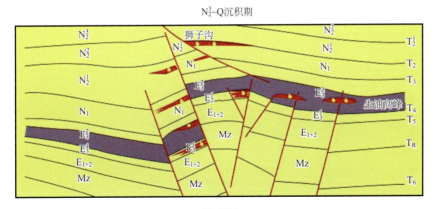

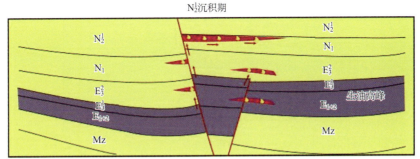

图 7.100　早期聚集晚期调整型-厚薄叠加型模式（狮子沟）

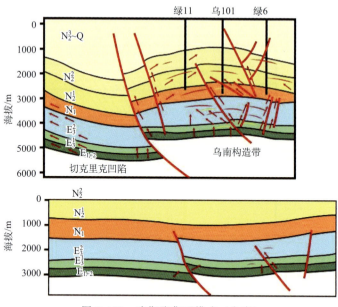

图 7.101　晚期聚集型模式（乌南）

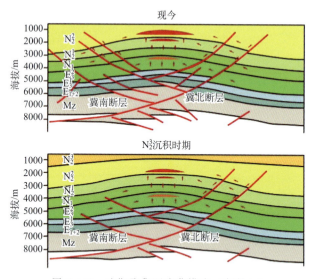

图 7.102　晚期聚集型成藏模式（南翼山）

第三节　柴西油气成藏差异性及主控因素分析

一、柴西地区油气成藏特征差异的控制因素分析

(一) 有效烃源岩及其演化差异

柴西地区主要发育古近系和新近系烃源岩，为盐湖相烃源岩，油气转化率高，生烃潜力较大，形成了柴西富油气凹陷（彭德华等，2005）。烃源岩发育层系多、分布广、厚度大，主要分布在茫崖凹陷内，包括 E_{1+2}、E_3^1、E_3^2、N_1、N_2^1、N_2^2 等，其中以 E_3^2 和 N_1 下部为主。通过系统的地化分析及油气源对比，柴西北的南翼山深层、跃进二号的部分原油来自古近系路乐河组（E_{1+2}），红狮凹陷附近的原油主要来自红狮凹陷的干柴沟组（E_3），南翼山-尖顶山的浅层原油主要与附近地区的新近系（N_1，N_2）烃源岩有关，等等。但由于柴西南、柴西北的主力烃源岩演化时间的差异，导致两个地区的油气成藏时间、成藏期次存在较大差异：柴西南地区具有早期成藏或早晚两期成藏特征，柴西北主要表现为仅发育晚期成藏（图 7.103，图 7.104）。

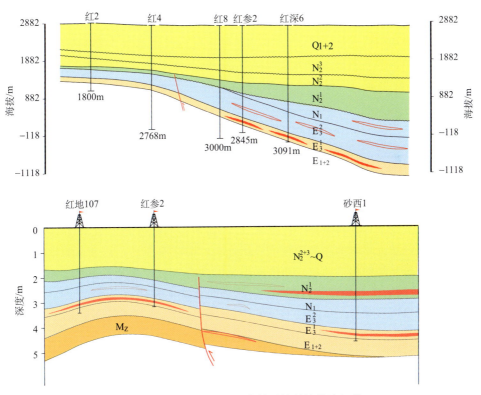

图 7.103　红柳泉古构造背景下的斜坡带油气藏

（二）构造形成时间及其控藏差异性

柴西地区主要发育中构造层（E～N_2^1）含油气系统，其形成演化主要受控于喜马拉雅中晚期以来（约 25Ma 以来）的新构造运动，晚新生代以来区域性构造活动的年代学及地层学记录（Métivier et al.，1998；Vincent and Allen，1999；Jolivet et al.，2001；Yin and Harrison，2000；Yin et al.，2002；陈正乐等，2001；柏道远等，2003；向树元等，2003；贾承造等，2003；袁万明等，2004；吴珍汉等，2005；2007；方小敏等，2007）主要对应于三个时期：大约 30～25Ma 左右、15～8Ma 和约 5Ma 以来。柴西地区的烃源岩演化、油气成藏期次分析表明，两期油气成藏时间与后两期构造活动时期有良好的对应关系，显示晚期构造活动对油气成藏的影响与控制作用，也正是由于新构造运动的两期构造活动对柴西地区影响的差异性，柴西南、柴西北的构造发育特征存在明显差异。

刘海涛等（2008）通过研究已经明确了古构造对柴西地区油气成藏的重要控制作用。本次研究通过系统的构造分析、生长地层分析基本厘定了柴西地区主要构造的形成时间（图 7.105）。从构造形成时间和油气成藏的匹配关系来看，晚期高效成藏的时间（N_2^1 末期以来）决定了柴西南发育的早于 N_2^1 末之前并具有一定继承性的构造部位（如尕斯、乌南等）是油气富集的有利部位，勘探潜力较大（图 7.103，图 7.105，）；而柴西北主要发育晚期构造（N_2^2 以来）或早期非继承性构造，油气主要富集在发育非继承性构造背景的部位（如南翼山构造）或具有 N_2^2 构造背景的构造（如咸水泉-油泉子构造），而主体构造形成于 N_2^3～Q 以来的构造对油气聚集相对不利（图 7.103，图 7.105）。

因此，受控于柴西地区两期构造形成和两期成藏之间的匹配关系，油气分布与构造形成时间的关系密切（图 7.105），柴西南发育早期构造部位的勘探潜力明显高于柴西北仅发育晚期构造的勘探潜力。对于柴西南来说，N_2^1 末期之前具有构造雏形的构造部位及其斜坡带是油气大量聚集的有利场所（图 7.103，图 7.104），如尕斯库勒、跃进二号、乌南构造带等发育相对早期的构造背景，是柴西南地区的主要油气富集构造，由此延展的三大斜坡带（乌南斜坡带、七个泉-砂西斜坡带和跃进斜坡带）也是柴西南的有利富集区，已经被近年来的油气勘探成果所证实；而在柴西北，油气主要富集在 N_2^1 末期之前具有构造雏形的构造部位，如南翼山是发育有古近纪构造雏形的非继承性构造，咸水泉-油泉子构造带是具有 N_2^2 末期构造雏形的非继承性构造，这些构造雏形的形成均早于柴西北地区大量油气运聚时期（N_2^3 末期以来），使得这些构造对于晚期成藏和晚期富集更为有效。

（三）断裂发育及其控藏差异

柴西地区晚期构造活动及断裂作用较强，形成复杂的断裂系统，油气主要分布于二级和三级断裂的交汇部位，断裂是柴西地区油气运移的重要通道，如尕斯油田的断裂构成油气自深部 E_3 运移至上部 N_1～ N_2^1 油藏的主要通道（张春林等，2008）。但部分构造断裂已经突破至地表，形成大量的油砂及油苗，显示新构造运动对油气藏的改造和调整作用较强。从断裂控藏作用的大小来看，柴西北的断裂控藏作用明显强于柴西南地区，油聚集层位由柴西南到柴西北逐渐变新，油气成藏受晚期断裂控制越来越明显（图7.106）。从二级断裂与三级断层的组合模式来看，剖面上常呈"背倾"或"对倾"组合，之间形成背斜或鼻状构造带，所形成的构造上倾高部位油气相对富集，且由于两期成藏的有效性，这种构造的侧翼及深层也具有一定的勘探潜力，有利构造部位是否发育突破至地表或近地表断裂决定其勘探潜力的大小，如油砂山、狮子沟构造均发育此类断裂，大大降低了其油气富集程度。

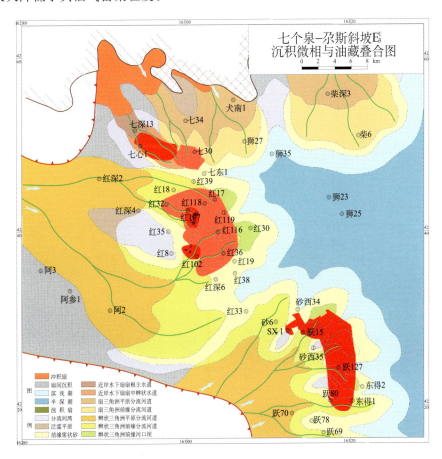

图 7.104 七个泉-尕斯斜坡 E_3^1 沉积微相与油藏叠合图

通过典型油气藏解剖及区域对比，柴西地区主要表现为喜马拉雅中晚期的两期成藏组合构成的两类油气成藏模式，即柴西南的早期成藏（N_2^1 末期）或两期（N_2^1 末期、N_2^3 以来）成藏模式、柴西北的晚期（N_2^3 以来）成藏模式，两种成藏模式又各进一步划分为两种，形成柴西地区"两类四种"成藏模式。喜马拉雅晚期构造形成与油气成藏关键期的匹配关系决定柴西南、柴西北油气成藏特征及其主控因素的差异：①主力烃源岩及其演化差异是导致柴西南、柴西北油气成藏期次差异的主要因素；②喜马拉雅中晚期构造活动的响应差异导致柴西南、柴西北主要含油气构造形成时间的差异，成藏期与构造

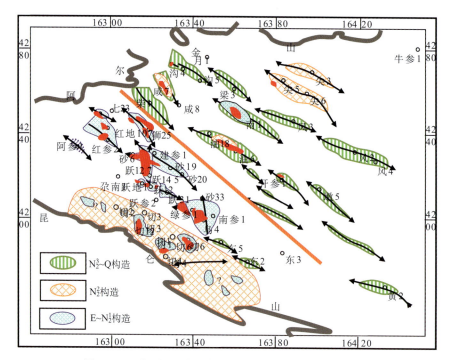

图 7.105　柴西地区主要构造形成时间与油气分布示意图

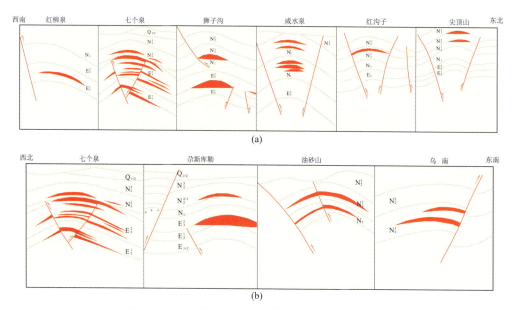

图 7.106　柴西地区断裂发育与油气聚集层位关系图

形成的时空匹配关系决定了柴西地区具有古构造背景的部位是油气的主要富集区，柴西南 N_2^1 之前形成的构造更有利于油气富集；③新构造运动期形成的断裂体系及断裂组合控制了主要构造带的油气平面分布和纵向展布特征，油气富集层位由南向北显示受晚期构造、晚期断裂的控制作用越来越强。

二、柴西油气成藏主控因素

(一) 有效生烃凹陷控制油气近源 (源内) 成藏

柴西地区主要发育古近系和新近系烃源岩，为盐湖相烃源岩。有机质丰度低，转化率高，生烃潜力较大，形成了柴西富油气凹陷 (彭德华等，2005)。烃源岩发育层系多、分布广、厚度大，主要分布在茫崖凹陷内，包括 E_{1+2}、E_3^1、E_3^2、N_1、N_2^1、N_2^2 等，其中以 E_3^2 和 N_1 下部为主，并以含盐度和碳酸盐含量较高、有机质丰度偏低、类型中-差、烃转化率较高为特征。

柴西古近系和新近系不是一个固定的沉积中心，而是随着时代变新，作有规律的向北、向东迁移。因此，对柴西古近系和新近系各地区、层组来说，其有机质丰度是不一样的，不能一概而论。然而，一个有趣的现象是，据油田同志的统计分析，在柴西地区古近系和新近系高有机质丰度的主要是古近系 (表 7.8)，显示柴西地区古近系是获得勘探突破的重要层系，包括 5 个重要的生烃凹陷：①小梁山-南翼山生烃凹陷；②茫崖西生烃凹陷；③红狮生烃凹陷；④扎哈泉-切克里克生烃凹陷；⑤茫崖东生烃凹陷。

表 7.8　柴达木盆地古近系和新近系历年来有机质丰度分析数据表

	N_2^2	N_2^1	N_1	E_3^2	E_3^1	E_{1+2}
C%	0.39/(653)	0.45/(759)	0.47/(843)	0.65/(1492)	0.69/(409)	0.89/(134)
"A"%	0.052/(113)	0.071/(177)	0.092/(115)	0.096/(270)	0.127/(54)	0.271/(22)
Hc ppm	485/(78)	536/(127)	1095/(81)	711/(175)	975/(21)	2136/(19)

注：括号内的数值为样品数。

通过系统的地化分析及油气源对比，柴西北的南翼山深层、跃进二号的部分原油来自古近系路乐河组 (E_{1+2})，红狮凹陷附近的原油主要来自红狮凹陷的干柴沟组 (E_3)，南翼山-尖顶山的浅层原油主要与附近地区的新近系 (N_1，N_2) 烃源岩有关，等等。依此类推，柴西地区可划分出 5 大主要的生烃凹陷 (图 7.107，图 7.108)，即小梁山-南翼山生烃凹陷、茫崖西生烃凹陷、红狮生烃凹陷、扎哈泉-切克里克生烃凹陷和茫崖东生烃凹陷。由此，基本厘定了柴西地区的主力有效烃源岩分布及优质烃源岩分布 (图 7.107)。可以看出，柴西地区的有效烃源岩发育较为广泛，其间分布着主要的生烃凹陷，导致柴西地区油气分布及油气富集严格受生烃凹陷分布的控制，古近系和新近系的 5 个生烃凹陷基本控制了柴西的主要油气田分布 (图 7.107，图 7.108)。其中，柴西南区油源以 E 为主、柴西北区以 N 为主。

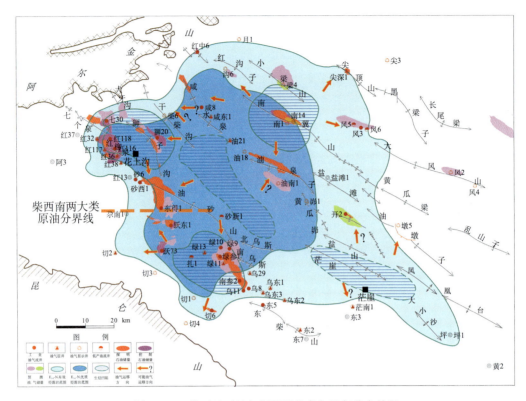

图 7.107　柴西地区油气烃源岩发育与油气分布特征

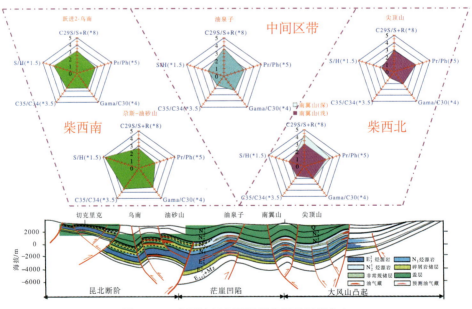

图 7.108　柴西地区主要源岩特征及区带分布

（二）古构造（背景）及其斜坡带控制油气规模成藏

从柴西的构造形成时间和油气成藏的匹配关系来看，晚期成藏的有效性与构造形成的时间有很大的关系，晚期高效成藏的时间（N_2^1末期以来）决定了柴西地区发育 N_2^1 末之前构造或构造背景的部位是油气富集的有利部位，油气往往在具有古构造背景的部位相对富集。通过统计柴西油气构造的储量及相关参数统计分析表明，古构造或具有早期构造背景的构造，其油气成藏的效率明显增高，油气的充满度也较高，而晚期构造的储量及圈闭充满度较低（图 7.109）。值得提出的，柴西的主要构造的形成时间普遍较晚，这里的古构造或具有古构造背景的构造主要是指发育 N_2^1 及其之前古构造的构造（如尕斯、乌南等）及具有非继承性构造背景的构造（如南翼山构造等），前者的勘探潜力明显高于后者，勘探潜力较大，而相对而言，仅发育非继承性古构造背景的构造（如南翼山）以及发育 N_2^2 时期构造（如咸水泉、油泉子构造）也具有一定的勘探潜力，仅发育晚期构造、但能有效保存的构造（如开特）也可以作为勘探的重要目标。

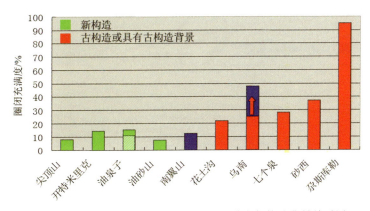

图 7.109　柴西主要油气藏（田）圈闭充满度与构造背景关系图

在认识到 N_2^1 末期以前构造背景与油气规模成藏密切关系基础上，通过古构造恢复可以发现，现今的油气藏分布与其时的古构造及相关斜坡带的分布吻合甚好（图7.110），显示关键成藏期之前的构造背景、构造雏形对柴西地区油气分布的重要控制作用。基于上述研究及多层古构造恢复研究，我们发现，柴西地区的油气分布与构造演化密切相关，对于柴西南来说，N_2^1 末期之前具有构造雏形的构造部位及其斜坡带是油气大量聚集的有利场所，如尕斯库勒、跃进二号、乌南构造带等发育相对早期的构造背景，是柴西南地区的主要油气富集构造，由此延展的三大斜坡带（乌南斜坡带、七个泉–砂西斜坡带和跃进斜坡带）也是柴西南的有利富集区，已经被近年来的油气勘探成果所证实；而在柴西北，油气主要富集在 N_2^1 末期之前具有构造雏形的构造部位，如南翼山是发育有古近纪构造雏形的非继承性构造，咸水泉–油泉子构造带是具有 N_2^2 末期构造雏形的非继承性构造，这些构造雏形的形成均早于柴西北地区大量油气运聚时期（N_2^3 末期以来），使得这些构造对于晚期成藏和晚期富集更为有效。

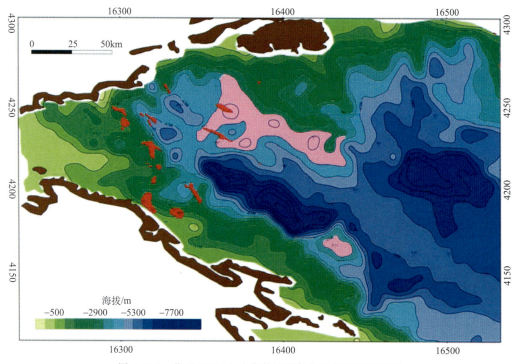

图 7.110　柴西地区 N_2^1 末期构造格架与油气运聚特征图

（三）断裂、断-储组合控制油气富集部位

柴西地区晚期构造活动及断裂作用较强，形成了复杂的断裂系统，部分断裂已经突破至地表，形成大量的油砂及油苗，显示新构造运动对油气藏的改造和调整作用较强。从柴西现今的油气发现来看，油气主要分布于地层剥蚀较少、断裂未断至地表的地区，显示断裂作用及晚期较强的剥蚀隆升对油气成藏具有重要的调整作用。在新构造活动较弱的地区，深层原生油气藏得到有效保存，油气藏规模较大，浅层次生油气藏也有一定规模。而在新构造活动较强烈的地区，深层原生油气藏往往遭受较强烈的改造和调整，规模和丰度一般较小，浅层油气藏也遭受破坏，形成地表油砂和油苗。

柴西地区发育 NW—NWW 向、NE 向和近 SN 向断裂，并按照断距、延伸长度等划分为一级、二级和三级断裂，其中 NW 向的 XI 号断裂、柴南断裂和 NE 向的柴西断裂属于一级断裂，NW—NWW 向断裂属于二级断裂，近 SN 向和 NNW 向的断裂属于三级断裂。从油气的分布来看，油气主要分布于二级和三级断裂的交汇部位，二者组合对油气富集具有重要控制作用。从断裂控藏作用的大小来看，柴西北的断裂控藏作用明显强于柴西南地区，油聚集层位由柴西南到柴西北逐渐变新，油气成藏受晚期断裂控制越来越明显（图 7.106a）。垂直阿尔金断裂带方向，各个二级断裂 2 期活动均较强，但狮子沟-第四纪时期从西往东活动强度越来越大，表现在剥蚀层位越来越深，断裂调整和破坏早期油的能力越来越强，油聚集的层位逐渐变新（图 7.106）。之间组合部位往往是油气富集的有利部位。从二级断裂与三级断层的组合模式来看，剖面上常呈"背倾"或"对倾"组合，之间形成背斜或鼻状构造带（如尕斯地区），所形成的构造上倾高部位油气相对富集，且由于两期成藏的有效性，这种构造的侧翼及深层也具有一定的勘探潜力。有利构造部位是否发育突破至地表或近地表断裂决定其勘探潜力的大小，如油砂山、狮子沟构造均发育此类断裂，大大降低了其油气富集程度。

柴西地区古近纪为炎热干旱气候下的闭塞盐湖-咸化湖，发育辫状河相、辫状河三角洲、扇三角洲和盐湖相沉积；新近纪-第四纪气候进一步干旱，主要发育季节性河流、扇三角洲相沉积（张道伟等，2008）。在沉积体系和构造活动的控制下，柴西南区古近系和新近系发育砂岩、藻灰岩、裂缝3类储层，河流三角洲砂岩储层物性好；藻灰岩层系多，物性较好，单层厚度薄（江波等，2004；马达德等，2005）。这些沉积特征和储层发育特征决定了柴西地区储层发育在一定程度上控制了油气的平面分布特征，特别是单个构造控制的油气藏中，储层分布及其与断裂的组合决定了油气平面分布范围及油气纵向分布层位。在古构造或古构造背景的控制下，构造、岩性控制为主的构造-岩性油气藏在柴西地区普遍分布，沉积相及其砂体展布特征控制了含油区油气的纵、横向分布特征，如平面上乌南油田的油气分布主要受滨浅湖滩坝砂体的控制、狮子沟油田主要受扇三角洲前缘砂体控制等，纵向上往往表现为古构造背景控制为主、岩性-物性特征控制油气分布的特征，如红柳泉、砂西、尕斯油田等（图7.111）。

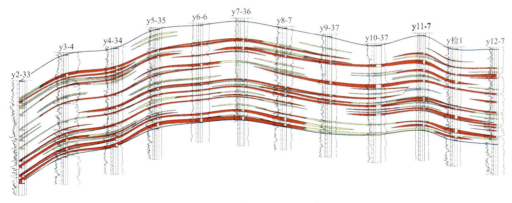

图 7.111　尕斯库勒油田 E_3^1 油藏剖面图

经过多年的勘探及地质研究攻关，逐渐认识到柴西地区的油气富集规律，主要体现在以下几个方面：①柴西地区晚期成藏主要受控于晚期构造活动，成藏时间及期次明显受新构造运动期次控制；②柴西发育大面积的有效烃源岩及优质烃源岩，其中发育5个主要的生烃凹陷，控制了柴西地区油气主要在凹陷附近及斜坡带富集；③成藏期与构造形成的时空匹配关系决定了柴西地区具有古构造背景的部位是油气的主要富集区，基本集中了区内80%以上的储量规模；④新构造运动期形成的断裂体系及其与储层发育的组合控制了主要构造带的油气平面分布和纵向展布特征，晚期构造改造在一定程度上决定成藏的有效保存及富集程度。以上这些富集规律的认识对柴西地区的油气勘探将产生深远的影响，同时也指明了近期内柴西地区油气勘探方向应以围绕发育古构造背景及其相关斜坡带的构造-岩性油气勘探及深层勘探为主，这些构造部位具有良好的近源条件，构造与油气成藏关系匹配良好，晚期改造相对较弱，油气富集程度高。

第八章　生物气形成机理与资源评价

柴达木盆地的第四系生物气是三湖地区第四系自生自储的生物成因甲烷气，主要产层埋藏深度多在 2000m 以内。目前已经发现台南、涩北一号和涩北二号三大气田，为新生代第四系高原盐湖环境背景形成的生物气大气田。

第一节　生物气生成机理和条件

一、生物气生成机理

生物气是微生物有机质在矿化生物化学过程中的重要终极产物之一。沉积物中氧化剂的多少和性质决定了反应过程，如果有游离氧存在，则以有氧分解为主，之后硝酸盐还原起主要作用；接着，金属氧化物（MnO_2 和 Fe_2O_3）成为主要氧化剂；然后，进入硫酸盐还原带；最后进入产甲烷菌还原带，由各种微生物分解出的单分子化合物被产甲烷菌利用形成甲烷（Winfrey et al.，2010）。由于沉积物中氧化剂的局限，有机质分解的主要反应是硫酸盐还原和甲烷的形成。

甲烷生成是厌氧环境中碳循环的最后一步，需要细菌和古细菌（主要为产甲烷菌）的相互作用。首先有机物被细菌和其他微生物分解成产甲烷菌能利用的底物，如氢和二氧化碳、甲酸盐、乙酸盐、甲醇、甲氨等，然后，产甲烷菌通过乙酸发酵和氢还原二氧化碳形成甲烷。反应式为：

乙酸发酵　　　　　$CH_3COOH \rightarrow CO_2 + CH_4$

二氧化碳还原　　　$CO_2 + 4H_2 \rightarrow CH_4 + 2H_2O$

甲烷形成需要的碳元素一般来自乙酸盐或二氧化碳，不需要额外氧化剂的供给。二氧化碳的主要来源是有机质的成岩作用，这些反应与早期干酪根的热演化有关。还有一部分二氧化碳来自深部的非生物反应，这些二氧化碳对浅层生物甲烷的形成所做的贡献难以量化。但从中不难体会生物气到热成因气的连续过渡似乎不可避免。另外，如果成岩二氧化碳对甲烷生成起主要作用的话，那么沉积物中有机质类型和数量除对初始微生物群落起支撑外，其他影响不大（Noble and Henk，1998）。

当发酵生物体不存在时，产甲烷菌需要其他电子供体，甲烷杆菌利用氢（H）把二氧化碳还原成甲烷，因此氢在有机物厌氧生物降解生成甲烷过程中起关键作用（Reeve et al.，1997）。不同地质体系中氢的来源有多种，许多地球化学和生物化学反应都可以产生氢，如生物膜-岩石相互作用、降低含还原金属矿物表面的 PH 并从水中释放出质子。另外，微生物作用过程可能对地下氢的形成有贡献；有机质成熟或石油中无环和环烷芳烃的芳构化均可提供部分氢源（Head et al.，2003）。

二、生物气生成条件

(一) 温度条件

温度是影响甲烷菌生存的因素之一。传统认为产甲烷菌群能适应的温度范围为 0～75 ℃，以嗜温型菌（最佳生长温度为 30～40℃）为主；也有嗜热型的（最佳生长温度为 52～57 ℃）；而耐高温型产甲烷菌最佳生长温度一般为 65～70℃，80℃为其生存极限。因此，传统上把生物气成气的极限确定为 80℃。然而，我们近期的研究表明在像柴东三湖地区这样的快速沉积区，生物气的生成下限应有所拓展。在涩北 1 井 100m 至 2400m 的柱状剖面不同深度段均检测到丰度不等的微生物（图 8.1）。

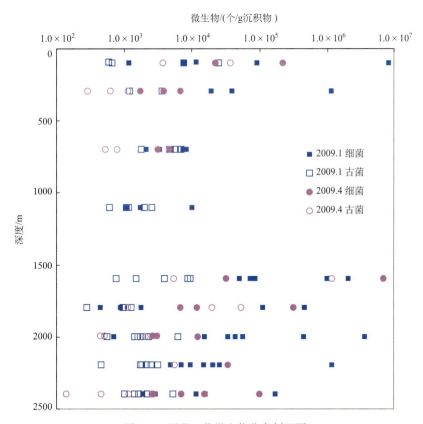

图 8.1　涩北 1 井微生物分布剖面图

微生物以细菌为主，样品在有效检测结果范围内的，古菌所占的比例最大仅 30％。微生物的分布有以下三个方面的特点：①从浅至深均有分布，即使是 2400m 处对应温度达到 101.85（±0.1）℃，静水压力为 27.81（±0.02）MPa，微生物含量依然很高，细菌数仍然在 $6.9 \times 10^3 \sim 4.4 \times 10^5$ 个/cm³；②浅部几组样品表现出随着深度增加，微生物丰度明显降低的趋势，96～100m、296～300m 段微生物丰度比 696～700m、

1100～1104m 段要高出 1～2 个数量级；③而在 1596m 处（71.6℃、18.3Mpa）及以下层段，微生物个数比上部±600m、±1100m 两个层段均有明显增加。这说明深部沉积物中微生物存在与否并非在于温度的控制（Parks *et al*.，2000），而在于是否有可利用的营养底物。

从沉积物样品中提取出大量的组成活体细菌细胞膜的磷脂化合物（图 8.2），说明DNA 所检测到的微生物应该是以活体为主，而非微生物化石 DNA。

（二）氧化还原环境

产甲烷菌是专性厌氧菌，只有在缺氧的环境下才能生长。实验证明，当其生存环境中的氧达 0.1%时，生长就会受到明显的抑制。当其暴露在空气中时，活细胞的数量四分钟内就减少到 1/2～1/10。据测定，适于产甲烷菌发育的氧化还原电位（Eh）为540～590mV。开始生长点的 Eh 值为 360mV 左右。在自然界，只有在介质中所有氧、硝酸盐和绝大部分硫酸盐被还原后的强还原环境下，产甲烷菌才能生长。是否处于强还原环境是能否形成生物气的决定性因素之一。

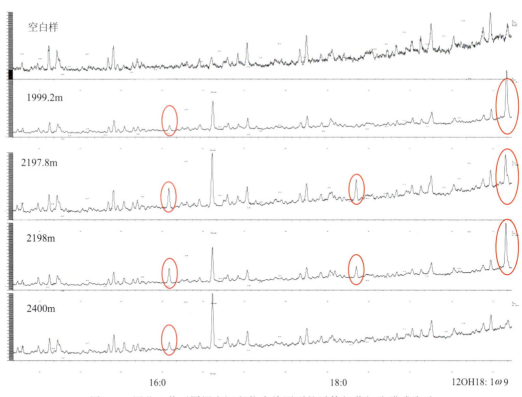

图 8.2　涩北 1 井不同深度沉积物中检测到的活体细菌细胞膜磷脂酸

（三）pH 值和水介质矿化度

水介质的矿化度和 pH 值对产甲烷菌生长繁殖有直接影响。生物模拟实验表明，产甲烷菌在水矿化度不超过 2g/L 的盐水介质中发育良好，超过此值甲烷菌产率降低。因此，中性介质有利于甲烷菌的生长，亦利于生物气的生成。产甲烷菌在水中的生长范围的 pH 值在 5.9～8.8。最佳范围值为 6.8～7.8，若低于或高于此值，其生长就受到抑制。例如 Methan-obacterium strain AZ 在 pH 值为 6.6 或 7.4 时生长速度相当于 pH=7 时的一半。盐度是另一个控制生物气出现的重要环境条件，随盐度增高微生物多样性减小，产甲烷菌在氯离子浓度高于 4mol/kg 地层水中不能存活。柴达木盆地虽然以其高矿化度和高盐度而被称为我国典型的咸化盆地，但从柴达木盆地一些开发井自溢水分析资料来看，氯离子的浓度范围为 0.3～3mol/kg，多数为 1～5mol/kg，并没有破坏产甲烷菌适宜生长的环境（王明明，2003）。

（四）硫酸盐、硝酸盐含量

二者可以明显抑制甲烷菌的生长和繁殖。自然界硝酸盐很少出现高浓度，它对甲烷生成菌的抑制作用通常不明显，而环境水介质中硫酸盐含量对甲烷的生成影响却很大。因为沉积物中孔隙水的硫酸盐含量是影响甲烷生成的重要因素，它一方面为产甲烷菌的生长准备了条件，提供产甲烷菌能利用的乙酸和 CO_2；另一方面由于它对产甲烷菌的抑制作用，避免了表层大量生气而减少有机质在浅层过多地消耗，有利于甲烷在深处生成和富集。在现代沉积区中发现有硫酸盐还原菌与产甲烷菌争夺能源基质的现象。由于硫酸盐还原菌摄取 H_2 和乙酸盐的能力比产甲烷菌强，因此硫酸盐含量高对产甲烷菌的生长是不利的，实测证明，甲烷的大量生成必须在硫酸盐被还原之后。

近年来国内有学者认为硫酸盐的存在虽对生物气有抑制作用，但并不意味着产甲烷菌不能存活，二者在一定条件下可共存。这说明产甲烷的微生物同样可以生存在含硫酸盐较高的沉积环境；只是在这样的环境里，产甲烷微生物的活力可能会受到较大的影响，以致不能产生大量的甲烷。

（五）沉积速率

普遍认为持续沉降、快速沉积作用是生物气形成和富集的重要地质条件。快速沉积作用使得有机质能较快地埋藏保存，在持续的沉降作用下进入还原环境，不仅避免了有机质被氧化破坏，同时也减弱了从上覆水体中补给硫酸盐，使硫酸盐还原菌的呼吸作用逐渐消失，产甲烷菌随之活跃起来，从而为微生物群落的生存和繁殖创造有利的环境和物质条件，在生物化学作用下有利于甲烷的生成。

柴达木盆地在挤压走滑构造作用下，东部第四纪沉积速度达 800～1000m/Ma。快速沉降既有利于有机质保存又有利于形成半深水—深水咸化湖从而形成良好的盖层，大大降低甲烷扩散速度；同时也使从上覆水体中补给溶解硫酸盐的速度下降，为微生物群落的生存和繁殖创造了有利的环境。此外，快速沉降使该区第四系源岩的成岩、固结、压实程度较低，孔隙直径达 1～5μm，不会阻碍个体大小约为 1～10μm 的细菌的活动。作为中、新生代大型内陆山间盆地，喜马拉雅山运动中晚期形成青藏高原的隆起，造成其东部快速堆积了巨厚的沉积物（仅 2 Ma 就沉积了至少 3000m）。快速的堆积不仅提供了巨厚的气源岩，而且使沉积有机质在快速堆积过程中避免了浅表氧化细菌的大量降解而得以完整保存。

快速深埋能把厌氧微生物带入深层，使产甲烷菌活动深度增加。但另一方面，快速沉积很可能导致断层活动，破坏盖层，降低圈闭有效性，使天然气向更浅的储集层运移或向地表释放。

三、微生物营养底物及来源分析

（一）继承性活性有机质含量低

蛋白质的生化代谢产甲烷过程可简单表示为：蛋白质→多肽→二肽→氨基酸→有机酸→乙酸、H_2O、CO_2→CH_4。由于蛋白质可以占生物有机质的 20％ 以上，埋藏在地下不到一百万年后就可以分解 70％，在早期成岩阶段沉积物中由蛋白质、氨基酸产生的烃类数量是相当可观的。因此，我们采用非常规方法分析了沉积物中的蛋白质含量及地层水中的有机酸含量，以了解可供微生物利用的活性有机质的分布情况。从分析结果可见，柴东第四系中的蛋白质含量非常低（图 8.3），普遍在 $4.21 \sim 186.88 \mu g/g$，平均为 $42.21 \mu g/g$。蛋白质含量相对较稳定，随着埋藏深度的增加变化趋势不明显。而检测地层水中的有机质酸含量也普遍较低（表 8.1），与其他盆地地层水相比，并没有任何浓度优势，甚至显示较低趋势。可见，柴东生物气的形成可能不仅仅依赖于沉积埋藏下来的蛋白质之类的活性有机质的存在，更应该有其他因素影响和控制着生物气的形成及规模聚集。

表 8.1 柴东地层水有机碳含量

地区名称	井号	乙酸/ppm	草酸/ppm	DOC/ppm
涩北地区	涩 2-23	3.291	0.106	3.92
	涩 1-1	0.705		6.68
	涩 3-11 （套）	3.334		3.92
	涩 4-7 （套）	0.955	0.11	8.29
	新涩试 2	2.463		6.96
	新涩 3-4 （油）	1.039		9.77
	涩 5-6-1	1.656		1.74
	涩 4-6-2	0.221		3.65
	涩 H4	0.101		6.65
	涩 3-2-4 （油）	0.508		6.06
	涩试 7 （油）	0.727		2.2

为了了解沉积物中活性有机质含量情况，特设计模拟实验提取其中的活性有机碳。有机碳分析过程借鉴土壤及浅层沉积物中有机质分析（Ingalls *et al.*，2003），样品为钻井岩心，采自涩北一号气田区涩 23 井、二号气田涩中 6 井、台南气田台南 5 井、那北构造带那北 1 井（表 8.2）。

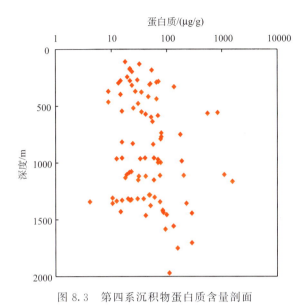

图 8.3　第四系沉积物蛋白质含量剖面

表 8.2　柴达木盆地三湖地区有机质类型及含量统计表

地区	井号	井深/m	层位	岩性	TS/(mg/g)	TOC/(mg/g)	ROC1/(mg/g)	ROC2/(mg/g)	DOC/(mg/g)	(DOC/ROC)/%	(ROC/TOC)/%	(DOC/TOC)/%
三湖地区	涩中6	381	Q	灰色泥岩	0.28	2.70	0.60	0.91	0.39	64.90	18.16	11.79
	涩23	555	Q	碳质泥岩	1.51	47.40	0.98	1.76	*	2.03		
		749	Q	灰色泥岩	0.09	2.60	0.63	*	*	19.44		
		797	Q	灰色泥岩	0.18	3.30	0.75	*	*	18.61		
		820	Q	粉砂质泥岩	0.06	2.50	0.49	0.81	0.32	65.89	16.44	10.83
		1183	Q	粉砂质泥岩	0.08	2.00	0.55	0.56	0.31	56.47	21.45	12.12
		1216.4	Q	粉砂质泥岩	0.04	1.80	0.46	0.50	0.32	69.83	20.44	14.27
		1297	Q	碳质泥岩	1.48	66.80	0.88	1.32	0.61	69.42	1.30	0.90
		1456.5	Q	粉砂质泥岩	0.10	2.20	0.47	0.55	0.21	44.02	17.47	7.69
		1460	Q	碳质泥岩	3.61	182.00	0.94	1.84	0.35	37.01	0.51	0.19
		1483.7	Q	碳质泥岩	1.53	94.60	0.79	1.43	0.63	80.06	0.83	0.66
		1485	Q	灰色泥岩	1.27	4.30	0.38	0.54	0.17	44.65	8.10	3.62
	台南5	1570	Q	灰色泥岩	0.24	3.10	0.52	*	*	14.26		
		1581.5	Q	灰色泥岩	0.40	2.90	0.66	*	*	18.53		
		1691.7	Q	粉砂质泥岩	0.23	2.40	0.69	*	*	22.36	那北	1
	那北1	2312.75	N$_2^3$	灰色泥岩	0.05	0.80	0.30	*	*	27.02		

注：TOC 为不溶总有机碳；ROC1 为 20℃降解活性有机碳；ROC2 为 80℃降解活性有机碳；DOC 为水溶有机碳；＊未检测

水溶有机碳（DOC）提取过程：取 2g 沉积物，室温下采用 10ml 的 K_2SO_4 溶液（浓度 0.5％）超声提取，然后浸泡、静置过夜、离心、过滤，分析上清液中的总有机碳含量。

热释重分析：称取 5g 干燥样品，400℃条件下加热 4h，获得重量损失率。

整体上，高丰度泥岩有机质相对丰富，表现在 TOC 含量分布为 47.40～182.00mg/g。灰色泥岩有机质相对缺乏，TOC 分布为 0.80～4.30mg/g；与粉砂质泥岩中 TOC 含量并没有太大差别。分析结果与前人对该区的认识基本是一致的，说明所取样品在柴达木盆地三湖地区具有一定代表性。

活性有机碳是土壤及浅表沉积物中常用的一个名词，指可被微生物降解及利用的有机质中的碳。本次研究采用强酸（浓盐酸）通过逐步水解促使其快速转化为活性小分子物质，这部分有机碳则表示活性有机碳部分（Reactive Organic Carbon）。它应该代表样品中最大所能转化的活性部分。分析结果表明相同条件下（室温），水溶有机碳比酸解活性有机碳低，但活性有机碳中 50％以上为极易于为微生物利用的水溶部分；水溶有机碳在活性有机碳中的比例随着活性有机碳含量的增加而增加（图 8.4）。

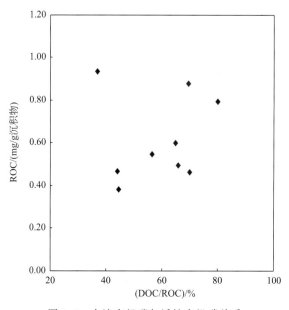

图 8.4　水溶有机碳与活性有机碳关系

活性有机碳含量普遍低于 TOC 含量；对应每个样品普遍具有水溶有机碳、常温酸解有机碳、高温酸解有机碳逐渐增加的趋势：其中 DOC 分布在 0.17～0.63mg/g 之间，ROC1 分布在 0.3～0.98mg/g 之间，ROC2 分布在 0.54～1.84mg/g 之间（表 8.2）。

图 8.5 表明，活性有机碳含量跟埋深有较好的关系：整体上随埋深的增加而减少，高丰度泥岩普遍具有比相同深度的暗色泥岩相对较高的活性有机碳含量（图 8.5a）。如果剔除了几个高丰度泥岩，仅对有机碳含量相近的暗色泥岩分析，可见活性有机碳含量（ROC1）与埋藏深度具有极好线性关系（图 8.5b），说明活性有机碳随着埋深增加逐渐

被微生物消耗。据此，可以获得活性有机碳降低的速率，根据这个数据恢复厚度为2000m 的暗色泥岩中活性有机质所能产生的生物甲烷的生气强度约为 $8.21\times10^8\,m^3/km^2$；相同方法获得厚度为 100m 高丰度泥岩中活性有机质的生气强度为 $1.21\times10^8\,m^3/km^2$，距大气田形成所需要的生气强度 $20\times10^8\,m^3/km^2$ 尚有较大的差距（戴金星等，1996）。这意味着单纯靠能够保留下来的活性有机质降解所产生生物甲烷的数量不足以产生三湖地区如此规模的大型生物气田。

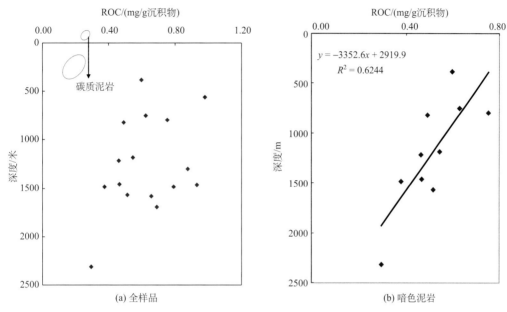

图 8.5　活性有机碳（ROC1）随深度变化趋势

（二）弱成岩无机和有机作用共同为深部生物圈层提供来源

通过不同温度的酸解实验可见温度对活性有机碳含量具有明显的影响。几乎所有的样品经过高温（80℃）酸解作用比常温（20℃）酸解作用所获得的活性有机碳有不同程度的增加，同时生物可利用的水溶有机碳也大量增加（图 8.6）。这主要源于有机质本身在成岩过程中受低温热力作用发生结构重组，产生一些能够为微生物利用的小分子物质，当然，这部分有机质已经与生物学领域的活性有机质发生了质的区别，但对于深部生物圈层的营养供给是相同的。

这表明尽管随着深度增加，温度/压力改变，原始继承性活性有机碳在逐渐消耗而减少的同时，活性有机质仍有进一步的补充，而来源机制主要为温度对有机质的改造重组作用。这也是为什么在越来越不适宜微生物生存的地层深部，仍然不乏微生物的存在；甚至由于生物群落的大规模发育而能使代谢产物—生物气聚集成藏，如柴达木盆地三湖地区一样。

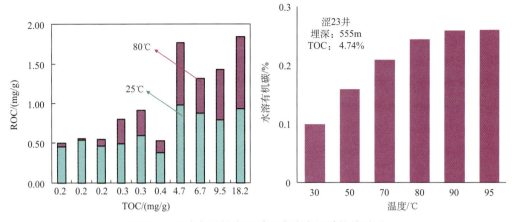

图 8.6　温度与活性有机质和水溶有机质的关系图

第二节　生物气源岩特征

一、源岩地化特征

（一）有机质丰度

三湖地区第四系有机碳含量分布各向异性非常明显，这是导致对该区生物气源岩认识普遍持有特殊性的重要原因。

从整体上看，第四纪大多数层段有机质含量均较低，普遍为 0.1%～0.4%，平均则为 0.30%；其中深灰及灰黑色泥质岩为 0.44%，灰及灰绿色泥质岩为 0.33%，浅灰色及浅灰黄色泥质岩为 0.21%，棕灰色泥质岩为 0.32%。但是，并不排除局部层段有机碳含量较高的事实，尤其是高丰度泥岩 TOC 含量较高，分布在 1% 至 30% 之间，平均为 9.06%（表 8.3）。

表 8.3　第四系有机碳含量统计

井号	深度 /m	TOC /%	井号	深度 /m	TOC /%	井号	深度 /m	TOC /%
察 7	1317.7	0.34	台吉 3	295.7	0.27	台中 8	556	0.35
察 7	1325	0.26	台吉 3	334.2	0.24	台中 8	597.4	0.26
察 7	1335	0.16	台吉 3	459	0.25	台中 8	640.5	1.44
聂深 1	1381.5	0.17	台吉 3	483	0.22	台中 8	646.5	0.32
聂深 1	1389	7.80	台吉 3	570.2	0.20	盐 14	253	0.14
聂深 1	1974	0.26	台吉 3	742	14.79	盐 14	304	0.16
聂深 1	2492	0.25	台吉 3	758.5	0.95	盐 16	92	0.25

续表

井号	深度/m	TOC/%	井号	深度/m	TOC/%	井号	深度/m	TOC/%
涩 30	987	0.16	台南 5	1348	0.32	盐 16	180.2	0.17
涩 3～15	774	0.40	台南 5	1412.5	0.23	盐 16	284	0.22
涩 3～15	1289	0.37	台南 5	1425	0.32	盐 16	375	0.34
涩 3～15	1315.6	13.35	台南 5	1433.79	0.38	伊克 2	1075.5	0.37
涩 3～15	1324.16	0.20	台南 5	1439	0.14	伊克 2	1072.3	19.55
涩 3～15	1326.1	13.00	台南 5	1565	0.30	伊克 2	1103.5	0.12
涩 4～15	1313.4	10.16	台南 5	1582	0.29	伊克 2	1117.1	8.87
涩 4～15	1317.5	0.15	台南 5	1709	0.39	伊克 2	1139	0.19
涩 4～15	1325.75	0.24	台南 7	1038	0.38	伊克 2	1151.88	0.39
涩试 2	1142.7	0.42	台南 7	1061.2	0.31	伊克 2	1162.8	0.21
涩试 2	1209.86	0.26	台南 8	1434.02	1.67	伊克 2	1165.2	0.41
涩试 2	1238.55	30.00	台南 8	1442.1	0.15	伊克 2	1327.25	21.18
台东 1	1270	0.46	台南 8	1457	0.28	驼中 2	873	0.21
台东 1	1310	0.27	台南 8	1753.94	0.39	涩 4-16	971.67	0.32

为了系统研究有机碳含量，我们采用测井评价 TOC 的方法，该方法是将声波测井曲线和电阻率曲线进行重叠，把刻度合适的孔隙度曲线（通常是声波时差曲线）叠加在电阻率曲线上，当在含油气储集岩或富含有机质的非储集岩中，两条曲线之间存在差异。利用自然伽马曲线、补偿中子孔隙度曲线或自然电位曲线可以辨别储集层段。在富含有机质的泥岩段，两条曲线的分离由两个因素导致：孔隙度曲线的差异是低密度和低速度（高声波时差）的干酪根的响应；在成熟的烃源岩中，除了孔隙度曲线响应之外，烃类的存在，电阻率增加使两条曲线产生更大的差异

根据 $\Delta logR = lg(R/R_{基线}) + k \times (\Delta t - \Delta t_{基线})$，$TOC = k \times \Delta logR + b$（$k$，$b$ 为所求常数）（Passey，1990）。对涩 3-2-4 标准井 520.0～1336.1m 井段系统取心并测有机碳含量（TOC）回归分析得到常数 k，b（图 8.7）。其中保证所测样品的位置与测井获得参数位置严格对应是该项分析准确和有意义的基础。为了达到该目的，需要对岩心进行归位分析，以避免岩心取出后由于温度、压力的变化等，发生变化。处理过程为通过地面自然 GR 值与井下 GR 值对比校正。应用这种方法对三湖地区的 50 多口探井计算出有机质含量，并比较计算有机碳值与实测有机碳值，两者吻合性很好。

为了检验该公式的普遍适用性，选取了 15 口井的暗色泥岩样品进行有机碳预测和回归分析。图 8.8 为实测 TOC 与计算 TOC 的相关性分析，相关系数达到 0.8024，说明计算 TOC 与实测 TOC 吻合性非常好。

图 8.9 是根据测井评价的结果，由图中可见，整个第四系暗色泥岩有机碳含量普遍较低，均小于 1%，有机碳含量较高的层段集中在 K_7 上段～K_6 层，该层段 40% 以上沉积物 TOC>0.4%，有 10% 左右 TOC>0.5%，为较好的源岩层段；次为 K_{10}～K_9 层

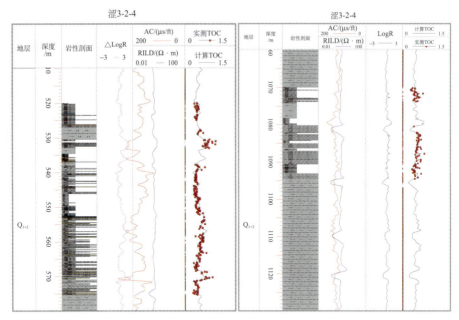

图 8.7　涩 3-2-4 井测井评价图

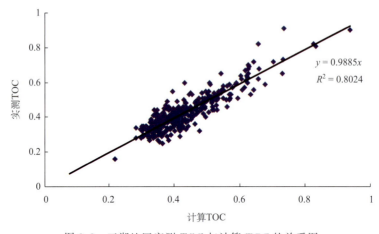

图 8.8　三湖地区实测 TOC 与计算 TOC 的关系图

段，10%～20%部分 TOC 为 0.4%～0.5%。其他层段均相对较低，平均为 0.3%左右，为差源岩类型。但是，其中同时含有层数众多的高丰度泥岩层。整个第四系大约有 50 余层厚度不等的高丰度泥岩层，厚度为地层厚度的 5%以上。

（二）有机质性质

柴达木盆地三湖地区可作为生物气源岩的沉积物为湖相暗色泥岩和湖沼相高丰度泥岩（高丰度泥岩）。暗色泥岩主要以有机碳值（TOC）偏低为主要特点，一般平均

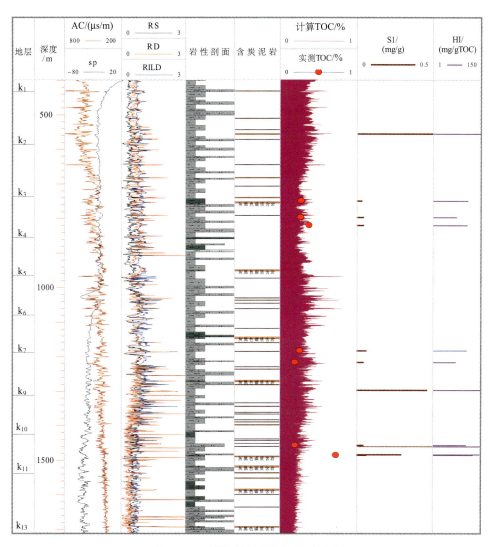

图 8.9　三湖地区源岩地化特征剖面

为 0.3%～0.4%。高丰度泥岩是有机质富集的场所，有机碳值一般在 5% 以上，平均在 10% 左右。通过一些实验分析，对该区两类可能的气源岩的地化特征进行对比研究。

1. 有机质类型

对比分析不同 TOC 含量的暗色泥岩、高丰度泥岩中的有机质类型。从岩石特征分析可见，两个暗色泥岩样品中泥质含量均超过 55%（表 8.4），同时含有一定量的灰质，从沉积组构分析应该属于湖相泥岩。两个湖相泥岩的 TOC 分别为 0.24%、0.35%，与该区暗色泥岩的有机质平均丰度 0.3% 基本吻合（孙镇诚等，1989）。然而，镜检结果显示，有机质为颗粒较小的碎片，含有大量死碳，可能是暗色泥岩中有机碳稳定碳同位素普遍偏重的重要原因。

表 8.4　岩石矿物组成及有机碳含量

井号	井段 /m	岩性	矿物种类和含量/%							黏土矿 物总量 /%	TCC /%
			石英	钾长石	斜长石	方解石	白云石	石盐	黄铁矿		
涩 23	1216.4	灰色泥岩	19.9	1.2	7.1	11.8	1.5	1.2	/	57.3	0.35
	1460.0	高丰度 泥岩	38.6	1.1	14.9	/	/	/	7.4	38.0	18.2
台南 5	1691.7	灰色泥岩	15.2	/	7.1	8.6	/	2.2	/	66.9	0.24

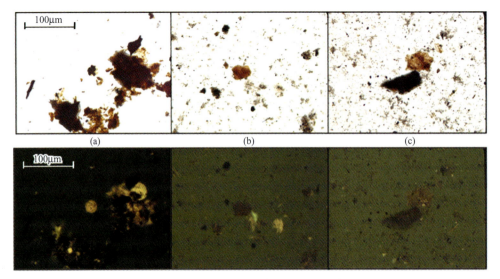

图 8.10　柴达木盆地三湖地区有机质镜检
(a) 涩 23—1460m；(b) 涩 23—1216.4；(c) 台南 5—1691.7

　　高丰度泥岩黏土矿物含量仅 38%，而石英达 38.6%，斜长石为 14.9%，黄铁矿含量达到 7.4%。与灰色泥岩相比，碎屑颗粒含量增加，缺乏化学沉积盐类，显示沉积时近物源的特点。该层有机碳丰度高（TOC 为 18.2%），有机质镜检结果显示含大量的树脂体和木栓质体，少量藻类，有机质类型相对较好，基本属于 IIb～IIIa 型（图 8.10）。

　　柴东的源岩热解参数所反映的生烃特征普遍较差（图 8.11），暗色泥岩 HI 很少超过 100mg/gTOC（图 8.12），与抽提物饱和烃所体现的有机质类型完全不同，主要因为为数不多的有机碳中主要为无效碳，与镜鉴所看到 50% 以上的碳应该为死碳或黑碳是吻合的。根据饱和烃分布判断，有效有机质类型以 II—I 型为主。该区死碳相对发育可能跟气候干旱、有机质为草本植物、易燃性强有关。

　　高丰度泥岩的 HI 所表现出来的生烃潜力跟该区暗色泥岩相比高出许多。由此可见，有机质贫瘠的暗色泥岩比高丰度富有机质层更差，再考虑生烃能力上，更应该优先考虑有机质富集层。

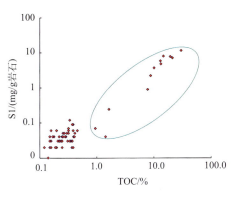
图 8.11　柴东第四系沉积物 S1

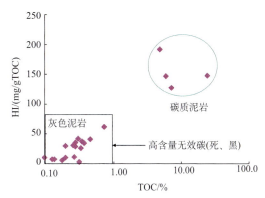
图 8.12　柴东第四系沉积物 HI 指数

2. 有机碳稳定同位素特征

源岩中总有机碳稳定碳同位素是衡量有机质品质的良好指标：其值越轻，有机质品质越好；反之，有机质类型相对较差。

近二十个样品分析结果表明岩石中总有机碳稳定碳同位素（δ¹³C）跟有机碳含量（TOC）具有极好负相关关系（表 8.5）：TOC 越高的样品，δ¹³C 越轻（图 8.13）。TOC 在 1‰以上的样品，δ¹³C 分布为−26‰～−29‰；而 TOC 在 0.5‰以下的暗色泥岩，δ¹³C 多数分布为−22‰～−23‰。这说明高丰度有机质富集层，尤其是高丰度泥岩中碳不可能为死碳；相反，其有机质品质应比有机质相对较少的暗色泥岩层要好。有机碳含量与有机硫之间的正相关关系进一步诠释了高丰度有机质沉积物与低丰度沉积物沉积环境的区别，说明厌氧环境有利于有机质的大规模保存，从而使得有机质最大程度保留下来。

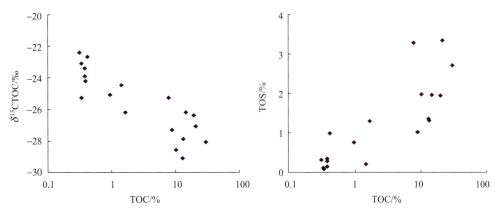
图 8.13　柴达木盆地三湖地区第四系沉积物地球化学特征

不同时代的样品对比分析表明，相同丰度（TOC）的沉积物，沉积时代越新，其稳定碳同位素越重。这跟该区沉积环境演化规律是一致的：随着第四系湖盆的逐渐萎缩，盐度越来越高，造成盐生生物含量增加（孙镇诚等，2003），而盐湖相有机质稳定碳同位素普遍较重。

表 8.5　柴达木盆地三湖地区岩心地球化学特征

井名	深度/m	层位	岩性	TOC/%	TOS/%	$\delta^{13}C_1$/%
察 7	1317.7	K_3	灰色泥岩	0.34	0.08	−25.3
聂深 1	1389		黑色碳质泥岩	7.81	3.28	−25.3
台南 7	1038		褐灰色泥岩	0.38	0.13	−23.4
台中 8	640.5	K_5	灰黑色泥岩	1.44	0.20	−24.5
台吉 3	742		黑色碳质泥岩	14.79	1.96	−26.2
台吉 3	758.5	K_6	灰色粉砂质泥岩，含碳质条带	0.95	0.76	−25.1
涩 4～16	971.67		灰绿色泥岩	0.32	0.30	−22.4
台南 8	1434.02		灰色粉砂质泥岩，含碳质条带	1.67	1.30	−26.2
台试 2	1142.7	K_7	粉砂质泥岩	0.42	0.98	−22.7
台南 5	1433.79		灰黑色泥岩	0.38	0.34	−23.9
盐 16	375		灰色泥岩	0.34	0.11	−23.1
涩试 2	1238.55	K_9	碳质泥岩	30.00	2.71	−28.1
涩 3～15	1315.6	K_{10}	碳质泥岩	13.35	1.31	−27.9
涩 3～15	1326.1		黑色碳质泥岩	13.00	1.35	−29.1
涩 4～15	1313.4		黑色碳质泥岩	10.16	1.97	−28.6
台南 5	1709		灰黑色泥岩	0.39	0.28	−24.2
伊克 2	1072.3	N_2^3	碳质泥岩	19.55	1.94	−26.4
伊克 2	1117.1		碳质泥岩	8.87	1.02	−27.3
伊克 2	1327.25		黑色碳质泥岩	21.18	3.33	−27.1

（三）有机质成熟度

三湖地区第四系主体处于未成熟阶段，镜质体反射率大部分小于 0.5%（图 8.14）。即使第四系底，最高地温在 90℃左右（图 8.15）。这由该区域相对较低的地温梯度所决定，也跟该区域浅埋藏的地质条件有关。第四系沉积物中动植物残体的石化程度很低，涩北 1200～1300m 埋深的岩心中螺蚌壳体没有石化迹象，泥岩中植物杆茎没有碳化，仍为棕黄色，脉络完整清晰。大量的松、蒿、菊科孢粉显微观察也为土黄色，没有石化。造成上述现象的原因是埋藏时间较短，地温偏低。从测定结果和地质现象来看，三湖地区第四系为未成熟阶段。

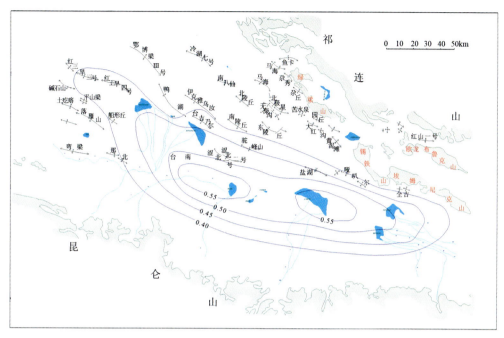

图 8.14 柴达木盆地柴东地区第四系 Ro 分布图

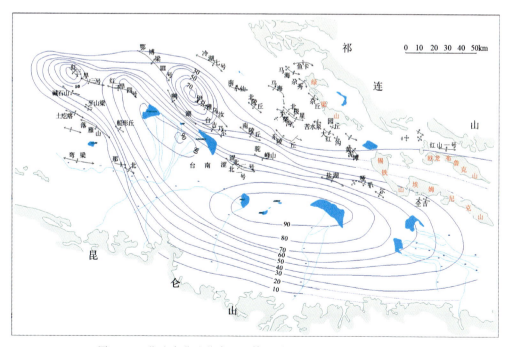

图 8.15 柴达木盆地柴东地区第四系（Q_{1+2}）底界温度分布图

二、源岩评价标准

通过综合分析可见，不溶有机碳含量（TOC）较高的样品所能提供的可供微生物利用的物质相对较高，证据包括以下三个方面：①TOC 与 ROC 具有正相关关系，有机质越丰富的沉积物中所含有的活性有机碳越高（图 8.16a）；②从不同温度酸解所获得活性有机碳含量来看，有机质越丰富的沉积物，在热力作用下活性有机碳增加幅度越高（图 8.16b）；③TOC 与热释重具有的正相关关系更进一步说明 TOC 含量高的样品所含有的可供微生物利用的物质相对较高（图 8.16c）。热释重表示沉积物中的挥发性物质，而活性有机质一般挥发性较强，其含量高也往往具有较高的活性有机质。

另外，蛋白质和有机氮的含量与有机碳含量的关系也可以明显看出，随着 TOC 含量增加，蛋白质含量和有机氮含量也在明显增加（图 8.17，图 8.18）。

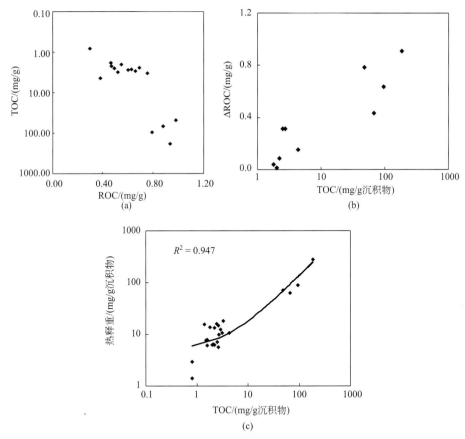

图 8.16　TOC 与活性有机碳（ROC1）具有正相关关系

柴达木盆地三湖地区生物气勘探事实进一步说明有机质含量高是生物气气源乃至生物气产区的一个必要条件。该区目前探明储量 85% 以上产出于 K_5 至 K_{13} 之间的层位。考虑天然气垂向运移扩散作用，生物气更可能为自生自储或下生上储。从该区两口探井

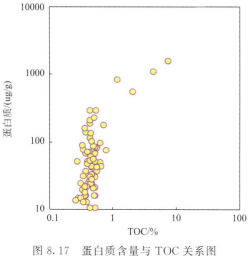

图 8.17　蛋白质含量与 TOC 关系图

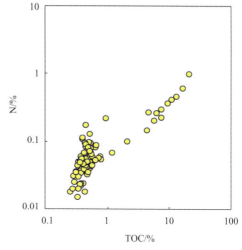

图 8.18　沉积物中有机氮含量与 TOC 关系图

TOC 分布来看，第四系沉积物不乏有机质富集层，尤其 K$_5$～K$_{13}$ 层段，暗色泥岩 TOC 含量绝大多数在 0.5％以上，有些甚至超过了 1％的含量；而与之相反，K$_5$ 标准层以上的暗色泥岩 TOC 分布在 0.2％至 0.4％之间，平均仅 0.3％；同时间夹黑色高丰度泥岩层，有机碳含量高达 10％～30％（图 8.19），为生物气的大规模聚集奠定了良好的物质基础。

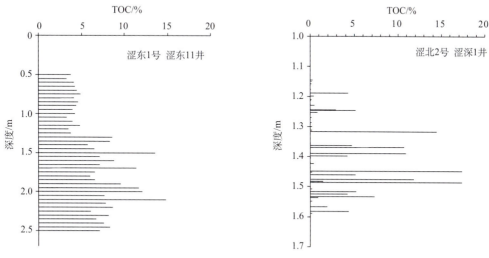

图 8.19　柴达木盆地涩北地区 TOC 分布

国外几大生物气田的实例同样说明，高有机质丰度沉积物的存在是生物气大规模生成的重要条件：西西伯利亚盆地 10 万亿立方米的生物气储量主要集中盆地北部，这跟白垩系煤层分布及较高丰度有机质含量的暗色泥岩分布规律是一致的；美国库克湾盆地目前探明生物气储量为 1500×10^8 m^3，主力产层均位于古近系煤层之下。其他生物气产区，如美国大平原、加拿大阿尔伯达盆地、罗马尼亚 Transylvanian 盆地，沉积物均具有较高丰度有机质，古近系源岩的 TOC 含量为 1％～3％。

与热成因油气源岩评价不同，本项研究通过大量实验室分析，综合前人生化模拟实验结果，仍然采纳 TOC 为 0.3％作为有效气源岩的下限；而把 0.5％作为优质气源岩的划分标准。

第三节　生物气资源评价

一、生物气源岩分布

柴达木盆地三湖地区烃源岩主要分为湖相暗色泥岩和湖沼相高丰度泥岩。暗色泥岩主要以有机碳值（TOC）偏低为主要特点，一般平均为 0.3％～0.4％。高丰度泥岩是有机质富集的场所，有机碳值一般在 5％以上，平均为 10％左右。

（一）灰色泥岩型源岩分布

1. 第四系 K_{13}～K_{11} 时期

新近纪晚期，由于受喜马拉雅运动的影响，柴达木盆地西北部逐步抬升，沉积湖泊自西向东不断迁移，到第四纪时，湖泊已完全转移到三湖地区。在第四纪 K_{13}～K_{11} 时期，湖泊的沉积中心位于台吉乃尔构造至伊克雅乌汝构造之间。有效源岩（TOC＞0.3％的暗色泥岩）沉积的最大厚度在台吉乃尔处为 70m。这一时期有效源岩厚度为 10～70m。平均有机质丰度最大的为台吉乃尔构造带上的 0.39％，伊克雅乌汝处的平均有机碳值为 0.37％。

2. 第四纪 K_{11}～K_{10} 时期

湖泊的沉积中心转移到台吉乃尔构造至驼西构造之间。这一时期，有效源岩最厚为60m，沉积厚度分布为 10～60m。平均有机质丰度最大的是台吉乃尔构造带上的0.37％，驼西构造上达到 0.36％。

3. 第四纪 K_{10}～K_9 时期

在该区形成了两个沉积中心：一个是驼西地区；另一个是涩聂湖附近。这一时期，有效源岩最厚为 80m，沉积厚度分布为 20～80m。平均有机质丰度最大的是驼西构造带上的 0.40％和涩东地区的 0.40％。

4. 第四纪 K_9～K_7 时期

湖泊的沉积中心转移到涩北构造至驼西构造之间。这一时期，有效源岩最厚为110m，沉积厚度分布为 20～110m。平均有机质丰度最大的是驼西构造带上的 0.41％，涩北构造上达到 0.38％。

5. 第四纪 $K_7 \sim K_6$ 时期

湖泊的沉积中心还是停留在驼西构造至涩北构造之间。这一时期，有效源岩最厚为 100m，沉积厚度分布为 $10 \sim 100m$。平均有机质丰度最大的是驼西构造带上的 0.40%，涩北构造上达到 0.39%。

6. 第四纪 $K_6 \sim K_5$ 时期

湖泊的沉积中心转移到涩北一号至涩北二号构造带之间。由于这一时期是最大湖泛面，暗色源岩沉积厚度最大，有效源岩最厚为 120m，沉积厚度分布为 $20 \sim 120m$。平均有机质丰度最大的是涩北构造带上的 0.41%，台南构造上达到 0.38%。

7. 第四纪 $K_5 \sim K_4$ 时期

湖泊的沉积中心转移到涩北构造至台南构造之间。这一时期，有效源岩最厚为 110m，沉积厚度分布为 $10 \sim 110m$。平均有机质丰度最大的是涩北构造带上的 0.42%，台南构造上达到 0.40%。

8. 第四纪 $K_4 \sim K_3$ 时期

湖泊的沉积中心转移到台南构造。这一时期，有效源岩最厚为 120m，沉积厚度分布为 $20 \sim 120m$。平均有机质丰度最大的是台南构造带上的 0.42%，涩东构造上达到 0.39%。

9. 第四纪 $K_3 \sim K_2$ 时期

湖泊的沉积中心转移到台南构造至涩南构造之间。这一时期，有效源岩最厚为 160m，沉积厚度分布为 $40 \sim 160m$。平均有机质丰度最大的是台南构造带上的 0.40% 和涩东地区的 0.40%。

10. 第四纪 $K_2 \sim K_1$ 时期

湖泊的沉积中心已经完全转移到涩南构造。这一时期，有效源岩最厚为 200m，沉积厚度分布为 $60 \sim 200m$。平均有机质丰度最大的是涩南构造带上的 0.42%，台南构造上达到 0.36%。

总之，在短短的第四纪期间，沉积中心是在不断地变化，受到喜马拉雅运动和气候环境影响，整个沉积中心在不停地迁移，并不是一直不动的。总体来说，三湖地区第四纪沉积中心是由西向东迁移。受沉积中心迁移的影响，高丰度沉积有机质（源岩中心）也由西向东迁移（图 8.20，图 8.21）。

11. 新近系狮子沟组（N_2^3）

与七个泉组地层为整合接触，本组地层成岩性较七个泉组略好，岩性以浅灰色泥岩和粉砂质泥岩为主，夹浅灰色粉砂岩、泥质粉砂岩和灰色钙质泥岩，暗色源岩有机质丰

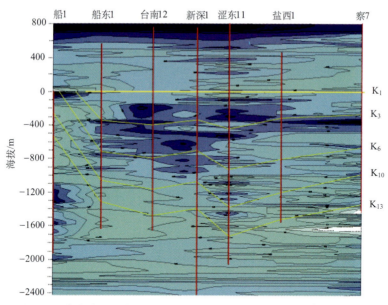

图 8.20　高丰度沉积有机质迁移示意图（船 1 井—新深 1 井—察 7 井）

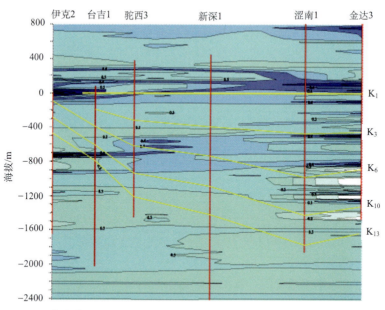

图 8.21　高丰度沉积有机质迁移示意图（伊克 2 井—新深 1 井—金达 3 井）

度与七个泉组大致差不多。根据岩性、电性特征，将狮子沟组 N_2^3 划分为狮子沟组上段、狮子沟组下段。

新近系 N_2^3 上段地层沉积厚度介于 $400\sim1500\mathrm{m}$，在 N_2^3 上段湖泊的沉积中心在南陵丘构造偏西，有效源岩（TOC＞0.30％的暗色泥岩）最大厚度在南陵丘构造上的

550m，台吉乃尔构造上厚度达到 500m。而台南和涩北构造沉积厚度比较小，有效源岩厚度为 150m 左右（图 8.22，图 8.23）。

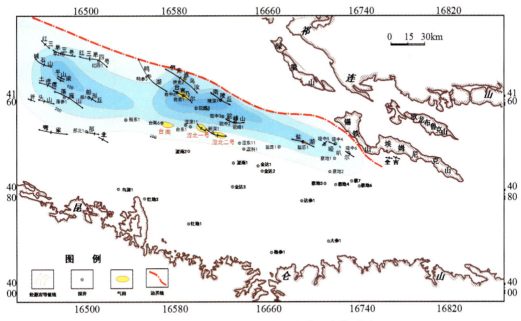

图 8.22　三湖地区 N_2^3 上段有效源岩等厚图

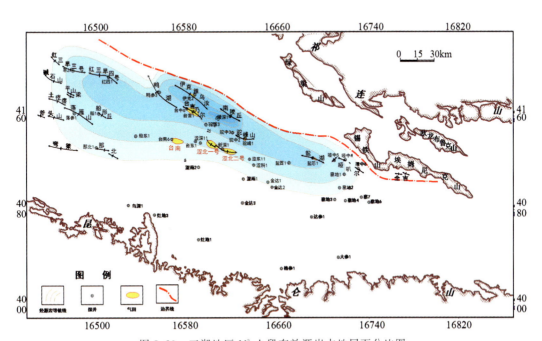

图 8.23　三湖地区 N_2^3 上段有效源岩占地层百分比图

由于三湖较少探井钻遇到新近系 N_2^3 下段，下段缺少测井数据，应用类比法推算下段源岩厚度，画出三湖地区 N_2^3 有效源岩等厚图（图 8.24）。

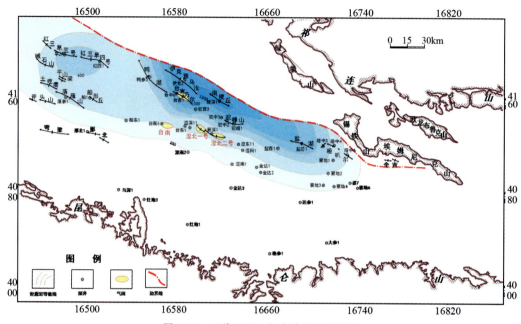

图 8.24　三湖地区 N_2^3 有效源岩等厚图

（二）高丰度泥岩型源岩分布

和一般的暗色泥岩相比，高丰度泥岩具有有机碳含量高和生烃潜力大的特点。柴东三湖地区高丰度泥岩有机碳、氯仿沥青 A、总烃质量分数比暗色泥岩高得多，高丰度泥岩的有机碳平均为 9.06%，最高可达 30%；有机质类型以陆源草本植物和低矮灌木为主的腐殖型和含腐泥腐殖型，厌氧细菌最容易吸收。所以识别和研究碳质泥岩就显得十分重要。

一般来说高丰度泥岩在测井曲线上响应为：高的电阻率和高声波时差，低自然伽马值和低密度值。通过大量分析柴东测井曲线数据，发现柴东高丰度泥岩层段普遍具有：低电阻率，高声波，低自然伽马值，自然电位略高。由于该区碳质泥岩厚度较薄，在感应测井曲线明显表现为：突然增大或是突然减少，是一个类似"鼻架形"骤增骤减的过程。因此，我们可以从测井曲线上很好地识别出高丰度泥岩，并且绘出了不同期间的高丰度泥岩厚度图（图 8.25～图 8.27）。

高丰度泥岩的分布规律主要有以下特点：①第四系下部的高丰度泥岩厚度比上部的薄；②上部时中央凹陷区高丰度泥岩厚度比北斜坡厚，下部时中央凹陷区比北斜坡薄；③单井剖面上的高丰度泥岩厚度分布不均，变化快。

二、生物气资源估算

柴达木盆地主要产气区为东部三湖地区的第四纪地层，以产出生物甲烷气为主。本

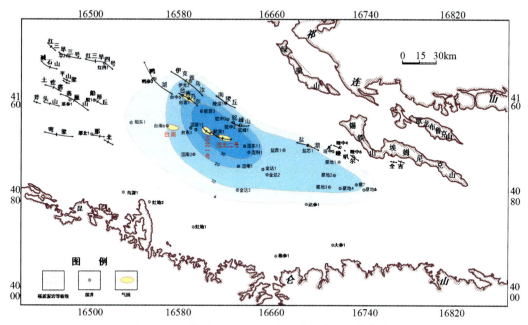

图 8.25 三湖地区 $K_{10} \sim K_{13}$ 高丰度泥岩厚度等值线图

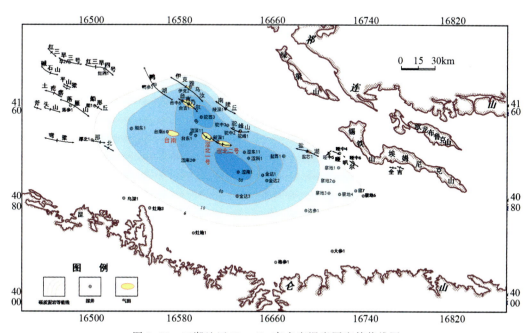

图 8.26 三湖地区 $K_6 \sim K_9$ 高丰度泥岩厚度等值线图

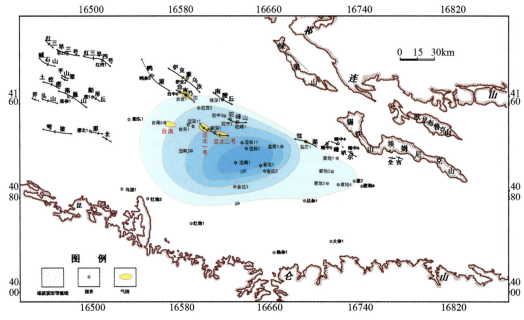

图 8.27　三湖地区 $K_1 \sim K_5$ 高丰度泥岩厚度等值线图

次针对第四系源岩分布、资源量、勘探潜力和勘探识别方法等方面进行了较为深入的研究（图 8.28，图 8.29）。

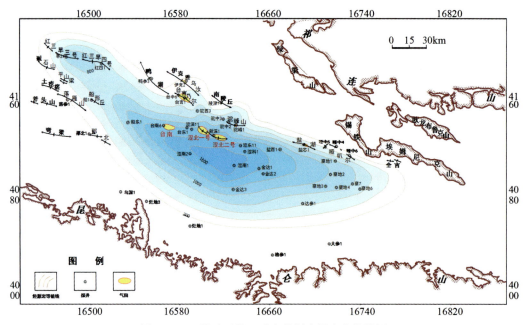

图 8.28　三湖地区第四系有效源岩厚度等值线图

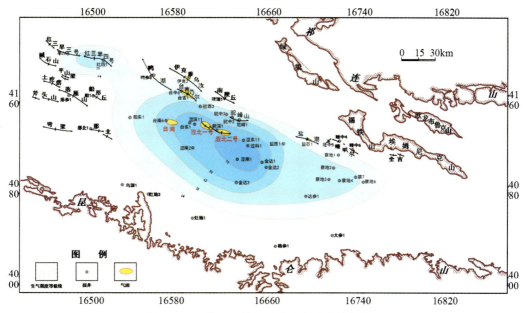

图 8.29　三湖地区第四系总生气强度等值线图

本次生物气资源评价运用生烃率法，先通过酸解模拟实验获得对应深度的单位有机碳所能释放的活性有机碳数量，与浅表层单位有机碳释放活性有机碳数量差异作为生物甲烷转化部分，求取源岩生物气产率剖面，然后依据源岩的体积和研究区天然气的运聚系数来计算生物气资源量：

$$Q = S \cdot h \cdot \rho \cdot C \cdot R_p \cdot K_a$$

式中，Q 为资源量，单位为（$10^8 \, \text{m}^3$）；S 为源岩面积（km^2）；h 为源岩厚度（km）；ρ 为源岩密度（$\times 10^8 \, \text{m}^3 / \text{km}^3$）；$C$ 为有机碳（小数）；Rp 为每吨有机碳生气量（m^3/t）；Ka 为运聚系数。

资源量计算过程中，从 $K_1 \sim K_{13}$ 分 10 个层段进行计算。第四系具有源岩分布面积广的特点，整个三湖地区基本均满足生气的条件要求，源岩总面积达 26312.25km^2。为了计算精度，每个单层的源岩体积均按照面积和厚度积分累加的方式。

由于源岩随着压实程度增加，密度有所增加，但柴东整体上压实程度差—中等，源岩的密度从浅部的 $2.0 \times 10^6 \, \text{g/m}^3$，到深部的 $2.4 \times 10^6 \, \text{g/m}^3$，本计算过程采用取平均值的方法，密度按照 $2.2 \times 10^6 \, \text{g/m}^3$ 计算。

有机碳含量：对于灰色泥岩，采用测井参数回归标定的方法，通过对柴东绝大多数探井进行逐井计算，并平面作图，获得单层有机碳的分布规律。本次分析采用测井标定的方法，相对于以前的通过取心井段结合沉积相分析获得有机碳展布，精度应有所提高。由于整体上灰色泥岩的有机碳含量普遍并不高，整体上为 $0.3\% \sim 0.4\%$，计算中对应区对应层段的源岩有机碳含量采用与之相对应的有机碳含量的平均值进行计算。高丰度泥岩层段，有机碳分布各向异性非常明显，整体上为 $1\% \sim 35\%$，本次分析参考借鉴前人的研究结果（顾树松，1996），采用平均值9％。

每吨有机碳生气量（m³/t），本次资源分析主要参考生物可利用有机碳含量变化规律获得的生物气转化率。先通过酸解模拟实验获得对应深度的单位有机碳所能释放的活性有机碳数量，与浅表层单位有机碳释放活性有机碳数量差异作为生物甲烷转化部分，活性有机碳的生物甲烷转化率按照50％进行，求取源岩生物气产率剖面。其中灰色泥岩的参考地表样品的分析结果；高丰度泥岩的则参考涩23井555m样品的分析结果（图8.30）。

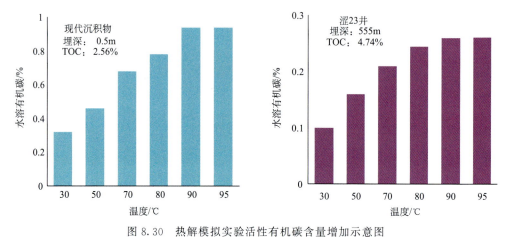

图8.30　热解模拟实验活性有机碳含量增加示意图

运聚系数综合分析前人结果，选择0.9％作为生物气运聚成藏的效率系数。

在系统研究各层段暗色源岩厚度的基础上，详细剖析高丰度泥岩的厚度分布，暗色泥岩的生气强度加上高丰度泥岩生气强度就是每层的总生气强度，第四系内的每层生气强度总和即是第四系总生气强度。这样算出第四系总生气量为898107.15×10⁸m³，总资源量约为8083×10⁸m³。

由于南斜坡区钻井较少且比较老，所有的井均无AC（声波测井）资料，无法利用测井方法重新评价沉积物的TOC含量，参考三次资评结果，资源量采用0.35×10¹² m³，则三湖地区整个第四系资源量为1.1583×10¹² m³。

三、水溶气资源潜力

（一）评价方法适用性分析及优选

通过文献调研发现目前国内外常规天然气评价方法主要涵盖4种，分别为成因法、地质类比法及统计分析方法、特尔菲法。其中成因法细分为6种，包括生烃率法、盆地模拟法、统计模拟法、有机碳质量平衡法、化学动力学法以及碳同位素物质平衡法；地质类比法则细分为3种，包括圈闭面积丰度法、储集岩体积法及资源丰度类比法；统计分析法细分为6种，包括圈闭加和法、气田规模序列法、饱和钻探法、回归分析法、统计趋势预测法及地质因素分析法。以上这些方法的适用条件是基于对未发现的、不连续气藏大小和数量的估算，不能完全适用于连续气藏。

水溶气藏属于非常规含气系统，可能大部分属于连续型气藏。文献查询发现基于连续气藏的资源评价方法主要包括 4 种：体积法、地质类比法及气藏动态平衡法、特尔菲法。所谓特尔菲法指的是对以上方法进行评估，确定各自的权重，加权确定资源量的方法，也可以理解为概率法。每种方法都有各自的适用条件。

顾名思义，气藏动态平衡法是基于对大量生产资料分析的基础上确定资源量的一种方法。客观地讲，气藏动态平衡法更加贴近地质实际情况，但是它是建立在生产数据全面并有代表性的基础上。显然在三湖地区水溶气资源量评价的初始阶段，该方法并不适用。而地质类比法主要指的是资源丰度类比，因此比较适合于初始资源量评价。体积法适合于任何阶段资源量评价。进一步的文献调研也表明类似于日本这样最早进行水溶气勘探开发的国家也是按照体积法进行资源量的评价。因此，经过筛析，确定体积法与地质类比法为三湖地区第四系水溶气资源评价的基本方法。

（二）主要计算参数

当储层中以纯粹的溶解气为主时，其体积法计算资源量公式为地层水体积与水中气体的溶解度的乘积；当储层中溶解气和游离气同时存在时，资源量相当于地层水体积与气水比的乘积，即：

溶解气资源量＝地层水体积×水中气体的溶解度；

溶解气资源量按照下述公式计算：

$$Q = H \times A \times \varphi \times S_w \times S_{(T, M, P)} \times 10^{-6}$$

式中，A 为弧形带面积（km²）；H 为有效厚度（m）；φ 为有效孔隙度（%）；S_w 为含水饱和度（%）；$S_{(T,M,P)}$ 为天然气在地层水中的溶解度（m³/m³）。

水溶气总资源量（溶解气和游离气同时存在）＝地层水体积×气水比；水溶气总资源量按照下述公式计算：

$$Q = H \times A \times \varphi \times S_w \times q_{wg} \times 10^{-6}$$

式中，A 为弧形带面积（km²）；H 为有效厚度（m）；φ 为有效孔隙度（%）；S_w 为含水饱和度（%）；q_{wg} 为气水比（m³/m³）。

1. 单元划分及含气面积确定

单元划分是准确进行资源量评价的先决条件，而水文地质分区以及构造格局是决定单元划分的决定性因素。

区域水文地质研究表明从昆仑山南斜坡至祁连山北斜坡第四系地层水分别处于急剧交替区、缓慢交替区、滞水区、局部泄水区以及缓慢交替区。除南斜坡单斜构造外，以北受新构造运动影响构造格局相对复杂。从中央凹陷至北斜坡褶皱程度逐渐增强，主要呈现为主力气田区的背斜构造带以及向北受断层控制的背斜、断鼻圈闭。为了提高资源评价精度，同时参考井控程度，平面上分为北斜坡上斜坡、主力气田区、涩东南鼻状构造带、察尔汗潜伏构造带、中央凹陷区以及勘探程度较低的南斜坡六个单元。纵向上则依据湖盆演化史结合水溶性天然气富集层位分为 $K_0 \sim K_2$、$K_2 \sim K_5$、$K_5 \sim K_{10}$、$K_{10} \sim K_{13}$ 四个单元。

　　三湖地区第四系水溶性天然气各单元有利勘探面积 26312.25km² （表 8.6），为达到准确计算资源量的目的，各单元具体计算资源量时，依据厚度及藏的类型可进一步细分单元确定含气面积。具体原则：对于岩性气藏，则严格按照井距之半或按照单位井距外推确定含气面积，而对于大面积分布的水溶性天然气藏，则考虑整个单元统一计算。

表 8.6　三湖地区第四系水溶性天然气资源评价各单元面积表

序号	单元名称	含气面积/km²	评价井数/口	序号	单元名称	含气面积/km²	评价井数/口
1	北斜坡上斜坡	4726.01	13	4	察尔汗潜伏	1297.11	6
2	主力气田区	961.95	4	5	中央凹陷区	10981.42	2
3	涩东南潜伏	1067.01	6	6	南斜坡区	7278.75	0

2. 有效厚度

　　有效厚度选值是影响体积法计算资源量精度的第二个重要参数。为使选值具有代表性，主要考虑水溶性天然气层平面及纵向分布规律作为选值依据。

　　钻探结果表明，三湖地区满盆含气，水溶性天然气气水比与构造位置关系密切，高气水比水溶性天然气主要分布在北斜坡上斜坡、主力气田区以及涩东南潜伏构造。北斜坡上斜坡和主力气田区水溶性天然气层以Ⅰ、Ⅱ、Ⅲ类为主，占比90%以上，其中Ⅰ类占比分别为22.2%、10.6%，Ⅱ类占比14.8%、23.4%；涩东南潜伏构造水溶性天然气层以Ⅱ、Ⅲ类为主，合计占80%以上，其中Ⅱ类占比26.8%；Ⅰ类仅占2.8%。纵向上，水溶性天然气层较常规气层分布范围广泛，高气水比水溶性天然气层主要分布在700m以深地层。因此为利于下步水溶气层经济评价，单元有效厚度选值的依据改变以往不分类大平均的做法而是立足分类选值，其次按照各个局部构造算术平均值后的加权平均值作为选值。如仅单一局部构造评价有水溶性天然气层，则按局部构造算术平均值进行选值。例如，$K_0 \sim K_2$ 单元，北斜坡上斜坡盐湖构造内完钻井未评价出水溶性天然气层，不计算资源量；仅在驼峰山零星解释出水溶性天然气层，则只计算井控范围的资源量。

3. 有效孔隙度

　　考虑到完钻井分布过于集中，因此孔隙度的选值除了考虑到完钻井实际解释结果，同时也充分考虑了孔隙度压实程度，继而分层系勾绘孔隙度等值线图，并在此基础上加权取值。

　　具体做法是首先在各构造内选取关键井（涩北1号：涩30/215块，涩试2/386块；涩北2号：涩6-3-3/559块；台南：5-7/627块以及涩南2井）制作孔隙度随深度变化的压实曲线；对于井控程度高的地区，单井纵向加权后取算术平均值；对于井控程度低的地区则充分考虑在孔隙度压实曲线的基础上勾绘的孔隙度等值线图，取加权平均值（表8.7）。

表 8.7　三湖地区第四系水溶气层孔隙度选值表

单元	层位	孔隙度/%	单元	层位	孔隙度/%	单元	层位	孔隙度/%
北斜坡上斜坡	$K_0 \sim K_2$	28.1~37.5	涩东南	$K_0 \sim K_2$	28.7~29.4	中央凹陷	$K_0 \sim K_2$	26.6~26.8
	$K_2 \sim K_5$	26.8~36.8		$K_2 \sim K_5$	25.7~26.2		$K_2 \sim K_5$	22.6~25.9
	$K_5 \sim K_{10}$	27.1~35.8		$K_5 \sim K_{10}$	21.8~23.5		$K_5 \sim K_{10}$	21.2~22.7
	$K_{10} \sim K_{13}$	26.8~33.6		$K_{10} \sim K_{13}$	—		$K_{10} \sim K_{13}$	19.4~20.6
主力气田区	$K_0 \sim K_2$	31.5~34.3	察尔汗	$K_0 \sim K_2$	23.9~31.4			
	$K_2 \sim K_5$	30.0~31.8		$K_2 \sim K_5$	—			
	$K_5 \sim K_{10}$	28.2~29.8		$K_5 \sim K_{10}$	—			
	$K_{10} \sim K_{13}$	26.0~27.8		$K_{10} \sim K_{13}$	—			

4. 含水饱和度

本次旨在分类进行水溶气资源量计算，因此含水饱和度选值原则由 2006 年先导试验资源量计算含水饱和度，单纯考虑第四系泥岩盖层束缚水饱和度值以及标准水层处理值，综合选取经验值的 80% 相应调整为按照单层处理含水饱和度分类后纵向加权，平面上采用算术平均的原则进行选值。表 8.8 表明含水饱和度选值为 46.8%~79.2%，

表 8.8　三湖地区第四系水溶气含水饱和度选值表

气田或构造名称	层位	类别	Sg/%	Sw/(%)	气田或构造名称	层位	类别	Sg/%	Sw/%
涩北零号	$K_0 \sim K_2$	I	46	54	伊克雅乌汝	$K_5 \sim K_{10}$	I	49.8	50.2
		II	43.5	56.5			III	38.6	61.4
		III	37.8	62.2		$k_{10} \sim k_{13}$	I	46.9	53.1
	$K_2 \sim K_5$	I	49.1	50.9			II	44.9	55.1
		II	42	58			III	39.7	60.3
		III	33.5	66.5			IV	30.8	69.2
	$K_5 \sim K_{10}$	I	46.7	53.3	台吉乃尔	$k_0 \sim k_2$	III	42.8	57.2
		II	43.6	56.4		$K_2 \sim K_5$	I	49.8	50.2
		III	32.5	67.5			II	46.5	53.5
	$K_{10} \sim K_{13}$	II	40.8	59.2			III	38.9	61.1
		III	34.1	65.9			IV	27.5	72.5
		IV	26.5	73.5		$K_5 \sim K_{10}$	I	48.5	51.5
主力气田	$K_0 \sim K_2$	III	37	63			II	43.5	56.5
	$K_2 \sim K_5$	I	47	53			III	39.6	60.4
		II	41	59			IV	28.6	71.4
		III	38	62		$K_{10} \sim K_{13}$	I	45.8	54.2
	$K_5 \sim K_{10}$	I	46	54			II	42.3	57.7
		II	40.8	59.2			III	36.5	63.5
		III	37.8	62.2			IV	20.8	79.2
	$K_{10} \sim K_{13}$	II	41.5	58.5					

续表

气田或构造名称	层位	类别	Sg/%	Sw(%)	气田或构造名称	层位	类别	Sg/%	Sw/%
涩东南	$K_0 \sim K_2$	I	48.5	51.5	驼峰山	$K_0 \sim K_2$	I	53.2	46.8
		II	43.5	56.5			II	47.3	52.7
		III	38.6	61.4		$K_2 \sim K_5$	I	51.6	48.4
		IV	33.5	66.5			II	48.2	51.8
	$K_2 \sim K_5$	I	47	53			III	31.5	68.5
		II	44.3	55.7		$K_5 \sim K_{10}$	I	49.8	50.2
		III	36.5	63.5			II	47.6	52.4
		IV	25.3	74.7			III	44.2	55.8
	$K_5 \sim k_{10}$	I	47.5	52.5			IV	27.5	72.5
		II	42.5	57.5		$K_{10} \sim K_{13}$	I	48.5	51.5
		III	35.8	64.2			III	38.9	61.1
察尔汗	$K_0 \sim K_2$	I+II	47	53	盐湖	$K_2 \sim K_5$	I	49.9	50.1
		III	37	63.6		$K_5 \sim K_{10}$	I	48.5	51.5
中央凹陷区	$K_0 \sim K_2$	I	47.5	52.5			II	44.5	55.5
		II	42.5	57.5			III	41.5	58.5
		III	40	60			IV	25.5	74.5
		IV	25.5	74.5		$K_{10} \sim K_{13}$	I	43.8	56.2
	$K_2 \sim K_5$	II	42.8	57.2			II	41.8	58.2
		III	36.8	63.2			III	37.9	62.1
		IV	28.5	71.5			IV	28.9	71.1
	$K_5 \sim K_{10}$	I	47	53	斜坡带	$K_0 \sim K_2$	II	48.6	51.4
		II	40	60			III	38.5	61.5
		III	33.5	66.5			IV	29.2	70.8
		IV	27	73		$K_5 \sim K_{10}$	I	48.5	51.5
	$K_{10} \sim K_{13}$	II	41.5	58.5			II	42.5	57.5
		III	35	65			III	36.2	63.8
		IV	25.6	74.4					

远远低于80%的单一选值，与试采及单井处理结果吻合。

5. 溶解度

大量试验数据证实，甲烷溶解度与压力呈正相关，压力越高，溶解度越大；甲烷溶解度与温度的关系比较复杂，在80℃以下，溶解度随温度的增高而降低，在80℃以上，溶解度随温度的增加而增加，当地层温度和压力很高、水的体积又很大时，则溶解于水中的天然气的储量就相当可观；天然气的溶解度还与水的矿化度有关，随含盐量增加溶解度减小，使用时需要对天然气在地层水中的溶解度进行矿化度校正。相对而言，水在高温高压和低矿化度条件下溶解的气量大，在同样条件下，对低分子烃气的溶解量大于高分子烃。

青海油田勘探开发研究院与西南石油大学 2006 年对涩 33 井（1695.7～1707.8m）取得的分离器水样和分离器气样进行不同温度下通过多级脱气实验。检测结果表明，其临界温度为 70℃。

通过对涩 33 井 5 个层组、涩科 1 井 4 个层组 9 个井下高压水样的含气量测试，得到涩 33 井前四个层地层水含气量与气水比图版拟合图（图 8.31）、涩科 1 井四个层组地层水含气量与气水比图版拟合图（图 8.32）。

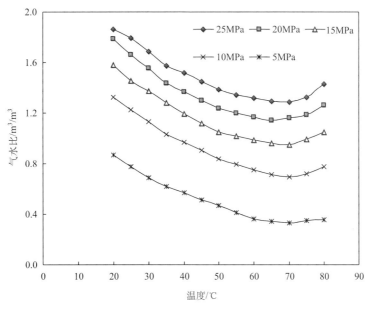

图 8.31　涩 33 井气水比（天然气溶解度）测试图版

涩 33 井前 4 个层组地层水含气量与气水比图版有一定可比性，但由于绘制图版时的地层水是根据第 I 层组的分离器水样和分离器气样配制的，且是根据多级脱气的结果绘制的，而四个层组井下水样含气量是由单脱测试得到的，因此有一定差异。第 I 层组地层水含气量略高于图版值，第 II 层组、第 III 层组与图版较一致，也略高于图版值，第 IV 层组地层水由于矿化度与温度均较低，含气量略高于图版值。总的来讲，测试的图版具有一定的参考价值。

涩科 1 井四个层组地层水含气量与气水比图版拟合情况见图 8.32。涩科 1 井 4 个层组地层水含气量与气水比图版同样具有一定的可比性。同样由于绘制图版时的地层水是根据涩 33 井第 I 层组的分离器水样和分离器气样配制，且是根据多级脱气的结果绘制的，而涩科 1 井四个层组井下水样含气量是由单脱测试得到的，因此具有一定偏差。第 I 层组、第 II 层组、第 III＋IV 层组地层水含气量均略高于图版值，第 III＋IV＋V 层组地层水含气量略低于图版值。总的来讲，测试的图版具有一定的参考价值。

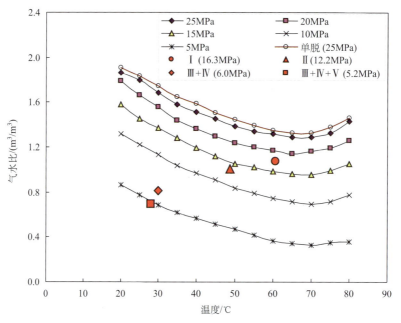

图 8.32　涩科 1 井地层水含气量与气水比图版拟合图

鉴于涩 33、涩科 1 井分析数据的误差，以及三湖整体计算水溶气资源量参数选值的代表性，本次立足三湖第四系温度、压力、地层水矿化度数据，在区温度、压力、地层水矿化度分布规律研究的基础上，采用郝石生教授根据国内外大量溶解度试验回归的溶解度经验公式逐点计算。

$$
\begin{aligned}
S_{(T,M,P)} = & -3.1670 \times 10^{-10}\,T^2 \times M + 1.1997 \times 10^{-8}\,T \times M + 1.0635 \times 10^{-10}\,P^2 \times M \\
& -9.7764 \times 10^{-8}\,P \times M + 2.9745 \times 10^{-10}\,T \times P \times M + 1.6230 \times 10^{-4}\,T^2 \\
& -2.7879 \times 10^{-2}\,T - 2.0587 \times 10^{-5}\,P^2 + 1.7323 \times 10^{-2}\,P \\
& +9.5233 \times 10^{-6}\,T \times P + 1.1937
\end{aligned}
$$

式中，S 为天然气在地层水中的溶解度（m^3/m^3）；T 为地层温度（℃）；P 为压力（$MPa \times 10$）；M 为地层水矿化度（ppm）；R 为相关系数（%）。

在不同层段、地区的地层温度、地层压力、地层水矿化度基础上，进行溶解度的计算。从结果看，各层系南斜坡溶解度均处于高值区，从而也表明南斜坡游离气少，以溶解气居多。此外，已经发现的气田或含气构造均处于溶解度低值区也一定程度表明常规气若要获得发现应主攻中央凹陷以北地区。

K_2 溶解度由南斜坡 1.7～2.1m^3/m^3 至中央凹陷 1.1～1.5m^3/m^3 到台南-涩北气田 0.6～0.8m^3/m^3，北斜坡上斜坡 0.6～0.7m^3/m^3。

K_5 溶解度由南斜坡 2.1～2.6m^3/m^3 至中央凹陷 1.2～1.9m^3/m^3 到台南-涩北驼峰山—盐湖气田 0.7～1.0m^3/m^3，北斜坡上斜坡低于 0.7m^3/m^3。

K_{10} 溶解度由南斜坡 2.2～3.1m^3/m^3 至中央凹陷 1.8～2.6m^3/m^3 到台南-涩北-驼峰山-盐湖气田 0.9～1.3m^3/m^3，伊克雅乌汝-台吉乃尔低于 0.8m^3/m^3。

表 8.9　三湖地区第四系水溶气资源量汇总表

单元	类别	总面积/km²	总资源量/10⁸m³	溶解气资源量/10⁸m³	游离气资源量/10⁸m³	资源丰度/(10⁸m³/km²)	溶解气资源丰度/(10⁸m³/km²)	游离气资源丰度/(10⁸m³/km²)
北斜坡	I	4726.01	845.78	47.61	798.17	0.18	0.17	0.17
	II		2641.07	368.85	2272.22	0.56	0.48	0.48
	III		1996.48	880.22	1116.26	0.42	0.24	0.24
	IV		3.14	3.14	0	0	0	0
	合计		5486.47	1299.82	4186.65	1.16	0.28	0.89
气田区	I	961.95	7.61	0.33	7.28	0.01	0.01	0.01
	II		9.28	1.06	8.22	0.01	0.01	0.01
	III		5.94	2.27	3.84	0.01	0	0
	IV		0.25	0.25	0	0	0	0
	合计		23.08	3.91	19.34	0.02	0.00	0.02
涩东南	I	1067.01	157.55	8.45	149.1	0.15	0.14	0.14
	II		1160.88	130.55	1030.33	1.09	0.97	0.97
	III		696.86	240.66	456.2	0.65	0.43	0.43
	IV		44.87	44.87	0	0.04	0	0
	合计		2060.16	424.53	1635.63	1.93	0.40	1.53

续表

单元	类别	总面积/km²	总资源量/10⁸m³	溶解气资源量/10⁸m³	游离气资源量/10⁸m³	资源丰度/(10⁸m³/km²)	溶解气资源丰度/(10⁸m³/km²)	游离气资源丰度/(10⁸m³/km²)
察尔汗	I	1297.11	949.81	89.57	860.24	0.73	0.66	0.66
	II		348.76	263.11	85.65	0.27	0.07	0.07
	III					0	0	0
	IV							
	合计		1298.57	352.68	945.89	1.00	0.27	0.73
中央凹陷	I	10981.4	3046.79	227.03	2819.76	0.28	0.26	0.26
	II		8725.55	1668.76	7056.79	0.79	0.64	0.64
	III		6433.8	3858.51	2575.29	0.59	0.23	0.23
	IV		1514.08	1514.08	0	0.14	0	0
	合计		19720.22	7268.38	12451.84	1.80	0.66	1.13
南斜坡	I	7278.75	12.61	12.61	0	0.002	0.002	0
	II		97.65	97.65	0	0.013	0.013	0
	III		233.04	233.04	0	0.032	0.032	0
	IV		0.83	0.83	0	0.000	0.000	0
	合计		343.3	343.3	0	0.05	0.05	0.00
	累计		28931.8	9692.62	19239.35	1.10	0.37	0.73

K_{13}溶解度由南斜坡 2.2～3.9m^3/m^3 至中央凹陷 2.0～3.5m^3/m^3 到台南-涩北-驼峰山-盐湖气田 1.1～1.7m^3/m^3，伊克雅乌汝-台吉乃尔低于 0.9m^3/m^3。

6. 气水比

目前三湖地区第四系共有 4 口水溶气先导试验井，涩 33 与涩科 1 井试采时间较短，一般不超过一个星期；相对而言，台东 2 与涩东 12 井试采时间较长，取得了稳定的气水比资料。因此对于气水比的选值只能依据现有试采数据与测井响应对应关系分类值综合确定。Ⅰ类水溶气层保守选值 20m^3/m^3，Ⅱ类水溶气层气水比选值参考台东 2 井Ⅱ类水溶气层试采气水比为 8.0 ～8.56m^3/m^3，最终选值 8m^3/m^3，Ⅲ类水溶气层气水比则取分类中值 2.5m^3/m^3，Ⅳ类水溶气层气水比保守选值 1.0m^3/m^3。

(三) 资源量

扣除南斜坡外，其余五单元一律选用体积法计算水溶气资源量。南斜坡资源量计算实际上取决于南、北斜坡地质综合评价风险系数比以及南斜坡含气面积。

整体计算三湖地区第四系各单元叠合含气总面积 26312.25km^2，总资源量 2.89×$10^{12}m^3$，溶解气资源量 0.97×$10^{12}m^3$，游离气资源量 1.92×$10^{12}m^3$，总资源丰度 1.10×$10^8 m^3/km^2$，溶解气资源丰度 0.37×$10^8 m^3/km^2$，游离气资源丰度 0.73×$10^8 m^3/km^2$（表 8.9）。

其中，北斜坡上斜坡总资源量占比 18.96%，游离气资源量占比 21.76%；主力气田区总资源量占比 0.08%，游离气资源量占比 0.1%；涩东南潜伏构造总资源量占比 7.12%，游离气资源量占比 8.5%；察尔汗潜伏构造总资源量占比 4.49%，游离气资源量占比 4.92%；中央凹陷总资源量占比 68.16%，游离气资源量占比 64.72%；南斜坡整体溶解度偏高，所以只计算溶解气资源量，占比 1.19%。

总资源量中，Ⅰ类水溶气资源量 5020.15×$10^8 m^3$，占比 17.35%；Ⅱ类水溶气资源量 12634.43×$10^8 m^3$，占比 43.67%；Ⅲ类水溶气资源量 9714.88×$10^8 m^3$，占比 33.58%；Ⅳ类水溶气资源量 1562.34×$10^8 m^3$，仅占 5.4%。

第九章　生物气成藏条件与主控因素

相对于热成因气而言，生物气形成的最大特点就是对沉积环境的要求更高。概括起来三湖地区七个泉组和狮子沟组具备适宜细菌生存繁衍的环境空间，充足持久的气源条件，最佳的生储盖组合，适时的圈闭条件及良好的保存条件造就了大型生物气田群。

第一节　生物气储盖层特征

一、生物气储层特征

柴达木盆地三湖拗陷第四系为湖泊沉积体系，由于受第四纪冰期、间冰期的影响，湖水进退频繁。纵向上，表现为滨浅湖、半深湖相的交替；横向上，砂体以席状滩坝砂体为主导，一般具有分布较广、岩性偏细的特点。加之沉积水体的频繁进退且处于早期成岩阶段，所以储层又具有结构疏松、原生孔隙发育、单层厚度小、发育层数多的特点。三湖拗陷第四系自上而下均为砂泥质沉积的薄互层，极少见到纯砂岩层和纯泥岩层，并且普遍具有纵、横向非均质性。对于多数砂、泥过渡类岩层来讲，既不是绝对的储层也不是绝对的盖层。岩性、物性相同的沉积地层，在不同的构造部位或不同的沉积层段，往往既可能成为储层也可能成为盖层。即储层和盖层是相对的。

（一）岩石矿物学特征

三湖拗陷生物气储层类型有细砂岩、含泥粉砂岩、泥质粉砂岩和鲕粒砂岩。根据筛析粒度定名的统计结果，细砂岩约占 12％、含泥粉砂岩约占 39％、泥质粉砂岩约占 18％、泥岩约占 31％。可见储层碎屑粒级主要为粉砂，其次为细砂。按岩屑成分分类，砂岩主要为岩屑长石砂岩及长石岩屑砂岩。稳定组分石英含量低，而不稳定组分长石、岩屑含量高，说明该区储层岩石的成分成熟度较低。碎屑颗粒以次棱、次圆-次棱为主，基本属于中等磨圆。颗粒接触关系以点、点-漂浮式为主，胶结类型为孔隙、孔隙-基底型为主，结构成熟度中等。岩石的胶结物含量平均为 14.0％，成分主要为方解石、白云石等碳酸盐矿物。

（二）成岩作用

根据钻井、测井及分析化验资料综合分析，三湖拗陷生物气分布区带地层仍处于早期成岩阶段。主要表现为：①岩石固结程度低，原生孔隙大。300m 以上所取岩心基本上为淤泥或散砂，1000m 以下岩心中才可见到明显的砂、泥岩层。砂岩、泥岩的孔隙度都很大，平均在 30％以上，最大达 46.0％，1700m 以下孔隙度逐渐变小，但仍保持在 24％以上。说明成岩作用程度低，是弱成岩作用的典型代表。②古生物碳化和有机质演化程度低。埋藏在 K_{10} 标准层之下的动植物残体有一定程度的碳化，K_{10} 标准层以上动植物残体碳化程度均很低。同时镜质体反射率 R_0 普遍小于 0.47%，属于早期成岩作用阶段。

（三）储层物性特征

岩石物性分析结果表明，储层孔隙度较高，具有很好的储集物性。

由于处于成岩早期阶段，生物气储层普遍具有很高的孔隙度。无论是泥质细砂岩，还是泥质粉砂岩，孔隙度主要分布在 $25\%\sim40\%$ 的范围（图 9.1），是我国已知大中型气田中最高的。在纵向上，受压实作用的影响，砂岩、粉砂岩、泥质粉砂岩的孔隙度与埋藏深度之间同样存在类似的线性关系，每百米埋深的孔隙度变化量在 1% 左右，埋深 500m、1000m、1500m 的平均孔隙度亦在 35%、30%、25% 上下。

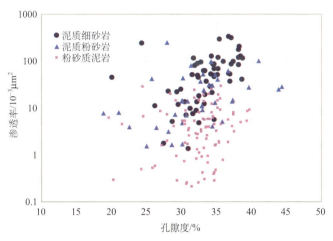

图 9.1　不同岩性岩心的孔隙度-渗透率关系

不同岩性储层的孔隙度非常接近，但渗透率却有较大差异。岩石渗透率的大小取决于泥质含量，泥质含量越低则渗透率越高。

泥质细砂岩渗透率一般在 $100\times10^{-3}\mu m^2$ 左右，泥质粉砂岩多在 $10\times10^{-3}\mu m^2$ 左右。粉砂质泥岩渗透率一般在 $1\times10^{-3}\mu m^2$ 左右。

根据孔隙度、渗透率划分标准，总体而言，柴达木盆地东部第四系生物气储集层应属于高孔中低渗储层。

（四）储层分布特征

三湖生物气储层以滨浅湖滩坝砂体为主，分布广泛。目前区内的钻井显示均具有较好的储层条件，砂质岩约占地层厚度的 $16\%\sim28\%$（表 9.1），纵向上一般具有 $200\sim 300m$ 的累计厚度。即使靠近湖泊中心，如聂深 1 井砂质岩比例仍然可达 16.74\%。横向分布稳定，主要砂层都可在几十公里范围内追踪。

勘探证实粉砂岩和泥质粉砂岩是区内第四系最常见的产气储层，它们不仅具有很高的孔隙度，而且有较好的连通性和优质的孔喉配置。但是受多变沉积条件影响，这些砂质岩多以1～3m的薄层与泥岩呈间互层出现，储集层单层厚度分布见频率图（图9.2）。

表9.1　柴达木盆地第四系涩北组砂质岩统计表

构造	井号	统计井深 /m	砂质岩		泥质岩		（砂质岩/泥质岩）/%
			厚/m	%	厚/m	%	
台南	台南中4	800～2112.5	314	23.92	998	76.08	31.46
	台南中5	700～2080	363.5	26	1020	73.91	35.64
涩东	聂深1	1026～2546	255.5	16.74	1253	82.43	20.27
	涩东11	830～2434	396.5	25.68	1208	75.32	32.82
驼峰山	驼中1	159～1156	176	17.65	815.5	81.75	21.58
台吉乃尔	台中1	135.5～1324	236.5	19.89	925.75	77.81	25.57
驼西	驼西1	492～1727	313	25.39	922	75.61	33.95
涩北一号	涩19井	500～1695	330	27.62	865	72.38	38.15
涩北零号	涩深11	589.5～1959	300	21.89	1369.5	78.11	21.91

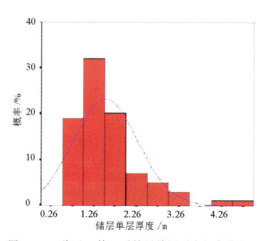

图9.2　三湖地区第四系储层单层厚度频率分布图

（五）新近系狮子沟组储层条件

三湖地区 N_2^3 层段的岩比统计表明，储层岩性为粉砂岩和泥质粉砂岩。孔隙度主要为15%～30%，渗透率主要为（10～100）×$10^{-3} \mu m^2$，储层类型主要为高孔中低渗。由区域探井岩性数据可知（表9.2），凹陷中心向边缘地区，砂质岩厚度逐渐增大，最大砂质岩单层厚度可达9m，一般为2～5m。

表 9.2　三湖地区主要探井 N_2^3 层段砂质岩厚度统计表

构造名称	井名	N_2^3 地层 厚度/m	N_2^3 砂质 岩厚度/m	占地层厚度 百分比/%
伊克雅乌汝	伊深 1 井	1329.5	584	43.9
南陵丘	陵深 1 井	930	133	14.3
红三旱四号	红四 1 井	878	39	3.3
红三旱三号	旱 2 井	1220.5	14	1.2
落雁山	落参 1 井	1291	303	25.4
台吉乃尔	台吉 1 井	1271.27	130	10.2

二、生物气盖层特征

柴达木盆地第四系地层埋藏浅，成岩作用差，气藏中的天然气很容易通过断裂或扩散形式散失。因此，保存条件对该区生物气的成藏至关重要。一直以来，对该区的封盖机理和保存机制给予了广泛的关注，并做了大量工作。总结该区生物气能够保存的特殊盖层封盖机制是：饱含高矿化度地层水会极大提高泥岩的封盖能力；泥岩盖层中孔隙流体压力同下伏气藏压力值很接近，使渗漏机制受抑制；源岩与盖层的二位一体可形成烃浓度封盖，减弱了天然气垂向运移。

（一）盖层岩性特征

三湖地区盖层主要是浅湖相、半深湖相泥岩，包括含砂泥岩、砂质泥岩和泥岩。湖相泥岩主要有两类：一类是均质性较好的泥岩，质纯、无层理或具隐层理，常具有较高的突破压力，属于好盖层。另一类是泥灰岩，均质程度较高，具泥质结构、无层理，泥晶方解石含量 30%，黏土矿物含量 40%，该类岩石虽然性较脆，但在埋藏浅、地层温度和压力都较低的情况下不足以产生微裂隙，故也可作为良好的盖层。

（二）盖层物性特征

1. 孔隙度

通过系统取心实测，涩北组泥岩孔隙度与埋深有线性相关关系（图 9.3），线性关系大致可确定为：φ（%）$= 39.5 - 0.0105H$（m），平均每百米孔隙度变化量约 1% 左右，500m 埋深的平均孔隙度在 35% 上下，1000m 埋深为 30% 左右，埋深 1500m 时亦在 25% 上下。

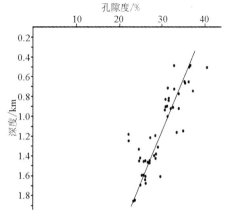

图 9.3　第四系泥岩孔隙度
与埋藏深度关系图

2. 渗透率

对比发现，不同岩类的岩心分析渗透率差异极大（图9.4、图9.5）。依泥岩、砂质泥岩、泥质粉砂岩、粉砂岩的顺序，岩心分析渗透率依次按10倍的比例增大，纯泥岩与纯砂岩的渗透率相差竟达1000倍以上。由此可见，砂岩储层与泥岩盖层的差异主要来自渗透率的差异，渗透率的大小才是决定砂岩储层储集性能好坏和泥岩盖层封盖能力大小的关键参数。

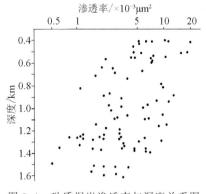
图9.4　砂质泥岩渗透率与深度关系图

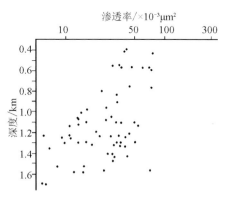
图9.5　泥质粉砂岩渗透率与深度关系图

（三）盖层封盖机理

柴达木盆地生物气藏的埋深从52m（盐湖）至2011m（台南），基本属于浅层气藏。由于时代新，埋藏浅，作为盖层的泥岩成岩作用很差。以高孔隙、大孔径为特征的第四系泥岩盖层能够封闭住生物甲烷气，是因为具有其独特的封闭机理和特定的地质条件。三湖地区生物气盖层物性封闭、饱含地层水封闭和烃浓度封闭三种主要的封闭机理同时存在，互相补充配合，使柴达木盆地第四系生物气的保存条件优良，可以形成高丰度的天然气藏。

1. 岩性-物性差异封闭

储—盖层孔隙结构差异是柴达木盆地第四系生物气保存的最重要条件。三湖地区第四系生物气盖层主要为泥岩，储层为粉砂岩，孔径至少相差一个数量级。三湖地区第四系砂质岩不仅有相对较大的孔隙空间，并且有相对较粗的孔喉通道，而泥岩无论孔隙还是喉道都要细小得多。虽然泥岩的孔隙直径比其他地区的盖层要大，但相对于下伏的粉砂岩储层，孔径至少相差一个数量级，在含气储层和盖层的界面，就会产生一个向下的毛细管力 ΔP_c：

$$\Delta P_c = 2\gamma\left(\frac{1}{r_{盖层}} - \frac{1}{r_{储层}}\right)$$

式中，γ 为气-水界面表面张力；$r_{盖层}$ 和 $r_{储层}$ 分别为泥岩盖层和砂岩储层的孔喉半径。当毛细管力 ΔPc 大于储层中天然气的剩余压力时，天然气被封闭；反之，则发生天然气穿过盖层的运移。

2. 饱含地层水封闭

三湖地区第四系岩心样品，采用干样进行测量，突破压力只有 0.02～0.2MPa，同等样品，饱和煤油后，突破压力已达到 0.3～0.8MPa，提高了几倍乃至几十倍。同样的样品在饱和盐水后，突破压力进一步大幅度提高。在表 9.3 所列的实验数据中，泥岩饱和盐水后的突破压力可以达到 2～4MPa。

三湖地区第四系地层的含水饱和度很高，地层水的矿化度也很高。在图 9.6 中，柴达木盆地第四系三个气田和一个含气构造地层水的矿化度很高，大部分在 100000mg/g 以上，达到了卤水的级别。地层水盐度增加了浅层泥岩封盖性，为大气田的良好保存提供了条件。含高盐度地层水，可以大幅度提高突破压力。

表 9.3　地层水矿化度对泥岩封盖性能的影响

井号	井深/m	层号	岩性	渗透率/$\times 10^3 \mu m^{-2}$	孔隙度/%	密度/(g/cm³)	饱和煤油突破压力/MPa	饱和盐水突破压力/MPa
涩中 6	760	K_4	泥岩	2.22	33.6	1.81	0.2	3.0
涩中 6	832	K_4	泥岩	0.059	37.3	1.72	1.0	4.0
涩中 6	1058	K_6	泥岩	0.059	29.5	1.93	0.5	4.0
台南 5	1436	K_6	泥岩	0.260	28.5	1.95	0.2	2.0

注：饱和盐水为标准盐水，矿化度为 80000ppm。

3. 烃类浓度封闭

湖相暗色泥岩不仅是三湖地区第四系生物气的良好盖层，同时也是三湖地区第四系生物气的主要源岩层，长久的生化产甲烷作用，持续产生大量的生物甲烷气，在为生物气的动态成藏持续提供稳定气源的同时，也在源岩内部形成了一定的生物气浓度，生物气的初次运移便是浓度扩散的产物。产自源岩的生物气由高浓度区向低浓度区的扩散，对下伏气藏的纵向逸散无疑会形成一种有效的抑制，形成三湖地区第四系高孔隙泥岩盖层的烃类浓度封闭。

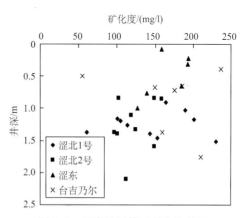

图 9.6　三湖地区第四系生物气田

（四）狮子沟组生物气盖层评价

通过对第四系封盖机制的研究，认为湖相沉积的新近系狮子沟组，其封闭机制与第四系具有一定的相似性，主要为岩性封闭和烃浓度封闭。

根据伊克雅乌汝构造伊深1井的薄片数据，岩性整体偏细，泥质岩主要由黏土矿物组成。泥质岩中黏土矿物可塑性和吸水膨胀性，使泥岩孔隙结构发生变化，增强了毛细管排替压力，提高了盖层的突破压力，从而增强了盖层的物性封闭能力。同时新近系狮子沟组由于湖水的频繁进退，在纵向上形成了砂泥岩互层剖面，这样在每一储集层之上均有直接盖层分布，同时第四系巨厚的泥质岩沉积可提供极好的区域盖层，因此三湖地区狮子沟组的盖层条件对下伏储层中的天然气同样是较为有利的。

第二节　气藏圈闭特征

一、圈闭特征与评价

勘探实践表明，三湖拗陷可能存在三种类型的生物气有利圈闭。一是背斜圈闭：包括台南、涩北、伊克雅乌汝、台吉乃尔、盐湖、驼峰山等。其中位于三湖北斜坡内带的台南、涩北背斜构造由于受构造运动的影响相对较弱，构造幅度较小，无断层发育，圈闭完整；位于三湖北斜坡外带的伊克雅乌汝、台吉乃尔、盐湖、驼峰山背斜构造，由于受构造运动的影响较强，构造幅度较大，断层较为发育，圈闭多为断背斜。二是发育于构造背景上的岩性圈闭：主要分布于台东、涩东、驼西、盐西等鼻状构造或斜坡上，其类型为岩性透镜体，上倾方向岩性或物性尖灭体，其中台东、驼西已发现了此类岩性气藏。三是分布于中央凹陷和南斜坡的三角洲前缘砂体或坍塌砂体，目前尚处于探索阶段。

二、典型生物气藏解剖

柴达木盆地三湖地区已发现生物气藏基本有三种类型赋存于第四系七个泉组和新近系狮子沟组。第一种为完整型背斜气藏，以台南、涩北第四系生物七个泉组气田为代表；第二种为被断层复杂化的背斜气藏，以驼峰山、盐湖第四系七个泉组生物气田和伊克雅乌汝新近系狮子沟组生物气藏为代表；第三种为岩性气藏，以台东鼻状构造气藏为代表。

（一）台南气田

台南气田位于柴达木盆地三湖拗陷区中央凹陷带的台南潜伏隆起带。1987年经地震解释发现台南潜伏背斜构造，当年上钻台南1井在第四系获得高产工业气流。已累计探明天然气地质储量 $951.62 \times 10^8 \mathrm{m}^3$，探明天然气可采储量 $602.86 \times 10^8 \mathrm{m}^3$，预测天然气地质储量 $152.02 \times 10^8 \mathrm{m}^3$，预测天然气可采储量 $81.89 \times 10^8 \mathrm{m}^3$。

1. 气田的构造简况

通过高分辨率二维地震剖面的精细解释，确认台南构造为一近东西走向的完整潜伏背斜，构造形态落实，圈闭完整。背斜构造两翼地层倾角低缓，东、西两端地层倾角基本一致。地震 T_0^5 标准层圈闭面积 43.0km²，闭合度 60m，长轴 15.8km，短轴 7.4km，地层倾角南翼 1.42o，北翼 1.67o（图 9.7）。上下各层构造高点没有明显变化，基本位于台南 5 井附近（表 9.4）。构造发育史研究表明，台南构造为第四系同沉积构造，既无剥蚀，也无断裂，是最具代表性的完整型背斜生物气藏。

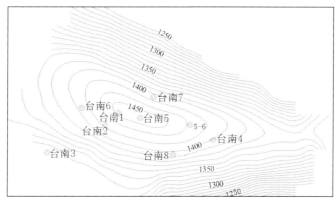

图 9.7　台南气田地震反射 T_0^5 层构造图

2. 气层分布状况

台南气田气层分布于 307.5～2057.5m 井段，集中分布于涩北组（Q_1）中部 K_2～K_{10} 标准层之间约 800m 井段中。根据地层沉积、气层分布、气水关系特征，将台南气田气层划分为六个气层组。

表 9.4　台南气田构造圈闭要素表

层　位	圈闭面积/km²	闭合度/m	高点海拔/m	地层倾角/°
T_0^1（K_1）	37.1	40	1990	S1.2　N1.6
T_0^3（K_3）	36.7	40	1660	S1.3　N1.6
T_0^5（K_5）	43.0	60	1440	S1.4　N1.6
T_0^7（K_7）	42.9	60	1170	S1.4　N1.7
T_0^9（K_9）	55.0	65	1035	S1.6　N1.7
T_0^{11}（K_{11}）	62.8	65	825	S1.6　N1.7
T_0^{13}（K_{13}）	55.3	55	615	S1.6　N1.8

整体而言台南气田气层分布具有分布井段长、层数多、单层厚度小、累积厚度大等特点。气藏的分布主要受构造控制，气层分布表现为构造高部位气层多、累计厚度大，

边部气层少、累计厚度小。气藏分布也受湖相泥质气源岩、盖层的控制，泥岩沉积越发育，气藏分布就越集中；泥岩沉积厚度越大，气藏的含气丰度就越高。气藏的分布还受储盖层物性差异的影响，储盖层物性差异愈大，气藏含气丰度愈高，产能愈大。

3. 构造发育历史

台南构造为第四系同沉积构造。从图9.8可以看出，第四纪初期，台南已有构造上隆趋势，第四系底界的 K_{13} 标准层已有了3m的隆起幅度，高点在台南5井附近；其后，由于受区域构造振荡运动的影响，高点曾多次发生转移；K_5 沉积末期，台南5井已比边部的台南中3井相对上升了9.5m，到 K_3 末两井之间的升降幅度已达25m；K_1 沉积后，构造高速发展并趋于定型，现今台南5井与台南中3井 K_9 层幅度差已达到108.5m。生物气生成较早，地层沉积后不久，埋藏较浅时即可大量生成。适时的同沉积构造的出现，可以使早期生成的生物气在圈闭中聚集，也为以后气藏的大规模聚集打下了基础。

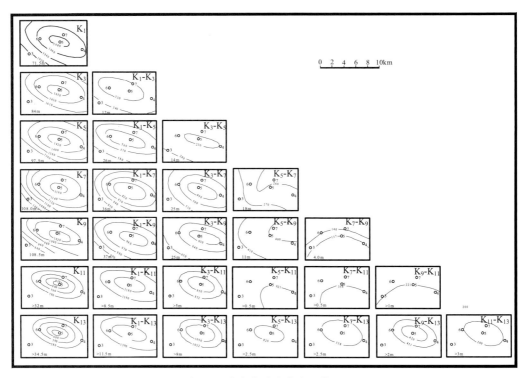

图9.8　台南构造发育史宝塔图

(二) 盐湖气田

盐湖构造位于柴达木盆地三湖拗陷北斜坡。1956年发现地面构造，1958年首钻盐深1井获工业气流发现盐湖气田。1974年申报叠合含气面积6.0km^2，天然气地质储量1.87×10^{8}m^3；2007年盐14、盐16井相继获工业气流，通过多井对比解释和四性关系研究，圈定含气面积 10.9km²，计算天然气地质储量 33.18×10⁸m³。

1. 气藏构造简况

盐湖地面构造为不对称穹窿背斜，构造走向北西西，东西长 20～22km，南北宽 8～10km，闭合面积 150km²，闭合度 300m。北翼陡（4°～8°）南翼缓（3°～6°），轴部宽平（1°～2°），东端倾角 2.5°，西端倾角 2.0°，构造主体部位完整（图 9.9），仅东端有 5 条北北东向正断层发育，断层倾角 70°～88°，断距 8～12m，最大 36m，延伸 1～2km。据地震资料解释成果，盐湖地区总体被盐北断裂分为南北两部分，即断裂以北的盐湖凹陷和断裂以南的盐湖背斜构造。盐北断裂为西北-东南走向的南倾逆断层，由基岩一直延伸到第四系 K₆ 标准层以上，第四系最大垂直断距约 250m。盐湖构造上缓下陡、上大下小、顶薄翼厚，为典型的同沉积背斜，构造北陡南缓，与地面构造特征一致，构造主体圈闭完整，闭合幅度较小，闭合面积较大，较有利于形成自生自储的生物气藏（表 9.5）。

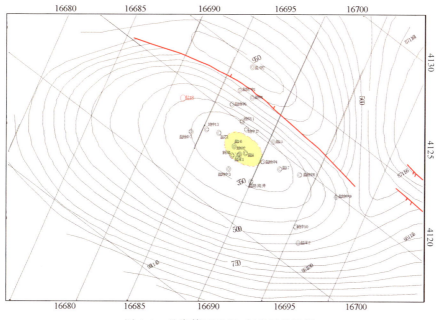

图 9.9　盐湖第四系 K₆ 标准层构造图

表 9.5　盐湖构造第四系圈闭要素表

层位	圈闭类型	圈闭面积 /km²	闭合幅度 /m	高点埋深 /m	轴长/km		地层倾角/°	
					长轴	短轴	南翼	北翼
T₀³（Q₁₊₂上）	背斜	107.55	250	150	18.5	7.4	3	8
T₀³（Q₁₊₂中上）	背斜	108.28	250	300	18.0	7.4	5	9
T₀³（Q₁₊₂中）	背斜	99.66	350	450	17.5	7.4	7	10

2. 气层分布状况

从盐 14 井、盐 16 井气层分布及气水关系剖面看，总体上，气层分布主要受构造控制，气层分布仅局限于构造高点附近的较小范围内。气藏的横向分布主要受构造控制，构造高部位气层多、厚度大，低部位气层少、厚度小；气藏的纵向分布则主要受泥岩盖层控制，盖层厚度大、质量好，则下伏气藏规模大、丰度高，反之，则下伏气藏规模小、丰度低。此外，气藏剖面上存在少量岩性尖灭气藏，说明岩性对气藏分布也有一定的控制作用。

盐湖气田气层（盐 14 井）分布于 61～421m 井段中，可大致划分为 8 个气水系统，呈现出含气井段长、气层数目少、发育层段相对集中的空间分布特征（图 9.10）。

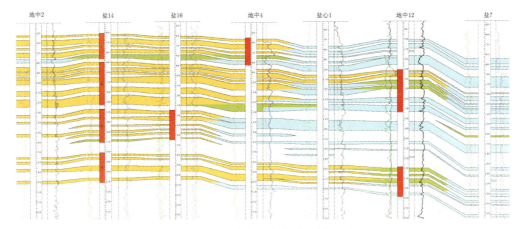

图 9.10　盐湖气田气水关系剖面图

3. 构造发育历史

经地震精细解释，盐湖构造上缓下陡、上大下小、顶薄翼厚为典型的同沉积背斜。Q_{1+2} 和 N_2^3 地层为背斜圈闭，圈闭完整可靠，幅度较小，面积较大，对于形成自生自储的生物气藏较为有利；盐湖构造 N_2^2 末期开始发育雏形，N_2^3 时期到 Q_{1+2} 时期，构造大幅度隆起并最终发育定型。Q_{1+2} 与 N_2^3 地层源岩发育与构造形成同步，时空配置条件较好。

（三）伊克雅乌汝含气构造

伊克雅乌汝构造北邻伊北生烃凹陷，南接台吉乃尔气田，东西方向分别为与南陵丘构造和鸭湖构造相接。1956 年地面调查发现。1976～1977 年先后钻浅井 3 口，井深均在 1000m 左右，第四系多次见到气显示，但未获工业气流。2000 年钻探伊深 1 井在新近系 N_2^3 层段获得工业气流，日产气量达 82200m³，当年提交天然气预测地质储量 295.48×10⁸m³，2003 年申报叠合含气面积 6.3km²，天然气控制地质储量

$121.03 \times 10^8 m^3$。

1. 气藏构造简况

K_3 和 K_5 标准层的圈闭面积分别为 178.9km² 和 176.7km²（表 9.6），但高点埋深很浅，只有 0m 和 220m（图 9.11）。第四系 Q_{1+2} 底背斜圈闭面积 162.2 km²，高点埋深也只有 370m，成藏条件较差。古近系和新近系圈闭面积较小，N_2^3 背斜圈闭面积 124.0km²，高点埋深 1800m，闭合度 680m，具有较好的成藏条件。在 N_2^1 及其以下地层有深层逆断层发育，断至 N_2^1 顶部和 N_2^2 底部。而且在 N_2^2 地层以下，构造高点埋深超过 3600m，不具备形成生物气藏的条件。

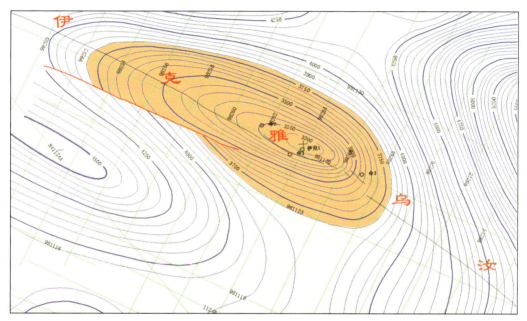

图 9.11　伊克雅乌汝 T_2' 构造图

2. 气层分布状况

伊克雅乌汝生物气藏的气层纵向上分布在 1050m 至 1400m 的井段中，可大致划分为五个气水系统，呈现出含气井段长、气层数目少、发育层段相对集中的空间分布特征（图 9.12）。

N_2^3 地层在三湖地区发育了砂质岩集中段，伊深 1 井 1050～1400m 储层发育，并且在试气过程中证实了 6 层气层和 1 层气水同层。

3. 构造发育历史

伊克雅乌汝构造形成于喜马拉雅构造运动中期，上新世（N_2^2）开始发育构造雏型，到第四纪发育完成。构造主体部位表现为顶薄翼厚，为典型的同沉积构造。伊克雅乌汝构造第四系为较完整的大型背斜构造。

表 9.6 伊克雅乌汝构造圈闭要素表

层位	圈闭类型	最大圈闭线深度/m	圈闭面积/km²	高点埋深/m	闭合度/m
K_3	背斜	450	178.9	0	450
K_5	背斜	725	176.7	220	505
Q_{1+2} 底	背斜	930	162.2	370	560
N_2^3 底	背斜	2480	124.0	1800	680
N_2^2 底	背斜	3800	75.0	3160	640
N_2^1 底	背斜	5900	84.9	5140	760

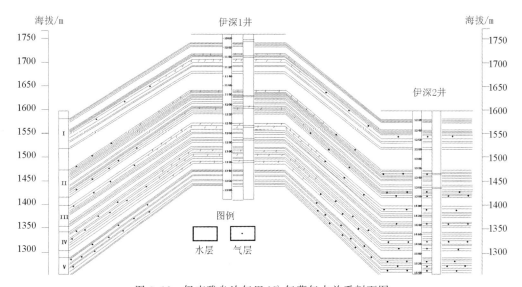

图 9.12 伊克雅乌汝气田 N_2^3 气藏气水关系剖面图

(四) 台东鼻状含气构造

台东鼻状构造是发育于三湖拗陷区的一个大型潜伏鼻状构造，位于台南和涩北气田之间。2007 年根据地震异常部署钻探了台南 9 井。台南 9 井钻进中气显示强烈，1814.3~1827.0m 井段试气获得工业气流，通过地层精细对比及区域地质认识，认为台南 9 井产气层段为发育于构造背景上的岩性气藏，从而拉开了三湖地区第四系岩性气藏勘探的序幕。2009 年底共完钻探井 10 口，申报预测天然气地质储量 268.56 × $10^8 m^3$，天然气可采储量 147.45× $10^8 m^3$ （图 9.13）。

1. 构造简况

2009 年利用钻井、高精度地震测线结合地震解释与地质研究成果，对台东地区构

造精细解释，构造更加落实可靠。确认台东鼻状构造为一近东西向鼻状隆起，构造形态
落实，西端以倾没端与台南气田相连，东端与涩北气田相接，无断层发育。构造两翼地
层倾角较陡，K_9标准层倾没端埋深 1800m，构造幅度 325m，倾向 275°，倾没方向地层
倾角 1.05°。

2. 气层分布状况

台东第四系气藏主要分布于 K_3～K_{11} 标准层之间（图 9.14）。根据地层沉积、气层
分布、气水关系特征纵向上划分为 3 个单元（表 9.7）。第 I 单元：位于 K_6 标准层以
上，最高气层井涩 34 井，最底气层井涩深 12 井，气层分布井段 902.5～1257.5m。横
向上气层分布偏向于构造轴向北边，集中于涩 34、台东 1、涩深 11 井区；纵向上分布
于 K_3～K_4 标准层之间。

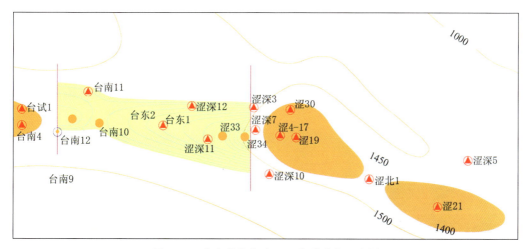

图 9.13　台东鼻状构造 Q_{1+2} 气藏含气面积图

整体而言，台东 Q_{1+2} 气藏气层横向上主要分布于构造上倾方向，台东鼻状构造背
景上越接近涩北气田的井区，气层层数越多，有效厚度越大；纵向上气层分布于第四系
K_3～K_{11} 标准层之间，但集中于 K_9～K_{10}、K_3～K_5 标准层之间。气藏的分布主要受岩
性和物性控制，砂体表现为构造背景上的岩性透镜体或上倾方向岩性、物性尖灭砂体。

表 9.7　台东鼻状构造 Q_{1+2} 气藏计算单元划分表

气藏	计算单元	气藏底界/m	气藏顶界/m	气藏分布相对位置	最低气层井	最高气层井
台东	I	1257.5	902.5	K_6 标准层以上	涩深 12	涩 34
	II	1507.6	1200.2	K_6～K_9 标准层之间	涩深 12	涩 34
	III	1947.5	1459.1	K_9 标准层以下	台东 2	涩 34

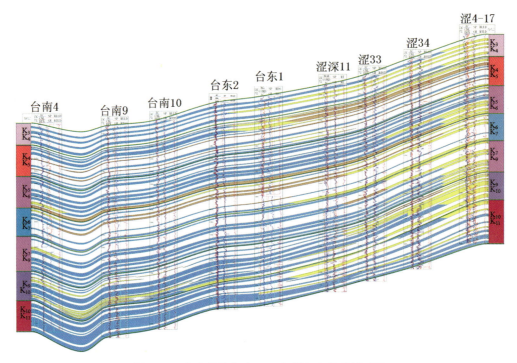

图 9.14　台东鼻状构造 Q_{1+2} 气藏气水关系剖面图

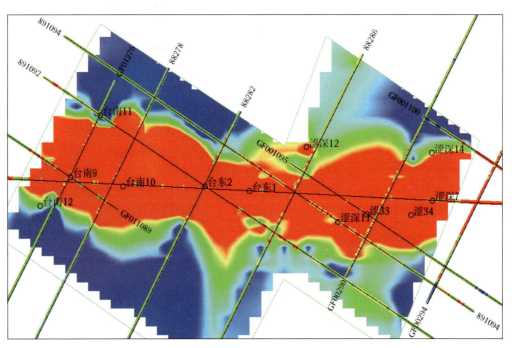

图 9.15　台东鼻状构造 Q_{1+2} 地震频率异常范围图

3. 台东地震异常范围

三湖地区第四系地层弱成岩、砂泥岩薄互层、砂层和泥岩孔隙度接近。生物气持续排烃、动态成藏的基本地质特征使三湖第四系地层整体含气，成为一个巨大的"滤波器"，因此对地层中气丰度的高低最敏感的属性是频率属性，地震振幅及相位信息对地层岩性及流体变化敏感性差，在时间剖面上高频背景下的低频特征就可能是气藏的响应。通过对台东 GF01276、88278、88282、88286、GF00290、GF00294 及台南 GF01274 和涩北 GF00298 等 8 条地震主测线，台南、台东、涩北 GF011080、GF011089、891092、891094、GF001095、GF001100 等 6 条地震联络测线进行低频特征分析（图 9.15），认为台南背斜构造、台东鼻状构造、涩北背斜构造第四系整体含气，含气面积叠合连片，台东地区 I 类地震异常面积约 100km^2。地震含气检测进一步证实了台东第四系岩性气藏的可靠性。

第三节 成藏模式与主控因素

一、生物气运移方式

由于特殊的地质条件，三湖地区生物气存在两种主要运移方式：垂向运移和横向运移。垂向运移和横向运移组合作用是形成大规模生物气藏的基础。

1. 垂向运移

疏松、未成岩的砂泥岩交互沉积，是三湖地区第四系气藏的重要特征，泥质岩既是下伏地层的直接盖层又是上覆地层的烃源岩，泥质岩生成的生物气受到上覆盖层遮挡而在储层中聚集。此时气藏压力小于盖层毛管压力，随着聚集规模的不断增大，当气藏压力大于盖层毛管压力时，气藏突破盖层的封闭，生物气向上一个储层运移，气藏压力随之下降，此时气藏压力与盖层毛管压力相当，气藏内部形成新的平衡，垂向运移是天然气运移最主要的方式。

2. 侧向运移

当存在水势坡度降时，地层中就会有水动力流动循环系统存在。三湖地区的中部深拗陷区有利于生气，形成生物气并溶于水中。淡水、高压地层水携带生物气向北斜坡上倾方向运移，由于压力减少、矿化度增高，地层水溶解度减少，天然气析出，在三湖拗陷北斜坡析出生物气并聚集成藏（图 9.16）。该动态过程是较长时间的持续过程，并且溶解气析出位置较为集中，所以对附近的圈闭聚集天然气成藏有较高的效率。

三湖地区流体势差（图 9.17）的存在，也是天然气往南北斜坡运移的动力。两种运移方式的共同作用，是三湖地区形成涩北一号、涩北二号和台南三个大型生物气田的关键。

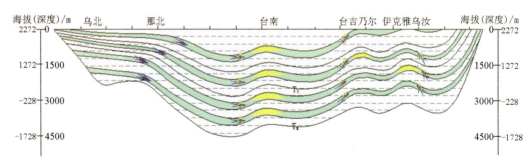

图 9.16　三湖地区南北方向上地层水运移示意图

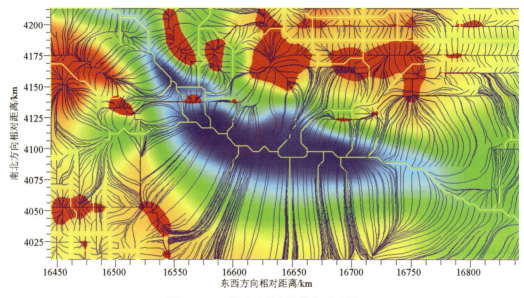

图 9.17　三湖地区现今流体势平面图

二、生物气成藏模式

三湖地区第四系处于浅埋藏成岩早期阶段,具有成岩性差、高孔隙度、大孔径、低突破压力的特点,盖层封闭能力普遍较差。然而,台南、涩北一号、涩北二号等大型气田群及盐湖、驼峰山、伊克雅乌汝、台吉乃尔等中小型气田群的客观存在,证明必定有其独特的封闭机理、独特的成藏机制、独特成藏模式,即持续生烃、早期聚集、动态平衡。

(一) 持续生烃

三湖地区生物气源岩持续生烃有两方面的含义:一方面指时间上的连续性,由于生物气源岩本身的生气特性,地层接受沉积后,只要环境适宜于产甲烷菌及其他厌氧菌群，产甲烷活动便开始，一套气源岩从埋藏初期至深埋阶段，本身具有连续生成生物气的能力；另一方面指空间上的连续性，与常规热成因气以单一的一套源岩为主不同，三湖地区从浅至深发育多套源岩，在空间上构成连续性，为生物气的连续生成奠定了丰富的物质基础（图 9.18）。

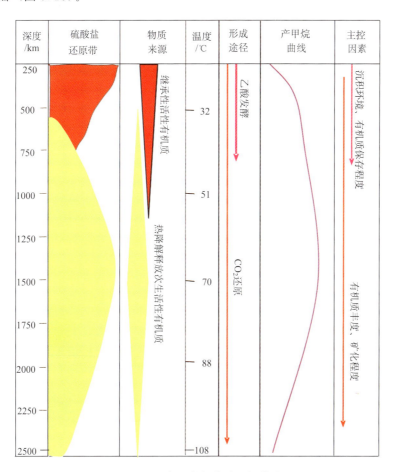

图 9.18　三湖生物气持续生烃模式图

　　三湖地区岩心细菌调查分析（表 9.8），产甲烷菌和其他厌氧菌即可以在第四纪地层中生存繁衍，也可以在新近系中存活；产甲烷菌和其他厌氧菌即可以生存于现代湖底淤泥的无氧环境中，也可以繁衍于新近系 2500m 深度的地层。涩北一号和二号构造间的鞍部涩北 1 井，从浅到深均检测到丰富的微生物存在。即使 2400m 的新近系，温度已经达到 101℃ 的高温环境仍检测到一定丰度微生物存在。利用细菌细胞膜磷脂酸分析结果证明，其中含有活体部分。此外，该区通过气测录井和灌顶气分析等方法检测到大量的 H_2、丙烯等能够证明微生物仍然在强烈活动的直接证据。可见，厌氧微生物的存活不受地层时代的限制，只要环境适宜，可以在任何地方生存繁衍。

表 9.8　三湖地区岩心细菌调查数据表

地区井号	深度/m	地层	纤维素分解菌/个/g	发酵菌/个/g	硫酸盐还原菌/个/g	产甲烷菌/个/g
达布逊湖底	0.05	Q_4	200	400		4000
台南中 1	119	Q_{1+2}	900	25000000	4	+
红四 1	259	Q_{1+2}	70	45000	40	+
涩 25	539	Q_{1+2}	25	30000000		+
涩 23	765	Q_{1+2}	400	225		+
红四 1	992	Q_{1+2}	250	47500		+
涩中 6	1056	Q_{1+2}	1400	7500		+
台东 1	1264	Q_{1+2}	1800	800		+
涩深 1	1523	Q_{1+2}	1950	5000		+
台南 5	1705	Q_{1+2}	450	550		+
伊克 2	1118	N_2^3	4000	40	110	+
红四 1	1506	N_2^3	160	25000		+
那北 1	2302	N_2^2	110	10	10	

（二）早期聚集

三湖地区岩心生物产甲烷模拟实验表明，第四系和新近系沉积有机质均可以在产甲烷菌和其他厌氧菌的共同作用下，形成生物甲烷气。生物气是由微生物协调作用而形成的一种微生物化学代谢产物。盆地内微生物所能利用的营养底物相对比较有限，只有那些活性有机质能够为微生物所利用。母质来源在地层浅部为原始的继承性活性有机质，地层深部（500m 以下）为热力作用形成的次生活性有机质（图 9.19）。不同阶段营养

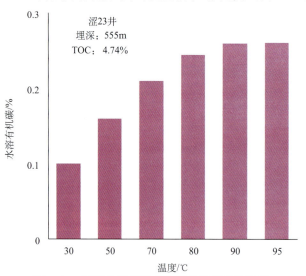

图 9.19　源岩热模拟形成水溶有机碳实验结果

底物的丰度受控因素不同：继承性活性有机质，除了跟有机质丰度有关以外，更主要取决于沉积环境中促使有机质保存下来的机制，如三湖的高盐、低地温等；而次生活性有机质的丰富与否主要由沉积物中有机质的丰度、成岩程度所决定。三湖地区生物气源岩（湖相暗色泥质岩）较为发育，从浅至深多套源岩发育奠定了该区空间上生气形成的连续性，为生物气的早期成藏和持续成藏奠定了物质基础。整体上，由于沉积速率极快，使有机质的丰度有所降低，尤其是灰色或暗色泥岩中有机碳丰度普遍较低，而碳质泥岩含量高、层数多。暗色泥质岩分布广、厚度大，弥补机质丰度的不足。三湖地区上古近系和新近系、第四系为整合接触。沉积时构造、沉积环境变化不大，导致沉积类型差异性不大，长期均为砂泥岩间互沉积，从而导致该区源岩纵向分布各向异性不明显，尤其是碳质泥岩，在整个第四系均有分布，新近系的上部分布层数较多。因此，多套、厚层、持续发育的源岩，为生物气的连续生成提供了物质基础。

（三）动态平衡

扩散散失是天然气保存中极易产生的一个现象，对于埋藏相对较浅的生物气更是如此。扩散散失的发生，会导致残留甲烷稳定碳同位素变重、天然气干燥系数变小。然而，扩散散失效应对于不同组成的天然气和盖层质量会有所区别。

生物气组成非常简单，以甲烷为主（达99%以上），扩散散失所造成的组分变化比较热成因湿气组分会弱一些，盖层质量一般甚至较差的地区，扩散散失效应所造成的分馏现象会比盖层质量好的地区弱，三湖地区扩散散失效应造成的天然气干燥系数随着深度增加而降低（图9.20）。

前人研究认为：饱含高矿化度地层水会极大提高泥岩的封闭能力；泥岩盖层中孔隙流体压力同下伏气藏压力值很接近，使渗透机制受压抑；源岩与盖层的二位一体可形成烃浓度封盖，减弱了天然气垂向运移效率；巨厚的区域盖层及高比例的泥岩，抑制了生物气的大量散失。此外，化学类沉积——自生矿物如盐类的存在会形成很好的盖层条件。如许多灰色泥岩中普遍含有10%～30%的碳酸盐类沉积和5%左右的岩盐，该矿物往往以自生矿物形式沉积在孔隙中，从而会堵塞空隙，降低孔隙度，降低空隙之间的连通性。

纵观三湖地区弱成岩阶段生物气的成藏，重要的机制一方面在于快速埋藏的地质背景、较高的泥岩比例，沉积地层中泥岩盖层及高矿化度地层水等微观封闭机制等客观条件和原因在起作用，更取决于生物气的持续生成，维持着动态成藏。持续成藏由该区特殊的沉积构造背景所决定。一方面，尽管沉积物处于欠压实的早成岩阶段，由于快速沉积和埋藏，生物气仍能够持续保存下来而成藏；另一方面，生物气的连续生成可以对储层进行持续充注补充，从而维持生物气的聚集。持续充注是三湖地区生物气能够保持高效产能的重要原因。主要有两方面的含义，下部成藏天然气扩散运移过程对浅层储层的持续充注，同时也包括连续生成的天然气持续充注。

（四）成藏模式

综上所述，产甲烷菌等其他厌氧菌群可以存活于地球生物圈适宜其生存环境的任何

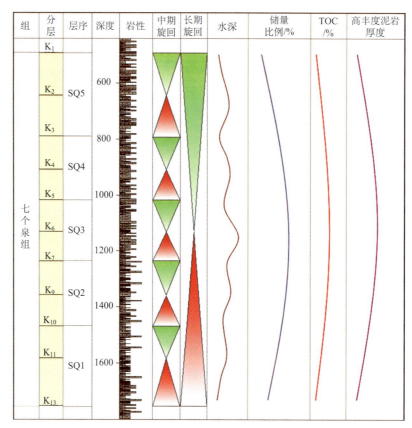

图 9.20　三湖第四系沉积环境、源岩质量与地质储量关系图

地方。地层接受沉积后，只要环境适宜于产甲烷菌等其他厌氧菌群生存繁衍，产甲烷活动便开始。地球化学分析、细菌调查和生物模拟实验表明，三湖地区 N_2^3 及 Q_{1+2} 地层从接受沉积至今，一直处于连续不断的生化产甲烷气阶段，三湖地区生物气的成藏模式为持续生烃、早期成藏、动态平衡。即生物气在整个生化产甲烷过程中，不断聚集、不断突破、不断散失、不断再聚集的动态平衡成藏模式（图 9.21）。

地层接受沉积至微生物产气开始，动态平衡成藏模式就已开始。当生物气通过垂向和侧向运移进入圈闭（构造或岩性）后，由于上覆盖层阻止了其上浮运动，便会在圈闭中形成聚集，气藏的上浮压力与盖层的突破压力相互抵消而达到平衡；随着聚集规模的逐渐加大，气藏压力也随之加大，当气藏压力大于盖层突破压力时，盖层失去封闭作用，气藏随即开始渗漏，气藏压力也随之下降；当气藏压力降至小于或等于盖层突破压力时，盖层封闭作用恢复，气藏渗漏停止，形成一种新的平衡。

随着盖层突破压力因埋藏深度的增大而增大，生物气藏的聚集规模也将随之不断增大，三湖地区的第四系生物气藏，便是在整个生化产甲烷过程中聚集—突破—散失—再聚集周而复始的无限循环中建立起来的一种动态平衡体。圈闭最初的注入气量与散失气量几乎相等，在生储盖和圈闭条件日趋完善的过程中逐步实现了散失量小于供气量而聚集，聚集量的多少则严格受盖层质量的控制。沉积初期，盖层孔隙大部分开启，封盖能力较弱。随着压实作用的增强，关闭了部分开启的孔隙，泥岩封盖能力逐渐增强，聚集量也逐渐增大。

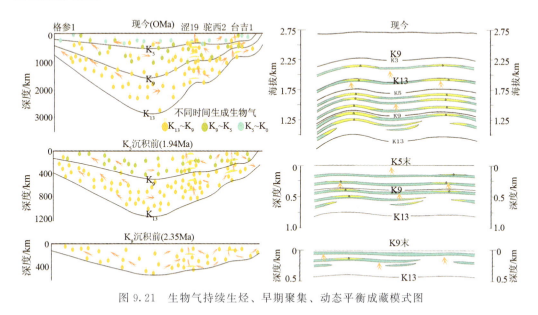

图 9.21　生物气持续生烃、早期聚集、动态平衡成藏模式图

三、生物气成藏主控因素

1. 有效的生储盖组合是气藏形成的基础

由于广泛的波动式湖进和湖退，三湖地区地层沉积表现出泥—砂—泥多层重复叠置出现的特点，普遍发育复式生储盖组合。第四系湖相暗色泥岩，既是上覆储层的源岩层，又是下伏储层的直接盖层。受波动式湖泊沉积的影响，区内第四系储集层表现出层多、层薄的特点。在台南气田渗透层和泥质岩层均达到 150 层之多，渗透层单层厚度多在 1m 到 3m 之间，最大单层厚度只有 10m。第四系的灰色、深灰色泥岩不仅是盖层，又是生成生物气的气源层，第四系砂泥岩沉积的频繁交互，形成了生储比为 3∶1～5∶1 的最佳配置比，构成了良好的生储盖组合。形成了砂泥岩的间互沉积，构成了良好的生储盖组合。生物气形成后，一般只需要几米的初次运移就可进入储集层，再向上运移便会受到泥岩的遮挡而沿储层上倾方向运移，此种供、排、运、储、保配置关系在地层压实作用中自浅而深不断加强，为天然气的富集成藏创造了优越条件。随埋深加大，产甲烷菌的作用时间加长，生气总量相应增高，并在储层中不断补充和圈闭内不断积累。

2. 构造是气藏的主要控制因素

三湖地区已发现的气藏主要有背斜气藏和构造背景上的岩性气藏，整体而言，气层分布具有构造高部位含气丰度高、气层多，构造低部位含气丰度低、气层少的特点。同沉积构造提供了长期捕获天然气的圈闭条件（毋庸置疑，发育构造背景上的岩性圈闭，当然与沉积作用同步发展），构成了最佳的产、供、聚时空配置，对生物气的聚集成藏极为有利。同沉积构造在接受沉积的同时，受持续挤压应力场的作用，构造幅度逐渐加大，为不断形成的生物甲烷气提供了较为充裕的聚集空间。早更新世末期，台南—台东—涩北地区地层已大规模褶皱隆起，而主力生气层段 $K_3 \sim K_{10}$ 埋深尚不到 1000m，相应地温 25～50℃之间，暗色泥质岩正处于生气高峰期，此时的储层孔隙度在 30% 以上，因而形成了气源与圈闭的最佳配置。

同时，一方面后期构造运动使同沉积构造以超前的速率急剧抬升，构造面积和闭合度迅速增大，对生物气的聚集成藏规模起到了决定性作用。另一方面后期构造运动不仅使边缘构造遭受断裂破坏，同时也使区域盖层受到不同程度的剥蚀，导致天然气的大量散失。

3. 沉积相是控制气藏的重要因素

首先，沉积相控制了沉积岩性的分布，纵向上 K_9 标准层以下水体较为动荡，岩性较粗，岩性圈闭发育；横向上浅湖、滨浅湖相带水体较为动荡，岩性较粗，岩性圈闭发育。其次，沉积微相控制了岩性圈闭的分布，浅湖相的浅滩-砂坝于构造背景上形成岩性透镜体、岩性尖灭体和物性差异圈闭。

4. 后期保存条件是气藏保存的最后屏障

三湖地区生物气藏存在两类盖层：一是直接覆盖于含气储层之上的直接盖层，二是覆盖于所有气藏或气层组之上的区域盖层。直接盖层一般只控制一个含气储层或气藏，盖层厚度越大质量越好，盖层上下的压力差异就越大，下伏气层的丰度和气柱也就越高；区域盖层则对其下伏的所有气藏或气层组均能发挥控制作用，区域盖层质量越好，沉积厚度越大，所形成的环境的压力就越高，下伏气藏或气层组也就越发育。随埋深不断加大，压实作用不断增强，泥质岩的封闭性不断改善。如三湖北斜坡内带第四系构造形成过程中，始终没有大的断层伴生，并且未遭受强烈的剥蚀，致使气藏上覆盖着 400m 左右的区域盖层，从而保证了圈闭条件及生物气藏的完整性。

第十章　柴达木盆地成藏富集规律与有利勘探方向

第一节　柴北缘地区油气成藏富集规律及有利勘探方向

一、柴北缘地区油气成藏富集规律

综合上述分析及前人研究成果，柴北缘逆冲带油气成藏可分为两期，早期油气藏形成于早喜马拉雅期，具有早期成藏、长期充注的特征；晚期油气藏形成于晚喜马拉雅期（N_2末），具有一次充注、晚期成藏的特征。两次成藏期、多期构造形成期及多套储盖组合的配置构成柴北缘特征的油气富集规律。

1. 柴北缘侏罗系生烃中心的分布、演化控制着"小凹控油，源边成藏"的成藏特征

下侏罗统烃源岩主要分布在冷湖南八仙构造带及其以南地区，具有多个生烃中心，烃源岩厚度大，分布面积广，其中昆特依断陷北部和冷西次凹发育厚度最大，最厚处达千米以上。中侏罗统烃源岩分布在冷湖南八仙构造带以北地区，主要分布于鱼卡凹陷及赛什腾凹陷地区，厚度较小，一般为100～200m；其中鱼卡地区烃源岩厚度最大，最厚处达500m。一般来说，柴北缘地区油气藏分布紧密依附于中、下侏罗统烃源岩厚而集中的地区。

柴北缘逆冲带各生烃凹陷的有机质热演化具有明显的差异。鱼卡次凹由于中生代晚期及新生代的急剧抬升和上覆地层的严重剥蚀，烃源岩热演化程度明显低于其他生烃次凹，其现今 J_2 顶面的 Ro 仅为 0.5%～0.8%，因此，在鱼卡构造发现的油气以低熟油为主。冷西次凹和鄂博梁次凹 J_1 烃源岩的热演化程度明显高于鱼卡凹陷，现今 Ro 介于1.3%～2.5%之间，达到高成熟，这两个生烃次凹外围的冷湖三、四、五号油田和鄂博梁含油构造，烃类系列主要为"稀油—凝析油—凝析气藏"。伊北次凹是各生烃凹陷中热演化程度最高的地区，现今烃源岩顶部的 Ro ＞4%，进入过成熟生烃阶段，基本不具有生烃能力，凹陷北侧的马仙构造分布有凝析油藏和干气气藏。

2. 柴北缘地区发育两大关键成藏期（古近纪晚期和新近纪中期），喜马拉雅早期继承性古隆起（古构造）是控制油气运聚的主要指向区

通过对冷湖构造带侏罗系砂岩和南八仙构造带渐新统下干柴沟组和上新统下油砂山组烃类包裹体及生烃演化史的分析表明，冷湖构造带侏罗系烃源岩的排烃和充注发生在古近纪中晚期和新近纪中期；南八仙构造带排烃和充注也发生在古近纪中晚期和新近纪中晚期（图10.1，图10.2）。这两个时间段分别对应着古近纪和新近纪两个快速沉降期。因此，在新构造运动以前形成的燕山期古隆起和古近纪发育的构造带是控制区域油气运聚的重要构造因素，这些古隆起带和早喜马拉雅期的构造带控制着柴达木盆地侏罗

系原生油气富集带的发育。在这种构造背景下发育的有利构造圈闭和非构造圈闭，以及配置良好的储盖组合、运聚条件是控制原生油气藏形成的重要条件，而新构造运动以后发育的构造带及其伴生断裂活动、区域不整合面等控制着次生油气富集带的形成。

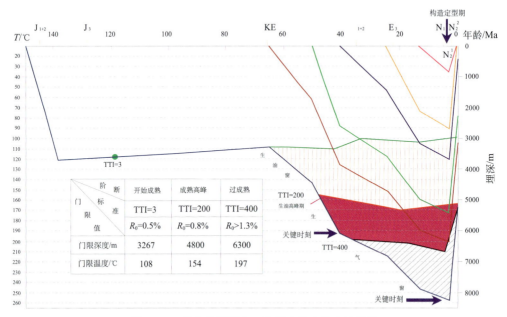

图 10.1　柴北缘埋藏史、生烃史及古热史演化图

3. 走滑构造体系的多期断裂控藏特征：建设性作用和破坏性作用并存，走滑构造控制的保存条件对油气成藏具有重要控制作用

通过油气源研究认为，南八仙油气藏为侧向运移成藏，运移通道是中-新生界不整合面，运移的主要方向指向古隆起，运移距离相对较远。昆特依凹陷的生烃中心为冷西次凹和鄂博梁次凹，其外围上倾的构造带，如昆特依北斜坡、冷湖一、二、三、四、五号、鄂博梁低隆，都是油气运移的指向，油气运移以断裂和不整合面的复合运移为主。因此，晚喜马拉雅期盆内大型走滑断裂及其派生断层的强烈活动，为油气垂向运移提供了有利条件，使得油气的垂向运移非常活跃。如南八仙深层古近系 E_{1+2} 中的油气沿仙北断层发生垂向运移，在新近系 $N_1 \sim N_2$ 中聚集，运移距离可达 200m 以上。冷湖四、五号的浅层也有类似情况。

断层在成藏方面的建设性作用主要表现在两个方面，一是形成断层控制的含油气圈闭，主要依靠断层侧向的封堵性；二是断层沟通油源和有效储盖组合，为多层系成藏提供了运移疏导体系，主要依靠断层的开启性。

对于控制区域性油气富集带的断裂而言，主要断层在生排烃期具有开启性质，沟通油源和圈闭，在油气运移充注后又具有封闭性质，以便于油气聚集。简单的断裂不具备这种性质，只有一些具有转换性质的走滑断裂带才具备这种双重性质。这些走滑断层的活动性质具有分段性，其开启段作为油气运移通道，其封闭段作为控油圈闭。柴中断裂

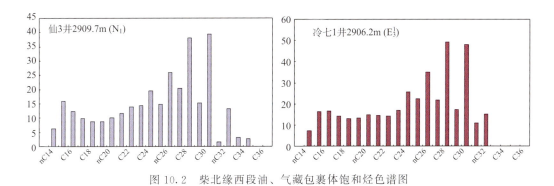

图 10.2　柴北缘西段油、气藏包裹体饱和烃色谱图

就是具备这种双重性质的控油走滑断裂带，其西段在喜马拉雅期处于弱伸展背景，具有开启性，是沟通侏罗系油气源的主要通道；其东段在新喜马拉雅期处于强挤压状态，具有封闭性质，因此在冷湖七号、南八仙构造带的古近系和新近系断背斜中形成了次生性油气藏。从现有油藏分布特征分析，柴北缘地区含油构造的油气层或者油气显示层主要分布在逆断层的下盘，而且在冷科 1 井和南八仙构造下盘见到了局部异常高压，表明这些大逆断层存在侧向封堵作用，并且主要对断裂下盘起作用。

断层对油气成藏的破坏性作用也表现在两个方面，一是在多层系成藏的同时导致油气层垂向分布相对分散，没有相对集中的主要勘探层系；二是由于近地表断裂活动导致浅层油气逸散，形成大量地表油气苗沿断层分布。柴北缘南八仙地区、马北地区的断裂封闭型评价结果表明，断裂封堵性对柴北缘的油气富集层位具有重要控制作用，马北地区断裂的浅层封闭型明显变差，对浅层油气成藏不利，而南八仙地区断裂的浅层封闭型除了 N_2^3 之上层位较差外，其余层位的断裂封闭型相对较好，对局部油气藏可起到一定的封闭作用。

受走滑构造的控制和影响，柴北缘的构造（带）受到强烈调整、改造，走滑体系中不同构造部位的改造程度差异明显，根据改造、调整的程度差异可将柴北缘走滑体系中的构造划分为山前破碎型（如驼南地区、红山构造、尕秀地区）、走滑破碎型（如马海构造、冷湖零—三号）和走滑调整型（如南八仙、冷湖五号），其中前两种类型由于走滑破碎作用，对油气聚集成藏相对不利，早期油气藏往往受到调整、破坏形成残余油气藏，形成"大圈闭，小油（气）藏"特征，更多的则是遭到强烈改造、破坏，油气藏遭受破坏、散失，晚期保存条件差，不利于油气保存。柴北缘几乎所有的构造都受到晚期走滑构造的调整、改造，改造、破坏较弱的走滑调整型构造主要位于古构造的侧翼向凹陷的倾伏部位，主要是由于晚期走滑、抬升后形成的，这类构造由于接受了完整的两期成藏、晚期调整相对较弱，具备形成规模油气藏的成藏条件及成藏条件的良好匹配关系。

因此，柴北缘晚期发育的走滑构造一方面对早期古构造形成的早期聚集具有较大的调整作用，一方面使得柴北缘的浅层勘探潜力明显降低，而走滑构造的活动性决定在其形成的花状构造的顶部受到的改造、调整作用最强烈，对油气聚集相对不利，而花状构造的侧翼、边部的断裂改造相对较弱，如果存在侧向油气运移，加之走滑断裂的侧向封堵作用,可以形成有利的油气聚集。如冷湖构造带的冷湖三、四号的早期成藏普遍遭到破坏,残余油藏主要位于主构造的侧翼,近期钻探的冷 90 获得气发现的部位也主要是位于花状构造的侧翼(图 10.3)。南八仙构造已经获得的发现也是主要位于走滑断裂系的侧翼,花状构造的高部位往往由于发育通达地表、近地表的断裂对油气聚集成藏不利,而侧翼的保存条件明显变好,只要有侧翼的油源供给就可以形成较好的油气聚集(图 10.3)。因此,柴北缘地区发育的走滑断裂、走滑构造基本控制了柴北缘油气富集的有效性及油气富集部位,只有那些受晚期走滑构造改造较弱、保存条件较好的部位或层位才是油气富集的有利部位,因而,走滑构造带之间的相对稳定区(古构造、古隆起的侧翼;潜伏的古构造及凹陷中的低幅度构造)将是柴北缘油气勘探的重要优选目标。

4. 主力烃源岩、喜马拉雅早期继承性古隆起(古构造)、走滑构造体系的形成演化及其与油气成藏的匹配关系决定了圈闭油气成藏的有效性

冷湖构造带整体上具有"上油下气"反向序列分布特征。这个带的几个主要断背斜油藏从浅到深依次表现为"稠油→稀油→凝析油气→凝析气"的分布格局,总体向深部油气成熟度增加。出现这种分异格局的主要原因在于构造发育的有序性。由于这个带不同构造的形成时间西早东晚,隆起幅度西高南低,因此,早期成熟度较低的油气聚集在冷湖三号、冷湖四号构造,而形成时间较晚的冷湖六号和七号构造,则主要捕获晚期成熟度较高的油气。

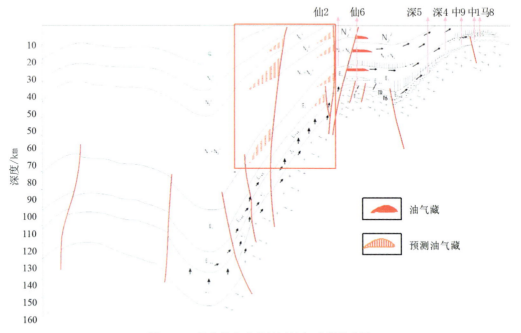

图 10.3 柴北缘南八仙地区油气成藏模式图

但是冷湖五号构造不同高点的"上油下气"分布特征的可能成因在于新生成的高成熟油气向低部位圈闭充注,低密度的高成熟油气由于浮力向顶部聚集,使圈闭中早期密

度偏高的油气水边界下移，当油气水边界超出或低于圈闭溢出点时，早期生成的油气向更高部位的圈闭运移，最终形成"上油下气"油气分带格局。

圈闭形成时间的早晚、位置及其晚期走滑调整强度对柴北缘逆冲带油气藏分布起重要的控制作用。柴北缘油气成藏期次与构造序次的关系表明，仅发育晚期构造的圈闭对油气聚集成藏的有效性明显降低，如鄂博梁-葫芦山构造带，其构造形成时间很晚，对晚期油气聚集较为有利，但由于对油气运聚的有效时间过短，很大程度上限制了成藏规模，这也是在这些构造带油气显示较丰富，但尚未获得规模油气藏的主要原因之一。冷湖构造带的形成时间由于特殊的构造演化历史，东段的六号、七号构造形成时间明显变晚，对油气成藏的有效性有所降低，此外，某些古构造背景上的浅层构造的形成时间也较晚，对油气的规模成藏也不利，但中层、深层可能较有利，如冷湖五号构造的四高点（图 10.3）。

二、柴北缘有利勘探方向

（一）柴北缘油气成藏条件及勘探潜力

柴北缘勘探研究程度较低，1993 年以后做了大量的研究工作，特别是在冷科 1 井揭示大套侏罗系烃源岩之后，对侏罗系地层的分布和资源潜力评价有了新的认识。2002年柴达木盆地第三次油气资源评价，初步认为柴北缘油资源 6.62 亿吨，气 3300 亿方。柴北缘地区目前探明率仅为 3.7%，勘探潜力很大。

从烃源岩角度来看，侏罗系烃源岩分布范围广，生烃条件优越。柴北缘侏罗系烃源岩分布大致呈南北两个带，分别发育下侏罗统和中侏罗统两套烃源岩。

南带是冷湖-南八仙-野马等沉积带以南，下侏罗统烃源岩主要发育在冷湖-南八仙构造带以西、以南地区，烃源岩厚度大，分布面积广，具有多个生烃中心。下侏罗统含煤建造为这一地区主要烃源岩系，平面上呈带状沿 NW-SE 向展布，J_1 分布面积约 7200km²，一般厚 500～700m，最大厚度达 2000m 左右。下侏罗统烃源岩存在冷西、鄂博梁、伊北三个生气中心，这三个生气中心的生气强度一般大于 $40 \times 10^8 \mathrm{m}^3/\mathrm{km}^2$，最高可达 $100 \times 10^8 \mathrm{m}^3/\mathrm{km}^2$ 以上。中侏罗统烃源岩生气强度在赛什腾中部次凹最大，为 $(20～40) \times 10^8 \mathrm{m}^3/\mathrm{km}^2$，鱼卡断陷侏罗统烃源岩生气强度为 $(15～35) \times 10^8 \mathrm{m}^3/\mathrm{km}^2$，其他地区一般小于 $15 \times 10^8 \mathrm{m}^3/\mathrm{km}^2$。从气源条件看，中侏罗统在赛什腾中部次凹和鱼卡断陷能形成大中型气田，其他地区只能形成中小型气田。下侏罗统在冷西、鄂博梁、伊北三个生气中心及其附近可形成大、中型的气田。

北带是红山-鱼卡-绿梁山、大煤沟，是中侏罗统烃源岩分布区。烃源岩厚度小，主要分布在冷湖构造带-马仙构造带以北地区，生烃中心分布在鱼卡凹陷，J_2 分布面积 5600km²，赛什腾凹陷最大厚度 650m。鱼卡凹陷最大厚度 1100m。J_1 和 J_2 的接触位置位于冷湖构造带北翼，二者的重叠范围较小，其接触关系是 J_1 向北超覆减薄，J_2 又在 J_1 之上向南超覆。

侏罗系烃源岩有机质丰度高，下侏罗统中等以上烃源岩占 64.59%，中侏罗统中等以上烃源岩占 78%。烃源岩有机质类型为 II～III$_2$ 型，且主要为 III$_1$ 型。从烃源岩成熟度特征看，柴北缘大部分烃源岩现今以生气为主，生油为辅。侏罗系烃源岩热演化可分为两个阶段，即渐新世前的缓慢演化和渐新世后的快速演化阶段。

柴北缘发育多套储盖组合，柴北缘发育多种沉积相类型，侏罗系沉积相主要有冲（洪）积扇相，扇三角洲相、湖泊相、湖底扇和沼泽相；古近系和新近系沉积相主要有河流相、三角洲相和冲积扇相。沉积相与油气聚集具有密切的关系，侏罗系温湿环境下的湖沼相沉积形成丰富的烃源岩；近油气源的河流相、三角洲、滨浅湖相是油气聚集有利储集相带；纵向上从下往上由河流相到湖泊相构成最理想的储盖组合。

侏罗系和古近系和新近系储集层以陆源碎屑岩为主，岩性主要有细砾岩、砂岩、粉砂岩。侏罗系储集层分布于中下侏罗统湖西山组、小煤沟组、大煤沟组和上侏罗统采石岭、红水沟组，古近系和新近系储集层分布于路乐河组、下干柴沟组、上干柴沟组和油砂山组中。侏罗系储集层以中孔-低渗、低孔-低渗为主，古近系和新近系储集层物性比侏罗系好，平均孔隙度普遍大于 15%，以中孔中渗较为普遍。

从油气分布特点分析，下干柴沟组上段（E$_3^2$）是该区相对稳定的区域盖层，侏罗系、上干柴沟组（N$_1$）、油砂山组为局部性盖层。盖层以泥质岩为主，侏罗系泥质岩以深湖-半深湖相为主，古近系和新近系盖层则以滨浅湖、河流泛滥平原相为特征。侏罗系泥岩盖层具有低孔低渗、致密的物性特征。侏罗系和古近系和新近系盖层不仅具有物性封闭，并可能兼备由欠压实作用形成的异常高压层封闭，异常高压层压力系数一般为 1.2～1.6。

（二）柴北缘有利勘探目标评价

1. 多因素叠加综合评价方法

传统的有利勘探领域预测方法只是定性的圈出有利勘探领域的范围，本次研究采用多因素叠合法预测有利勘探领域，不仅能预测出范围，还能定量预测出有利勘探领域内不同地区的成藏概率，对于指导勘探具有很好的参考价值。多因素叠合定量预测法主要分为以下几个步骤。

首先，选取控制油气成藏最重要的几个主控因素，每个主控因素都应该与现今已发现的油气藏具有很好的吻合关系，这样才能表征主控因素与含油气性的定量关系。

其次，选取能够代表每个主控因素与含油气性关系的参数，通过统计各参数与已发现油气藏分布频率的关系，分别采用数理统计的方法，建立各参数与圈闭含油气性的定量关系，最后应用多元统计回归方法建立单个主控因素的控藏概率定量预测模型。由于受到各参数样本点多少的影响，往往会产生多种定量关系模型，可以通过优化处理选出拟合度最高的模型作为下一步定量预测的基础。

再次，在获得单个主控因素的控藏概率定量预测模型的基础上，分别将各模型中参数的平面分布图进行数字化处理，获取不同地区各参数的值，然后通过单个主控因素预测模型计算出平面上某点的成藏概率值，再应用平面成图软件（如 Surfer、双狐等）就可以分别绘制不同主控因素控藏概率的平面图（图 10.4～图 10.7）；

最后，应用具有平面叠加功能的软件（如双狐等）将之前做好的各个主控因素控藏概率平面分布图在相同的范围内进行叠加，就可以做出该地区多因素成藏概率预测图。通过归一化处理，我们可以将预测的成藏概率控制在0～1之间，这样就可以简单直观地判断出不同区带的有利程度。0.8～1之间的地区是最有利的勘探领域；0.5～0.8之间的地区是较有利的勘探领域；而小于0.5的地区是不利于勘探的领域。

2. 多因素叠加综合评价结果分析

按照上述评价思路及方法，将柴北缘的主要控藏因素确定为主力烃源岩、古构造及走滑构造体系，分别按照上述评价方法进行定量评价，结果如下。

（1）主力烃源岩控藏评价

按照上述研究方法，结合生油专题中关于柴北缘主力烃源岩（J_1、J_2）的生烃历史研究成果及构造专题中关于构造形成历史及期次的研究成果，进行烃源岩对柴北缘主要可能含油气构造的供烃能力评价（图10.4），结果表明，冷湖-南八仙构造带是柴北缘的主要油气运聚指向区，此外伊克雅乌汝构造、三台地区相对有利。

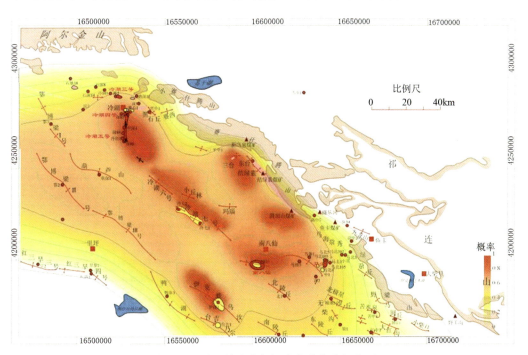

图10.4　柴北缘主力烃源岩控藏综合评价图

（2）古构造控藏综合评价

根据前人及构造专题中关于构造形成历史及期次的研究成果，进一步定量评价了柴北缘古构造特别是喜马拉雅早期以来继承性古构造对油气的控制作用（图10.5），评价结果显示，冷湖四、五号、南八仙-马海地区是最为有利的油气运聚部位，此外在冷湖六、七号构造附近发育的三号、四号潜伏构造也相对有利，应作为下步重点优选目标之一。

（3）走滑构造控藏综合评价

由于走滑构造对柴北缘的强烈调整和破坏作用，走滑构造对油气运聚的作用是负向的，评价结果表明：柴北缘冷湖四、五号、南八仙构造向凹陷延伸的方向是油气运聚的有利部位，此外，在多个次凹的中部，走滑构造的调整作用明显减弱，对凹中隆等构造的油气运聚成藏和晚期保存相对有利（图10.6）。

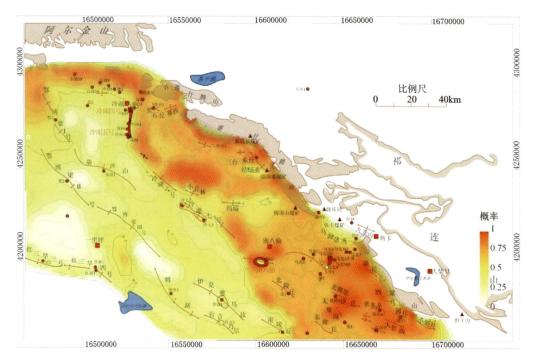

图 10.5　柴北缘古构造控藏综合评价图

（4）多因素叠加综合评价

各个主控因素控藏概率平面分布图在相同的范围内进行叠加，就可以做出该地区多因素成藏概率预测图，通过归一化处理，柴北缘的多因素叠加综合控藏评价结果显示：冷湖-南八仙构造带上的冷湖五号侧翼、南八仙构造侧翼是近期的主要勘探区域，而冷湖-南八仙构造带冷湖六、七号构造侧翼、葫芦山构造侧翼发育的潜伏构造也是油气运聚成藏的有利区域。

3. 有利勘探目标分析

通过近年的勘探和研究，柴北缘在认识上取得了较为丰富的成果，证明了柴北缘不仅具备丰富的资源前景，而且也具备优越的成藏条件和形成复合型油气藏的条件。综合研究认为南八仙-平顶山古隆起、冷湖构造带西段、走滑带之间的稳定块体及赛什腾山前构造带是柴北缘最现实的有利勘探区带。

（1）南八仙-平顶山古隆起带

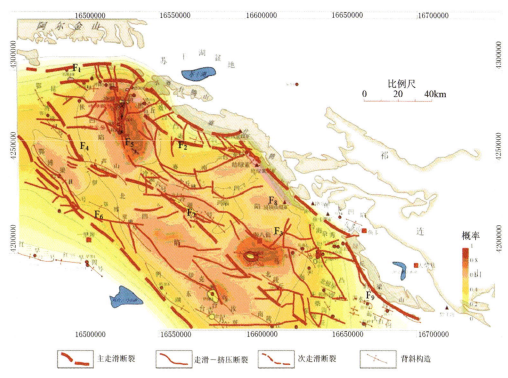

图 10.6　柴北缘走滑构造控藏综合评价图

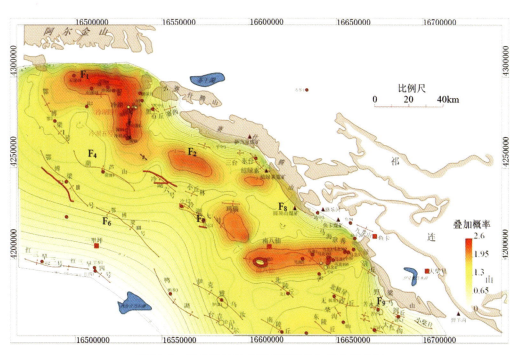

图 10.7　柴北缘油气成藏多因素叠加综合评价图

　　南八仙-平顶山构造带是在基岩隆起基础上形成的古构造带，包括南八仙、马海、马海北、潜伏11、12号等古圈闭，该区处在尕丘生油凹陷与鱼卡生油凹陷之间，是油气长期运移指向区。2003年8月于马海北-平顶山古隆起带实现马北1井的钻探，解释油层数层，对E_3^2层位886.5～892.2m油层试油，射开井段887～890m，用4mm油嘴放喷，获32.4m³/d，气2962m³/d。随后，相继在马海、马西获得重要发现，针对马西斜坡、马北隆起和马东斜坡部署的6口井发现了油气层，4口井获得工业油气流。马西101井（519～521m）日产气1.4万m³，马北107井日产气5.2万m³，马北104井日产油4.7t，马北801井日产气9.2万m³。近期完钻的马北12井E_3^1取得20m的油浸砂岩，电测解释油层31m，马北13井取得含油岩心25m，预计可新增储量3000万t，马北地区展示出5000万t的储量前景。

　　从地层角度看，马海以东、北陵丘及其以东（包括大红沟、无柴沟、东陵丘等构造）均有中生界的分布，以往惯称的马海-大红沟古凸起是不确切的，实际上只有沿马仙断裂上盘的南八仙-马海-平顶山一线，缺失中生界甚至E_{1+2}地层沉积，东翼E_{1+2}呈超覆减薄现象，西翼以形成马仙断裂为界，才是真正意义上的古凸起。因此，南八仙-平顶山勘探区带是在基岩隆起基础上形成的古构造带，包括南八仙、马海、马海北、潜伏构造等古圈闭。尤其是马海北、潜伏构造等圈闭，形成早，埋藏浅，夹持于尕丘生油凹陷与鱼卡生油凹陷之中，是油气长期运移指向区，同时在构造位置上也是马海气田油气来源的区域运移通道，在捕获油气方面明显有利于马海气田。尤其是马海北古圈闭，紧邻尕丘生油凹陷，具有优先捕获油气的条件，油源条件优于马海构造。从油源角度分析认为，马海气田的气源来自于尕丘凹陷和其北部的鱼卡凹陷，其气源与绿梁山南翼（尕丘凹陷北翼）的油样有很好的可比性，可能是尕丘凹陷油气源路经马海北等圈闭长距离运移的结果（油气运移研究证实马海气田运移效应在柴北缘最强是长距离运移的结果）。因此，马海北及潜伏构造等是本区带下步勘探的有利圈闭。

　　此外，由于走滑-挤压构造体系及喜马拉雅期继承性古构造是柴北缘油气成藏的两个主控因素，走滑-挤压构造体系中的不同构造部位由于走滑调整、改造的强度差异决定了油气保存条件、断裂封闭性及油气分布的差异，而油气成藏条件与构造形成时间的匹配关系决定了喜马拉雅早期继承性古隆起是柴北缘油气富集的有利部位。而两大主控因素的综合叠加控制作用决定了喜马拉雅早期继承性古构造向凹陷侧翼部位发育的走滑调整构造是柴北缘油气富集的主要部位。以冷湖-南八仙构造带为例，油气分布受晚期走滑调整的控制明显，油气主要分布在走滑调整改造较弱的古构造侧翼部位，因此南八仙构造向凹陷延伸的侧翼部位是近期油气勘探的有利部位。

　　（2）冷湖构造带西段

　　研究认为冷湖构造带西段下侏罗统生油岩分布面积较大为中等-好生油岩。生油岩有机质类型主要为Ⅱ～Ⅲ型，热演化程度多在0.54%～1.04%，处于有利生油阶段。侏罗系为一套河流-湖泊相的深灰色、灰色、灰绿色、黑色含煤碎屑岩沉积。储层岩性以含砾岩屑砂岩、细砂岩为主，储层厚度在本地区较大，冷103井1240～1454m为连续块状砂体，为含砾中粗砂岩，厚214m。侏罗系储层条件较好，属于中高孔-中低渗储层。石泉滩构造为一古近系沉积前就已形成的古圈闭，油气的长期充注富集形成巨厚油层，垂向上具有泥岩盖层和异常压力封闭，封堵性良好。冷湖构造带西段资源量达 4 亿 t，仅石泉滩地区圈闭资源量为 1.5 亿 t 以上。石泉滩地区由 2 排构造 12 个构造组成再加上冷湖二号构造、冷湖五号四高点圈闭等，有足够多的预探目标，资源探明率只有 3.5%，勘探潜力很大。2002 年在冷 103 井发现侏罗系储油层和工业油流。2008 年，冷 90 井开展了系统试采，按试气产量 1/2 配产，日产气 $2 \times 10^4 \mathrm{m}^3$（凝析油 $0.6 \mathrm{m}^3$），具有较好的稳产能力，2009 年钻探冷 91 井，解释气层 12.3m，气水同层 9m。结合周缘老井复查成果，冷湖五号四高点新增含气面积 $27.3 \mathrm{km}^2$，预测天然气地质储量 200 亿 m^3。

冷湖五号四高点（图 10.8）：四高点近年来做的 13 条地震测线均为攻关测线，主测线质量较好，圈闭落实较好。冷湖五号四高点是冷湖-南八仙构造带上继冷湖四号及南八仙之后发现的又一古构造圈闭。根据成藏规律研究成果及柴北缘成藏要素，第一，是受生烃中心控制，油气运移距离短；第二，构造必须形成于最大排烃期之前或同时，即古圈闭的控制因素在柴北缘显得尤为突出。根据构造运动特点总结的一套古圈闭识别方法研究判断，四高点是古圈闭。除这三个圈闭外，其他圈闭没有构造规模的古圈闭的迹象。四高点封盖保存条件好，较冷湖四号、五号一、二、三高点具有更好的封盖条件。从地面断层发育情况和地面油砂出露分布以及邻井钻探不缺乏盖层可以说明这一点。冷湖四号本是冷湖构造带上最有利的圈闭，但由于封盖条件差断层破坏严重，地面油砂显示严重，直接影响了其充满程度，加之源较近，岩性粗，分选较差，物性一般，油气聚集规模不大。

石泉滩构造：含油层位主要是侏罗系 J_1 中部层位，冷湖三号是侏罗系 J_1 上部层位，冷湖四号含油层位为古近系，冷湖五号以新近系-古近系为主。由于区域构造的影响，油层分布受断裂的控制，上部断开层位就是油气分布的层位，因此，由南向北随地层层位的抬升，含油层位也上移。侏罗系的勘探重点在冷湖三号构造及其西北地区。南部地区由于钻遇深部的井较少，可能没有揭示到深部的油气藏。从柴北缘油气成藏分析看是可能存在的。柴北缘油气成藏有两期，即深浅层两套油气藏，相应有两种油气藏类型。第一期成藏是喜马拉雅早期（古近系），第二期是喜马拉雅晚期（N_2 末期）。早期油气藏主要是古近系和新近系与侏罗系原生油气藏，成藏时间早，长期充注，晚期油气藏是在喜马拉雅运动产生的断裂通道作用下，部分原生油气藏或生油层生成的油气在断裂沟通下，在新近系形成浅部次生油气藏。由于古近系和新近系储层单层厚度一般不大、油气藏成藏期也相对较晚而短暂，所以浅部油气藏一般较薄、层位多，为次生油气藏。侏罗系储层厚度大，充注时间长，油层厚度相对较大，富集程度也较高。古近纪以前形成的古圈闭一般都是继承中生代末的侏罗系圈闭，有利于捕获侏罗系油气。因为柴北缘侏罗系烃源岩主要排烃期在古近纪晚期和新近纪早期，因此古圈闭是控油的重要因素。石泉滩地区古圈闭多，石油地质条件优越，是柴达木盆地寻找油气大场面最现实、有利的地区之一。该带的圈闭资源量约 1.5 亿 t 以上，是青海油田增储上产最现实的地区，目前已部署三维 $136 \mathrm{km}^2$，有待下一步钻探。

（3）走滑带之间的相对稳定块体

柴北缘由于多期构造活动，特别是晚期较强的构造改造及走滑作用，油气保存条件的好坏对油气成藏的有效性具有重要影响和控制作用。而那些走滑构造带之间的相对稳

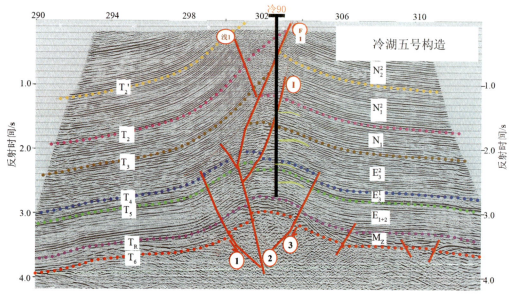

图 10.8　冷湖五号构造四高点构造剖面图

定区是在早期的构造形成和油气聚集成藏后没有受到强烈影响的构造，因而可能是油气勘探的有利区（图 10.4~图 10.8）。在早期埋藏相对较深、晚期受稳定抬升影响变得较浅的凹陷中央，其宽缓构造带可能接受了早期成藏，而晚期构造活动的改造却非常弱，因而可能成为油气保存的有利地区，值得进一步勘探，如德令哈凹陷中的侏罗系低幅凸起可成为勘探侏罗系自生自储油气的目标。

（4）赛什腾山前带

包括三台-结绿素深浅层构造等。从区域构造看三台一带位于沙发形凹陷带中心，N_1、E_3、K、J 应在三台一带变细，沥青质成分及荧光显示在三台-结绿素一带也较广泛，根据分析资料在侏罗系与新近系 N_1 地层的砂岩中均有含油显示。从构造看，三台构造比较完整，闭合较好，建议在三台构造可进行中深井及深井钻探，以确定古近系和新近系以及侏罗系、白垩系的含油气远景。根据地貌观察及重磁力资料，结绿素至马哈山与大山间比较低凹，构成一沙发形单斜区。由马哈山向赛西泉基岩逐渐抬高，成一斜坡地带。在结绿素至黑石丘间，大山前缘广泛分布着古近系和新近系，并位于赛什腾山山前凹陷的北缘，从区域构造位置上看对石油储集较有利。

通过 CEMP 勘探发现，本区局部构造比较发育，深浅层一致性较差，但却遵循着一定的规律，即：局部构造深层主要发育断鼻，浅层则多以断裂所控制的背斜为主，并且都发育在北东向的基底隆起上，可见，该区断裂与基底隆起对局部构造的控制作用较强。

该构造地表轴线近东西向，出露上干柴沟组地层，轴线穿过 02CE-11 测线的 23 号点，背斜高点也基本位于这里，这与 CEMP 解释的柴北缘块断带结绿素构造 CEMP 勘探新近系底等深图的结果基本一致，该图上 N_1 底的等深线在该处也达到最小值为零，等值线向西开口，说明这里新近系底界处于较高的位置。另外，02CE-11 测线的电阻率反演剖面也支持这一特点。

三台深层构造位于三台地面构造的东南侧约 3000m 处，为一规模较大的断鼻构造，发育在 F_3 断裂下盘，其上倾端受 F_3 断裂控制，深浅层有较好的统一性，该圈闭面积是深部大，浅部小，这在 02CE-10 测线电阻率反演剖面上显示得比较清楚。

在新近系等深度图上，该构造由 2200m 等深线所圈闭，面积约 1km^2，幅度为 200 多米，高点埋深为 2000m。在古近系底等深度图上，该构造由 4000m 的等值线所圈闭，面积约 5km^2，幅度 400m，高点埋深小于 3600m，与 N_1 底相比较高点向北偏移约 1400m，构造幅度增大。在基底顶面等深度图上，该构造高点继续向北偏移，与三台构造高点位置基本相当，而三台构造位于 F_3 断裂的上盘，该构造则位于 F_3 断裂的下盘，以 5000m 等值线所形成的圈闭，圈闭面积约 11km^2，幅度大于 650m，高点埋深为 4350m。

从少量的赛什腾-绿梁山前的地震剖面上，发现赛什腾-绿梁山前断裂下盘可能存在逆掩构造。如三台构造下盘有一明显的逆掩构造，下盘地震同相轴向老山下覆延伸达 7.5km，尚不见终端，可见逆掩规模较大。由于地震资料太少（227 测线较好），不能圈闭成图。近期附近的 CEMP 工作也发现有逆掩构造。推测其构造面积较大，应引起足够的注意，加强勘查。绿梁山-结绿素山前断层下盘从 247 测线上也可辩认出逆掩构造迹象。推覆距离约 7.5km，而且有圈闭的趋势。面积可能比 CEMP 发现的要大。近期见到的玉门窟窿山油田地震剖面，发现与我们的逆掩构造在构造特征上非常相近，镜相对称，一个在祁连山南麓，一个在北麓，生油层都是中生界（酒西 K，柴北缘 J），古近系和新近系沉积厚度也差不多，分析排烃期和构造应力历史都差不多，应引起重视。山前冲断带的勘探可为我们打开一个崭新的勘探领域。

第二节　柴西地区油气成藏富集规律及有利勘探方向

一、柴西地区油气成藏富集规律

柴西古近系和新近系油气藏类型主要包括构造油气藏、岩性油气藏（由岩性、物性变化形成圈闭的油气藏）和地层油气藏。从分析的结果看，油气藏分布有较强的规律性，主要以构造油气藏为主，仅在盆地边缘局部地区发育了地层、岩性油气藏。西部南区的七个泉-跃进地区各层位主要发育了背斜型油气藏，跃进地区还有基岩隆起背斜油气藏发育，跃东、乌南绿草滩、东柴山发育断鼻油气藏；阿尔金斜坡主要发育断鼻油气藏，红沟子、咸水泉地区则以基岩隆起鼻状油气藏为主；北区南翼山、大风山地区发育背斜油气藏，尖顶山、小梁山、油泉子-开特米里克地区主要发育断背斜油气藏。

通过对柴达木盆地的构造系统、沉积层序、沉积体系和成藏条件、成藏富集规律研究，基础石油地质理论研究取得重大进展，主要如下。

1）新生代柴达木盆地形成与演化受基底结构与断裂走滑反转控制，喜马拉雅中晚期的走滑反转奠定了柴达木盆地现今的构造格架。

2）柴达木盆地具有形成大中型油气田的烃源物质基础，柴西古近系存在有机质丰度大于 1.0% 的良好烃源岩,除了柴北缘侏罗系煤系烃源岩外的湖相油页岩和泥岩具有很好的油气生成潜力,新近系-第四系高有机质丰度湖相泥岩是形成大型生物气田的物质基础。

3) 在此基础上,深化了柴西、柴北缘两大含油气系统控藏理论,主要体现在两个方面:

柴西地区的"多凹控藏,近源成藏"论:古近纪南北向展布的多断陷沉积中心控制了烃源、储层分布及油气近源成藏特征,可划分为"两类四种"油气成藏模式。古近系古构造(背景)及其控制下的岩性地层油气藏是有利的勘探领域,可按照我国东部富油气凹陷的勘探思路进行勘探。

柴北缘的"古构造和晚期走滑构造体系控藏"论:燕山期、古近纪古构造是喜马拉雅早、晚两期油气充注的圈闭基础,晚期强烈的走滑构造使油气藏定型。高角度走滑断裂封堵可形成有利圈闭,但浅层的断层封堵性变差可构成不利油气保存的关键因素。走滑带上变形较弱的古构造高点是较好的含油气圈闭,走滑带之间的稳定块体为相对的有利勘探区。

1. "多次凹控油"特征显著:油气以短距离运移为主,近源成藏,多次凹生烃中心控制油气藏分布

柴达木盆地经过近 50 年的勘探实践证明,圈闭所处的区域位置决定着其聚油效率,主要生油凹陷控制着油田分布,油田均分布在生油凹陷之内或其边缘,其聚油多少与圈闭离生油凹陷的距离成反比。

在茫崖拗陷内已发现的十几个油气田,均分布在生油凹陷内或其边缘,与拗陷内其他众多圈闭相比,这些已经形成油田的圈闭距生油凹陷较近,呈明显的"环凹分布,近源成藏"的特征。例如跃进 1 号、狮子沟、南翼山和油泉子它们都位于生油凹陷中心或生油凹陷的边缘,深部和浅部都是油藏。向北到尖顶山构造的浅部为规模小的油田,它的中深部仅见油气显示,再向北离开生油凹陷更远,油气显示更差。例如最北面的尖北构造,尖 3 井钻在该构造上,结果无任何油气显示,但该构造圈闭是存在的,没有形成油气藏的主要原因是距生油凹陷中心远,油气源不充足。

尖顶山构造向东到黑梁子构造未见任何油气显示,南翼山构造向东到大风山构造也只在风 2 井见到了低产油流。从生油凹陷分析它们所处的位置逐渐远离了生油凹陷中心。在英雄岭主要生油凹陷中心的西面,干柴沟构造距生油凹陷中心近,圈闭位置也十分有利,但因保存条件较差,发育大面积的油砂出露,但在保存条件好的部位形成了油田或见到了好的油气显示,例如咸水泉油田就是其中的一个。在主要生油凹陷中心南面的跃进 1 号构造已成为盆地中最大的油田,跃进 2 号构造、乌南构造、绿草滩构造也成为重要的油气田。近期发现的切 6 油藏及乌南构造的进一步勘探表明,切克里克生烃凹陷对其两侧的这两个构造的油气成藏具有重要贡献。

向东到东柴山构造带方向,暗色泥岩变薄,而且分布零星,生油岩逐渐变为半氧化-氧化环境下的沉积,有机质的丰度十分低,到沙滩边、塔尔丁斜坡已经无生油条件。从目前东柴山地区几口探井的钻探也证实了这一点,东 5 井位于东柴山构造带的最西

面，紧临生油凹陷，获得了工业油流，而在同一构造带上位于东面的东 2 井、东 7 井，由于离生油凹陷较远，钻探结果无任何油气显示。因此，构造圈闭所处的位置明显反映了对油气聚集的有效性。

2. 柴西地区发育典型的"两类四种"油气成藏模式及多种成藏组合，古近系更有利于油气富集

柴西地区发育两大类型的油气成藏模式，与喜马拉雅中晚期的两次成藏具有良好的对应关系，即发育两期成藏的油气成藏模式和仅发育晚期成藏的油气成藏模式：①发育早期构造背景的油气成藏模式又可进一步划分为两种，一种是以尕斯油田、乌南等为代表的具有完整的"两期构造形成，两期油气成藏"、油气保存相对完好的成藏模式，这种成藏模式是对油气聚集最为有利的模式；一种是以昆北断阶带切 6 为代表仅发育较早期成藏、构造形成时间较早、晚期整体抬升（相对稳定区）、油气保存相对完好的成藏模式，对于柴西来说，这种具有晚期整体抬升的相对稳定区也是油气勘探的有利目标。②仅发育晚期成藏的含油气构造的形成时期均较晚，具有"大圈闭，小油藏"的特征，圈闭的油气充满度普遍较低，这类构造由于保存条件的好坏可细分为两种油气成藏模式：一种是以南翼山构造为代表的具有非继承性古构造背景、晚期成藏、晚期保存完好的油气成藏模式，另一种是以尖顶山为代表的仅发育晚期成藏、晚期保存的油气成藏模式，这种构造主要是由于晚期的抬升较为剧烈，构造剥蚀明显，保存条件相对变差。因此，柴西地区受控于两期构造形成和两期成藏特征发育具有典型"两类四种"油气成藏模式，其中以第一种成藏模式最为有利，第二种、第三种油气成藏模式次之，第四种油气成藏模式由于晚期抬升剥蚀导致的保存条件的好坏对油气的富集有很大的影响。

油气藏在纵向上分布受生、储、盖组合配置关系的控制，生储盖组合形式决定着圈闭的供油方式、供油范围，而盖层是封闭保护油藏的重要条件，足够厚度的沉积盖层，是促使有机质得以向石油转化的重要条件，柴西地区油气藏的生储盖配置组合有三种：①下生上储生储盖组合：主要分布在茫崖坳陷南区，$E_3^2 \sim N_1$ 为主力生油层，N_2^1 为滨、浅湖相的冲积扇体储层，N_2^1 以上的上覆地层为盖层条件的生储盖组合形式，如花土沟油藏、狮子沟油藏、油砂山油藏、跃进 1 号浅层油藏和乌南-绿草滩油藏等。②上生下储生储盖组合：主要分布在茫崖坳陷南区，以 E_3^1 滨浅湖相的冲积扇砂体为储集层或以较深湖相碳酸盐岩为储集体与其上部 $E_3^2 \sim N_1$ 主力生油岩兼盖层的组合。例如砂西油藏和跃进 1 号（尕斯油藏）的深部油藏主要为 E_3^1 冲积扇的砂体储层。狮子沟构造的深部油藏主要为较深湖相的碳酸盐岩储集层。这种类型生储盖组合油气补给方式从初次运移角度分析是由于 E_3^2 生油岩流体产生高异常地层压力向 E_3^1 储集层运移，例如狮子沟构造的深部油层。另外由于断层造成上部 E_3^2 油气的生成层与下部储集层对接，这种油气自 E_3^2 生油层运移至 E_3^1 储集层，例如狮子沟构造和跃进 1 号构造的逆断层就使生油层和储集层相互对接，构成了上生下储式组合的油气藏。③自生自储式生储盖组合：在 E_3^2 主力生油岩内部夹有浅湖相的碳酸盐岩及富含碳酸盐岩的泥质岩，它们的构造裂缝和孔洞发育，生油岩中上下部生成的油气就在这类储集层中聚集，形成自生自储的组合形式。例如南翼山构造深层的 E_3^2 油藏，跃进 2 号构造的西高点深层的 E_3^2 油藏也是属于这

种类型。此外，临近油源的侧变尖灭型地层岩性油气藏也属于此类型，主要分布于阿尔金斜坡的西南段，由靠近老山边缘的洪积锥砂砾岩体呈指状伸入 $E_3^2 \sim N_1$ 主力生油岩体形成这种侧变式组合，如咸水泉油藏和七个泉油藏。三种类型的生储盖组合与烃源岩的成烃作用密切配合，决定了油气藏在纵向上的分布。其中上生下储式控制着目前柴西地区油气探明储量的 42.87%，为 I 级储盖组合类型。下生上储式的油气探明储量占总储量的 39.62%，为 II 级生储盖组合类型。自生自储式油气储量仅占探明储量的 17.5%，为 III 级生储盖组合。

柴西地区目前认为最好的烃源岩是 E_3^2，其次是 N_1。尕斯库勒油田深部的主要含油层位 E_3^1，临近主要生油层 E_3^2 的下部，而中浅部的主要含油层位为 N_1 的上部和 N_2 的下部，也同样是紧临主要生油层 E_3^2 和 N_1。跃进 2 号油藏的主要含油层位就在主要生油层 E_3^2 之内。其他位于几个主要生油凹陷附近的七个泉油藏、砂西油藏、乌南油藏、狮子沟油藏，它们大都具有与尕斯库勒相同的油层在纵向上的分布特点，以 E_3^2 临近储层或内部为主要油层，分布于 E_3^1 和 N_1 上部与 N_2 下部地层中。这些油气分布特征显示临近主要生油层、生烃凹陷的位置应加大勘探力度，特别是作为重要烃源岩及储盖组合发育的古近系更有利于接受两期成藏和油气富集，应是下步勘探的重要目标。

3. 柴西地区古构造及古构造（背景）控制下的储集体发育及分布控制了油气富集，古构造及其背景控制下三大斜坡带有利于油气聚集

研究表明，柴西地区的油气成藏受岩性、岩相的控制作用明显，储层发育的程度、类型对油气分布具有重要的控制作用，特别是古构造部位的储层发育控制了油气的分布特征。

柴西地区主要发育喜马拉雅中晚期以来的构造，相对而言，N_2^2 之前形成的构造或具有早期构造背景的构造，其油气成藏的效率明显较高，油气的充满度也较高。这一特征表明柴西地区的古构造或具有古构造背景的构造对油气运聚更为有利。分析表明，乌南构造的形成演化显示其有一定的古构造背景，与其他类似构造的类比显示该构造还具有较大的勘探潜力。古构造及具有古构造背景的构造、构造带是柴西地区油气成藏的关键控制因素之一，古构造、具有古构造背景的构造及其分布是形成柴西地区大中型油气田的基础，也是油气勘探的主攻目标。

柴西地区发育了两种不同性质储集层，根据研究这两种类型储集层对应的资源量各占一半，都是柴西油气勘探的主要目标。其中孔隙型碎屑岩储层的发育程度受控于两大物源区的发展与演化，横向分布主要受阿拉尔水系、阿尔金水系和红三旱一号-大风山三大水系控制，主要分布于湖盆周缘，从外到内发育有冲积扇、河流、三角洲、滩坝及湖底扇等碎屑砂岩储集体，但表现为相带窄、变化快的沉积特点。储层非均质性很强，横向分布极不稳定。阿尔金山前带以扇三角洲相、水下扇、滨湖相砂体为主；尕斯断陷区以河流泛滥平原、三角洲及滨浅湖砂体为主；英北地区油泉子、南翼山一带主要发育古近系河流泛滥平原和滨浅湖相砂体。纵向上，碎屑岩储层主要发育于下干柴沟组下段（E_3^1）和下油砂山组（N_2^1）。裂缝性非常规储层横向上主要分布于与古近系和新近系生烃凹陷相应的英雄岭及其以北地区，如南翼山、狮子沟、咸水泉等均发育裂缝性储层，

已发现狮子沟油田（E_3^1）、南翼山油气田（$E_3 \sim N_2^2$）、油泉子油田（$N_2^1 \sim N_2^2$）、尖顶山油田（$N_2^1 \sim N_2^2$）、开特米里克油田（N_2^2）等裂缝性油气田。纵向上主要分布在 $E_3^2 \sim N_1$ 和 $N_2^1 \sim N_2^2$ 滨湖相生物灰岩、泥灰岩和深湖—半深湖相高钙泥岩和泥灰岩中。

研究及勘探实践表明，在这些古构造或具有古构造背景部位的储层发育及分布控制了这些构造部位的油气分布，特别是在目前勘探逐渐深入的形势下，针对这些构造部位的构造特征，结合沉积相带对储集体发育的控制作用分析，开展古构造或具有古构造背景部位控制下的岩性地层油气藏勘探应是今后油气勘探的重要目标。

4. 断裂（系统）及断裂组合是柴西地区油气运聚成藏、油气调整的重要因素，如"正花状"构造的顶部等是油气的主要富集部位

柴西南地区发育 NW—NWW 向、NE 向和近 SN 向断裂，按照断裂的断距、延伸长度等参数可分为三级，其中一级断裂控制盆地的形成和演化，二级断裂控制了构造带及圈闭的形成，三级断裂则主要控制圈闭，是伴随着圈闭形成而发育起来的断裂，也是柴西地区的主要控藏断裂。研究表明，受阿尔金断裂左旋走滑作用的控制和影响，近 SN 的断裂在 $30 \sim 14.5$Ma 已经具有构造雏形，而此时正值柴西地区较早期油气成藏高峰，油气随即向这些构造、构造带充注。进入喜马拉雅晚期（$N_2^3 \sim Q$），这些南北向构造、构造带继承性演化，同时近 NWW 向断裂及其控制的构造圈闭也快速形成，两个走向的构造都接受喜马拉雅晚期的油气充注。因此，柴西地区的断裂及其相关构造的形成是柴西油气成藏、富集的关键因素之一。

受晚期强烈构造活动的影响，柴西地区中浅层次生油气藏的形成无不与断裂密切相关，这类断裂是油气聚集和调整油气藏的必要条件。断裂不仅为油气在储层条件较差的地区运移提供了条件，还在后期改造了原生油气藏，形成目前的油气藏分布格架。如在茫崖拗陷北部常有大断裂断至原生油气藏或烃源岩层处，这些断层又在浅层消失或穿过浅层被上覆盖层封闭，沟通了中浅层构造圈闭与深部油气的通道，深部油气向中浅层圈闭中运移聚集，于是形成了中浅层的次生油气藏，如南翼山构造的浅部油藏，油泉子油藏和开特米里克藏的浅部油藏均属于这种成因。这些油气藏浅部都产气，如果是浅部的 N_2^1、N_2^2 烃源岩层供给气源，那么 N_2^1、N_2^2 生油层在小梁山凹陷和墩北凹陷中目前的热演化程度不可能这样高，它的气源应是深部 E_3^2 的热演化高的烃源岩层所产生的，沿断层面向上运移并在构造圈闭中聚集成藏。因此，在柴西地区构造圈闭中，那些发育的一条或几条沟通深部油气源断层的构造，中浅层圈闭的油气源条件变好，往往都是比较有利的油气勘探目标。

此外，柴西地区断裂系统及其组合模式对油气成藏也有一定的影响。柴西地区断裂的剖面组合样式总体上表现挤压扭动的特征，二级断层组合模式分为 2 类 8 型，2 类为单条断裂压扭变形组合和多条断裂压扭变形组合；单条断裂压扭变形包括同沉积压扭逆断层和同沉积逆断层压扭逆冲牵引褶皱；多条断裂压扭变形组合包括压扭对冲组合、压扭背冲组合、压扭逆冲叠瓦扇、压扭逆冲断层厚薄叠加和同沉积正断层叠加晚期压扭变形。不同成因构造带的断裂组合模式差异较大，但"正花状"构造的上倾高部位油气相对富集，往低部位"花边"含油性整体变差。

二、柴西多因素叠合评价及有利勘探方向

(一) 柴西多因素叠合评价

1. 多因素叠加综合评价方法

多因素叠合定量预测法主要是通过对控藏因素进行定量评价，进而预测其控制条件下的油气空间分布的概率，然后通过对几个控藏因素的平面分布概率进行叠加，预测多因素叠加后油气空间分布的概率。这种评价方法的优点就是一目了然地分辨出油气在平面分布的有利和不利的地区，对于勘探具有很好的指导作用。为了方便起见，通常把油气空间分布的概率控制进行归一化处理，转换成 0～1 之间的无量纲数。对于控藏概率在 0.8～1 之间的地区是最有利的勘探领域；控藏概率在 0.5～0.8 之间的地区是较有利的勘探领域；而成藏概率小于 0.5 的地区是较差的勘探领域，但是随着勘探程度的提高，不同地区的预测概率也会随之改变，预测精度也会随之提高。

2. 多因素叠加综合评价结果分析

按照上述评价思路及方法，将柴西地区的主要控藏因素确定为主力烃源岩、古构造及断裂体系，分别对三个控藏因素进行了定量评价，结果如下。

(1) 主力烃源岩控藏评价

结合生油专题中关于柴北缘主力烃源岩 (E、N_1) 的生烃历史研究成果及构造专题中关于构造形成历史及期次的研究成果，进行了烃源岩对柴西主要可能含油气构造的供烃能力评价 (图 10.9)，结果表明：七个泉-红柳泉、跃进-砂西斜坡区、乌南斜坡区、咸水泉-开特构造带和昆北断阶带是柴西地区的主要油气运聚指向区。

(2) 古构造控藏综合评价

根据构造专题中关于构造形成历史及期次的研究成果，进一步定量评价了柴西地区 N_2^1 末古构造对油气的控制作用 (图 10.10)，评价结果显示：七个泉-红柳泉、跃进-砂西斜坡区、乌南斜坡区、昆北断阶带、油泉子-开特构造带和南翼山—尖顶山构造带是最为有利的油气运聚部位，此外在大风山构造带附近古构造控藏概率较高，应作为下一步重点勘探的区域。

(3) 断裂体系控藏综合评价

由于北西方向的断裂多为沟通源岩的断裂，而柴西中部的发育评价结果表明：七个泉-红柳泉、跃进-砂西斜坡区、乌南斜坡区和昆北断阶带是油气运聚的有利部位，此外，开特构造带也是值得关注的有利地区 (图 10.11)。

(4) 多因素叠加综合评价

三个主控因素控藏概率平面分布图在相同的范围内进行叠加，再通过归一化处理，就可以做出该地区多因素成藏概率预测图 (图 10.12)。柴西地区的多因素叠加综合控藏评价结果显示：七个泉-红柳泉、跃进-砂西斜坡区、乌南斜坡区、昆北断阶带、油泉子-开特构造带和南翼山构造带是近期的主要勘探区域，而咸水泉和尖顶山也是油气运

聚成藏的较有利区域。

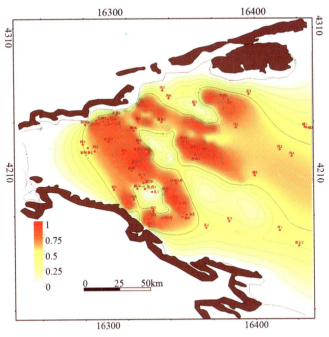

图 10.9　柴西地区主力烃源岩控藏综合评价图

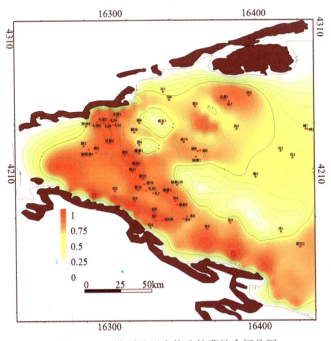

图 10.10　柴西地区古构造控藏综合评价图

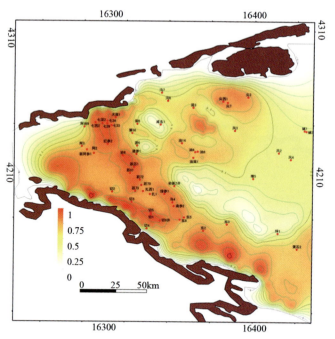

图 10.11　柴西地区断裂体系控藏综合评价图

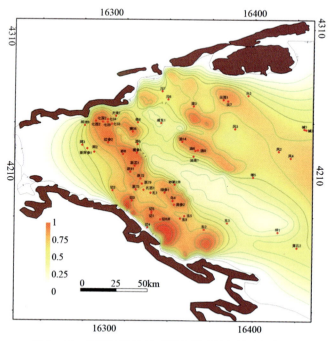

图 10.12　柴西地区油气成藏多因素叠加综合评价图

（二）中构造层古构造控制下的构造——岩性油气藏是柴西南主要勘探目标

在古构造或古构造背景的控制下，构造、岩性控制为主的构造-岩性油气藏在柴西地区普遍分布，沉积相及其砂体展布特征控制了含油区油气的纵、横向分布特征，如平面上乌南油田的油气分布主要受滨浅湖滩坝砂体的控制、狮子沟油田主要受扇三角洲前缘砂体控制等，纵向上往往表现为古构造背景控制为主、岩性-物性控制油气分布的特征，如红柳泉、砂西、尕斯油田等。

根据古构造（背景）的发育及其与油气成藏时间之间的匹配关系，N_2^1 及其以下的地层（中构造层）是油气富集的主要层位，N_2^2 及其以上的地层（上构造层）仅接受 N_2^2 以来的晚期成藏，勘探潜力相对较低。结合四种油气成藏模式综合分析表明：以昆北断阶带切 6 为代表的构造仅发育相对较早期成藏，油气主要在古近系富集；以乌南等构造及其斜坡带为代表的构造发育完整的两期成藏，古近系及新近系均具有较大的勘探潜力，下一步勘探应向深层的中构造层（N_2^1～E）拓展（图 10.13）；以红柳泉构造及红柳泉—砂西斜坡带为代表的古构造背景下的斜坡部位对油气成藏较为有利，应以斜坡带的岩性油气藏勘探为主，在断裂相对不够发育的区带，有利成藏部位以古近系为主。因此，柴西南地区的油气勘探应围绕古构造（背景）及其斜坡带展开，考虑到两期成藏的有利富集部位，下一步油气勘探应由古构造背景及其斜坡向古近系的深层拓展，并考虑

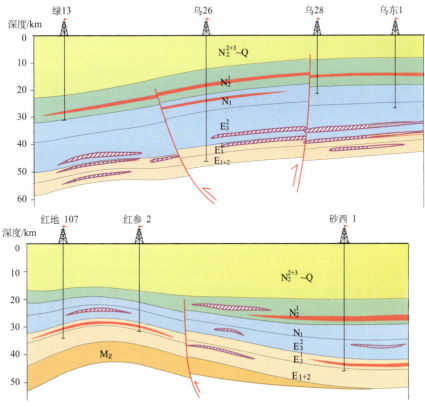

图 10.13　乌南地区、红柳泉-砂西地区油气成藏模式示意图

向凹陷的向斜方向延伸，如昆北断阶带的下盘、乌南构造向凹陷的向斜部位等（图 10.14，图 10.15）。

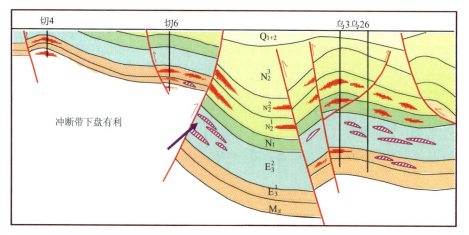

图 10.14　昆北断阶带-乌南油气成藏模式剖面图

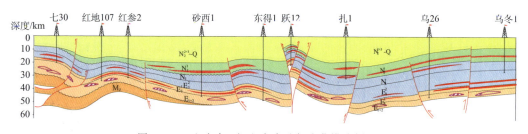

图 10.15　七个泉-砂西-乌南油气成藏模式剖面图

（三）中浅层是柴西北主要油气富集层位，中深层油气勘探应进一步加强

通过对南翼山深层、浅层原油特征对比（表 10.1，图 10.16）可以发现，柴西北同样存在古近系的富油气凹陷，因此，对柴西北来说，除了加强上构造层岩性油气藏勘探外，中构造层的油气勘探应是下一步勘探的重要目标，必须引起重视。如南翼山构造发育有非继承性早期构造背景，浅层的油气充满度不高，但是深层古近系富油气次凹的存在使得该构造及其周边构造的中构造层同样具有一定的勘探潜力。咸水泉-油泉子构造带浅层相继获得重要发现，具有 N_2^2 构造背景，显示古近系、新近系均具有一定勘探潜力，因此在这些构造带除了重视中浅层油气勘探外，中深层（$N_1 \sim E$）的油气勘探应得到进一步关注（图 10.17）。

因此，三大构造层、高丰度烃源岩及晚期构造改造的空间差异决定了盆地三大区域油气成藏特征、油气富集及勘探领域的差异，形成各具特色的油气成藏模式（图 10.18）：柴北缘以发育走滑构造体系下的"破碎型"油气成藏模式为主，走滑构造、古构造及其与油气成藏的匹配关系决定了晚期成藏的保存条件和有效性；柴西地区以发育

表 10.1 南翼山构造深层、浅层原油特征对比表

井号	深度/m	地层	T/℃	Rm/%	C29S/S+R	C29ββ/(αα+ββ)	C27/%	C28/%	C29/%
南浅 1-1	1419.0～1488.8	N_2^2	120	0.82	0.44	0.42	46.9	27.0	26.0
南浅 2-1	1313.2～1418.0	N_2^2	122	0.84					
南浅 3-2	891.1～1243.8	N_2^2	123	0.85	0.42	0.41	42.0	31.3	26.7
南 12	1419.0～1488.8	E_3^2	129	0.92	0.57	0.57	37.4	30.0	32.7
南 5	3475.2～3488.2	E_3^2	126	0.88	0.58	0.57	34.1	31.7	34.2
南 1-1	3358.3～3383.4	E_3^2	133	0.96	0.46	0.35	34.7	31.0	34.3

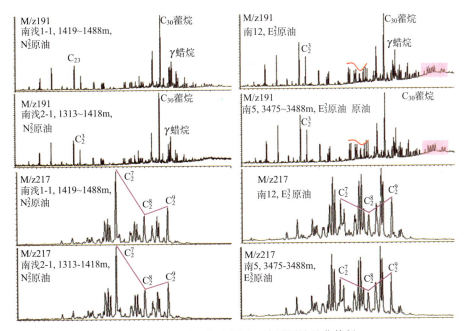

图 10.16 南翼山构造深层、浅层原油地化特征

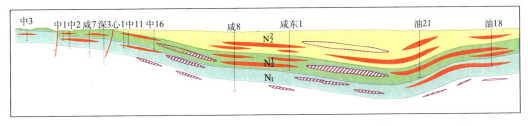

图 10.17 咸水泉-油泉子构造带油气成藏模式示意图

晚期构造形成、晚期成藏为主的"继承型"油气成藏模式为主，油气保存条件相对较好，两期成藏与两期构造形成的匹配关系决定中构造层勘探潜力巨大。柴东地区主要发育第四纪以来的"持续性"生物气成藏模式，生物气具有典型的连续生气、持续成藏特征。

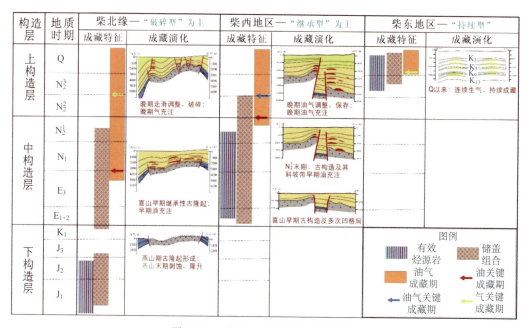

图 10.18　柴达木盆地油气成藏模式

第十一章　盆地油气区带评价与有利勘探方向

第一节　盆地油气区带评价

在以上基础地质研究的基础上，按勘探区带的思路，以二级构造带为基本评价单元，根据生储盖及其配置条件、圈闭条件、配套史条件、资源规模以及勘探程度和勘探效果等因素对柴达木盆地主要勘探区带进行了综合评价。

一、预探区带划分标准

Ⅰ类区带：生烃凹陷落实、规模大，生储盖配置条件优越，位于生烃凹陷内或源储过渡带上，属于三角洲前缘或滨浅湖沉积相带，圈闭（包括构造和岩性圈闭）发育，配套史条件好，圈闭形成时间早于或同步于生排烃高峰期，油气资源规模大，储量规模大于 $1 \times 10^8 t$，已经发现油气藏 1 个以上。

Ⅱ类区带：生烃凹陷较落实、规模大，生储盖配置条件比较优越，属于三角洲前缘或扇三角洲前缘相带，圈闭比较发育，配套史条件较好，圈闭形成时间与生排烃高峰期同步或稍晚，油气资源规模较大，预测资源量大于 $1.0 \times 10^8 t$，已发现少量油气藏。

Ⅲ类区带：地震资料解释（但未经钻井证实）有生烃凹陷存在、规模大，与邻区类比生储盖配置条件比较好，构造圈闭发育、规模大，圈闭形成时间稍晚于主要生排烃期，油气资源潜力较大，潜在资源量大于 $1 \times 10^8 t$，勘探程度低，没有发现油气藏，但探井见油气显示。

Ⅳ类区带：目前资料显示该区生、储、盖、圈及其配套条件差，钻探未见任何油气显示。

二、预探区带评价

按以上评价标准评价出Ⅰ类区带 6 个，Ⅱ类区带 5 个，Ⅲ类区带 5 个，Ⅳ类区带 1 个。Ⅰ类区带有昆北断阶、孕斯断陷、狮子沟-油砂山构造带、冷湖构造带、马海-大红沟凸起和三湖北斜坡；Ⅱ类区带有阿尔金山前带、茫崖凹陷、大风山凸起、鱼卡-红山断陷、三湖凹陷；Ⅲ类区带有鄂博梁构造带、一里坪凹陷、昆依特断陷、赛什腾断陷、德令哈断陷；三湖南斜坡为Ⅳ类区带（图 11.1）。

Ⅰ类区带是战略展开领域，区带勘探程度高、地质认识程度高，已获得了规模性油气发现，是盆地近期和中长期增储上产的重要勘探领域。进一步勘探任务是，围绕已发现的油气田和油气勘探新发现、新突破，实施精细勘探和滚动勘探开发，开拓新层系、新领域和新类型，为增储上产提供战略保障；Ⅱ类区带是战略突破领域，勘探程度较

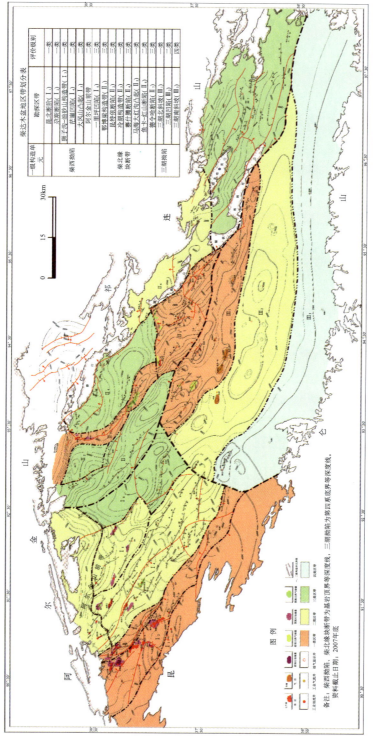

图 11.1 柴达木盆地区带划分与综合评价图

高，油气地质条件已基本落实，已发现少量油气田，但还没有大规模的油气发现和突破，是中长期战略接替的重要领域；Ⅲ类区带是战略准备领域，具有较有利的油气地质条件，在区域勘探和油气远景评价中已经获得重要苗头或发现，具有较大的资源潜力和良好的勘探前景，但由于勘探程度低，一些重要的石油地质条件如烃源岩、储集体还有待进一步落实，是风险勘探和战略准备的重要领域。

(一) Ⅰ类区带

1. 昆北断阶带

该区带位于柴达木盆地西南的南侧，紧靠昆仑山北侧，勘探面积 $7200km^2$，2008 年新增控制含油面积 $3.1km^2$，控制石油地质储量 $1316 \times 10^4 t$。昆北断阶带紧邻切克里克-扎哈泉富烃凹陷，油源条件好。发育祁漫塔格东、西两大三角洲沉积体系，下干柴沟组下段（E_3^1）以三角洲前缘沉积为主，储层条件优越。该区是柴西地区新构造运动相对稳定区，构造圈闭发育，2008 年在三维和二维区共落实和发现圈闭 14 个，T_4 层圈闭面积 $257.2km^2$。该区属于近物源区，储层发育，砂体厚度大、埋藏较浅、物性好，油藏主要受构造和油源控制，中部切克里克构造带油源比较落实，是最有利的油气聚集区，切 6 井获得发现后，2008 年进一步落实圈闭形态，部署了切 601、切 602 井。两口井解释油层厚度 68m、56m。特别是切 601 井首次在柴西路乐河组（E_{1+2}）获得日产 $29m^3$ 的工业油流，揭示该区新层系具有良好的勘探前景。目前该区剩余石油资源量 $2.5 \times 10^8 t$，还具有较大的勘探潜力，特别是昆北油田的发现表明该区具备形成整装、规模性油气储量的条件，是近期增储上产的现实区带。该区东部东柴山地区紧邻茫崖东生烃凹陷，是一个长期发育的古斜坡，位于油气运移的指向区。该区古近系发育三角洲前缘水下分流河道，砂层多，物性较好。构造发育，圈闭落实，东 2 井见较好油气显示。因此，该区也是可望获得突破的有利勘探区带。

2. 尕斯断陷

该区带位于柴达木盆地西南，勘探面积 $5760km^2$，已发现七个泉、红柳泉、尕斯、跃进二号、乌南-绿草滩等多个油气田，集中分布在该区西段，探明石油地质储量 $21316.29 \times 10^4 t$，探明天然气地质储量 $115.66 \times 10^8 m^3$，控制石油储量 $4551.51 \times 10^4 t$，预测石油储量 $10155.94 \times 10^4 t$，预测天然气储量 $36.36 \times 10^8 m^3$。该区带西段紧邻红狮生烃凹陷，源岩条件优越；该区构造圈闭发育，并且形成时间比较早；该区受阿拉尔物源体系控制，主要发育三角洲沉积体系，前缘砂体、滩坝砂非常发育，与构造构成良好配置，近物源区砂岩发育程度高，油气藏主要受构造控制，形成构造油气藏，如七个泉、红柳泉、尕斯等油田，靠近湖盆中心，砂岩发育程度较低，砂体横向变化快，形成岩性或构造-岩性复合油气藏，如乌南-绿草滩斜坡带、砂西斜坡带。该区石油总资源量 $4.5423 \times 10^8 t$，天然气总资源量 $670.7 \times 10^8 m^3$，目前还有剩余石油资源量 $9399.26 \times 10^4 t$，剩余天然气资源量 $518.68 \times 10^8 m^3$。目前该区已进入精细勘探阶段，勘探目标主要为构造背景下的岩性、构造-岩性复合油气藏。

3. 狮子沟-油砂山构造带

该区带位于柴达木盆地西南,紧邻尕斯断陷以北,勘探面积 1000km²,已发现狮子沟、花土沟油田,探明石油地质储量 4388×10⁴t,探明天然气地质储量 15×10⁸m³,控制石油储量 1298×10⁴t,控制天然气储量 8.3×10⁸m³,预测石油储量 3711.96×10⁴t。该区西段位于红狮生烃凹陷主体,东段紧邻扎哈泉生烃凹陷,源岩条件非常优越;该区西段主要受阿拉尔三角洲、阿尔金扇三角洲沉积体系控制,三角洲前缘、扇三角洲前缘砂体比较发育,局部构造较为发育,油气藏受构造控制为主,东部受切克里克三角洲沉积体系控制,处于三角洲前缘有利相带,与砂西斜坡形成良好配置,是寻找岩性、构造-岩性油气藏的有利地区,综合评价为Ⅰ类区带。该区目前还有剩余石油资源量 2602×10⁴t,剩余天然气资源量 96.7×10⁸m³,具有较大的勘探潜力。

4. 冷湖构造带

该区带位于柴北缘西段,勘探面积 3800km²,已发现冷湖三、四、五号油田、冷湖七号气田,探明石油地质储量 1553.25×10⁴t,探明天然气地质储量 9.44×10⁸m³,预测石油储量 7672×10⁴t,预测天然气储量 971.53×10⁸m³。该区以中下侏罗统作为油气来源,西侧为冷西次凹,发育厚层的下侏罗统煤系烃源岩,埋深比较小,以生油为主,南侧为伊北凹陷,下侏罗统广泛发育,厚度较大,埋深较大,以生气为主,因此,该区西段以石油勘探为主,东段以天然气勘探为主;该区构造发育,规模较大,圈闭条件比较有利;该区西部受阿尔金物源体系控制,主要发育扇三角洲、滨浅湖沉积体系,东部受路乐河物源体系控制,主要发育三角洲前缘、滨浅湖沉积体系,因此储盖组合比较有利,综合评价为Ⅰ类区带。该区西段已发现多个油气藏,下步要精细勘探,扩大成果,东段的冷湖六、七号构造还未获得工业性突破,需要进一步深化地质研究,积极准备,力争突破。

5. 马海-大红沟凸起

该区带位于柴北缘中段,勘探面积 4450km²,已发现南八仙、马海、马北等油气田,探明石油地质储量 1682.47×10⁴t,探明天然气地质储量 140.23×10⁸m³,控制天然气储量 179.55×10⁸m³,预测天然气储量 102.66×10⁸m³,该区油气主要分布在马海-南八仙构造带上。该区为源外成藏,南侧油气源来自伊北凹陷深层侏罗系,北侧马海、马北的油气来自鱼卡-赛什腾凹陷中侏罗统烃源岩;该区基底隆起长期发育,一直处于构造高位,是油气运移指向;受路乐河-鱼卡物源水系控制,三角洲前缘砂体发育,储集条件优越,综合评价为Ⅰ类区带。目前,该区剩余石油资源量 3442.53×10⁴t,剩余天然气资源量 248.76×10⁸m³,勘探重点应以岩性和构造-岩性为主,加强二维高分辨率地震攻关,开展精细勘探。

6. 三湖北斜坡

该区带位于盆地中部三湖拗陷北侧,勘探面积 8100km²,已发现涩北一号、二号、驼峰山等多个气田,是第四系生物气勘探区带,目前已探明天然气地质储量 $1819.36\times$ $10^8\,\mathrm{m}^3$,控制天然气储量 $431.72\times10^8\,\mathrm{m}^3$。该区紧邻三湖第四系生气凹陷主体,具有得天独厚的气源条件;该区局部构造比较发育,虽属晚期构造但与第四系生物气大量生成基本同步,因此能够形成大型气藏。该区位于第四系滨浅湖沉积区,砂、泥岩互层,形成良好的储盖组合,非常有利于形成构造、构造-岩性气藏,综合评价为 I 类区带。该区剩余天然气资源丰富,目前剩余天然气资源量 $5087.32\times10^8\,\mathrm{m}^3$,特别是突破 1750m "死亡线"以后,展现了深层还有巨大的勘探潜力。

(二) II 类区带

1. 阿尔金山前带

该区带位于阿尔金山前,面积 4100 km^2,目前已发现咸水泉油田和红沟子含油构造,探明石油地质储量 $801.68\times10^4\mathrm{t}$,控制石油地质储量 $149.8\times10^4\mathrm{t}$,预测石油储量 $1307\times10^4\mathrm{t}$。阿尔金山前带紧邻红狮凹陷、小梁山-南翼山凹陷两大生烃中心,油源充足。该区位于山前陡坡带,主要受阿尔金冲积扇-扇三角洲-湖泊沉积体系的控制,主要发育干柴沟、红沟子、月牙山、牛鼻子梁等较大规模的物源,沿阿尔金山前斜坡区形成冲积扇、扇三角洲、湖泊相沉积,呈条带状分布。从沉积相带的平面展布规律分析,在阿尔金山前还应该存在前三角洲沉积相带或者是陡坡地形下的低位扇体,这些扇体沉积的碎屑岩,夹持在湖相的泥岩中,具有优越生储盖条件,是潜在的勘探领域。该区石油总资源量 $1.584\times10^8\mathrm{t}$,天然气总资源量 $521\times10^8\mathrm{m}^3$,目前还有剩余石油资源量 $1.358\times10^8\mathrm{t}$,剩余天然气资源量 $521\times10^8\mathrm{m}^3$,具有较大的勘探潜力。扇三角洲砂体、斜坡扇、山前带前中生界及古潜山是主要勘探方向。

2. 茫崖凹陷

该区带位于柴达木盆地西南,勘探面积 $9500\mathrm{km}^2$,已发现油泉子、开特、南翼山等多个油气田,探明石油地质储量 $4650.54\times10^4\mathrm{t}$,预测石油地质储量 $8061.4\times10^4\mathrm{t}$,探明天然气地质储量 $15.07\times10^8\mathrm{m}^3$,控制天然气储量 $24.59\times10^8\mathrm{m}^3$,预测天然气储量 $1235.09\times10^8\mathrm{m}^3$。该区带西段位于茫崖生烃凹陷的主体位置,烃源条件极为优越;该区局部构造较为发育,并且形成时间同步于主要成藏时期;该区主要受阿尔金物源体系控制,主要发育滨浅湖-半深湖和内源型沉积体系,藻灰岩比较发育,与构造构成良好配置,可形成多种类型油气藏,综合评价为 II 类区带。该区石油总资源量 $6.4469\times$ $10^8\mathrm{t}$,天然气总资源量 $3967.8\times10^8\mathrm{m}^3$,目前还有剩余石油资源量 $4.95\times10^8\mathrm{t}$,剩余天然气资源量 $2693.05\times10^8\mathrm{m}^3$,勘探潜力巨大。滨浅湖滩坝砂体、碳酸岩台地藻灰岩、藻灰岩-泥岩裂缝性储层、低位湖底扇是下步主要勘探领域。

3. 大风山凸起

该区带位于柴西北区,西与阿尔金山接壤,勘探面积 4640 km^2,目前已发现尖顶山油田以及大风山、碱山等含油构造,探明石油地质储量 $349\times10^4\mathrm{t}$,预测石油地质储

量 $8767 \times 10^4 t$。该区位于茫崖和一里坪两个凹陷之间，属于源外成藏。该区受阿尔金物源体系控制，主要发育扇三角洲沉积体系，储层较为发育，油藏受构造控制为主，综合评价为Ⅱ类区带。该区石油总资源量为 $9452 \times 10^4 t$，天然气总资源量为 $690.5 \times 10^8 m^3$，天然气勘探程度低，目前还未探明任何天然气藏，剩余天然气资源丰富。

4. 鱼卡-红山断陷

该区带位于柴北缘中段山前带，勘探面积 $3350 km^2$，已发现鱼卡油田，探明石油地质储量 $24.25 \times 10^4 t$，预测石油储量 $1830 \times 10^4 t$。该区油气主要来源于深层的中侏罗统烃源岩，受构造运动的影响，侏罗系零星分布，构造比较复杂，落实侏罗系烃源岩和圈闭是该区勘探的关键，综合评价为Ⅱ类区带。

5. 三湖凹陷

该区带位于三湖拗陷中部向斜，勘探面积 $17800 km^2$，目前已发现台南气田，探明天然气储量 $951.62 \times 10^4 t$。该区位于三湖第四系生气凹陷的主体部位，气源充足，只要有适当的圈闭条件（包括构造、岩性以及构造-岩性复合圈闭），就能成藏，该区钻探的大部分探井均见良好气显示，因此该区勘探的关键是寻找和落实圈闭，综合评价为Ⅱ类区带。该区勘探程度较低，资源潜力大，剩余天然气资源量 $3926.18 \times 10^8 m^3$，具有广阔的勘探前景。

（三）Ⅲ类区带

1. 德令哈断陷

该区带位于柴北缘西段冷湖构造带南侧，勘探面积 $13100 km^2$，勘探程度比较低，仅有 8 口探井。该区为叠合生烃凹陷，发育多套烃源岩，既有中侏罗统源岩，又有深部石炭系烃源岩，生烃潜力大；该区构造发育，规模大，勘探领域广阔；该区资源潜力大，潜在石油资源量 $12568 \times 10^4 t$，天然气资源量 $647.8 \times 10^8 m^3$，综合评价为Ⅲ类区带。

2. 一里坪凹陷

该区带位于鄂博梁构造带南侧，南与大风山凸起、茫崖凹陷接壤，东侧为三湖拗陷，勘探面积 $5650 km^2$，勘探程度比较低，主要为浅探井。该区沉积了巨厚的古近系和新近地层，根据目前的认识，该区是柴达木盆地最大的沉积凹陷，旱2井已经揭示，古近系和新近系上部发育巨厚的烃源岩，加上深部侏罗系拗陷比较发育，因此该区生烃潜力大，由于埋深大，有机质为低型，可能以产气为主，该区是比较有利的生气凹陷，可以作为烃源灶向周围提供油气；该区构造比较简单，总体为一深凹的向斜，局部构造不发育；由于埋深大，最大埋深达到 7000m，储层条件可能比较差，在局部砂岩发育区可能形成岩性圈闭，形成岩性油气藏，综合评价为Ⅲ类区带。根据资源评价结果，该区剩余天然气资源量 $2659.8 \times 10^8 m^3$，是潜在的天然气勘探领域。

3. 昆依特断陷

该区带位于柴北缘西端，冷湖构造带西段南侧，勘探面积1200km²，勘探程度比较低，目前仅有 4 口探井。该区以侏罗系作为烃源岩，东侧紧邻冷西次凹，西侧与鄂 I 号凹陷相邻，烃源条件比较有利；该区受西北、北部物源控制，靠近物源，因此储层较发育；该区为一简单向斜，局部构造不发育，在斜坡背景下可能发育岩性圈闭，综合评价为 III 类区带。

4. 赛什腾断陷

该区带位于柴北缘西段冷湖构造带南侧，勘探面积3800km²，勘探程度比较低，探井集中分布在西部。该区以中侏罗统作为源岩，中侏罗统地层比较薄，但分布均匀，因此烃源条件一般；该区埋深较浅，靠近北部物源，储层条件较好，综合评价为 III 类区带。

5. 鄂博梁构造带

该区带位于柴北缘西段冷湖构造带南侧，勘探面积3800km²，勘探程度比较低，探井集中分布在北部，南部还没有一口探井。该区深层既有侏罗系生烃凹陷，又有巨厚的古近系和新近系烃源岩，具有多套烃源岩供气，是天然气勘探有利区；该区构造发育、规模大，具有晚期成藏特点，综合评价为 III 类区带。综合分析认为，该区南部的鄂博梁 III 号构造比较有利，勘探意义重大，是最具潜力的风险勘探目标。详细情况见第二节风险勘探部分。

(四) IV 类区带

三湖南斜坡，该区带位于柴北缘盆地东部、三湖凹陷南侧，勘探面积 25050km²，勘探程度比较低，仅有 11 口探井。该区靠近昆仑山，长期抬升隆起，地层缺失严重，古近系下部地层大部分缺失，构造简单，为一北倾的单斜，沉积相带单一，主要发育冲积扇，岩性较粗，成岩差，缺乏好的盖层条件，目前探井未见任何油气显示，综合评价为 IV 类区带。

第二节　盆地重点勘探领域潜力评价

在区带评价基础上，针对盆地资源现状，结合重大专项研究成果，围绕油气富集凹陷，结合 2009 年油气勘探进展，优选出近期五大油气预探领域和六大风险勘探领域。油气预探领域分别是：以断裂-不整合为控藏模式的源外复合油气藏勘探领域，有利区带为昆北断阶带和马北构造带；以古斜坡-断裂-优质储层为控藏模式的近源/源内岩性油气藏勘探领域，有利区带为柴西南区四大斜坡带（七个泉-砂西斜坡带、跃进斜坡带、乌南斜坡带和阿拉尔斜坡带）；以新构造运动控制晚期成藏的源内/源上构造-岩性油气藏勘探领域，有利区带为柴西北区四个北西构造带（咸水泉-油泉子构造带、红沟子-南翼山构造带、小梁山-大风山构造带、尖顶山-碱山构造带);三湖第四系源内生物气构造-岩性勘探领域,有利区带为三湖北斜坡;柴北缘侏罗系煤成气勘探领域,有利区带为冷湖构造带。

一、油气预探领域

油气预探围绕富烃凹陷及古隆起背景主要发育五大勘探领域。

1. 以断裂-不整合为控藏模式的源外复合油气藏勘探领域

深大断裂纵向沟通油源,不整合和三角洲前缘砂体控制油气横向运聚。该模式有效指导了昆北、马北的油气勘探,发现了昆北亿吨级油田,马北地区勘探展现出 5000 万 t 级的储量规模。具有四大有利条件:①紧邻主力生烃凹陷,深大断裂-不整合-三角洲前缘砂体沟通油气;②具有古构造背景;③储盖组合良好,圈闭类型多样;④油气大面积复合连片,可以形成规模储量。

该领域主要勘探区带有昆北断阶带、马北-南八仙构造带、大风山凸起、平台凸起,昆北断阶带还拥有剩余石油资源量 2.5 亿 t,马北-南八仙剩余资源量有 5000 万 t 油气当量,大风山凸起拥有潜在资源量 1 亿 t,平台凸起潜在资源量 3000 万 t。因此,源外复合油气藏勘探领域勘探潜力较大,存在 4.3 亿 t 的潜在油气资源量。

2. 以古斜坡-断裂-优质储层为控藏模式的近源/源内岩性油气藏勘探领域

持续发育的古构造斜坡与斜坡上发育的优质储层控制了规模岩性油气藏的聚集。该模式有效指导七个泉-砂西、尕斯斜坡的岩性油气藏勘探,发现了规模储量,预测阿尔金山前带具有较大的勘探潜力。生烃凹陷内断裂与岩性复合控制油气分布。该模式有效指导乌南斜坡多层系构造-岩性复合油气藏的勘探,获得了规模储量。具有如下有利条件:①紧邻主力生烃凹陷;②具有持续古斜坡背景;③优质储层、断裂与古斜坡配置,具有优先成藏条件;④发育砂岩上倾尖灭、砂岩透镜体、构造-岩性复合等多类型、多层系大面积岩性油藏。

该领域主要勘探区带有柴西南区四大斜坡带:红柳泉-砂西斜坡带、跃进斜坡带、乌南斜坡带和阿拉尔斜坡带,这 4 个斜坡带潜在油气资源量约 2 亿 t,具有较大的勘探潜力。

3. 以新构造运动控制晚期成藏的源内/源上构造-岩性油气藏勘探领域

喜马拉雅运动前古构造背景捕获原生油气藏,晚喜马拉雅运动与相关断裂及伴生构造对早期原生油藏进行改造和调整,沟通油源的断裂多次活动提供油气纵向运聚的通道,形成了浅层次生晚期油气藏。该模式有效指导了冷湖构造带碎屑岩和柴西北区碳酸盐岩两个 5000 万 t 储量区的油气勘探,狮子沟-油砂山构造带已发现规模储量。该领域具备四大成藏要素:①紧邻或处于主力生烃凹陷上部;②具有一定的古构造背景;③发育碎屑岩和藻灰岩两类储层,储层物性相对较好;④喜马拉雅晚期构造运动使早期的断裂重新活动或伴生断裂为油气提供纵向运移通道，喜马拉雅晚期形成的构造使聚集成藏。

该领域主要勘探区带有柴西北区 4 个北西向晚期构造带：咸水泉-油泉子构造带、红沟子-南翼山构造带、小梁山-大风山构造带、尖顶山-碱山构造带，这 4 个构造带潜在油气资源量约 1.5 亿 t，勘探潜力较大。

4. 三湖第四系源内生物气构造-岩性勘探领域

存在两种成藏模式，早期成藏：地史时期形成的生物气，随着构造沉降、岩性差异压实，聚集于早期构造圈闭中，打破了 1800m 以下没有生物气的传统认识。该模式指导了深层勘探，发现了台南深层天然气藏；动态成藏：中浅层生物气边生成、边聚集、边散失，动态平衡成藏。该模式指导了岩性勘探，拓展了三湖地区的勘探领域。具有如下有利条件：

①处于源内，第四系及新近系生物气源岩发育，气源条件优越；②发育滨浅湖滩坝砂体，储层条件好；③发育同沉积低幅度构造和砂岩尖灭岩性圈闭；④持续-动态成藏模式有利于生物气聚集成藏。

该领域主要勘探区带有三湖北斜坡和三湖凹陷，三湖北斜坡潜在生物气资源量约 5000 亿 m^3，三湖凹陷潜在生物气资源量约 4000 亿 m^3，因此该领域生物气潜在资源量为 9000 亿 m^3，具有巨大的天然气勘探潜力。

5. 柴北缘侏罗系煤型气勘探领域

冷湖、平台-潜伏、鄂博梁-鸭湖三个构造带是煤型气勘探的重要领域。具有以下有利条件：①存在多个侏罗系生烃凹陷（冷湖、伊北、赛什腾），资源基础雄厚；②广泛发育两类优质储层（三角洲前缘砂体、滨浅湖滩坝砂），储集条件良好；③发育大型构造圈闭，具有多期成藏特征，晚期构造也能成藏。

该领域有利勘探区带为冷湖五号至冷湖七号构造带，潜在天然气资源量约 500 亿 m^3，具有一定的勘探潜力。

二、风险勘探领域

柴达木盆地平面上、层位上勘探程度不均衡，总体上还属于低成熟勘探阶段，油气资源探明、发现率低，资源潜力大，存在众多的风险勘探领域，综合研究认为比较有利的有六大风险勘探领域。

1. 柴北缘西段煤型气风险勘探领域

柴北缘西段存在三个重点区带，冷湖-南八仙构造带已经发现油气藏，富集规律比较清楚，其两侧的鄂博梁构造带和潜伏构造带是重要风险勘探领域。具备以下四个有利条件：

1) 下侏罗统优质规模烃源岩为古近系和新近系油气成藏提供了条件。鄂博梁构造带位于伊北凹陷之中，潜伏构造带紧邻赛什腾凹陷。伊北凹陷下侏罗统烃源岩厚度大于100m 的面积 13471km²；赛什腾凹陷中侏罗统厚度大于 400m 的面积 3200km²。

2）伊北凹陷周缘探井见到大量煤型气。伊北凹陷周缘已钻探 11 口井，天然气碳同位素在 −18.3‰ 与 −31.4‰ 之间，是煤型气，气源来自深层侏罗系烃源岩。

3）新近系碎屑岩储层具有较好的储集条件。该区发育东西两个物源，东部新近系发育缓坡远源型河流三角洲沉积体系，西部发育阿尔金山前扇三角洲沉积体系。鄂博梁构造带、潜伏构造带与冷湖构造带沉积背景基本一致。

4）发育大型构造圈闭。该区发育三排弧形构造带：赛什腾潜伏构造带、冷湖-南八仙构造带和鄂博梁-伊克雅乌汝构造带。冷湖构造带已经发现油气藏，鄂博梁构造带为大型背斜构造带，发育鄂博梁Ⅰ号、Ⅱ号、Ⅲ号和葫芦山 4 个大型构造，构造面积均在100km² 以上。潜伏构造带共发现构造六个，圈闭面积 200km²。鄂博梁构造带位于伊北生烃凹陷之中，发育大型构造圈闭，是风险勘探的首选区带。

2. 三湖地区深层（N_2^3）生物气

三湖地区勘探面积 37000km²，钻遇深层新近系的探井有 10 口，含气显示良好。位于北斜坡的伊深 1 井在 N_2^3 获得工业气流，控制天然气地质储量 121.03×10⁸m³。近期台南和涩北气田下部发现新的含气层组，展示深层勘探潜力。深层具有以下三个有利因素：

1）N_2^3 源岩分布广、厚度大、有机质类型好、正处于生化阶段。新近系与第四系具有相似烃源条件。涩北 1 井深层岩心中发现产甲烷菌，进一步证实 N_2^3 能够生成生物气。三次资源评价显示，三湖地区上新近系狮子沟组 N_2^3 生物气资源量 4267×10⁸m³。

2）具有良好的储盖组合。N_2^3 与第四系具有相似的有利生储盖组合。N_2^3 储层以泥质粉砂岩、粉砂岩为主，砂岩占 20％左右，具有分布广、岩性细、结构疏松、原生孔隙发育、单层厚度小、发育层数多的特点。深层储层物性较好，与第四系基本相当。

3）深层发育构造圈闭。三湖北斜坡深层（N_2^3）发育成排成带的背斜构造，圈闭面积 40~200km²，为深层天然气聚集提供了良好场所。

以烃源岩为基础、储盖组合为条件、构造圈闭为目标，对三湖深层排队优选，确定台南深层构造圈闭为首选风险钻探目标。

3. 昆北断裂下盘

昆北断层下盘勘探面积约 800km²，表现为冲断构造特征。具有三方面有利条件：

1）与昆北断阶带具有相似沉积背景，前缘砂体分布广、厚度大。昆北断层古近纪活动不明显，受昆北古隆起的控制，断层下盘与上盘都接受了广泛的三角洲前缘沉积。砂体厚度大，结构成熟度和成分成熟度较高，虽然后期经过了埋深压实，仍然具有一定的储集性能。储层以岩屑长石砂岩为主，原生孔隙发育，少量溶孔、粒内缝，孔隙度主要为 12％~16％，渗透率主要分布于（10~30）×10⁻³μm²。

2）整体处于源内，良好的圈源配置为形成高丰度油藏创造了条件。昆北断阶带下盘的切克里克凹陷是柴西南区主力生烃凹陷。N_1 末昆北断层还未大规模活动，凹陷中生成的油气在上、下盘的构造-岩性圈闭中形成聚集，有利于形成大规模的构造-岩性油藏。

3）构造圈闭比较发育。昆北断层下盘发育断背斜、断鼻等构造圈闭，其中切五号断背斜 T_4（E_3^2 底）圈闭面积 23.5km²，切三号断鼻 T_4 圈闭面积 7.4km²，是下步部署风险探井的重点目标。

4. 德令哈叠合拗陷

德令哈拗陷勘探面积 12000km²，为大型叠合生烃拗陷（侏罗系＋石炭系），周缘多处见中下侏罗统和石炭系烃源岩露头，勘探程度和认识程度很低，资源潜力大，是有利的风险勘探领域。主要有以下四方面有利条件：

1）发育侏罗系和石炭系两套烃源岩，油气资源潜力较大。断陷内 J_{1+2}、C 两套烃源岩叠合分布，油气资源量大。露头实测结合地震统层，基本落实了断陷内下侏罗统与石炭系烃源岩分布厚度，重新估算了资源潜力，石油资源量 $5.33×10^8t$，天然气资源量 $2256×10^8m^3$。

2）发育碎屑岩和碳酸盐岩两套储层。一类为滨岸-潮坪-滨海沼泽环境形成的砂岩储层；另一类为碳酸盐岩台地-浅海陆盆环境形成的颗粒灰岩储层。

3）圈闭形成演化与侏罗系、石炭系生排烃期匹配较好。中、下侏罗统在 E_3 进入生烃门限，持续生烃，N_2^2 中期进入生排烃高峰期。石炭系在二叠-三叠系发生生烃间断，侏罗纪晚期进入生排烃高峰期，晚期以生气为主。

4）发育大型构造圈闭。地震资料解释表明德令哈断陷古近系和新近系、中生界、石炭系构造圈闭发育，目前落实了可鲁克构造、埃北Ⅰ号构造，发现了埃北Ⅱ号圈闭显示，是风险钻探有利目标。

5. 基岩古隆起风险勘探领域

盆地基底主要由晚古生代的花岗岩体和古生代变质岩系组成，在印支期盆地南部大都处于隆起剥蚀状态，风化壳非常发育。主要分布在柴西南和马北地区。盆地基岩风化壳长期以来没有得到重视，基岩风化壳只是作为钻井完钻留足口袋的标志地层，这些井主要集中在阿拉尔断裂和昆北断裂上盘以及马北地区。目前有多口井获工业油流。

通过连片三维地震资料精细解释，柴西南区基岩风化壳十分发育，厚度普遍在 40m 左右，分布面积约 1500km²，石油地质储量约 1 亿 t，基岩风化壳将成为柴西南区勘探的新领域，具备三个有利条件：

1）古近系烃源岩发育。勘探证实，柴西古近系烃源岩发育，且厚度大。在茫崖凹陷中心主力烃源岩一般厚 900～1300m，最厚可达 2500m。红狮凹陷是柴西南主力生烃中心，E_3^1、E_3^2 和 E_{1+2} 都具有较好的生油能力。

2）基岩风化壳储集空间以缝洞为主。从岩心分析的物性来看，都比较低，其原因主要是基岩风化壳破碎严重，钻井很难取到好的岩心进行物性分析。

3）盖层条件较好。E_{1+2} 发育大段的泥岩可作为良好的区域盖层，泥岩全区分布，厚度一般 500～800m，最厚超过 1000m。

柴西南区基岩油藏勘探优选三个区带：红狮隆起区、阿拉尔断裂上盘、昆北断裂上盘。其中昆北断裂上盘获得油气新发现，阿拉尔断裂上盘已见工业油流，红狮隆起区靠近油源具有较好的成藏条件，2009 年钻探了砂探 1 井，见到较好的油气显示。该井完钻井深：4600m，完钻层位基岩，在 E_3^2 解释发现油层 1 层 8.3m，油水层 1 层 2.1m，可疑油层 8 层，累厚 25.2m，经对比该区 E_3^2 地层非均质性较强，油层连通性不是太好，基岩段裂缝发育，在砂探 1 井发育长达 90.6m，且基岩段出现气测显示，全烃高达 18.9%，从而说明砂西地区基岩裂缝具有一定成藏条件。

6. 柴西深层风险勘探领域

区域地质调查采样和井下岩心（砾 1 井）分析显示，在阿尔金山前存在侏罗系，厚度大于 1000m，面积 2000km²，有一定的生烃能力，具有一定的勘探潜力。具备四个有利条件：

1）侏罗系具有较好的生烃能力。野外露头样品分析表明，阿尔金山前带侏罗系烃源岩有机碳丰度较高，样品平均 TOC 含量大于 1.5%；干酪根类型为 Ⅲ 和 Ⅱ₂ 两种类型。有机质成熟度研究表明侏罗系从低成熟至过成熟均有分布，镜质体反射率（R_o）0.53%～3.58%，多为 1.3% 以上，氯仿沥青"A"转化率在 0.11% 以上，结合大量侏罗系油砂和沥青脉的发现，说明侏罗系烃源岩已经具备了大量生成油气的成熟度条件。

2）发育良好的储层。区域地质调查发现中生界在柴西阿尔金山前发育辫状河、扇三角洲及滨浅湖沉积，岩性相对较粗，是较好的储层。

3）发育区域盖层。中下侏罗统发育大套半深湖相泥岩，上侏罗统发育广泛的泛滥平原相的泥岩可作为区域盖层，同时岩性、物性的变化可形成局部盖层或遮挡。

4）构造圈闭比较发育。阿尔金山前发育多个圈闭显示，但是由于勘探程度较低，资料品质较差，落实程度不够。阿尔金山前 TR 圈闭面积为 137.38km²（小红山-月牙山，不含干柴构-咸水泉非地震资料解释圈闭部分）。

参 考 文 献

柏道远，孟德保，刘耀荣等.2003.青藏高原北缘昆仑山中段构造隆升的磷灰石裂变径迹记录.中国地质，30（3）：240～246

蔡希源，王根海，迟元林等.2001.中国油气区反转构造.北京：石油工业出版社

曹国强.2004.柴达木盆地西部地区第三系沉积相研究.北京：中国科学院博士学位论文.13～17，60～92，125～148

曹永清，邓晋福.2000.东昆仑-柴达木盆地北缘岩浆活动、构造演化、深部过程与成矿.现代地质，14（1）：8

车自成.1986.从青藏高原的隆起看柴达木盆地的形成与演变.石油与天然气地质，7（1）：87～94

车自成，孙勇.1996.阿尔金麻粒岩相杂岩的时代及塔里木盆地的基底.中国区域地质，（1）：51～57

陈建渝，郝芳等.1993.柴达木盆地尕斯地区油源条件评价及勘探前景分析.中国地质大学（武汉），内部报告

陈诗越.2008.青藏高原隆升及其环境效应研究综述.聊城大学学报（自然科学版），1（3）：3～18

陈世悦，徐凤银，陈志勇等.2000.柴达木地块板块构造演化与油气聚集规律综合研究.青海油田公司勘探开发研究院和中国石油大学（华东）内部报告

陈世悦，徐凤银，彭德华.2000.柴达木盆地基底构造特征及其控油意义.新疆石油地质，21（3）：1～7

陈琰，杨少勇，胡凯等.2006.柴达木盆地北缘侏罗系油气运聚特征研究.内部研究报告

陈玥.2007.柴达木盆地贝壳堤剖面稳定同位素与沉积环境.兰州：兰州大学博士学位论文

陈正乐，张岳桥，王小凤等.2001.新生代阿尔金山脉隆升历史的裂变径迹证据.地球学报，22（5）：413～418

陈志勇，肖安成，马达德等.2005.阿尔金走滑同盆地古隆起的演化关系研究，内部报告

陈志勇，肖传桃，张道伟等.2006.柴达木盆地柴西南区地层对比及层序地层划分研究，内部报告

崔军文，唐哲民，邓晋福等.1999.阿尔金断裂系.北京：地质出版社.39～49，226～230

崔军文，张晓卫，李朋武.2002.阿尔金断裂：几何学、性质和生长方式.地球学报，23（6）：509～510

崔之久，高全洲，刘耕年等.1996.夷平面、古岩溶与青藏高原隆升.中国科学（D辑），26：378～385

崔作舟，李秋生，吴朝东等.1995.格尔木-额济纳旗地学断面的地壳结构与深部构造.地球物理学报，38（Ⅱ）：15～27

戴俊生.2000.柴达木盆地构造样式控油作用分析.石油实验地质，22（2）：121～124

戴俊生，曹代勇.2000a.柴达木盆地构造样式的类型和展布.西北地质科学，21（2）：57～63

戴俊生，曹代勇.2000b.柴达木盆地新生代构造样式的演化.地质论评，46（5）：455～460

戴霜，方小敏，宋春晖等.2005.青藏高原北部的早期隆升.科学通报，50（7）：673～683

党玉琪，胡勇，余辉龙，宋岩，杨福忠.2003.柴达木盆地北缘石油地质.地质出版社

党玉琪，尹成明，赵东升.2004.柴达木盆地西部地区古近纪与新近纪沉积相.古地理学报，6（3）：297～306

狄恒恕，王松贵.1991.柴达木盆地北缘中新生代构造演化探讨.地球科学，16（5）：533～539

董文杰，汤懋苍.1997.青藏高原隆升和夷平面过程的数值模拟研究.中国科学（D辑），27：65～69

段毅，彭德华，张辉等.2005.柴达木盆地西部尕斯库勒油田 E_3 油藏成藏条件与机制.沉积学报，23（1）：150～155

范连顺.1983.青海省柴达木盆地成油条件及油气资源初评.青海石油管理局地质研究所，内部报告

范连顺，王明儒.1999.柴达木盆地茫崖拗陷含油气系统及勘探方向.石油实验地质，21（1）：41～47

范连顺，夏文臣，张宁等.1997.柴达木盆地形成演化机制及含油气领域预测.青海石油管理局勘探开发研究院和中国地质大学（武汉）内部报告

方世虎，贾承造，宋岩等.2007.准南地区前陆冲断带晚新生代构造变形特征与油气成藏.石油学报，28（6）：1～5

方小敏，赵志军，李吉均等.2004.祁连山北缘老君庙背斜晚新生代磁性地层与高原北部隆升.中国科学（D辑），34（2）：97～106

方小敏，宋春晖，戴霜等.2007.青藏高原东北部阶段性变形隆升：西宁-贵德盆地高精度磁性地层和盆地演化记录.地学前缘，14（1）：230～242

冯益民.1997.祁连造山带研究概况—历史、现状及展望.地球科学进展，12（4）：307～314

冯益民，何世平.1996.祁连山大地构造与造山作用.北京：地质出版社

冯增昭.1997.沉积岩石学.北京：石油工业出版社，01～112

付国民，李永军，石京平.2001.柴达木第三纪转换裂陷盆地形成演化及动力学.沉积与特提斯地质，21（4）：34～41

付晓飞，方德庆，吕延防，付广，孙永河.2005.从断裂带内部结构出发评价断层垂向封闭性的方法.地球科学——中国地质大学学报，30（3）：328～336

傅家谟，刘德汉，盛国英.1992.煤成烃地球化学.北京：科学出版社

傅家谟，张敏，潘长春等.2005.柴达木盆地柴西地区烃源岩生烃效率、油气源精细对比及成藏地球化学研究，内部研究报告

高长海，查明，曲江秀等.2007.柴达木盆地东部不整合构造的地球物理响应及油气地质意义.石油学报，28（6）：32～36

高纪清，宋振亚，董继英.1987.狮子沟和南翼山构造中深部产层段储层特征与油源对比.青海石油管理局研究院和成都地质学院石油系，内部报告

高锐，李廷栋，吴功建.1998.青藏高原岩石圈演化与地球动力学过程.地质论评，44（4）：389～395

高云峰，彭苏萍，何宏，孔炜.2003.柴达木盆地第三系碎屑岩储集特征及评价.石油勘探与开发，30（4）：40～42

葛肖虹，彭德华，马立祥等.2005.阿尔金断裂、昆仑山前推覆体对柴达木盆地构造形成的控制及柴西地区有利 II 级油气聚集带的预测报告

葛肖虹，段吉业，李才等.1990.柴达木盆地的形成与演化.青海石油管理局和长春地质学院内部报告

葛肖虹，刘俊来.1999.北祁连造山带的形成与背景.地学前缘，6（4）：223～229

葛肖虹，任收麦等.2001.中国西部的大陆构造格架.石油学报，22（5）：1～5

葛肖虹，张梅生，刘永江.1998.阿尔金断裂研究的科学问题与研究思路.现代地质，12（3）：295～301

葛肖虹，刘永江，任收麦等.2001.对阿尔金断裂科学问题的再认识.地质科学，36（3）：319～325

葛肖虹，任收麦，刘永江等.2001.中国西部的大陆构造格架.石油学报，22（5）：1～5

顾树松.1991.柴达木盆地油气聚集与分布.中国油气聚集与分布编委会.中国油气聚集与分布.北京：石油工业出版社，222～231

顾树松.1997.柴达木盆地油气成藏的形成机制与分布.见：张文昭编.中国陆相大油田.北京：石油工业出版社，289～298

顾树松，杨绍清，雷兵足等.1994.青海省柴达木盆地尕斯库勒油田地质规律与勘探经验，内部报告

郭令智，朱文斌，马瑞士等.2003.论构造耦合作用.大地构造与成矿学，27（3）：197～205

郭万武,吕德徽,胡存德.1996.柴达木盆地中部深部构造和地震活动.内陆地震,10(3):217~223

郭占谦,师继红.2001.新构造运动活跃的柴达木盆地含油气系统特征.大庆石油地质与开发,20(1):9~12

何登发,赵文智.1999.中国西北地区沉积盆地动力学演化与含油气盆地.北京:石油工业出版社

何国琦,李茂松,刘德权等.1994.中国新疆古生代地壳演化及成矿.乌鲁木齐:新疆人民出版社;香港:香港文化教育出版社.43~47

和钟铧,刘招君,郭巍等.2002.柴达木北缘中生代盆地的成因类型及构造沉积演化.吉林大学学报(地球科学版),32(4):333~339

洪峰,余辉龙,宋岩.2001.柴达木盆地北缘盖层地质特点及封盖性评价.石油勘探与开发,26(5):8~11

洪峰,宋岩,余辉龙等.2002.柴达木盆地北缘典型构造断层封闭性与天然气成藏.石油学报,23(2):11~15

胡受权,曹运江,黄继祥等.1999.柴达木盆地北缘地区前陆盆地演化及油气勘探目标.天然气工业,19(4):1~4

黄汉纯,周显强,王长利.1989.柴达木盆地构造演化与油气富集规律.地质论评,35(4):314~523

黄汉纯,黄庆华,马寅生.1996.柴达木盆地地质与油气预测——立体地质·三维应力·聚油模式.北京:地质出版社

黄捍东,罗群,王春英,姜晓健,朱之锦.2006.柴北缘西部中生界剥蚀厚度恢复及其地质意义.石油勘探与开发,31(1):44~48

黄华芳,王金荣.1994.造山型盆地构造演化与油气赋存.兰州:兰州大学出版社,110~190

黄杏珍,邵宏舜,顾树松.1993.柴达木盆地的油气形成与寻找油气田方向.兰州:甘肃科学技术出版社

黄杏珍,邵宏舜,顾树松等.1993.柴达木盆地的油气形成与寻找油气田方向.兰州:甘肃科学技术出版社

贾承造,赵政璋,赵文智等.2005.陆上主要含油气盆地油气资源与勘探潜力.石油学报,26(增刊):1~6

贾承造,何登发,石昕等.2006.中国油气晚期成藏特征.中国科学(D辑),36(5):412~420

贾承造,魏国齐,李本亮,肖安成,冉启贵.2003.中国中西部两期前陆盆地的形成及其控气作用.石油学报,24(2):13~17

姜春发,杨经绥,冯秉贵,等.1992.昆仑开合构造.北京:地质出版社,1~224

蒋宏忱,于炳松,王黎栋等.2003.柴达木盆地西部红狮凹陷第三系下干柴沟组沉积相分析.沉积学报,21(3):391~397

金强,朱光有,王娟.2008.咸化湖盆优质烃源岩的形成与分布.中国石油大学学报(自然科学版),32(4):19~32

金振奎,张响响,邹远荣等.2002.青海砂西油田古近系下干柴沟组下部沉积相定量研究.古地理学报,4(4):99~108

金振奎,齐聪伟,薛建勤等.2006.柴达木盆地北缘侏罗系沉积相.古地理学报,8(2):199~210

金振奎,张响响,邹元荣,王邵华,明海慧,周新科,杜社卿.2002.青海砂西油田古近系下干柴沟组下部沉积相定量研究.古地理学报,4(4):99~107

金之钧,张明利,汤良杰,万天丰,李京昌,张兵山.1999.柴达木盆地中—新生代构造演化.地球学报,20(增刊):68~72

瞿人杰.1978.新疆吐鲁番盆地第三纪地层.古脊椎动物与古人类研究所甲种专刊,13:68~81

赖绍聪，邓晋福，赵海玲等. 1996. 青藏高原北缘火山作用与构造演化. 西安：陕西科学技术出版社，74～96

雷清亮，付孝悦，卢亚平. 1996. 伦坡拉第三纪陆相盆地油气地质特征分析. 地球科学，21（2）：168～173

李本亮，王明明，魏国齐，张道伟，王金鹏. 2003. 柴达木盆地三湖地区生物气横向运聚成藏研究. 地质论评，49（l）：93～100

李德威，夏义平，徐礼贵. 2009. 大陆板内盆山耦合及盆山成因——以青藏高原及周边盆地为例. 地学前缘，16（3）：110～119

李宏义，姜振学，庞雄奇，罗群. 2006. 柴北缘油气运移优势通道特征及其控油气作用. 地球科学——中国地质大学学报，31（2）：214～220

李怀坤，陆松年，王惠初. 2003. 青海柴北缘新元古代超大陆裂解的地质记录——全吉群. 地质调查与研究，26（1）：27～37

李怀坤，陆松年，赵风清等. 1999. 柴达木北缘鱼卡河含柯石英榴辉岩的确定及其意义. 现代地质，13（1）：43～50

李吉均，刘世宣，张青松等. 1979. 青藏高原隆起的时代、幅度和形成问题的探讨. 中国科学，316～322

李吉均，方小敏，马海洲等. 1996. 晚新生代黄河上游地貌演化与青藏高原隆起. 中国科学（D辑），26

李明杰，郑孟林，曹春潮等. 2005. 柴达木古近纪—新近纪盆地的形成与演化. 西北大学学报（自然科学版），35（1）：87～90

李秋生，彭苏萍，高锐. 2004. 东昆仑大地震的深部构造背景. 地球学报，25（1）：11～16

李廷伟. 2007. 柴达木盆地西部油田卤水形成演化的水化学和锶同位素研究. 西宁：中国科学院青海盐湖研究所

李庭栋. 1995. 青藏高原隆升的过程机制. 地球学报，（1）：1～9

李伟. 2004. 柴达木盆地沉积体系发育的动力学机制及成藏效应. 成都理工大学博士学位论文，108～110

李伟，赵长毅. 1999. 柴达木盆地冷湖构造带冷科1井生油评价. 青海石油管理局勘探开发研究院和石油勘探开发研究院内部报告

李延钧，江波，张永庶等. 2008. 柴西狮子沟构造油气成藏期与成藏模式. 新疆石油地质，29（2）：176～178

李扬鉴，张星亮，陈延成. 1996. 大陆层控构造导论. 北京：地质出版社

李永军，付国民，阎海清等. 2000. 柴达木盆地干柴沟地区第三系层序地层分析及其油气勘探意义. 西安工程学院学报，22（3）：11～18

李元奎，王铁成. 2001. 柴达木盆地狮子沟地区中深层裂缝性油藏. 石油勘探与开发，28（6）：12～17

李元奎，马成明等. 2002. 开特米里克-油墩子地区油气成藏条件及勘探建议. 青海石油，（3）1～10

李元奎，陈世加等. 2005. 柴西小梁山、尖顶山地区油气成藏研究. 内部报告

李忠春，赵存柱，魏彩茹等. 2000. 构造裂缝的分布评价方法. 青海石油，18（1）：8～16

梁狄刚，程克明，苏爱国等. 2001. 柴达木盆地北缘与西部油气运移对比及油气运移研究. 中石油勘探开发研究院

刘池阳等. 1991. 柴达木盆地西部地区构造特征及其演化. 青海石油管理局勘探开发研究院和西北大学含油气盆地研究所内部报告

刘德汉，卢焕章，肖贤明等. 2007. 油气包裹体及其在石油勘探与开发中的应用. 广州：广东科技出版社，1～267

刘冠德. 2007. 柴西地区新生代构造特征及其对油气成藏的影响. 中国科学院硕士学位论文，7～18

刘光勋. 1996. 东昆仑活动断裂带及其强震活动. 中国地震，12 (2)：119～126

刘海涛，马立祥，王兆云，孙德强. 2009. 柴西地区含油气系统动态演化研究. 石油学报，29 (1)：16～22

刘和甫，夏义平，殷进垠等. 1999. 走滑造山带与盆地耦合机制. 地学前缘，6 (3)：121～132

刘洛夫，妥进才，于会娟等. 2000. 柴达木盆地北部地区侏罗系烃源岩地球化学特征. 石油大学学报（自然科学版），24 (1)：64～68

刘兴起. 2001. 基于 Pitezr 模型的柴达木盆地盐湖形成与演化的地球化学模拟. 北京：中国地质大学

刘秀菊. 2007. 柴达木盆地晚全新世湖泊孢粉记录与气候变化. 兰州：兰州大学博士学位论文

刘元，罗群，庞雄奇等. 2005. 柴达木盆地马海气田地质特征及运聚成藏机理模式，石油实验地质，27 (2)：158～163

刘云田，杨少勇. 2001. 柴达木盆地北缘侏罗系砂岩孔隙发育特征. 石油与天然气地质，22 (3)：267～269

吕宝凤，赵小花，周莉等. 2008. 柴达木盆地新生代沉积转移及其动力学意义. 沉积学报，26 (4)：552～557

吕延防，沙子萱，付晓飞，付广. 2007. 断层垂向封闭性定量评价方法及其应用. 石油学报，28 (5)：34～38

罗梅，贾疏源. 1991. 柴达木盆地及相邻地区地质构造演化. 成都地质学院学报，18 (4)：56～64

罗群. 2008. 柴达木盆地成因类型探讨. 石油实验地质，30 (2)：115～120

罗群，庞雄奇. 2003. 柴达木盆地断裂特征与油气区带成藏规律. 西南石油学院学报，25 (1)：5

罗志立，童崇光. 1989. 板块构造与中国含油气盆地. 武汉：中国地质大学出版社

马达德，寿建峰，胡勇等. 2005. 柴达木盆地柴西南区碎屑岩储层形成的主控因素分析. 沉积学报，23 (4)：589～595

马立协，陈新领，张敏，汪立群，周苏平，高雪峰. 2006. 柴北缘逆冲带侏罗系油气成藏主控因素分析. 中国石油勘探，(6)：22～25

梅志超. 1994. 沉积相与古地理重建. 西安：西北大学出版社，195～198

牟中海，陈志勇，陆廷清等. 2000. 柴达木盆地北缘中生界剥蚀厚度恢复. 石油勘探与开发，27 (1)：35～37

穆剑. 2003. 柴达木盆地红狮地区第三系层序地层特征和控制因素. 北京. 中国地质大学（北京）

彭德华. 2004. 柴达木盆地西部第三系咸化湖泊烃源岩地质地球化学特征与生烃机理. 广州：中国科学院广州地球化学研究所博士学位论文

彭德华，苏爱国，朱扬明等. 2005. 柴达木盆地西部第三系盐湖相烃源岩特征与成烃演化. 石油学报，26 (增刊)：92～101

漆亚玲，汪立群等. 2006. 柴达木盆地西部第三系天然气成因类型分布预测. 沉积学报，24 (6)：910～916

钱方，张金起. 1997. 昆仑山口羌塘组磁性地层与新构造运动. 地质力学学报，3 (1)：50～561

钱壮志，胡正国，刘继庆等. 2000. 古特提斯东昆仑活动陆缘及其区域成矿. 大地构造与成矿学，24 (2)：134～139

青海省地质矿产局. 1991. 青海区域地质志. 北京：地质出版社

青海石油局，中国科学院南京古生物研究所. 1988. 柴达木盆地第三纪介形类动物群研究. 南京：南京大学出版社，10～47

青海油气区石油地质志编写组. 1990. 中国石油地质志（卷十四）. 北京：石油工业出版社

青海油田公司.2002，2003，2004．柴达木盆地油气地质综合评价与预探区带优选．内部报告

青海油田公司.2005．柴达木盆地北缘山前带石油地质综合评价与勘探目标选择．内部报告

青海油田公司，东方地球物理公司.2005．青海省柴达木盆地冷湖四号—五号构造三维地震勘探成果．内部报告

青海油田公司，西南石油学院.2005．柴北缘马海地区油气成藏地球化学研究．内部报告

任纪舜，姜春发，张正坤，秦德余.1980．中国大地构造及其演化．北京：科学出版社

仼纪舜，王作勋，陈炳蔚，姜春发，牛宝贵，李铭铁，谢广连，和政军，刘志刚.1999．从全球看中国大地构造——中国及邻区大地构造图简要说明．北京：地质出版社

任战利.1993．柴达木盆地热演化史：来自流体包裹体和 Ro 资料的证据．见：赵重远，刘池阳，姚远主编．含油气盆地地质学研究进展．西安：西北大学出版社，235～247

尚尔杰.2001．柴达木盆地北缘西段第三系构造基本样式及石油地质意义．现代地质，15（4）：421～424

邵宏舜.1985．柴达木盆地西部第三系裂缝油藏的油源研究．青海石油管理局和中国科学院兰州地质研究所内部报告

石广仁.1994．含油气盆地数值模拟方法．北京：石油工业出版社，27～44

寿建峰，邵文斌，陈子炓等.2003．柴西地区第三系藻灰（云）岩的岩石类型与分布特征．石油勘探与开发，30（4）：37～39

宋建国，廖建.1982．柴达木盆地构造特征及油气区的划分．石油学报，1982（增刊）：14～23

宋廷光.1997．同沉积逆断层的发育特点及油气聚集条件分析．青海地质，6（2）：6～13

苏爱国，朱扬明，王延斌等.2001．柴达木盆地北缘和西部油气源对比研究．CNPC 油气地化重点实验室和青海油田研究院内部报告

孙德强，刘海涛，柳金城，张涛，李晓茹，魏学斌，郭宁.2007．流体包裹体在研究柴北缘油气运移中的应用．大庆石油地质与开发，26（1）：35～39

孙永传，李蕙生.1985．碎屑岩沉积相和沉积环境．北京：地质出版社，13～27，97～179

孙兆元.1985．论柴达木盆地压（扭）性垂向交叉断裂．地质论评，31（5）：396～403

孙镇城，杨藩，张枝焕等.1997．中国新生代咸化湖泊沉积环境与油气生成．北京：石油工业出版社

汤良杰，金之钧，张明利等.2000．柴达木盆地北缘构造演化与油气成藏阶段．石油勘探与开发，27（2）：36～39

汤良杰，金之钧，张明利等.2000．柴达木盆地北缘构造演化与油气成藏阶段．石油勘探与开发，27（2）：36～39

汤良杰，金之钧，张明利，由福报，张兵山，骆静.2000．柴达木盆地北缘构造演化与油气成藏阶段．石油勘探与开发，27（2）：36～39

汤锡元，罗铸金.1986．柴达木盆地北缘块断带的石油地质特征．石油与天然气地质，7（2）：182～191

腾吉文等.1974．柴达木东盆地的深层地震反射波和地壳构造．地球物理学报，17，122～134

腾吉文，阚荣举，刘洪道等.1973．柴达木东盆地的基岩首波和反射波．地球物理学报，16（3）：62～69

万传治，李红哲，陈迎宾.2006．柴达木盆地北缘西段油气成藏机理与有利勘探方向．天然气地球科学，17（5）：653～658

汪立群，包建平等.2005．柴达木盆地北缘侏罗系烃源岩成烃演化研究．内部报告

汪立群，陈启林等.2007．柴北缘地区燕山—喜马拉雅期构造演化特征及油气成藏条件研究．内部研究报告

汪立群，聂世禧等.1988．青海省柴达木盆地柴西地区地层压力预测及其应用．内部报告

汪立群，马立协，罗晓容等.2007.柴达木盆地柴北缘西段油气成藏模式和成藏规律研究.内部报告

汪立群，蒋武明，沈亚等.2006.柴达木盆地柴北缘中生界中、下侏罗统的分布及控制因素.内部研究
    报告

汪品先，刘传联.1993.含油盆地古湖泊学研究方法.北京：海洋出版社

王成善，戴紧根，刘志飞等.2009.西藏高原与喜马拉雅的隆升历史和研究方法：回顾与进展.地学前
    缘，16（3）：1～30

王桂宏，马达德等.2009.柴达木盆地中新生界三大构造层油气勘探.地质学报

王桂宏，李永铁，张敏等.2004.柴达木盆地英雄岭地区新生代构造演化动力学特征.地学前缘，11
    （4）：417～123

王桂宏，马达德，张启全，李军.2008.柴达木盆地北缘盆山构造关系与油气勘探方向.石油勘探与开
    发，35（6）：668～673

王桂宏，张友焱，王世洪，余华琪，马力宁，李思田.2000.柴达木盆地东部第四系局部构造形成的控
    制因素及分布规律.石油勘探与开发，27（2）：45～47

王桂宏，徐凤银，陈新领，马达德，马立协，苏爱国，周苏平.2006a.柴北缘地区走滑反转构造及其深
    部地质因素分析.石油勘探与开发，33（2）：201～204

王桂宏，谭彦虎，陈新领，马立协，苏爱国，张水昌，张斌.2006b.新生代柴达木盆地构造演化与油气
    勘探领域.中国石油勘探，11（1）：80～84

王鸿祯，刘本培，李思田.1990.中国及邻区构造古地理和生物古地理.武汉：中国地质大学出版社.
    3～34

王建，席萍，刘泽纯，王永进.1996.柴达木盆地西部新生代气候与地形演变.地质论评，42（2）：
    166～173

王明儒.2001.柴达木盆地中新生代三大含油气系统及勘探焦点.西安石油学报

王明儒，胡文义，彭德华.1997.柴达木盆地北缘侏罗系油气前景.石油勘探与开发，24（5）：20～25

王荃，刘雪亚.1976.我国西部祁连山区的古海洋地壳及其大地构造意义.地质科学，（1）：42～55

王同和，王根海，赵宗举.2001.中国含油气盆地的反转构造样式及其油气聚集.海相油气地质，
    6（3）：27～37

王燮培，费琪，张家骅.1991.石油勘探构造分析.武汉：中国地质大学出版社

王信国，曹代勇，何建坤.2008.柴北缘西大滩矿区煤系沉降-埋藏史研究.中国煤炭地质，20（10）：
    31～33

王信国，曹代勇，占文锋等.2006.柴达木盆地北缘中—新生代盆地性质及构造演化.现代地质，20
    （4）：592～596

魏国齐，李本亮，肖安成，陈汉林，杨树锋.2005.柴达木盆地北缘走滑-冲断构造特征及其油气勘探思
    路.地学前缘，12（4）：397～402

魏新俊，姜继学.1993.柴达木盆地第四纪盐湖演化.地质学报，67（3）：255～265

邬介人，任秉琛，张莓等.1987.青海锡铁矿块状硫化物矿床的类型及地质特征.中国地质科学院西安
    地质矿产研究所所刊，1987（20）：1～30

吴崇筠，薛叔浩等.1992.中国含油气盆地沉积学.北京：石油工业出版社

吴功建，肖序常，王乃文等.格尔木-额济纳旗地学断面的初步成果.非金属矿，25～28

吴光大.2007.柴达木盆地构造特征及其对油气分布的控制.吉林大学博士学位论文，59～67

吴峻，兰朝利，李继亮.2002.阿尔金红柳沟蛇绿混杂岩中 MORB 与 OIB 组合的地球化学证据.岩石
    矿物学杂志，21（1）：24～30

吴锡浩，安芷生.1996.黄土高原黄土-古土壤序列与青藏高原隆升.中国科学（D辑），26：103～110

吴因业，靳久强，李永铁，江波，郭彬程，方向. 2003. 柴达木盆地西部古近系湖侵体系域及相关储集体. 古地理学报，5（2）：232～243

吴珍汉，胡道功，宋彪等. 2005. 昆仑山南部西大滩花岗岩的年龄与热历史. 地质学报，79（5）：628～635

吴珍汉，吴中海，胡道功等. 2007. 青藏高原渐新世晚期隆升的地质证据. 地质学报，81（5）：577～587

夏文臣，张宁，袁晓萍等. 1998. 柴达木侏罗系的构造层序及前陆盆地演化. 石油与天然气地质，19（3）：173～180

向鼎璞，戴天富. 1985. 北祁连火山成因硫化物矿床区域成矿特征. 矿床地质，4（1）：64～69

向树元，王国灿，邓中林. 2003. 东昆仑东段新生代高原隆升重大事件的沉积响应. 地球科学——中国地质大学学报，28（6）：615～620

肖序常，陈国铭，朱志直. 1978. 祁连山古蛇绿岩带的地质构造意义. 地质学报，52（4）：281～295

谢久兵，朱照宇，汪劲草等. 2007. 柴达木盆地北缘第三纪的盆地原型与动力学分析. 大地构造与成矿学，31（2）：174～179

熊琦华，张小京等. 1996. 砂西油田 E_3^1 油藏描述. 内部报告

徐凤银，彭德华，侯恩科. 2003. 柴达木盆地油气聚集规律及勘探前景. 石油学报，24（4）：1～12

徐锡伟，陈文彬，于贵华等. 2002. 2001年11月14日昆仑山库赛湖地震（ M_s 8.1）地表破裂带的基本特征. 地震地质，24（1）：1～13

徐永昌. 1994. 天然气地球化学论文集. 兰州：甘肃科学技术出版社

许志琴，姜枚，杨经绥. 1996. 青藏高原北部隆升的深部构造物理作用. 地质学报，70（3）：195～206

许志琴，杨经绥，姜枚. 2001. 青藏高原北部的碰撞造山及深部动力学——中法地学合作研究新进展. 地球学报，22（1）：5～10

许志琴，李海兵，杨经绥等. 2001. 东昆仑山南缘大型转换挤压构造带和斜向俯冲作用. 地质学报，75（2）：156～164

许志琴，曾令森，杨经绥，李海兵，姜枚，金之钧，郑和荣，郭齐军. 2004. 走滑断裂"挤压性盆-山构造"与油气资源关系的探讨. 地球科学——中国地质大学学报，29（6）：631～643

薛光华，杨永泰. 2002. 柴达木盆地北缘油气分布规律研究. 石油实验地质，24（2）：141～146

薛建勤，金振奎，齐聪伟等. 2008. 柴达木盆地北缘下、中侏罗统古地理及盆地类型研究. 西安石油大学学报（自然科学版），23（2）：12～15

杨藩，唐文松，魏景明等. 1994. 中国油气区第三系. 西北油气区分册. 北京：石油工业出版社

杨福忠，江波，汪立群等. 2001. 柴达木盆地西部及北缘地区油气资源评价. 石油勘探开发研究院地质所和青海油田分公司勘探开发研究院内部报告

杨建军，朱红，邓晋福等. 1994. 柴达木北缘石榴石橄榄岩的发现及其意义. 岩石矿物学杂志，25（2）：97～105

杨经绥，许志琴，李海兵等. 1998. 我国西部柴达木北缘地区发现榴辉岩. 科学通报，43（14），1544～1549

杨经绥，许志琴，宋述光等. 2000. 青海都兰榴辉岩的发现及对中国中央造山带内高压——超高压变质带研究的意义. 地质学报，74（2），156～168

杨永泰，张宝民，席萍等. 2001. 柴达木盆地北缘侏罗系展布规律新认识. 地层学杂志，25（2）：154～159

叶爱娟，朱扬明. 2006. 柴达木盆地第三系咸水湖相生油岩古沉积环境地球化学特征. 海洋与湖沼，37（5）：472～480

易红霞，杨明林，王恺. 2006. 柴达木盆地北缘马东地区构造演化特征浅析. 内蒙古石油化工，（11）：

154～155

由福报,路九华等.2002.青海省柴达木盆地柴西南区三维地震资料连片解释.内部报告

由福报,李昌鸿,江波等.2000.柴达木盆地小梁山凹陷地震统层及勘探目标选择.青海石油管理局勘
探开发研究院和江汉石油管理局勘探开发研究院内部报告

于炳松,胡勇等.2001.柴达木盆地西部红狮凹陷及其周缘第三系层序地层学研究.内部报告

余辉龙,汪立群,由福报.2000.侏罗系油气富集规律及勘探目标评价报告.中石油青海油田分公司勘
探开发研究院

袁万明,张雪亭,董金泉等.2004.东昆仑隆升作用的裂变径迹研究.原子能科学技术,38(2):
165～168

曾溅辉,左胜杰.2001.喜马拉雅运动对吐哈盆地油气藏的影响.石油与天然气地质,22(4):
382～384

曾联波,周天伟,吕修祥.2002.喜马拉雅运动对库车坳陷油气成藏的影响.地球科学,27(6):
741～744

曾联波,金之钧,汤良杰等.2001.柴达木盆地北缘油气分布的构造控制作用.地球科学——中国地质
大学学报,26(1):54～58

曾融生.1979.中国深部构造研究的进展.地球物理学报,22(4):3

曾融生,孙为国.1992.青藏高原及其邻区的地震活动性和震源机制以及高原物质东流的讨论.地震学
报,14(Suppl):534～564

曾融生,丁志峰,吴庆举.1998.喜马拉雅—祁连山地壳构造与大陆-大陆碰撞过程.地球物理学报,
41(1):49～58

曾允孚,夏文杰.1985.沉积岩石学.北京:地质出版社,62～79,96～106

翟光明.1990.中国石油地质志(卷十四)——青藏油气区.北京:石油工业出版社

翟光明,徐凤银,李建青.1997.重新认识柴达木盆地,力争油气勘探的新突破.石油学报,18(2):
1～7

翟光明,宋建国,靳久强等.2002.板块构造演化与含油气盆地形成和评价.北京:石油工业出版社,
276～287

占文锋,曹代勇,刘天绩等.2008.柴达木盆地北缘控煤构造样式与赋煤规律.煤炭学报,33(5):
500～504

张春林,高先志,李彦霏,马达德.2008.柴达木盆地尕斯库勒油田油气运移特征.石油勘探与开发,
35(3):301～307

张道伟,史基安,李传浩等.2008.柴西南地区古近系—新近系井-震统一层序地层格架的建立.沉积学
报,26(3):392～398

张建新,杨经绥,许志琴.2002.阿尔金榴辉岩中超高压变质作用证据.科学通报,47(3)231～234

张景廉,石兰亭,陈启林等.2008.柴达木盆地地壳深部构造特征及油气勘探新领域.岩性油气藏,20
(2):29～36

张敏,姜波,彭德华等.2007.柴北缘侏罗系构造演化及其成藏动力学研究.内部报告

张明利,金之钧,汤良杰,万天丰,李京昌,张兵山.1999.柴达木盆地中新生代构造应力场特征.地
球学报,2(增刊):73～77

张显庭,郑建康,苟金.1984.阿尔金山东段槽型晚奥陶世地层的发现及其构造意义.地质论评,30
(2):184～186

张晓宝,徐自远,断毅,马立元,孟自芳,周世新,贺鹏.2003.柴达木盆地三湖地区第四系生物气的
形成途径与运聚方式.地质论评,49(2):168～174

张雪亭，吕惠庆，陈正兴，张宝华，李福祥，朱跃升.1999.柴北缘造山带沙柳河地区榴辉岩相高压变质岩石的发现及初步研究.青海地质，8（2）：1～13

张一伟，李建青，熊继辉等.2001.柴达木盆地构造特征及构造演化规律研究.内部报告

张正刚，袁剑英，陈启林.2006.柴北缘地区油气成藏模式与成藏规律.天然气地球科学，17（5）：649～672

赵澄林等.2001.油区岩相古地理.青岛：中国石油大学出版社

赵澄林，张亚庆，王明儒等.1998.柴达木盆地第三系沉积特征和储盖层研究.青海石油管理局和中国石油大学内部报告

赵东升.2006.柴达木盆地西南区下干柴沟组下段沉积体系及有利砂体预测.西北大学博士学位论文，11～16，59～79

赵加凡，陈小宏，金龙.2005.柴达木盆地第三纪盐湖沉积环境分析.西北大学学报（自然科学版），35（3）：342～346

赵林等.2000.柴达木盆地侏罗系油气藏成藏机理研究.中石油勘探开发研究院地质所和中科院兰州地质所

赵卫卫，查明，吴孔友.2008.柴达木盆地东部地区不整合与油气成藏的关系.地质学报，82（2）：247～253

赵文智，张光亚，王红军等.2002.中国叠合含油气盆地石油地质基本特征与研究方法.见：李德生等著.中国含油气盆地构造学.北京：石油工业出版社，503～518

赵业波.2002.柴达木盆地上第三系岩相古地理研究及砂体预测.中国石油大学硕士学位论文.17～25

赵政璋，李永铁，叶和飞，张显文.2001.青藏高原大地构造特征及盆地演化.北京：科学出版社

郑来林，播桂棠，金振民，耿全如.2001.喜马拉雅造山带西构造结研究的启示.地质论评，47（4）：350～355

郑孟林，曹春潮，李明杰，段书府，张军勇，陈元中，沈亚.2003.阿尔金断裂带东南缘含油气盆地群的形成演化.地质论评，49（3）：277～285

郑亚东，莫午零，张文涛等.2007.柴达木盆地油气勘探新思路.石油勘探与开发，34（1）：13～18

钟大赉，丁林.1996.青藏高原的隆起过程及其机制探讨.中国科学（D辑），26：289～295

周建勋，徐凤银，胡勇.2003.柴达木盆地北缘中、新生代构造变形及其对油气成藏的控制.石油学报，24（1）：19～24

周礼成.1995.沉积盆地热历史研究方法和实例.北京：中国科学院地质研究所博士学位论文.1～45

朱扬明，苏爱国，梁狄刚，程克明，彭德华.2003.柴达木盆地原油地球化学特征及其源岩时代判识.地质学报，77（2）：272～279

朱允铸，李文生，吴必豪，刘成林.1989.青海省柴达木盆地一里坪和东、西台吉乃尔湖地质新认识.地质论评，35（6）：558～565

А. К. Башарин，С. Ю. Беляев，Г. С. Фрадкин.2000.喜马拉雅运动在新疆中、新生代盆地形成中的作用.曹菁译.新疆石油地质，21（1）：81～84

Е·М·斯麦霍夫.1985.裂缝性油气储集层勘探的基本理论与方法

Hancock P L，Yeats R S.1992.活断层特性.侯建军等译.北京：地震出版社

Allen M B，Vincents S J，Wheeler P J.1999. Late Cenozoic tectonics of the Kepingtoge thrust zone：interaction between the Tian Shan and the Tarim Basin，northwest China. Tectonics，18：639～654

Allen P A.1986. Foreland Basins. Spec. Publi. lnt. Assoc. Sediment

Condie K C，Noll P D，Conway C M.1992. Geochemical and detrital mode evidence for two sources of early proterozoic sedimentary rocks from the Tonto basin Supergroup，Central Arizona. Sedimentary geology, 70: 51~76

Condie K C. 1991. Another look at rare earth elements in shales. Geochim. Cosmochim. Acta, 55: 2527~2531

Crichton J G, Condie K C. 1993. Trace elements as source indicators in Cratonic sediments: a case study from the Early Proterozoic Libby Creek group, southeastern hyoming. The Journal of Geology, 101: 319~332

Dickinson W R. 1976. Plate Tectonics and Hydrocarbon Accumulation. AAPG Educational Series

Gibbs A K, Montgomery C W, O' Day P A, et al. 1986. The Archean Proterozoic transition: evidence from the geochemistry of metasedimentary rocks of Guyana and Montana. Geochim. Cosmochim. Acta, 50: 2125~2141

Green P F, Duddy I R, Laslett G M, et al. 1989. Thermal annealing of fission track in apatite 4. Quantitative modeling techniques and extension to geological timescales. Chemical Geology (Isotope Geoscience Section), 79: 155~182

Harrison T M, Copeland P Kidd E S F, et al. 1997. Raising Tibet . Science, 255: 1663~ 1670

Haskin L A, Haskin M A, Fry F A, et al. 1968. Relative and absolute terrestrial abundances of the rare earths. Ahrens L H. Origin and Distribution of the Elements. Oxford: Pergamon. 889~912

Hendrix M S, Dumitru T A, Graham S A. 1994. Late Oligocene—early Miocene unroofing in the Chinese Tian Shan: an early effect of the India-Asia collision. Geology, 22: 487~490

Jolivet M, Brunel M, Seward L J, et al. 2001. Mesozoic and Cenozoic tectonics of the northem edge of the Tibetan Plateau: fission-track constraints. Tectonophysics, 343: 111~134

Liu K Y, Eadington P, Coghlan D. 2003. Flourescence evidence of polar hydrocarbon interaction on mineral surface and implication to alteration of reservoir wettability. Journal of Petroleum Science and Engineering, 39: 275~285

Mckenzie D. 1978. Some remarks on the development of sedimentary basins. Earth and Planet. Sci. Lett., 40: 25~32

Meng Q R, Hu J M, Yang F Z. 2001. Timing and magnitude of displacement on the Altyn Tagh fault: constraints from stratigraphic correlation of adjoining Tarim and Qaidam basins, NW China. Terra Nova, 13: 86~91

Milliken K L, Mack L E. 1990. Subsurface dissolution of heary minerals, Frio formation sandstones for the ancestral Rio Grande Province, south Texas. Sediment geology, 68: 187~199

Mitra S. 1993. Geometry and kinematic evolution of inversion. AAPG Bulletin, 77: 1159~1191

Mitra S. 1990. Fault-propagation folds: geometry, kinematic evolution and hydrocarbon traps. AAPG Bulletin, 74: 921~945

Molnar P, Tapponnier P. 1975. Cenozoic tectonics of Asia: effects on a continental collision. Science, 189: 419~426

Métivier F, Gaudemer Y, Tapponnier P, Bertrabd M. 1998. Northeastward growth of the Tibet plateau deduced from balanced reconstruction of two depositional areas: the Qaidam and Hexi Corridor basins, China. Tectonics, 17 (6): 813~842

Novoa E, Suppe J, Shaw J H. 2000. Inclined shear resoration of growth folds. AAPG Bulletin, 84: 787~804

Poblet J, McClay K. 1996. Geometry and kinematics of single-layer detachment fold. AAPG Bulletin, 80 (7): 1085~1109

Prudencio M I, Figueiredo M O, Cabral J M P. 1989. Rare earth distribution and its correlation with claysized fraction of Cretaceous and Pliocene sediments central Portugal. Clay Minerals，24：66~74

Royden L，Sclater J G，Von Herzen R P. 1980. Continental margin subsidence and heat flow：Important parameters in formation of petroleum hydrocarbons. AAPG Bull.，64（2）：173~187

Shackleton R M，F R S，Chang C F. 1988. Cenozoic up lift and deformation of the Tibetan Plateau：the geomorphological evidence. Phil Trans R Soc Lond A，327：365~ 377

Suppe J，Medwedeff D A. 1990. Geometry and kinematics of fault propagation folding. Eclogae Geol-Helv，83：409~454

Suppe J. 1983. The geometry and kinematics of fault-bend folding. American Journal of Science，283：684~721

Sweeney J J，Burnham A K. 1990. Evaluation of a simple model of vitrinite reflectance based on chemical kinetics. AAPG Bull. ，74：1559~1571

Tapponnier P，Monlar P. 1979. Active faulting and cenozoic tectonics of the Tien Shan，Mongolia，and Baykal Regions. J. Geophys. Res. ，84：3425~3459

Taylor S R，Mclennan S M. 1985. The continental crust：its composition and evolution. Oxford：Blackwell

Thorsen C E. 1963. Age of growth faulting in southeast Louisianna . Gulf Coast Association of Geological Societies Transactions，23：103~110

Vincent S J，Allen M B. 1999. Evolution of minle and chaoshui basin，China：implications for mesozoic strike-slip basin formation in cntral Asia. GSA Bulletin，111（5）：725~742

Wang E Q. 1997. Displacement and timing along the northern strand of the Altyn Tagh fault zone，northern Tibet. Earth and Planetary Science Letters，150：55~64

Xia W C，Zhang N，Yuan X P，et al. 2001. Cenozoic Qaidam basin，China：a stronger tectonic inversed，extensional rifted basin. AAPG Bulletin，85（4）：715~736

Yin A，Harrison T M. 2000. Geological evolution of the HimalayanTibetan orogen. Journal of Annual Review of the Earth and Planetary Sciences，28：211~280

Yin A，Rumelhart P E，Butler R，et al. 2002. Tectonic history of the Altyn Tagh fault system in northern Tibet inferred from Cenozoic sedimentation. Geological Society of America Bulletin，114：1257~1295

Zeitler P K. 1985. Cooling history of NW Himadays，Pakistan. Tectonics，4（l）：127~151